江苏联合职业技术学院院本教材
经学院教材审定委员会审定通过

# 机电设备装调工艺与技术

主编　张国军　杨　羊
主审　张　萍

北京理工大学出版社
BEIJING INSTITUTE OF TECHNOLOGY PRESS

## 内容简介

本书以江苏联合职业技术学院五年制高职机电专业人才培养方案及课程标准为依据，结合机械、机电设备装调维修工的职业资格要求，以常用机电设备为主体，全面介绍了常用机电设备的典型零部件及典型机电设备的装调基础知识、装配工艺要点、调试运行方法。本教材注重培养学生的动手能力、实际生产能力、安全操作能力、创新能力和职业能力，便于实施理实一体化和项目化教学，充分体现“做中学”“学中做”的职业教学特色。

本书内容包括：机电设备概述，机电设备装调技术基础，典型机械零部件的装调工艺与技术，典型机电设备的装调技术，机电设备安装、运行、维修的相关标准规范与法律法规。

本书可作为中、高等职业技术院校机电类专业综合技能训练教材，也可作为其他性质的学校及企业职工训练教材。



**图书在版编目（CIP）数据**

机电设备装调工艺与技术/张国军，杨羊主编. —北京：北京理工大学出版社，2024. 7重印

ISBN 978-7-5682-5231-7

Ⅰ. ①机…　Ⅱ. ①张…　②杨…　Ⅲ. ①机电设备-设备安装-高等学校-教材　②机电设备-调试方法-高等学校-教材　Ⅳ. ①TH17

中国版本图书馆CIP数据核字（2018）第012703号

出版发行 / 北京理工大学出版社有限责任公司
社　　址 / 北京市海淀区中关村南大街5号
邮　　编 / 100081
电　　话 / （010）68914775（总编室）
　　　　　（010）82562903（教材售后服务热线）
　　　　　（010）68948351（其他图书服务热线）
网　　址 / http：//www. bitpress. com. cn
经　　销 / 全国各地新华书店
印　　刷 / 三河市华骏印务包装有限公司
开　　本 / 787毫米×1092毫米　1/16
印　　张 / 19. 5　　　　责任编辑 / 张旭莉
字　　数 / 452千字　　　文案编辑 / 张旭莉
版　　次 / 2024年7月第1版第9次印刷　　责任校对 / 周瑞红
定　　价 / 49. 00元　　　责任印制 / 李志强

图书出现印装质量问题，请拨打售后服务热线，本社负责调换

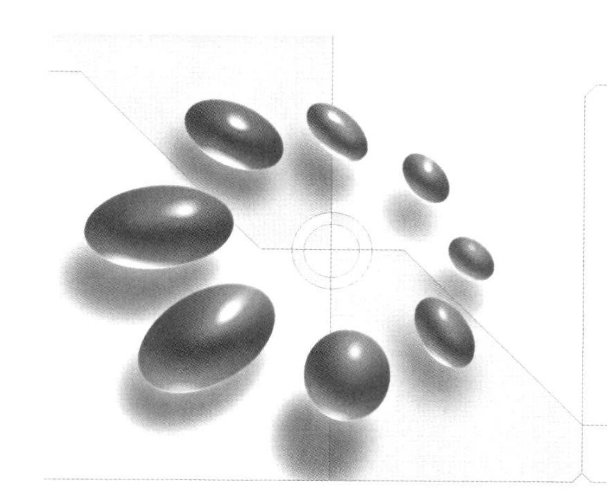

# 序　言

2015年5月，国务院印发关于《中国制造2025》的通知，通知重点强调提高国家制造业创新能力，推进信息化与工业化深度融合，强化工业基础能力，加强质量品牌建设，全面推行绿色制造及大力推动重点领域突破发展等，而高质量的技能型人才是实现这一发展战略的重要途径。

为全面贯彻国家对于高技能人才的培养精神，提升五年制高等职业教育机电类专业教学质量，深化江苏联合职业技术学院机电类专业教学改革成果，并最大限度共享这一优秀成果，学院机电专业协作委员会特组织优秀教师及相关专家，全面、优质、高效地修订及新开发了本系列规划教材，并配备数字化教学资源，以适应当前的信息化教学需求。

本系列教材所具特色如下：

➢ 教材培养目标、内容结构符合教育部及学院专业标准中制定的各课程人才培养目标及相关标准规范。

➢ 教材力求简洁、实用，编写上兼顾现代职业教育的创新发展及传统理论体系，并使之完美结合。

➢ 教材内容反映了工业发展的最新成果，所涉及标准规范均为最新国家标准或行业规范。

➢ 教材编写形式新颖，教材栏目设计合理，版式美观，图文并茂，体现了职业教育工学结合的教学改革精神。

➢ 教材配备相关的数字化教学资源，体现了学院信息化教学的最新成果。

本系列教材在组织编写过程中，得到了江苏联合职业技术学院各位领导的大力支持与帮助，并在学院机电专业协作委员会全体成员的一直努力下，顺利完成出版。由于各参与编写作者及编审委员会专家时间相对仓促，加之行业技术更新较快，教材中难免有不当之处，也请广大读者予以批评指正，再次一并表示感谢！我们将不断完善与提升本系列教材的整体质量，使其更好地服务于学院机电专业及全国其他高等职业院校相关专业的教育教学，为培养新时期下的高技能人才做出应有的贡献。

江苏联合职业技术学院机电协作委员会
2017. 12

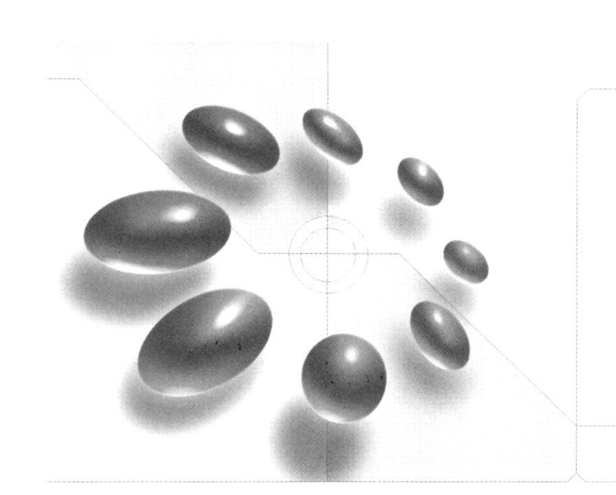

# 前　言

本书是根据江苏联合职业技术学院要求而编写的，适用于五年制高等职业学校机电一体化专业学生使用。

本书的作用是：帮助学生更好地掌握常用机电设备的典型零部件及典型机电设备的装调基础知识、装配工艺要点、调试运行方法。培养学生的动手能力、实际生产能力、安全操作能力、创新能力和职业能力，使其形成严谨、敬业的工作作风，积累实际生产经验，为今后解决生产实际问题和职业生涯的发展奠定基础。

本书以常用机电设备典型零部件的装拆方法和典型机电设备的装调方法为重点，从机电设备概述，机电设备装调技术基础，典型机械零部件的装调工艺与技术，典型机电设备的装调技术，机电设备安装、运行、维修的相关标准规范与法律法规等方面由浅入深、循序渐进、重点突出地介绍了机电设备装调的基础知识和技能，便于实施理实一体化和项目化教学，充分体现“做中学”“学中做”的职业教学特色。

本书的参考教学时数为42学时+4个专用实习周，各教学章节的推荐学时分配如下表：

| 序　号 | 章　节 | 建议课时（42+4W） |
|---|---|---|
| 1 | 第1章　机电设备概述 | 6 |
| 2 | 第2章　机电设备装调技术基础 | 12 |
| 3 | 第3章　典型机械零部件的装调工艺与技术 | 10+2W |
| 4 | 第4章　典型机电设备的装调技术 | 10+2W |
| 5 | 第5章　机电设备安装、运行、维修的相关标准规范与法律法规 | 4 |

本书由盐城机电高等职业技术学校张国军、杨羊主编；盐城机电高等职业技术学校杨羊编写了第1章，并参与了第2章的编写；江动集团朱云飞编写了第2章；盐城机电高等职业技术学校彭磊、王同浩、刘德华编写了第5章；盐城机电高等职业技术学校张国军编写了第3章、第4章，并参与第1章、第2章、第5章部分内容的编写。本书由无锡机电高等职业技术学校张萍副教授主审。

本书在编写过程中参考了大量相关教材和资料，对原作者表示衷心的感谢。同时，本书编写过程中得到了许多同仁的支持和帮助，在此一并表示衷心的感谢。由于编者水平有限，编写时间短促，书中缺点、错误在所难免，恳请批评指正。

编　者

# 目录

目 录

目录

# 第1章　机电设备概述

## 1.1　机电设备的发展与分类

### 1.1.1　机电设备的发展

#### 一、机电设备的发展过程

机电设备是随着科学技术的发展而不断发展的。传统的机电设备是以机械技术和电气技术应用为主的设备。例如普通机床，其运动的传递、运动速度的变换主要是由机械机构来实现的，而运动的控制则是由开关、接触器、继电器等电器构成的电气系统来实现的，这里的“机”“电”分别构成各自独立的系统，两者的“融合性”很差，这是传统机电设备的共同特点。虽然传统的机电设备也能实现自动化，但是其自动化程度低、功能有限、耗材多、能耗大且设备的工作效率低，性能水平不高。

为了提高机电设备的自动化程度和性能，从20世纪60年代开始，人们自觉或不自觉地将机械技术与电子技术结合，以改善机械产品的性能，结果出现了许多性能优良的机电产品或设备。

现代科学技术的不断发展，极大地推动了不同学科的交叉与渗透，导致了机械工程领域的技术革命与改造。到了20世纪七八十年代，微电子技术获得了惊人的发展，各种功能的大规模集成电路不断涌现，导致计算机与信息技术广泛使用。这是人们自觉、主动地利用微电子技术的成果，开发新的机电产品或设备，使得机电产品或设备的发展发生了脱胎换骨的变化，机电产品或设备不再是简单的“机”和“电”相加，而是成为集机械技术、控制技术、计算机与信息技术等为一体的全新技术产品，使工业生产由“机械电气化”迈入了以“机电一体化”为特征的发展阶段。到了20世纪90年代，这种机电一体化技术迅猛发展，时至今日，机电一体化产品或设备已经渗透到国民经济和社会生活的各个领域。机电设备的技术水平，在一定程度上反映了国家工业生产的水平和能力。所以，采用先进的机电设备，管好用好机电设备，对提高企业效益，促进国民经济的发展都起着十分重要的作用。

#### 二、现代机电设备的特点

现代机电设备，如电动缝纫机、电子调速器、自动取款机、自动售票机、自动售货机、

自动分检机、自动导航装置、数控机床、自动生产线、工业机器人、智能机器人等都是应用机电一体化技术为主的设备。与传统机电设备相比，现代机电设备具有以下特点：

1. 体积小，质量轻

机电一体化技术使原有的机械结构大大简化，如电动缝纫机的针脚花样主要是由一块单片集成电路来控制的，而老式缝纫机的针脚花样是由350个零件构成的机械装置控制的。机械结构的简化使设备的结构减小、质量减轻、用材减少。

2. 工作精度高

机电一体化技术使机械的传动部件减少，因而使机械磨损所引起的传动误差大大减少。同时还可以通过自动控制技术进行自行诊断、校正、补偿由各种干扰所造成的误差，从而使得机电设备的工作精度有很大的提高。

3. 可靠性、灵敏性提高

由于现代机电设备采用电子元器件装置代替了机械运动构件和零部件，因而避免了机械接触存在的润滑、磨损、断裂等问题，使可靠性和灵敏性大幅度提高。

4. 具有柔性

例如在数控机床上加工不同零件时，只需重新编制程序就能实现对零件的加工，它不同于传统的机床，不需要更换工、夹具，不需要重新调整机床就能快速地从加工一种零件转变为加工另一种零件。所以，适应多品种、小批量的加工要求。

由于现代机电设备具有上述特点，所以具有节能、高质、低成本的共性，而机电一体化技术也是世界各国竞相发展的技术。

## 三、机电设备的发展趋势

机电设备的发展趋势也就是机电一体化技术的发展趋势，典型的机电一体化产品——数控机床的发展方向，便具有代表性。

1. 机电设备的高性能化趋势

高性能化一般包括高速度、高精度、高效率和高可靠性这四个方面。为了满足“四高”的要求，新一代数控系统采用了32位多CPU结构，在伺服系统方面使用了超高速数字信号处理器，以达到对电动机的高速、高精度控制；为了提高加工精度，采用高分辨率、高响应的检测传感器和各种误差补偿技术；在提高可靠性方面，新型数控系统大量使用大规模和超大规模集成电路，从而减少了元器件数量和它们之间连线的焊点，以降低系统的故障率，提高可靠性。

2. 机电设备的智能化趋势

人工智能在机电设备中的应用越来越多，例如，自动编程智能化系统在数控机床上的应用。原来必须由编程员设定的零件加工部位、加工工序、使用刀具、切削条件、刀具使用顺序等，现在可以由自动编程智能化系统自动地设定，操作者只需输入工件素材的形状和加工形状的数据，加工程序就可自动生成。这样不仅缩短了数控加工的编程周期，而且简化了操作。

目前，除了数控编程和故障诊断智能化外，还出现了智能制造系统控制器，这种控制器可以模拟专家的智能制造活动，对制造中的问题进行分析、判断、推理、构思和决策。因此，随着科学技术的进步，各种人工智能技术将普遍应用于机电设备之中。

有自适应性的智能系统已进入采用模糊理论和模糊计算机的研制阶段。系统中配有模糊传感器和其他各种传感器，可以根据菜单的要求自动地完成一系列操作。如已问世的模糊烤炉为例，它有由模糊计算机、温度、重量、高度、气体、测数、风量、形状传感器和模糊传感器组成的自动控制系统，具有自动调整（烤炉、烤架、加热、解冻）、模糊调整（食品原料的混合、粉碎、搅拌）、切菜（细切、小鱼碎刺等）功率和加热速度调整等功能，根据菜单的要求即可加工出美味的食品。

3. 机电设备的系统化发展趋势

由于机电一体化技术在机电设备中的应用，机电设备的构成已不是简单的“机”和“电”，而是由机械技术、微电子技术、自动控制技术、信息技术、传感技术、软件技术构成的一个综合系统，各技术之间相互融合，彼此取长补短，其融合程度越高，系统就越优化。所以机电设备的系统化发展，可以获得最佳性能。

4. 机电设备的轻量化发展趋势

随着机电一体化技术在机电设备中的广泛应用，机电设备正在向轻量化方向发展。这是因为，构成机电设备的机械主体除了使用钢铁材料之外，还广泛使用复合材料和非金属材料。加上电子装置的组装技术的进步，设备的总体尺寸也越来越小。

## 1.1.2　机电设备的分类

机电设备门类、品种、规格繁多，涉及面广，其分类方法多种多样，没有统一的国家标准。随着机电一体化技术的发展，目前广义的机电设备通常分为以下两种。

一、按设备与能源关系分类

（1）电工设备：可分为电能发生设备、电能输送设备和电能应用设备。

（2）机械设备：可分为机械能发生设备、机械能转换设备和机械能工作设备。

二、按部门需要分类

（1）按工作类型分：可分为10个大类，每大类又分10个中类，每个中类又分10个小类。10个大类参见表1－1－2－1。

表1－1－2－1　机电设备按工作类型分的10个大类

| 序　号 | 类　别 | 序　号 | 类　别 |
|---|---|---|---|
| 1 | 金属切削机床 | 6 | 工业窑炉 |
| 2 | 锻压设备 | 7 | 动力设备 |
| 3 | 仪器仪表 | 8 | 电器设备 |
| 4 | 木工、铸造设备 | 9 | 专业生产用设备 |
| 5 | 起重运输设备 | 10 | 其他机械设备 |

（2）按设备管理部门的需要分：机电设备分为机械设备和动力设备两大项，每大项又分若干个大类，每大类又分10个中类，每中类又分10个小类。大、中类相应类型参见表1－1－2－2。

表1-1-2-2　机电设备按设备管理部门的需要分的大类、中类及编号

| 分项 | 中类 编号<br>大类 别 号<br>类别 | 0 | 1 | 2 | 3 | 4 | 5 | 6 | 7 | 8 | 9 |
|---|---|---|---|---|---|---|---|---|---|---|---|
| 机械设备 | 0 金属切削机床 | 数控金属切削机床 | 车床 | 钻床及镗床 | 研磨机床 | 联合及组合机床 | 齿轮及螺纹加工机床 | 铣床 | 刨、插、拉床 | 切断机床 | 其他金属切削机床 |
| | 1 锻压设备 | 数控锻压设备 | 锻锤 | 压力机 | 铸造机 | 锻压机 | 冷作机 | 剪切机 | 整形机 | 弹簧加工机 | 其他冷作设备 |
| | 2 起重运输设备 | | 起重机 | 卷扬机 | 传送机械 | 运输车辆 | | | 船舶 | | 其他起重运输设备 |
| | 3 木工、铸造设备 | | 木工机械 | 铸造设备 | | | | | | | |
| | 4 专业生产用设备 | | 螺钉专用设备 | 汽车专业设备 | 轴承专用设备 | 电线、电缆专用设备 | 电瓷专业设备 | 电池专业设备 | | | 其他专业设备 |
| | 5 其他机械设备 | | 油漆机械 | 油处理机械 | 管用机械 | 破碎机械 | 土建材料 | 材料试验机 | 精密度量设备 | | 其他专业机械 |
| 动力设备 | 6 动能发生设备 | 电站设备 | 氧气站设备 | 煤气及保护气体发生设备 | 乙炔发生设备 | 空气压缩设备 | 二氧化碳设备 | 工业泵 | 锅炉房设备 | 操作机械 | 其他动能发生设备 |
| | 7 电炉设备 | | 变压器 | 高、低压配电设备 | 变频、高频变流设备 | 电气检测设备 | 焊切设备 | 电气线路 | 弱电设备 | 蒸汽及内燃机设备 | 其他电器设备 |
| | 8 工业炉窑 | | 熔铸炉 | 加热炉 | 热处理炉（窑） | 干燥炉 | 溶剂竖窑 | | | 其他工业炉窑 | |
| | 9 其他动力设备 | | 通风采暖设备 | 恒温设备 | 管道 | 电镀设备及工艺用槽 | 除尘设备 | | 涂漆设备 | 容器 | 其他动力设备 |

## 1.2　机电设备的一般结构

机电设备门类繁多，工作原理各不相同，结构差异性大，但基本结构都是由机械系统、液压与气压传动系统、电控系统和动力源等组成。

### 1.2.1　机械结构系统简介

机械结构是机电设备的基础。一个机电一体化系统一般由结构组成要素、动力组成要素、运动组成要素、感知组成要素、职能组成要素等五大组成要素有机结合而成，机械结构（结构组成要素）是系统所有功能要素的机械支持结构。机械系统主要包括：机体、传动机

构、润滑和密封装置。

一、机体

机体是指机器或机电设备的驱体，如机壳、机架、机床的床身、立柱、变速箱体等。其功能是用于固定各种传动装置、驱动装置、控制装置以及执行机构等。机体结构的合理性和材料的使用直接影响机电设备的性能，现代机电设备对机体有质量轻、体积小、刚度大、精度高、外观美、操作方便等要求。

二、传动机构

传动机构的作用是把动力源的动力和运动传递给执行机构，以完成预定的工作。在传递过程中有时需完成变速、变向和改变转矩的任务。

常用的机械传动机构有：带传动机构、链传动机构、齿轮传动机构以及滚珠丝杠传动机构等。

1. 带传动

（1）带传动可分为平带传动、V 带传动、圆带传动和同步带传动等类型，如图 1－2－1－1 所示。

（2）通过带与带轮间的摩擦力进行传动，但同步带是啮合运动。

（3）生产上应用的带传动以平带和 V 带使用最多；圆带主要用于功率很小的简单传动；同步带广泛用于输送自动线上。

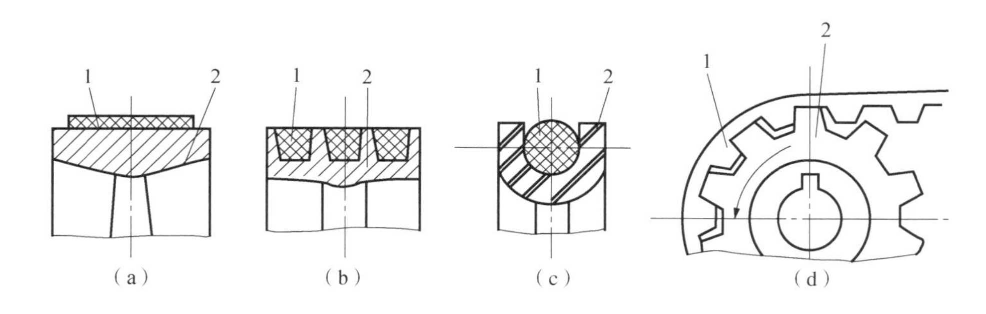


图 1－2－1－1　带传动的类型

（a）平带传动；（b）V 带传动；（c）圆带传动；（d）同步带传动

1—带；2—带轮

2. 链传动

（1）链传动类型主要是齿形链和套筒滚子链，如图 1－2－1－2 所示。

（2）依靠链节与链轮齿间的啮合传动。

（3）适合于两轴相距较远、工作现场温度高、不允许打滑的场合。

3. 齿轮传动

（1）根据齿轮轴线的相对位置，分为平行轴的直齿轮传动、斜齿轮传动和齿轮齿条传动；相交轴的锥齿轮传动；交错轴的弧齿圆柱齿轮和蜗轮蜗杆传动，如图 1－2－1－3 所示。

（2）依靠轮齿的啮合传动。

（3）齿轮传动是最常用的传动型式。

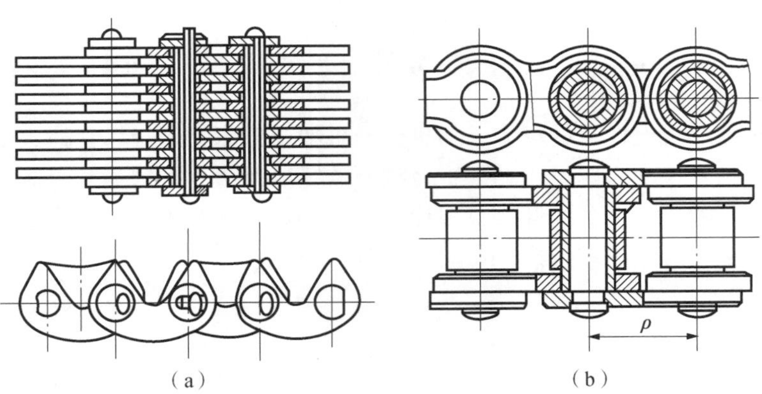


图1-2-1-2 链传动的类型

(a) 齿形链；(b) 套筒滚子链

4. 滚珠丝杠传动

(1) 滚动摩擦，机械效率高、运动稳定、动作灵敏。

(2) 一般用于高速度和高位置精度的机械传动中。

### 三、润滑方法和装置

机械系统中做相对运动的零部件，在工作时会产生摩擦。为了减少摩擦阻力，降低磨损程度，控制机械系统的温升，提高机械效率和使用寿命，必须对机械的摩擦部位进行润滑。

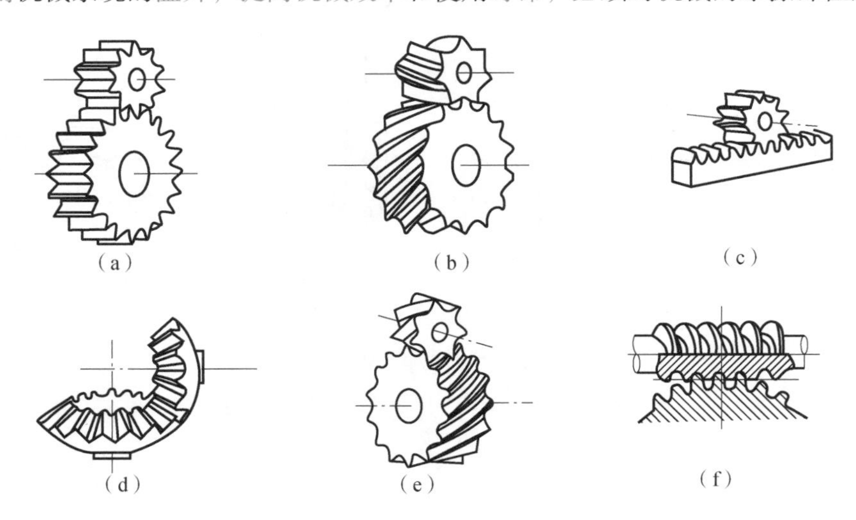


图1-2-1-3 齿轮传动的类型

(a) 直齿轮传动；(b) 斜齿轮传动；(c) 齿轮齿条传动；
(d) 锥齿轮传动；(e) 弧齿圆柱齿轮传动；(f) 蜗轮蜗杆传动

1. 滑动轴承的润滑

常用的润滑方式有间歇润滑和连续润滑两种。

(1) 低速轻载的滑动轴承常采用间隙润滑，使用的装置有压注油杯和旋盖式油杯，如图1-2-1-4所示。

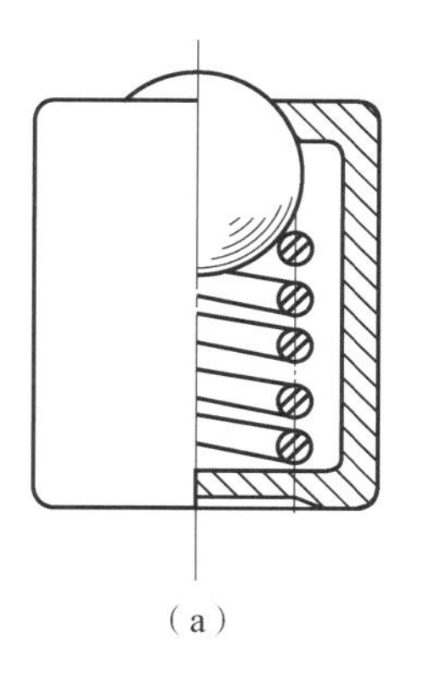
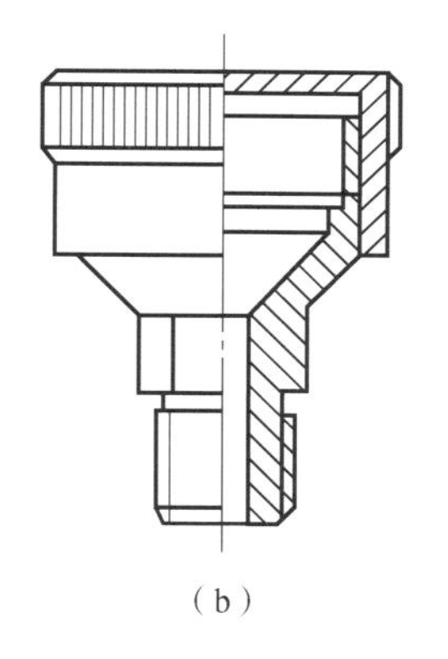

（a）　（b）

图1－2－1－4　间隙润滑的常用装置

（a）压注油杯；（b）旋盖式油杯

（2）承受速度较高、载荷大的滑动轴承，常采用连续润滑，如图1－2－1－5所示。

2. 滚动轴承润滑

当轴颈的圆周速度小于5 m/s时，可采用润滑脂或黏度较高的润滑油润滑；当轴颈圆周速度大于5 m/s时，可以采用浸油、滴油、飞溅和喷油润滑。

3. 传动零件的润滑

一般开式传动采用人工定期润滑；而对于闭式传动，当传动件运动速度较低时，一般采用油浸式润滑或定期滴油润滑；当传动件运动速度较高时，采用润滑液压泵加压喷油润滑。

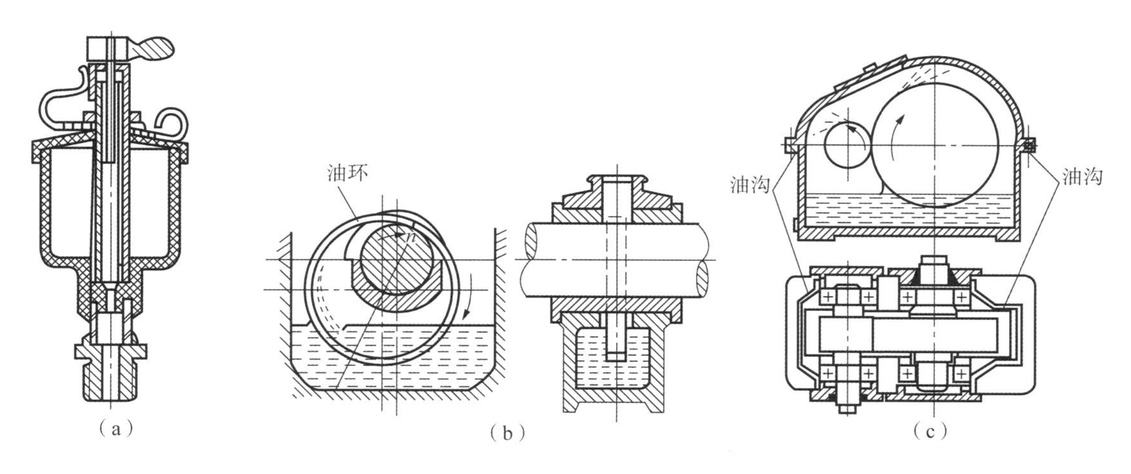


图1－2－1－5　连续润滑的方法和装置

（a）针阀油杯；（b）油环润滑；（c）飞溅润滑

四、密封装置

对机器的接合面应采用适当的密封装置，以防润滑油流失、灰尘水分侵入。根据密封处的各零件之间是否有相对运动，可以将密封装置分为静密封装置和动密封装置。

（1）常用的静密封装置有研合面密封装置、垫圈密封装置、O形圈密封装置和密封胶密封装置等，如图1－2－1－6所示。

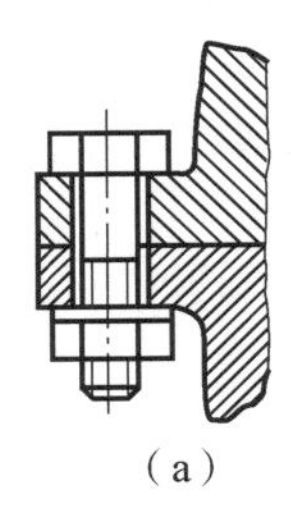

(a)

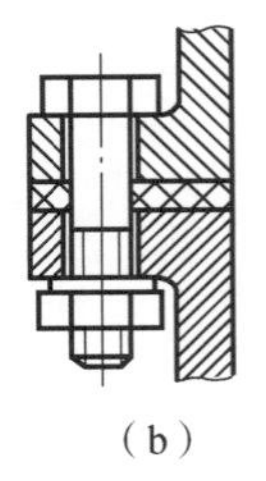

(b)

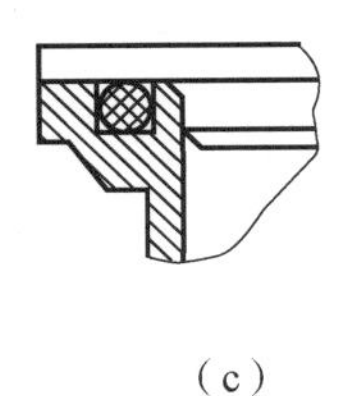

(c)

图 1－2－1－6　常用的静密封装置

(a) 研合面密封；(b) 垫圈密封；(c) O 形圈密封

(2) 旋转动密封装置的类型很多，常用的密封装置及特性见表 1－2－1－1。

表 1－2－1－1　常用的旋转动密封装置

| 种类 | 示意图 | 特性及应用 |
|---|---|---|
| 毛毡圈密封 | 毛毡圈 | 主要用于润滑脂润滑，适用工作环境较清洁、轴与毛毡圈接触处的圆周速度小于 4～5 m/s，表面粗糙度 *Ra*3.2～10，结构简单、成本低，但磨损较大 |
| 皮碗式 | 皮碗 | 皮碗放在轴承盖槽中并直接压在轴上，环形螺旋弹簧压在皮碗的唇部，用来增强密封效果。密封效果比毛毡圈好，安装简便，使用可靠，适用于润滑脂或润滑油滑润。圆周速度小于 6～7 m/s 的场合。但皮碗橡胶易硬化，使用时应注意皮碗唇口的方向：唇朝轴承可防漏油，唇背着轴承可防尘 |
| 油沟式 | 油沟 | 在轴与轴承盖的通孔壁间留 0.1～0.3 mm 的窄缝隙，并在轴承盖上车出沟槽，在槽内充满油脂以达到密封作用。结构简单，密封效果差，用于 $v$ <5～6 m/s 的场合 |
| 迷宫式 | 迷宫 | 将旋转和固定的密封零件间的间隙制成迷宫形式，缝隙间填入润滑油脂以加强密封效果。密封效果好，但结构复杂、成本高。适合于油润滑和脂润滑的场合 |
| 组合式 | 迷宫<br>油沟 | 将两种或多种密封方法联合使用，性能好、成本低，适合轴的转速低、多灰尘和潮湿的场合 |

续表

| 种类 | 示意图 | 特性及应用 |
| --- | --- | --- |
| 挡圈式 | 挡圈 | 挡圈可随轴旋转，利用离心力摔去油和杂物。适用于润滑油润滑脂的密封 |

## 1.2.2　液压与气压传动系统简介

### 一、液压传动系统

#### 1. 液压传动概述

液压传动系统是以液体作为工作介质，依靠密封容积的变化来传递运动，依靠液体内部的压力来传递动力的一种能量转换装置，它先将机械能转换为便于输送的液压能，再将液压能转换为机械能做功。

液压传动技术是根据17世纪帕斯卡提出的液体静压力传动原理而发展起来的一门新兴技术，广泛应用于工农业生产中。如工业用的塑料加工机械、压力机械、机床等；行走机械中的工程机械、建筑机械、农业机械、汽车等；钢铁工业用的冶金机械、提升装置、压辊调整装置等；土木水利工程用的防洪闸门及堤坝装置、河床升降装置、桥梁操纵机构等；发电厂涡轮机调速装置、核发电厂等；船舶用的甲板起重机等；军事工业用的火炮操纵装置、飞机起落架的收放装置和方向舵控制装置等。

#### 2. 电液控制系统

电液控制机构既具有电子控制的灵活性，又有液压元件的巨大功率，随着计算机技术的发展与应用，电液控制机构更具有控制灵活、操作方便、显示清晰并能进行数据处理和实现大系统控制的功能。近年来，这种控制系统正日益广泛应用于冶金机械、轻工机械、机械制造、大型科学实验装备及航空航天、舰船、军工等部门。随着生产水平的发展，机械装备自动化程度的日益提高，在要求工作性能力求完善的情况下，集机、电、液于一体的电液控制机构将更普遍地应用于各个领域之中。

1）电液控制系统的组成

电液控制系统的基本组成如图1－2－2－1所示。

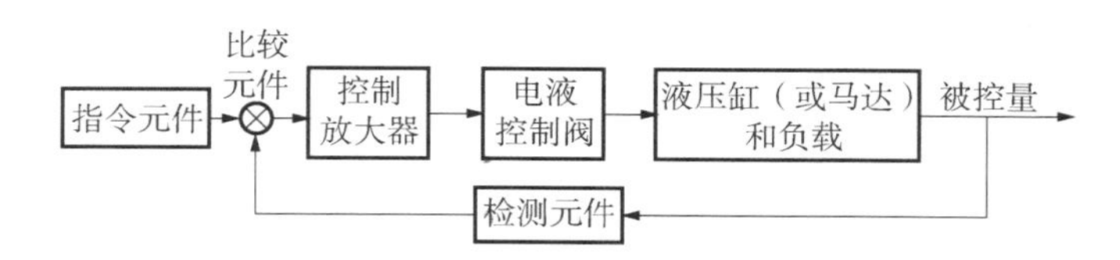


图1－2－2－1　电液控制系统的基本组成

2）电液控制系统的分类

电液控制系统可按各种不同的原则进行分类，参见表1－2－2－1。

表1-2-2-1 电液控制系统的分类

| 分类方法 | 类型 |
| --- | --- |
| 按液压控制元件分 | 阀控系统 |
| | 泵控系统 |
| 按电液控制阀分 | 电液伺服系统 |
| | 电液比例系统 |
| | 数控电液系统 |
| 按被控的物理量分 | 位置控制系统 |
| | 速度控制系统 |
| | 加速度控制系统 |
| | 压力控制系统 |
| | 力控制系统 |
| | 其他物理量控制系统 |
| 按反馈与否的情况分 | 开环控制系统 |
| | 闭环控制系统 |
| 以控制变量的信号形式分 | 连续控制系统 |
| | 离散控制系统 |

## 二、气压传动系统

气压传动系统是以压缩气体为工作介质，靠气体的压力传递动力或信息的流体传动。传递动力的系统是将压缩气体经由管道和控制阀输送给气动执行元件，把压缩气体的压力能转换为机械能而做功，而传递信息的系统是利用气动逻辑元件或射流元件以实现逻辑运算等功能。气压传动系统也称气动控制系统，是一门独立的新兴技术，广泛应用于机械、电子、纺织、化工、食品、包装、橡胶、交通运输等行业，在各种自动化装备和生产线上应用尤为广泛。

### 1. 气压传动的发展阶段

气压传动技术的发展主要经历了以下几个发展阶段：

（1）压缩空气仅被用来传递动力，如电、汽车的自动开门，火车的自动抱闸，采矿用的风钻等。

（2）20世纪50年代，人们利用压缩空气来传递信号、进行控制。气动执行元件的种类主要为气缸、气马达，控制元件主要为由射流元件组成的气动逻辑控制元件和各种气控阀。

（3）大约到了20世纪70年代，由于电子技术的渗透，射流控制发展到了电—气控制，使得气动技术得到了迅速发展。

（4）20世纪80年代，随着以微型计算机为代表的微电子技术的发展和生产自动化程度的提高，气动技术得到了进一步的发展，气动元件的种类发展到了几百种，出现了无杆气缸、阀控缸、带接近开关气缸；控制系统发展为计算机控制、可编程控制器控制系统。

（5）到20世纪80年代后期，在一般工业领域也开始应用电—气伺服控制，在电—液比

例控制技术推广应用的同时，电—气比例控制也得到了发展、完善和推广，这标志着气动控制已由以往的开关控制、开环控制，发展为连续控制、闭环控制。

2. 气压传动的特点

（1）工作介质容易获得，对环境无污染，不必设置专门的回收油箱和管道。

（2）工作介质黏度很小（约为液压油动力黏度的万分之一），传动损失很小，便于远距离输送；温度变化的影响可忽略不计。

（3）传动系统阻尼比小，难以实现闭环控制。

（4）工作环境适应性好，特别在恶劣工作环境中，比液压、电子、电气控制优越，但噪声较大。

（5）具有过载自动保护功能，但气动伺服系统的效率低，系统润滑性能差，负载易于爬行。

（6）由于气体的可压缩性，气动控制的能量储存较方便，但系统的刚度、速度的稳定性较差，响应速度慢。

（7）气动元件体积小、重量轻、成本低、维护简单。

3. 气压传动系统的组成和分类

1）气压传动系统的组成

典型气压传动系统的组成如图 1－2－2－2 所示。

2）气压传动系统的分类

气压传动系统按所选用的控制元件不同，分为逻辑元件控制系统、射流元件控制系统、气阀控制系统等，其中气阀控制系统又可根据控制信号的不同分为气控气动系统和电控气动控制系统。

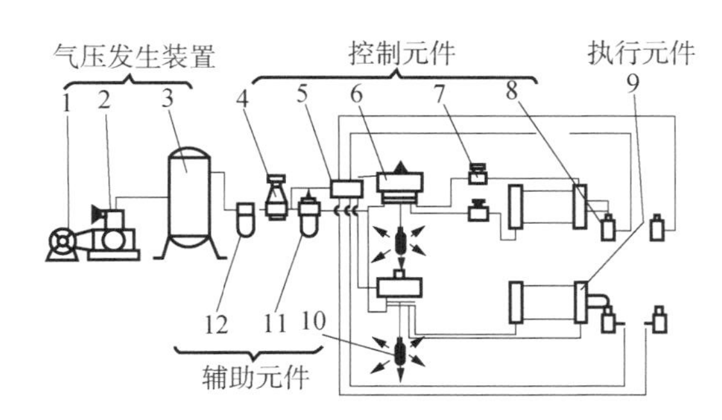


图 1－2－2－2　气压传动系统组成

1—电动机；2—空气压缩机；3—气罐；4—压力控制阀；5—逻辑元件；6—方向控制阀；7—流量控制阀；8—行程阀；9—气缸；10—消声器；11—油雾器；12—分水滤气器

## 1.2.3　电气控制系统简介

### 一、电气控制系统的要求

电气控制系统一般称为电气设备二次控制回路，不同的设备有不同的控制回路，而且高压电气设备与低压电气设备的控制方式也不相同。

为了保证一次设备运行的可靠与安全，需要有许多辅助电气设备为之服务，能够实现

某项控制功能的若干个电器组件的组合，称为控制回路或二次回路。这些设备要有以下功能：

（1）自动控制功能。高压和大电流开关设备的体积是很大的，一般都采用操作系统来控制分、合闸，特别是当设备出了故障时，需要开关自动切断电路，要有一套自动控制的电气操作设备，对供电设备进行自动控制。

（2）保护功能。电气设备与线路在运行过程中会发生故障，电流（或电压）会超过设备与线路允许工作的范围与限度，这就需要一套检测这些故障信号并对设备和线路进行自动调整（断开、切换等）的保护设备。

（3）监视功能。电是眼睛看不见的，一台设备是否带电或断电，从外表看无法分辨，这就需要设置各种视听信号，如灯光和音响等，对一次设备进行电气监视。

（4）测量功能。灯光和音响信号只能定性地表明设备的工作状态（有电或断电），如果想定量地知道电气设备的工作情况，还需要有各种仪表测量设备，测量线路的各种参数，如电压、电流、频率和功率的大小等。

在设备操作与监视当中，传统的操作组件、控制电器、仪表和信号等设备大多可被电脑控制系统及电子组件所取代，但在小型设备和就地局部控制的电路中仍有一定的应用范围。这也都是电路实现微机自动化控制的基础。

## 二、常用控制线路的基本回路组成

（1）电源供电回路。供电回路的供电电源有 AC 380 V 和 220 V 等多种。

（2）保护回路。保护（辅助）回路的工作电源有单相 220 V、36 V 或直流 220 V、24 V 等多种，对电气设备和线路进行短路、过载和失压等各种保护，由熔断器、热继电器、失压线圈、整流组件和稳压组件等保护组件组成。

（3）信号回路。能及时反映或显示设备和线路正常与非正常工作状态信息的回路，如不同颜色的信号灯，不同声响的音响设备等。

（4）自动与手动回路。电气设备为了提高工作效率，一般都设有自动环节，但在安装、调试及紧急事故的处理中，控制线路中还需要设置手动环节，通过组合开关或转换开关等实现自动与手动方式的转换。

（5）制动停车回路。切断电路的供电电源，并采取某些制动措施，使电动机迅速停车的控制环节，如能耗制动、电源反接制动、倒拉反接制动和再生发电制动等。

（6）自锁及闭锁回路。启动按钮松开后，线路保持通电，电气设备能继续工作的电气环节叫自锁环节，如接触器的动合触点串联在线圈电路中。两台或两台以上的电气装置和组件，为了保证设备运行的安全与可靠，只能一台通电启动，另一台不能通电启动的保护环节，叫闭锁环节，如两个接触器的动断触点分别串联在对方线圈电路中。

## 三、电气控制系统的主要组成部分

### 1. 电动机

通常将电动机按使用电源分为三大类：交流电动机（异步电动机、同步电动机），直流电动机和交、直两用电动机。据统计，目前国内 90%左右的电力拖动机械采用交流电动机，在电网总负荷中，交流电动机中的异步电动机用电量占 60%以上。为适应被拖动机械的不同要求，提高对环境的保护能力或为适应某些机械配套的特殊要求，电动机又

有许多派生和专用系列。

交流异步电动机又有单相、三相之分。单相异步电动机一般为 1 kW 以下的小功率电动机，主要包括电阻分相式、电容分相式、电容运转式、电容起动运转式和罩极式；三相异步电动机按转子形式分为笼形转子和绕线转子两大类，笼形转子结构简单，应用最广泛。

电动机铭牌是使用和维修电动机的基本依据。异步电动机铭牌项目有型号、额定功率、额定电压、额定电流、额定频率、额定转速、接法、绝缘等级、定额和标准编号等。直流电动机除无额定频率和接法不同外与异步电动机相同。另外，直流电动机铭牌上还有励磁方式、励磁电压、励磁电流等项。

2. 传感器

传感器是把被测的物理量按一定的规律转换为相应的容易检测、传输及处理的信息的装置。传感器通常是将被测物理量转换成电量输出。传感器是一种获得信息的手段，主要用于检测和控制领域。人们常把计算机比作人的大脑，把传感器比作人的感官，但在许多方面，传感器的性能远胜过人的感官。传感器技术领域是当今科学技术发展的前沿领域之一。

传感器通常由敏感元件、转换器件和其他辅助器件等组成。其中敏感元件是传感器中直接感受被测物理量，并输出与被测量成确定关系的其他量的部分；转换器件是将敏感元件的输出量转换为适宜于传输和测量的（电）信号的部分。实际的传感器有的很简单，只有敏感元件，如电阻应变片、热电偶等；有的则很复杂，如智能传感器等。

传感器的分类方法很多，主要分类方法及类型参见表 1－2－3－1，在测试领域常按测量对象或按工作原理分类。

表 1－2－3－1　传感器的分类

| 分类方法 | 类型 |
| --- | --- |
| 按测量对象分 | 速度传感器 |
| | 温度传感器 |
| | 压力传感器 |
| | 流量传感器 |
| 按工作原理分 | 电阻式传感器 |
| | 电感式传感器 |
| | 电容式传感器 |
| | 压电式传感器 |
| | 光电式传感器 |
| | 射线式传感器 |
| 按信号变换特征分 | 物性型 |
| | 结构型 |
| 按传感器与被测对象间的能量关系分 | 能量转换型 |
| | 能量控制型 |

传感器工作于测控系统的最前沿，它获得信息的正确与否直接关系到整个测控系统的工作性能，所以对其工作性能有较高要求。主要要求有：灵敏度高，线性度好；抗干扰能力强，输出信号信噪比高；特性的复现性好，具有互换性；滞后和漂移小，稳定性好；对被测对象的影响小，即负载效应小。这些要求通过传感器的特性包括静态特性和动态特性来评价。衡量传感器静态特性的重要指标是线性度、准确度、灵敏度和重复性；衡量传感器动态特性的主要指标有时域性能指标和频域性能指标。

3. 常用控制电器

用来对电能的产生、输送、分配与应用，起开关、控制、保护与调节作用的电工设备称为电器。低压电器通常是指工作在交、直流电压 1 200 V 及以下电路内的电器设备。生产机械中所用的控制电器多属于低压电器。

常用的控制电器类型繁多，大体上可分为手动电器和自动电器两大类，具体参见表1－2－3－2。

表1－2－3－2　常用控制电器

| 常用电器 | | 主要用途及应用场合 | 结构示意图 |
|---|---|---|---|
| 手动电器 | 刀开关（闸刀） | 使电源与用电设备接通或断开；用于不频繁开断或接通的低压电路中 | 接线端子 静触头 绝缘底板 手柄 动触头 |
| 手动电器 | 转换开关（组合开关） | 选择接通或切断相应的电路；广泛应用为机床上的电源引入开关或控制线路及信号线路的转换开关 | 转换手柄 轴 定位机构 $X_3$ $D_3$ 静触片 $X_2$ $D_2$ 动触片 $X_1$ $D_1$ |
| 手动电器 | 按钮 | 专门用来操纵控制电路通、断 | 常闭触头 常开触头 |

续表

| 常用电器 | | | 主要用途及应用场合 | 结构示意图 |
| --- | --- | --- | --- | --- |
| 自动电器 | 接触器 | | 交流接触器用于通断交流负载，直流接触器用于通断直流负载；主要控制电动机及其他电力负载 | 复位弹簧<br>吸引线圈<br>辅助动断触头<br>灭弧罩<br>衔铁<br>动合主触头<br>底板<br>固定铁心<br>辅助动合触头 |
| | 继电器 | 电压继电器 | 用来接通和断开控制电路；广泛应用于生产过程自动化的控制系统及电动机的保护系统 | 复位按钮<br>调整电流装置<br>常闭触头<br>热元件<br>动作机构 |
| | | 中间继电器 | | |
| | | 电流继电器 | | |
| | | 热继电器 | | |

4. 电气原理图绘制的原则与要求

图 1-2-3-1 为 C6140 型车床的电气原理，由主电路、控制电路、辅助电路（保护、显示和报警电路）等组成。

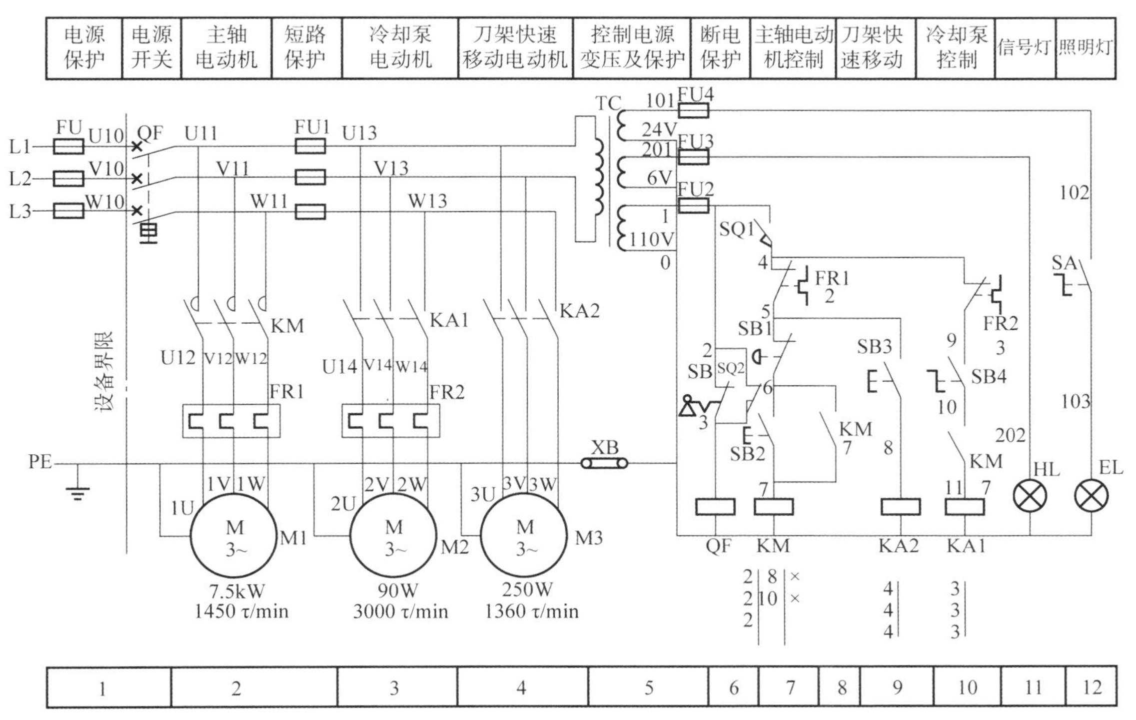


图 1-2-3-1 C6140 型车床的电气原理

绘制原理图的原则与要求有：

（1）在原理图中，电源电路绘成水平线，主电路即受电的动力装置（如电动机）及保护电器应垂直电源电路。

（2）控制电路垂直在两条水平电源线之间；耗能元件（线圈、电磁铁、信号灯等）直接连接在接地的水平电源线上，如图中的 HL、EL；控制触点连接在上方水平电源线与耗能元件之间。

（3）控制线路中的电器元件，属于同一电器的各个部件（如接触器的线圈和触头）都用同一文字符号表示；如有几个种类相同的电器，在代号后加数字以示区别，如图中的 FU1、FU2、FU3、FU4。

（4）各种电器都绘制成未通电时的状态，机械开关应是循环开始前的状态（如接触器和电磁式继电器为电磁铁未吸上时的位置，行程开关、按钮为未压合的位置）。

（5）在原理图中导线的连接处用“实心圆”表示；线路交叉点，需要测试和拆、接外部引出线的端子用“空心圆”表示。

（6）为了区分元件和便于分析控制电路，电器元件可采用数字编号来表示其位置。数字编号应按自上而下或自左至右的顺序排列。

（7）为了便于检索电气线路，方便阅读原理图，将图面分成若干个区域（以下简称图区）。图区编号一般写在图的下部。图中接触器、继电器的线圈及触头的具体标志为：

①在每个接触器线圈的文字符号 KM 下面画两条垂直线，分成左、中、右三栏。左栏表示主触头所处图区号；中栏表示辅助动合（常开）触点所处图区号；右栏表示辅助动断（常闭）触点所处图区号。如图 1-2-3-1 中 KM 下的数字“2”“8”“10”。

②在每个继电器线圈文字符号 KA 下面画一条垂直线，分成左、右两栏。左栏表示动合（常开）触点所处图区号；右栏表示动断（常闭）触点所处图区号。如图 1-2-3-1 中 $K_{A1}$、KA2 下的数字“4”“3”。

③对备而未用的触头，在相应的栏中用记号“×”示出。如图 1-2-3-1 中 KM 下右栏的“×”表示未用的触头。

（8）电路图上每个电路或器件在机械设备工作程序中的用途，必须用文字标明在用途栏内。用途栏一般以方框形式放置在图面的上部。

（9）电路图上应标明：各个电源电路的电压值、极性、频率及相数；某些元器件的特性（如电阻、电容的数值等）；不常用的电器（如位置传感器、手动触头、电磁阀或气动阀、定时器等）的操作方式和功能。

# 1.3 机电一体化典型设备简介

## 1.3.1 机电一体化概述

### 一、机电一体化的基本概念

#### 1. 机电一体化的由来

在机械工程领域，由于微电子技术和计算机技术的飞速发展及其向机械工业的渗透所形

成的机电一体化，使机械工程的技术结构、产品结构、功能、生产方式及管理体系均发生了巨大变化，使工业和工程领域生产由“机械电气化”进入了“机电一体化”的发展阶段。

机电一体化又称机械电子学，英语称为Mechatronics，它是由英文机械学Mechanics的前半部分与电子学Electronics的后半部分组合而成。机电一体化技术是将机械技术、电工电子技术、微电子技术、信息技术、传感器技术、接口技术、信号变换技术等多种技术进行有机地结合，并综合应用到实际中去的综合技术，并非是机械技术与电子技术的简单相加。现代化的自动生产设备几乎可以说都是机电一体化的设备。机电一体化最早出现在1971年日本杂志《机械设计》的副刊上，随着机电一体化技术的快速发展，机电一体化的概念被我们广泛接受和普遍应用。现在的机电一体化技术是机械和微电子技术紧密结合的一门技术，它的发展使冷冰冰的机器更加人性化、智能化。

2. 机电一体化的含义

目前，关于“机电一体化”含义尚未有统一的定义，随着生产和科学技术的发展，“机电一体化”还将不断被赋予新的内容。但其基本含义可概括为：将机械技术、微电子技术、信息技术、控制技术、计算机技术、传感器技术、接口技术等在系统工程的基础上有机地加以综合，实现整个系统最优化而建立起来的一种新的科学技术。机电一体化是指机和电之间的有机融合，它既不是传统的机械技术，也不是传统的电气技术。

“机电一体化”涵盖“技术”和“产品”两个方面。随着科学技术的发展，机电一体化已从原来以机械为主的领域拓展到目前的汽车、电站、仪表、化工、通信、冶金等领域，而且机电一体化产品的概念也不再局限在某一具体产品的范围，已扩大到控制系统和被控制系统相结合的产品制造和过程控制的大系统，例如柔性制造系统、计算机辅助设计/制造系统、计算机辅助设计工艺和计算机集成制造系统以及各种工业过程控制系统。此外，对传统的机电设备作智能化改造等工作也属于机电一体化的范围。因此，在理解机电一体化的含义时，可以将“机电”一词模糊为“先进技术”。

## 二、机电一体化产品分类

机电一体化产品是指机械系统和微电子系统有机结合，从而赋予新的功能和性能的新产品，是集机、电、气、液、光电等技术为一体的综合体。机电一体化产品种类繁多，目前还在不断扩展，在日常生活中，机电一体化的产品也比比皆是，如全自动照相机、全自动洗衣机、音响设备、电脑打印机等。机电一体化产品按产品的功能可划分为以下几类，参见表1－3－1－1。

表1－3－1－1 机电一体化产品的分类

| 类型 | 主要特点 | 典型产品 |
| --- | --- | --- |
| 数控机械类 | 执行机构是机械装置 | 数控机床、工业机器人、发动机控制系统、自动洗衣机 |
| 电子设备类 | 执行机构是电子装置 | 电火花加工机床、线切割加工机床、超声波缝纫机、激光测量仪 |
| 机电结合类 | 执行机构是机械和电子装置的有机结合 | 自动探伤机、形状识别装置、CT扫描仪、自动售货机 |
| 电液伺服类 | 执行机构是液压驱动的机械装置，控制机构是接受电信号的液压伺服阀 | 机电一体化的伺服装置 |
| 信息控制类 | 执行机构的动作完全由所接收的信息类控制 | 电报机、磁盘存储器、磁带录像机、录音机以及复印机、传真机 |

三、机电一体化系统的组成

一个机电一体化系统一般由结构组成要素、动力组成要素、运动组成要素、感知组成要素、职能组成要素等五大组成要素有机结合而成，如图 1－3－1－1（a）所示。机械本体（结构组成要素）是系统所有功能要素的机械支持结构，一般包括有机身、框架、支承、连接等；动力驱动部分（动力组成要素）依据系统控制要求，为系统提供能量和动力以使系统正常运行；测试传感部分（感知组成要素）对系统的运行所需要的本身和外部环境的各种参数和状态进行检测，并变成可识别的信号，传输给信息处理单元，经过分析、处理后产生相应的控制信息；控制及信息处理部分（职能组成要素）将来源于测试传感部分的信息及外部直接输入的指令进行集中、存储、分析、加工处理后，按照信息处理结果和规定的程序与节奏发出相应的指令，控制整个系统有目的的运行；执行机构（运动组成要素）根据控制及信息处理部分发出的指令，完成规定的动作和功能。

机电一体化系统一般由机械、传感检测、执行、控制及信息处理、动力等五部分组成，与构成人体的头脑、感官（眼、耳、鼻、舌、皮肤）、手足、内脏及骨骼等五大部分组成相类似，如图 1－3－1－1（b）所示。内脏提供人体所需要的能量（动力）及各种激素，维持人体活动；头脑处理各种信息并对其他要素实施控制（计算机）；感官获取外界信息（传感器）；手足执行动作（执行元件）；骨骼的功能是把人体各要素有机联系为一体（机构）。由上可见，机电一体化系统内部的五大功能与人体的功能几乎是一样的，而实现各功能的相应构成要素如图 1－3－1－1（c）所示。

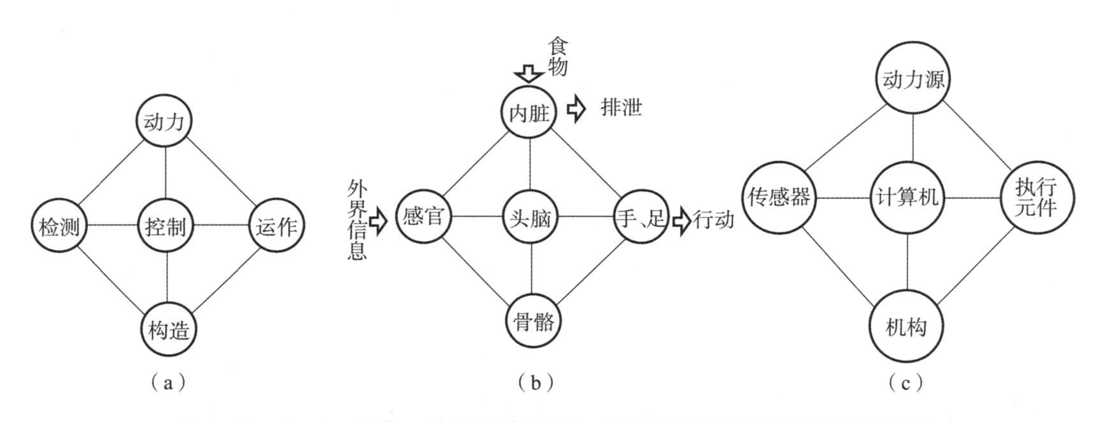


图 1－3－1－1　机电一体化系统组成与人体对应部分及相应功能的关系

机电一体化系统组成实例：数控机床功能的组成如图 1－3－1－2 所示。

四、机电一体化的共性关键技术及发展方向

1. 机电一体化的共性关键技术

机电一体化是各种技术相互渗透的结果，其发展所面临的共性关键技术可以归纳为精密机械技术、检测传感技术、信息处理技术、自动控制技术、伺服驱动技术、接口技术和系统总体技术等七方面。

2. 机电一体化的发展方向

1）智能化

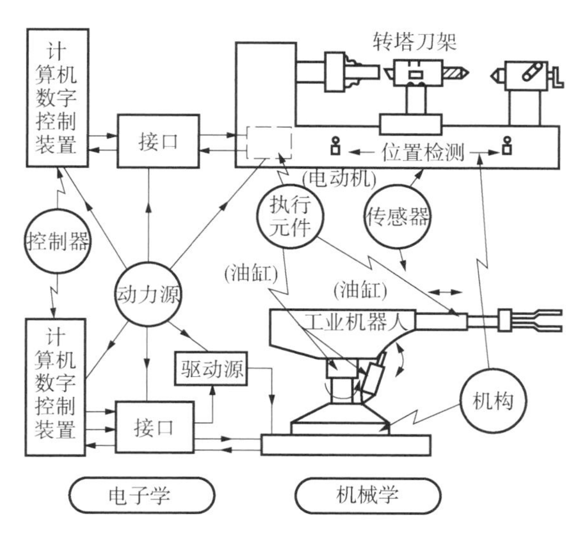


图1-3-1-2 数控机床功能的组成

智能化是21世纪机电一体化技术发展的主要方向，人工智能在机电一体化建设者的研究中日益得到重视。近几年，处理器速度的提高和微机的高性能化、传感器系统的集成化与智能化为嵌入智能控制算法创造了条件，有力推动着机电一体化产品向智能化方向发展。智能机电一体化产品可以模拟人类智能，具有某种程度的判断推理、逻辑思维和自主决策能力，从而可以取代制造工程中人的部分脑力劳动。

2）模块化

机电一体化产品种类和生产厂家繁多，研制和开发具有标准机械接口、电气接口、动力接口、环境接口的机电一体化产品单元是一项十分复杂但又是非常重要的事。如研制集减速、智能调速、电动机于一体的动力单元，具有视觉、图像处理、识别和测距等功能的控制单元，以及各种能完成典型操作的机械装置。这样，可利用标准单元迅速开发出新产品，同时也可以扩大生产规模。显然，从电气产品的标准化、系列化带来的好处可以肯定，无论是对生产标准机电一体化单元的企业还是对生产机电一体化产品的企业，规模化都将给其带来美好的前程。

3）网络化

网络技术的兴起和发展给科学技术、工业生产、政治、军事、教育及人们日常生活都带来了巨大变革。各种网络将全球经济、生产连成一片，企业间的竞争也全球化，机电一体化新产品一旦研制出来，只要其功能独到、质量可靠，很快就会畅销全球。由于网络的普及，基于网络的各种远程控制和监视技术方兴未艾，而远程控制的终端设备就是机电一体化产品。现场总线和局域网技术使家用电器网络化已成大势，利用家庭网络（Home net）将各种家用电器连接成以计算机为中心的计算机集成家电系统（Computer Integrated Appliance System，CIAS），使人们在家里分享各种高新技术带来的便利与快乐。因此，机电一体化产品无疑朝着网络化方向发展。

4）微型化

微型化指的是机电一体化向微型化和微观领域发展的趋势。国外称其为微电子机械系统（Micro Electro Mechanic System，MEMS），泛指几何尺寸不超过1 $cm^3$ 的机电一体化产品，并

向微米、纳米级发展。

随着微传感器和执行器技术的发展，和半导体以光刻技术为基础的方法以及和传统机电一体化微型化方法的结合，人们开创了以精密工程和系统集成为特点的机电一体化新分支"微机电一体化"。微机电一体化产品体积小、耗能少、运动灵活，在生物医疗、军事、信息等方面具有不可比拟的优势。

5）绿色化

21 世纪的主题词是"环境保护"，绿色化是时代的趋势。绿色产品在其设计、制造、使用和销毁的生命过程中，要符合特定的环境保护和人类健康的要求，对生态环境无害或危害极少，资源利用率最高。设计绿色的机电一体化产品，具有远大的发展前途。机电一体化产品的绿色化主要是指，使用时不污染生态环境，报废后能回收利用。

6）人格化

未来的机电一体化更加注重产品与人的关系，机电一体化的人格化有两层含义：一层是，机电一体化产品的最终使用对象是人，如何赋予机电一体化产品人的智能、情感、人性显得越来越重要，特别是对家用机器人，其高层境界就是人机一体化；另一层是，模仿生物机理，研制各种机电一体化产品。事实上，许多机电一体化产品都是受动物的启发研制出来的。

## 1.3.2 机电一体化典型设备简介

### 一、金属切削机床

金属切削机床就是用切削、特种加工等方法主要加工金属工件，使之获得所要求的几何形状、尺寸精度和表面质量的机器，它是机械制造和维修行业的主要设备，通常简称为机床。我国机床的传统分类方法主要是按加工方式和用途不同，把机床分为 12 大类，在每类机床中，按工艺特点、布局型式、结构性能等不同又分为 10 组，每组又分 10 系。除上述分类方法外，还可按机床的性能分为通用机床、专门化机床、专用机床；按机床加工精度分普通精度机床、精密机床及高精度机床；按照机床的质量和尺寸不同，可分为仪表机床、中型机床、大型机床、重型机床（30 t 以上）及超重型机床（100 t 以上）；按照机床的自动化程度，可分为手动、机动、半自动和自动机床。

### 二、起重运输机械

起重运输机械是指那些用以升降、输送物或人的机械设备的总称，广泛用于国民经济的各个部门。起重运输机械的品种极为庞杂，按照部标将起重运输机械分为 13 大类 42 组，每组又分若干型。

### 三、带式输送机

带式输送机结构如图 1－3－2－1 所示，它由一根封闭的胶带，绕过机头和机尾卷筒，利用滚筒和带子之间的摩擦传动原理，使传动滚筒带动橡胶带移动，并将置于橡胶带上的物料进行输送，橡胶带既是输送机的牵引件，又是输送机的承载件，具有双重功能。

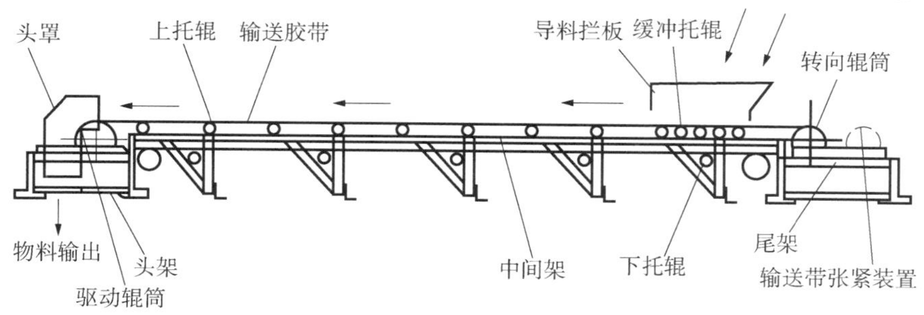


图1－3－2－1 带式输送机结构

带式输送机有运输量大、制造维修简单、使用可靠、运费低、对物料和地形适应性强等优点，所以广泛用于各厂矿企业中输送量大的各种块状、粒状、粉状物料和连续生产设备之间点的成品或半成品件。

四、电梯

电梯是输送人员或货物的垂直升降设备。其主要组成是：曳引机构、轿厢、导轨、驱动控制系统和安全保护装置。电梯的分类参见表1－3－2－1。

表1－3－2－1 电梯的分类

| 分类方法 | 常见类型 |
| --- | --- |
| 按用途分 | 客梯、货梯、客货两用梯、医用梯、杂物梯、消防梯 |
| 按曳引用电动机分 | 交流电梯、直流电梯、液压电梯 |
| 按传动机械分 | 齿轮电梯（带蜗轮减速机）、无齿轮电梯（曳引轮和制动轮直接固定于电动机轴上） |
| 按电气传动方式分 | 交流单速梯、交流双速梯、交流调压梯、交流调频调压梯、直流晶闸管供电电梯 |
| 按运行速度分 | 低速梯、快（中）速梯、高速梯、超高速梯 |
| 按控制方式分 | 层间控制、简易自动控制、集选控制、有无司机控制、群控 |

五、塑料成形机械

塑料成形机械的类型很多，如挤出机、注射机、浇铸机、真空成形机和液压机等。但在生产中常用的是挤出机和注射机。

1. 塑料挤出成形机

塑料挤出成形机是将塑料（粒状和粉状）加入挤出机料筒内加热熔融，使之呈黏流状态，在挤出机挤压系统加压情况下通过口模，成为形状与口模相仿的黏流态连续体，然后通过冷却定形成为一定几何形状和尺寸的塑料制品。挤出成形设备分挤出主机和轴机两部分。挤出主机如图1－3－2－2所示，挤出主机主要由挤出系统、传动系统、加热冷却系统、机头和口模等组成。

2. 塑料注射机

塑料注射机主要用于热塑性塑料成形。其成形原理是将熔融状态的塑料，在压力作用下注射入模腔内，经冷却定形后而获得塑料制品的一种成形方法。注射机的基本组成如图1－3－2－3所示，主要由注射装置、合模装置、液压传动和电气控制系统等组成。

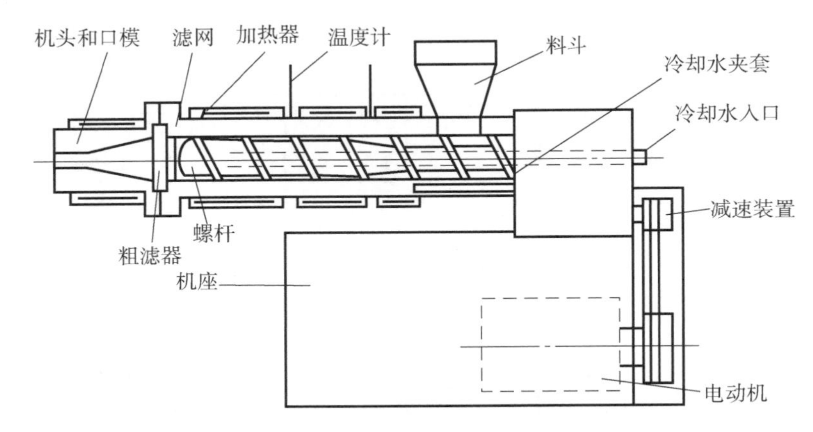


图 1－3－2－2　单螺杆挤出成形机示意

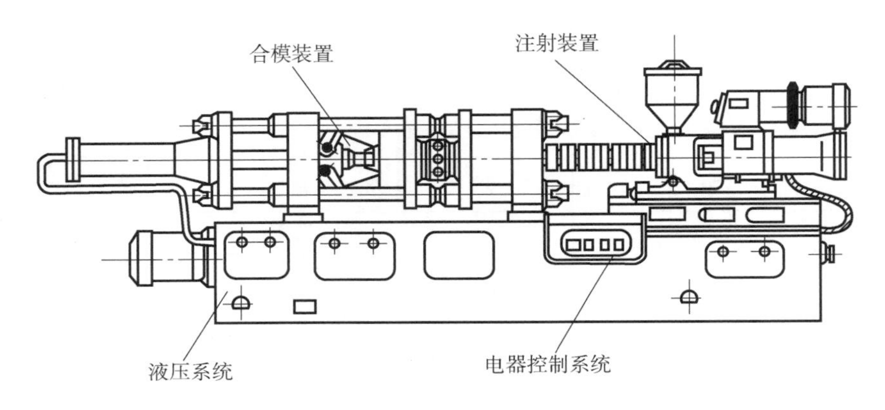


图 1－3－2－3　注射机的组成

## 六、全自动照相机

全自动照相机是个典型的机电一体化产品。它可以自动地根据现场光线的强弱、对象的远近选择恰当的光圈、交给和速度进行曝光。这些功能都是由其中的电脑进行判断，然后由自动光圈调节器和自动焦距调节而实现的，在全自动照相机上还有测光器、测距器部分。全自动照相机问世以后，所有的复杂操作都被简化了。人们只要对准目标，按一下快门即可完成拍摄并可得到曝光正确的产品。因此，它问世后立刻受到人们的欢迎，并迅速地进入人们的生活。

全自动照相机的电脑使用了微电子技术，因此，全自动照相机在瞬间就可完成大量的运算，从而可以在极短的时间内对现场的光线强弱、距离远近做出及时而又准确的判断。这种功能是传统的照相机所望尘莫及的。

全自动照相机中的机械部分和电子部分已形成一个不可分割的整体，机械部分既是自动照相机的主题，也是被控制的对象。可见，在机电一体化的产品或设备中，其机械部分有一定的特殊要求。在全自动照相机中不但有紧密的机械和复杂的电子线路，而且还有光电检测、液晶显示等先进技术。因此，它是一台综合先进技术的产品。

七、数控机床

带有数控（NC、CNC）系统的机床称为数控机床。数控系统是一种利用预先决定的指令控制一系列加工作业的系统。指令以数码的形式存储在某种形式的输入介质上，如穿孔纸带、磁带或者程序存储器的公共存储区。指令确定位置、方向、速度以及切割速度等。零件程序包含生产希望零件所要求的全部指令。数控机床可以形成镗、钻、磨、铣、冲、特形铣、锯、车、绕（线）、火花切割、编织（服装）、铆、弯、焊以及线处理等加工作业。数控加工最适合在同一机床上加工大量不同的零件，而极少在同一机床上连续生产单一零件。

数控机床是一种典型的机电一体化的产品，其高切削精度、高稳定度，加工复杂、不规则形状零件时合格率高，高柔性和高生产率的特点，使其逐步成为机械加工市场的主导，其主要结构主要包括以下几个部分。

1. 程序编制及程序载体

数控程序是数控机床自动加工零件的工作指令。在对加工零件进行工艺分析的基础上，确定零件坐标系在机床坐标系上的相对位置，即零件在机床上的安装位置；刀具与零件相对运动的尺寸参数；零件加工的工艺路线、切削加工的工艺参数以及辅助装置的动作等。得到零件的所有运动、尺寸、工艺参数等加工信息后，用由文字、数字和符号组成的标准数控代码，按规定的方法和格式，编制零件加工的数控程序单。编制程序的工作可由人工进行，对于形状复杂的零件，则要在专用的编程机或通用计算机上进行自动编程（APT）或 CAD/CAM 设计。

2. 输入装置

输入装置的作用是将程序载体（信息载体）上的数控代码传递并存入数控系统内。根据控制存储介质的不同，输入装置可以是光电阅读机、磁带机或软盘驱动器等。数控机床加工程序也可通过键盘用手工方式直接输入数控系统；数控加工程序还可由编程计算机用 RS232C 或采用网络通信方式传送到数控系统中。

3. 数控装置

数控装置是数控机床的核心。数控装置从内部存储器中取出或接受输入装置送来的一段或几段数控加工程序，经过数控装置的逻辑电路或系统软件进行编译、运算和逻辑处理后，输出各种控制信息和指令，控制机床各部分的工作，使其进行规定的有序运动和动作。

4. 驱动装置和位置检测装置

驱动装置接受来自数控装置的指令信息，经功率放大后，严格按照指令信息的要求驱动机床移动部件，以加工出符合图样要求的零件。因此，它的伺服精度和动态响应性能是影响数控机床加工精度、表面质量和生产率的重要因素之一。驱动装置包括控制器（含功率放大器）和执行机构两大部分。目前大都采用直流或交流伺服电动机作为执行机构。

位置检测装置将数控机床各坐标轴的实际位移量检测出来，经反馈系统输入到机床的数控装置之后，数控装置将反馈回来的实际位移量值与设定值进行比较，控制驱动装置按照指令设定值运动。

5. 辅助控制装置

辅助控制装置的主要作用是接收数控装置输出的开关量指令信号，经过编译、逻辑判别和运动，再经功率放大后驱动相应的电器，带动机床的机械、液压、气动等辅助装置完成指令规定的开关量动作。这些控制包括主轴运动部件的变速、换向和启停指令，刀具的选择和

交换指令，冷却、润滑装置的启动停止，工件和机床部件的松开、夹紧，分度工作台转位分度等开关辅助动作。

由于可编程逻辑控制器（PLC）具有响应快，性能可靠，易于使用、编程和修改程序并可直接启动机床开关等特点，现已广泛用作数控机床的辅助控制装置。

6. 机床本体

数控机床的机床本体与传统机床相似，由主轴传动装置、进给传动装置、床身、工作台以及辅助运动装置、液压气动系统、润滑系统、冷却装置等组成。但数控机床在整体布局、外观造型、传动系统、刀具系统的结构以及操作机构等方面都已发生了很大的变化。这种变化的目的是为了满足数控机床的要求和充分发挥数控机床的作用。

## 八、工业机器人

工业机器人是另一类数控机器。它是一种可编程机械手，用来通过一系列动作，搬运物料、零件、工具或者其他装置，以实现给定的任务。工业机器人有能力移动零件、加载 NC 机床、操作压铸机、装配产品、焊接、喷漆、打毛刺以及包装产品。最通用的工业机器人是具有一个自由度到六个自由度的机械手，如图 1－3－2－4 所示。

图 1－3－2－4 中，六个运动自由度是：

（1）手臂扫掠（腰左转或右转）；

（2）肩旋转（肩向上或向下）；

（3）肘伸展（肘缩进或伸出）；

（4）俯仰（手腕上转或下转）；

（5）偏航（手腕左转或右转）；

（6）横滚（手腕顺时针转或反时针转）。

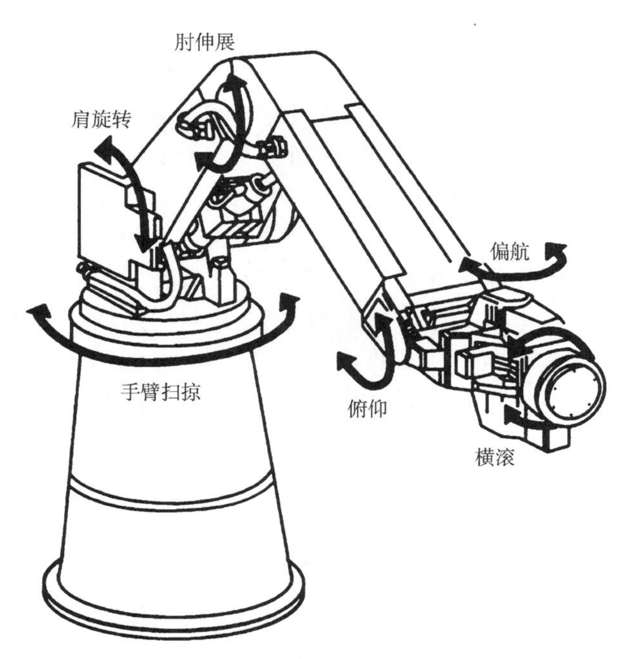


图 1－3－2－4　六自由度工业机器人

每一个运动轴都有自己的执行器连接到机械传动链，以实现关节运动。执行器可以是气缸、气动马达、液压缸、液压马达、伺服电动机或者步进电动机。气动执行器便宜、快速、清洁，但是，气体的可压缩性限制了它的精度和保持负载不动的能力。液压执行器能够驱动重负载和保持负载不动，但是其价格昂贵、有噪声、比较慢以及可能漏油。伺服电动机执行器快速、精密、安静，但是减速器的游隙限制了它的精度。

工业机器人有三个主要组成部件。除了机械手以外，还有终端器和控制器，如图1－3－2－5所示。终端器是一个机械的、真空的或者电磁的装置，它安装在机械手的腕上，用来抓取零件或握持工具。控制器在开环控制的单轴机器人中可以是一个简单的机械挡块，而在闭环控制的六轴机器人中则是一台计算机。在任何情况下，控制器在存储器中都存有一系列定位数据。按照给定的操作次序，它启动和停止机械手的运动。如果控制器是一台计算机，它可以与主机通信，卸载程序和提供管理信息。每一个运动轴都由一个开环或闭环控制系统控制。开环控制可以是气缸上的机械挡块，液压马达上的凸轮作用阀，或者步进电动机。闭环控制系统通常是跟踪位置控制系统——伺服系统。

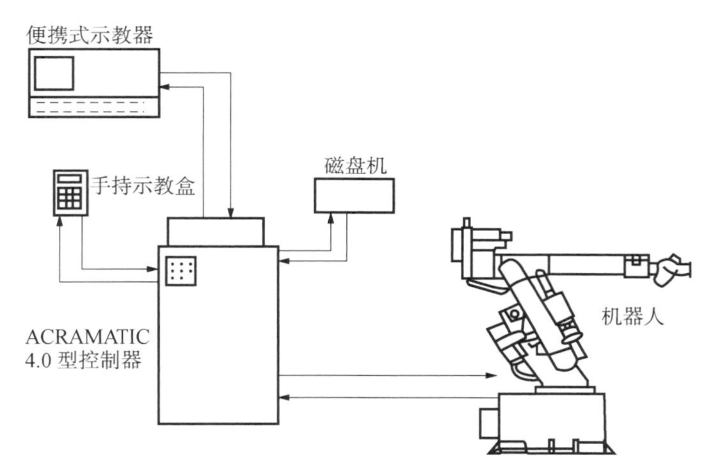


图1－3－2－5　工业机器人的组成示意

## 思考题与习题

1. 现代机电设备的特点有哪些？
2. 简述机电设备的发展趋势。
3. 机电设备是如何分类的？
4. 机电设备的一般结构是什么？
5. 机电设备的机械结构系统包含几部分？各部分的功用是什么？
6. 比较液压传动、气压传动和机械传动。

7. 电气控制系统的要求是什么?
8. 常用控制线路的基本组成回路有哪些?
9. 电气原理图绘制的原则和要求有哪些?
10. 什么是机电一体化?其产品是如何分类的?
11. 机电一体化系统的基本组成结构有哪些?各有何功用?
12. 机电一体化技术的共性关键技术有哪些?
13. 机电一体化技术的主要发展方向是什么?
14. 举例说明常用的机电一体化设备。

# 第2章　机电设备装调技术基础

## 2.1　机电设备装调基础知识

### 2.1.1　机电设备装调规程与注意事项

一、装配工艺规程

装配工艺规程是用文字、图形、表格等形式规定装配全部零、部件成为整体机械设备的工艺过程、操作方法及所使用的设备和工、夹具等内容的技术文件。

装配工艺规程是工人进行装配工作的依据，又是制订装配生产计划、组织并进行装配生产的主要依据，也是设计装配工艺装备、设计装配车间的主要依据。执行装配工艺规程能使装配工艺过程规范化、能合理使用劳动力和工艺设备，以保证装配质量、提高装配生产效率、缩短装配周期、减轻装配工作的劳动强度、减小装配车间面积、降低生产成本等。

装配工艺规程主要包括下列内容：

（1）规定所有的零件和部件的装配顺序。

（2）对所有的装配单元和零件规定出既保证装配精度，又使生产率最高和最经济的装配方法。

（3）划分工序，决定工序内容。

（4）决定必需的工人等级和工时定额。

（5）选择完成装配工作所必需的工夹具及装配用的设备。

（6）确定验收方法和装配技术条件。

二、装配工艺规程的制定

1. 制定装配工艺应具备的原始资料

（1）产品的全套总装配图及各部件装配图样。

（2）零件明细表。

（3）装配技术要求、验收技术标准和产品说明书。

（4）产品生产规模；现有的生产条件及资料（包括工艺装备、车间面积、操作工人的

技术水平及工时定额标准等）。

2. 制定装配工艺规程的基本原则

（1）保证并力求提高产品质量，而且要有一定的精度储备，以延长机器使用寿命。

（2）合理安排装配工艺，尽量减少钳工装配工作量（钻、刮、锉、研等），减轻劳动强度以提高装配效率，缩短装配周期。

（3）所占车间生产面积尽可能小，以提高单位装配面积的生产率。

3. 制定装配工艺规程的内容和步骤

制定装配工艺规程的内容包括：确定装配方法；将产品划分装配单元；拟定装配顺序；划分装配工序；确定装配时间定额；按工序分别规定装配单元和产品的装配技术要求；确定装配质量检查方法和工具；确定装配过程中的装配件和待装配件的输送方式及所需的设备和工具；提出装配所需的专用工夹具和非标准设备的设计任务书；制定装配工艺文件等。

制定装配工艺规程的步骤：

（1）研究产品的装配图及验收技术标准。

（2）确定产品或部件的装配方法。

（3）分解产品为装配单元，规定合理的装配顺序，绘制装配系统图。

（4）划分装配工序，确定装配工序内容、装配规范及工夹具。

（5）编程装配工艺系统图：装配工艺系统图是在装配单元系统图上加注必要的工艺说明（如焊接、配钻、攻丝、铰孔及检验等），较全面地反映装配单元的划分、装配顺序及方法。

（6）确定工序的时间定额。

（7）编制装配工艺卡片（具体格式参见《机械加工工艺手册》）。在单件小批生产时，通常不制定装配工艺卡片，而用装配工艺系统图来代替。工人装配机械设备产品时，按装配图和装配工艺系统图进行装配。

## 三、机电设备安装调试的注意事项

（1）开始工作前，应检查周围环境是否符合安全要求，如存在不安全因素，应消除后才能进行工作。

（2）装配前，应熟悉设备的技术文件，了解其性能，按图样查对机件构造和装配数据，并测量有关装配尺寸和精度，考虑装配方法和顺序。

（3）在装配前，所有零部件表面的毛刺、切屑、油污等必须清洗干净。装配时，零件相互配合的表面必须擦洗干净，并涂以清洁的润滑油。

（4）工量具使用前必须进行检查，严禁使用已变形、已破损、有故障等不合格的工量具。

（5）在进行机电设备安装过程中，应当注重机电设备的附属设备、部件以及总机的检查，安排专人在施工现场指挥机电设备的安装作业。

（6）装配时，各零件的配合面或摩擦面不许有损伤；应注意机件制造时的各种标记，不得装错。

（7）装配时，严禁用手插入接合面或擦摸螺孔；严禁在设备运转时进行擦洗和修理；

严禁将头、手等伸入机械行程范围内。

（8）装配时，必须符合设计规定的要求，在机床主体或床身底座安装合格后，方可装配其他部件。应按次序进行并随时检查安装精度，严防错装或漏装。

（9）装配弹簧时，不准拉长或切断。

（10）螺钉头部、螺母应与机体表面接触良好；带槽螺母穿入开口销后，开口销的尾部必须分开。

（11）在装配和吊装允许的条件下，应尽量装成大件进行吊装装配；吊装前，基准件应完成二次灌浆和精平。

（12）变频器在切断电源后，5 min 内才能放电完毕；切断电源后不能立即送电，否则会损坏变频器，变频器的启动和停止可用启停端子来控制。

（13）各电气元件要按规定做好接地防护，正确的接地对防干扰防电击非常必要；整机也要按照要求进行正确接地。

（14）不要让异物掉入变频器、调压调速器、PLC 等电气设备的内部，尽量不往上面放东西。

（15）要防止设备短路（对地短路，相间短路），防止火灾，做好防护；接线端子间有适当的电气安全距离，各相导线要有断路器保护。

（16）工作时有振动载荷的零件连接，应有防松保险装置；机体上所有的坚固件，均应按要求进行坚固，不准有松动现象。

（17）润滑油管必须清洗干净，装配后必须清洁通畅；各种毡垫、密封件等安装后不得有漏油现象，毡圈、线绳应先浸透油。

（18）装配后，设备及各种冷却泵、滑润泵阀应转动灵活，连接可靠。

（19）装配后，必须先按技术条件检查各部分连接的正确性与可靠性，然后才可以进行试车运转工作。

（20）装配后，所有变速机构的手柄应转动灵活、位置正确，所有转动和滑动零部件应动作轻便、灵活，无阻滞现象。

（21）设备找正、调平必须在机械设备经过清洗，且浇灌地脚螺栓的混凝土强度达到规定强度的 75％之后方可进行。

（22）设备调平时，一般应在设备处于自由状态下进行，而且只能用垫铁调整，不能用调整地脚螺栓的松紧或局部加压等方法使其强制变形。

（23）设备初平后，垫铁组伸入设备底座面的长度应超过地脚螺栓的中心，外端面应露出设备底面的外缘。

（24）在拧紧地脚螺栓时，应使螺母与垫圈及设备底座之间接触良好，采用对角交替的方法分步逐渐拧紧。

### 四、机电设备安装调试应注意的问题

随着科学技术的发展，现代机电设备的科技水平也在不断提高，尤其在采用自动化以及电子计算机的设备，其安装方法以及调试过程都较为烦琐，而且机电设备的安装需要专业型人才，安装工程也正逐渐向技术型转变，这就给机电设备安装带来一定难度。

机电设备安装中应注意的主要问题有以下几点：

1. 机电设备的连接螺栓问题

（1）螺母和螺栓的连接松紧不符合要求。

（2）连接的螺栓和螺母用在导流设备上时，会引起电热效应。

2. 机电设备的振动问题

（1）对于泵而言，壳体与转子同心度差、定子与转子相互摩擦、轴承间隙大以及转子不平衡等会引起振动。

（2）对于电动机而言，定子与转子之间的气隙不均匀、定子与转子之间相互摩擦、转子不平衡等会引起振动。

3. 机电设备安装中的超电流问题

（1）当机电设备内存在异物、旋转件相互摩擦、轴承损坏时会引起超电流问题。

（2）对于电动机而言，当电动机电源缺相、线路电阻偏高、过载电路整定偏小、功率偏小时都会出现超电流问题。

（3）设备负载超过设计限值时，也可能出现超电流问题。

4. 电气设备安装存在的问题

（1）在安装隔离开关时，操作不当、接触面积不够、开关松动等都会使接触面发生氧化，进而增大电阻，导致触头出现烧蚀或者灼伤问题，导致事故的发生。

（2）当触头未按照要求进行装配，分合闸速度、同期性、接触压力以及插入形成等不合要求时，会出现熄弧时间过长，引发机电设备的绝缘质出现分解，进而可能导致断路器发生爆炸。

### 2.1.2　典型机电设备装配图的识读常识

一、装配图的识读

1. 看装配图的基本要求

（1）了解机器或部件的名称、规格、性能、用途及工作原理。

（2）了解各组成零件的相互位置、装配关系。

（3）了解各组成零件的主要结构形状和其在装配体中的作用。

2. 看装配图的方法和步骤

1）概况的了解

（1）了解标题栏。从标题栏可了解到装配体名称、比较和大致的用途。

（2）了解明细栏。从明细栏可了解到标准件和专用件的名称、数量以及专用件的材料、热处理等要求。

（3）初步看视图。分析表达方法和各视图间的关系，弄清各视图表达重点。

2）了解工作原理和装配关系

在一般了解的基础上，结合有关说明书仔细分析机器（或部件）的工作原理和装配关系，这是看装配图的一个重要环节，分析各装配干线，弄清零件相互的配合、定位、连接方式。此外，对运动零件的润滑、密封形式等，也要有所了解。

3）分析视图，看懂零件的结构形状

分析视图，了解各视图、剖视图、断面图等的投影关系及表达意图。了解各零件的主要

作用，帮助看懂零件结构。有些零件在装配图上不一定表达完全清楚，可配合零件图来读装配图，这是读装配图极其重要的方法。常用的分析方法如下：

（1）利用剖面画线的方向和间距来分析。同一零件的剖面线，在各视图上方向一致、间距相等。

（2）利用画法规定来分析。如实心件在装配图中规定沿轴线方向剖切可不画剖面线，据此能很快地将丝杠、手柄、螺钉、键、销等零件区分出来。

（3）利用零件序号，对照明细栏来分析。

4）分析尺寸和技术要求

（1）分析尺寸：找出装配图中的性能（规格）尺寸、装配尺寸、安装尺寸、总体尺寸和其他重要尺寸。

（2）技术要求：一般是对装配体提出的装配要求、检验要求和使用要求等。

## 二、电气图的识读

### 1. 识图要求

（1）要熟记会用电气图形符号。图形符号和文字符号很多，如何才能熟记会用？可从个人专业出发熟读背画各专业共用的和本专业专用的图形符号，然后逐步扩大，以掌握更多的符号。符号掌握得越多，记得越牢，读图就越方便，越省时间。

（2）掌握各类电气图的绘制特点。各类电气图都有各自的绘制方法和绘制特点，掌握了这些特点，并利用它就能提高识图效率。特别是由于电气图不像机械图、建筑图那样直观、形象和比较集中，因此，识图时应将各种有关的图联系起来，对照阅读。如通过系统图、电路图找联系，通过接线图、位置图找位置，交错阅读，即可收到事半功倍之效。

（3）把电气图与土建图、管路图等对应起来识图。电气施工往往与主体工程（土建工程）及其他工程、工艺管道、蒸汽管道、给排水管道、采暖通风管道、通信线路、机械设备等项安装工程配合进行。例如电气设备的布置与土建平面布置及立面布置有关，线路走向与建筑结构的梁、柱、门窗、楼板的位置及走向有关，还与管道的规格、用途及走向有关。安装方法与墙体结构和楼板材料有关，特别有一些暗敷线路、电气设备基础及各种电气预埋件更与土建工程密切相关。所以阅读某些电气图时，还要与有关的土建图、管路图等对应起来识图。

（4）了解涉及电气图的有关标准和规程。识图的主要目的是用来指导施工、安装、运行、维修和管理。而有些技术要求不可能在图面上反映出来，也不可能一一标注清楚，因为这些技术要求在有关的国家标准和技术规程、技术规范中已作了明确的规定。因而在读电气图时，还必须了解这些有关标准、规程、规范，这样才算真正识图。

### 2. 识图步骤

1）详看图样说明

拿到图样后，首先要仔细阅读图样说明，如图样目录、技术说明、元件明细表、施工说明书等，这样有助于从整体上理解图样的概况和所要表述的重点。

2）看系统图和框图

由于系统图和框图只是概略表示系统或分系统的基本组成、相互关系及其主要特征，因

此紧接着就要详细看电路图，才能搞清楚它们的工作原理。系统图和框图多用单低压配电系统图，部分地采用多线图表示。

3）阅读电路图

电路图是电气图的核心，它详细表示了电路、设备或成套装置的基本组成部分和连接关系。

（1）看电路图时，首先要分清主电路和辅助电路、交流回路和直流回路；其次按照先看主电路再看辅助电路的顺序进行识图。

（2）看主电路时，通常要从下往上看，即从用电设备开始，经控制元件顺次往电源端看。

（3）看辅助电路时，则应自上而下、从左向右看，即先看电源，再顺次看各条回路，分析各条回路元件的工作情况及其对主电路的控制关系。

通过看主电路，要搞清电气负载是怎样获取电能的，电源线都经过哪些元件到达负载和为什么要通过这些元件。通过看辅助电路，则应搞清辅助电路的回路构成、各元件之间的相互联系和控制关系及其动作情况等。同时还要了解辅助电路和主电路之间的相互关系，进而搞清整个电路的工作原理和来龙去脉。

4）电路图与接线图对照看

接线图与电路图互相对照识图，可以帮助搞清楚接线图。看接线图时，要根据端子标志、回路标号，从电源端顺次查下去，搞清线路走向和电路的连接方法，搞清每个回路是怎样通过各个元件构成闭合回路的。

5）配电盘内外线路相互连接必须通过接线端子板

一般来说，配电盘内有几号线，端子板上就有几号线的接点，外部电路的几号线只要在端子板的同号接点接出即可。因此，看接线图时，要想把配电盘（屏）内外的线路走向搞清楚，就必须注意搞清端子板的接线情况。

### 2.1.3 典型机电设备的装配工艺与步骤

机电设备虽然种类繁多、功能各异，但总体的装调过程是相似的，本节以一般机床设备装调为例，说明典型机电设备的装配工艺及步骤。一般机床设备安装调试的基本工艺流程如图2-1-3-1所示。

#### 一、设备安装前的准备工作

1. 设备的开箱

设备出厂时，大多是经过良好包装的。设备开箱时，应尽量做到不损伤设备和不丢失附件，尽可能减少箱板（或包装箱）的损失。为此，必须注意：

（1）开箱前，应查明设备的名称、型号和规格，核对箱号和箱数以及包装情况；最好将设备搬至安装地点附近，以减少开箱后的搬运工作。

（2）开箱时，应将箱项板上的灰尘扫除干净，防止灰土落入设备内。一般先拆项板，查明情况后，再拆除其他箱板；应选择合适的开箱工具，不要用力过猛，以免损伤设备。

（3）卸箱板时，应注意周围设备或人员的安全。

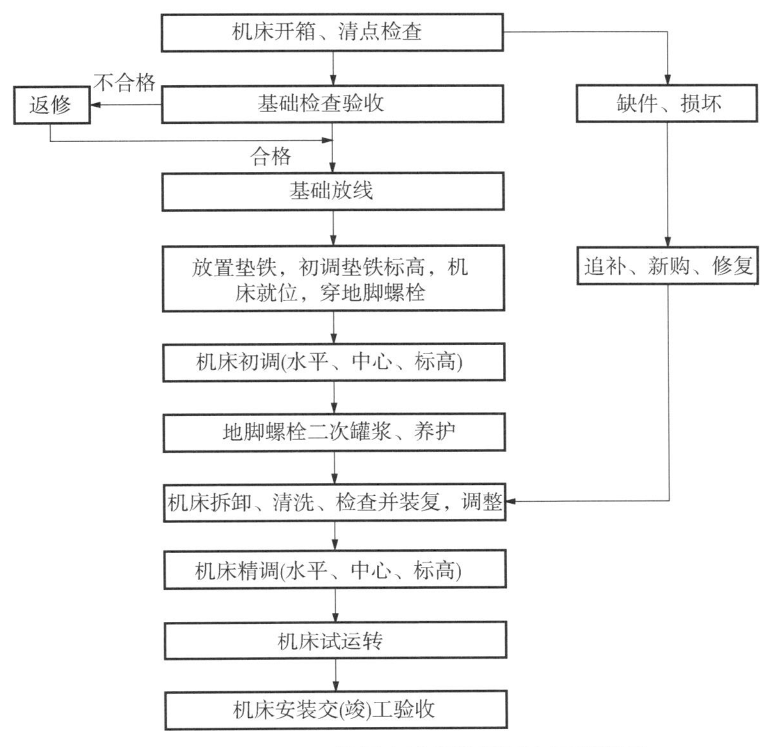


图2-1-3-1　一般机床设备装调基本工艺流程

(4) 设备上的防护物和包装，应按施工工序适时拆除。防护包装如有损坏时，应及时采取措施修补，以免设备受损。

2. 清点检查

设备开箱后，应进行设备的零件、部件、附件是否齐全，设备是否损坏等的清点检查，并填写设备开箱检查记录单。清点时应注意以下几点：

(1) 按设备制造厂提供的设备装箱单进行。

(2) 核实设备的名称、型号和规格，必要时应对照设备图样进行检查。

(3) 核对设备的零件、部件、随机附件、备件工具、出厂合格证和其他技术文件等是否齐全。

(4) 检查设备外观质量，如有缺陷、损伤等情况，应做好记录，并及时进行处理。

(5) 设备的运动部件在防锈油料未清除前，不得转动和滑动。因检查除去的油料，检查后应及时涂上。

3. 妥善做好设备及零部件的保管

设备清点、检查、验收交接工作结束后，安装施工单位应对设备及零部件妥善保管，以保障设备装调工作的顺利进行。设备及零部件保管中应注意以下事项：

(1) 对设备及其附件、专用工具、易损零件、仪器仪表和材料等，应进行编号和分类存放，不得露天放置；不能进库的设备应加防护罩。

(2) 对于暂时不安装的设备和零部件，应将已检查过的精加工表面重新涂油润滑防锈，并针对性采取保护措施，防止损伤。

（3）经过切削加工的零部件，应保护好其加工表面，最好放置在木板架上。

（4）零部件应按安装先后顺序放置。

（5）易碎、易丢的小零件、贵重零件、仪器仪表和材料应编号并单独保管。

（6）对丝杠等细长轴类零件，应吊挂在安全、适当的地方。

## 二、基础放线及设备与基础的连接

### 1. 基础放线

每台设备都需要一个坚固的基础，以承受设备本身的重量和设备运转时产生的摆动和振动。基础应能长久保证设备正常运行，并对其他邻近建筑物不得有任何妨碍。基础验收的具体工作是由安装部门根据技术文件和技术规范，对基础工程进行全面审查。正确地找出并划定设备安装基准线，然后根据这些基准线将设备落位到正确的位置上。放线包括基准线的确定及基础放线、设备上中心线的划定。

### 2. 设备与基础的连接

1）地脚螺栓

（1）固定式地脚螺栓。

地脚螺栓的作用是固定设备，使设备与基础牢固地连接在一起，以免工作时发生位移、振动和倾覆。机电设备的地脚螺栓、螺母和垫圈通常随设备配套供应，并在设备使用说明书中有明确的规定。常用的固定式地脚螺栓如图 2－1－3－2 所示。

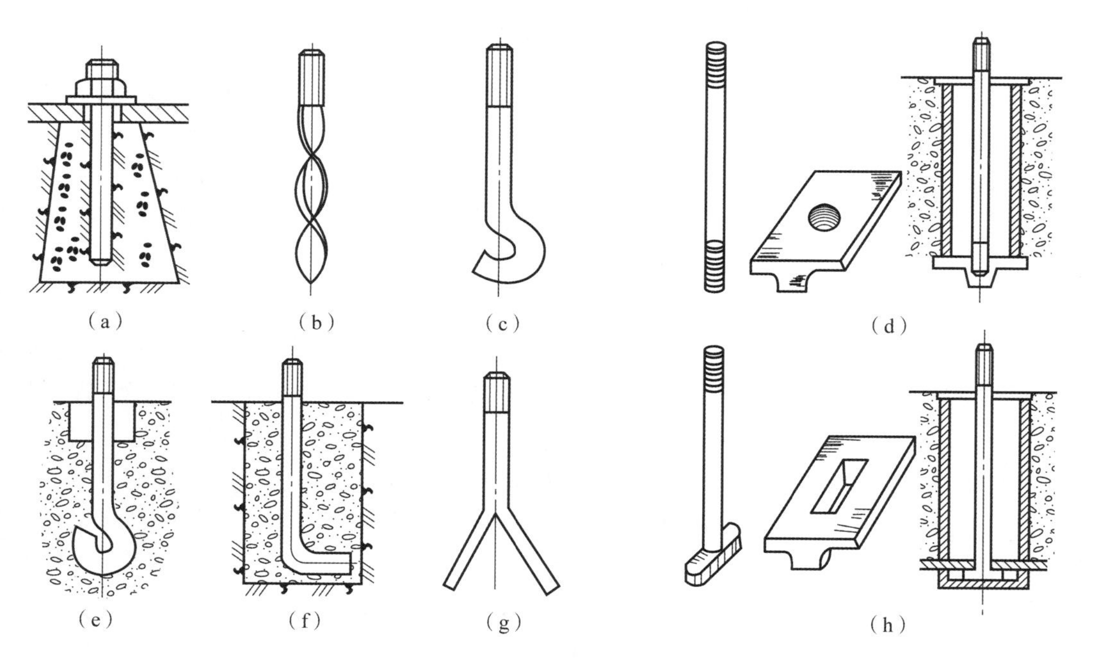


图 2－1－3－2　常用的固定式地脚螺栓

（a）逆刺形；（b）螺旋形；（c）钩形；（d）螺纹头螺栓；
（e）环形；（f）人形；（g）开脚形；（h）“T”形头螺栓

（2）活地脚螺栓。

活地脚螺栓是指地脚螺栓与基础不浇注在一起，基础内预先留出地脚螺栓的预留孔，并

在孔下端埋入锚板。如图 2－1－3－3 所示。安装时应注意以下几点：

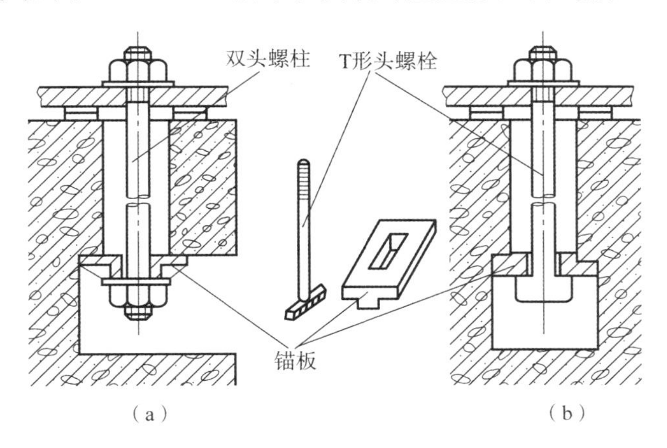


图 2－1－3－3　活地脚螺栓

（a）双头螺柱式；（b）T 形头式

①双头螺柱式地脚螺栓必须拧紧；

②T 形头式活地脚螺栓必须在螺栓顶端打上方向性记号，以确保在插入锚板后螺栓转动 90°，能使矩形头放入锚板槽内。

③设备就位后，再将地脚螺栓拧紧，地脚螺栓孔内应充满干燥砂石。

（3）锚固式地脚螺栓（膨胀地脚螺栓）。

图 2－1－3－4 所示为锚固式地脚螺栓，常用于质量轻、振动较小的小型机床设备的安装，可直接在具有一定强度的车间混凝土地面上安装。大中型设备采用锚固式地脚螺栓安装时，应先在施工完的基础上钻出螺栓孔，孔径比螺栓最大直径大，比膨胀后的直径小，然后装入螺栓并锚固，最后灌入以环氧树脂为基料的黏结剂。

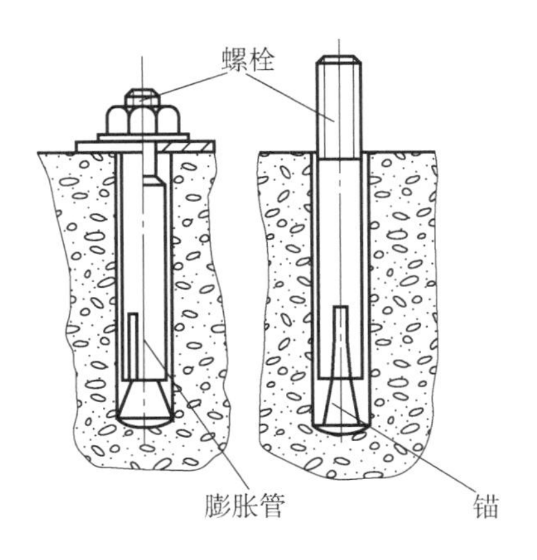


图 2－1－3－4　锚固式地脚螺栓

2）垫铁

通过垫铁厚度的调整，可使设备达到所要求的标高和水平度，并将设备的质量和工作中的负荷均匀地传给基础，减少振动，增加设备在基础上的稳定性。目前，安装中主要使用调整垫铁，如图 2－1－3－5 所示。

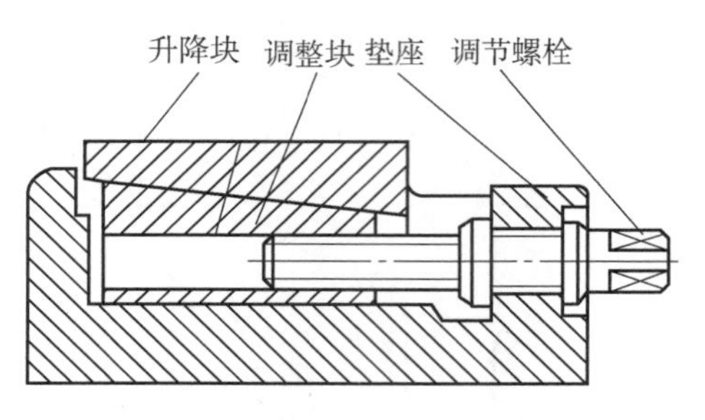


图2-1-3-5　调整垫铁

垫铁应按以下要求布置：

（1）每个地脚螺栓旁至少有一组垫铁；垫铁应尽量靠近地脚螺栓。

（2）相邻两组垫铁的距离不宜超过500～1 000 mm。

（3）每一组垫铁的面积均应能承受设备传来的负荷。

（4）垫铁布置的方式如图2-1-3-6所示。

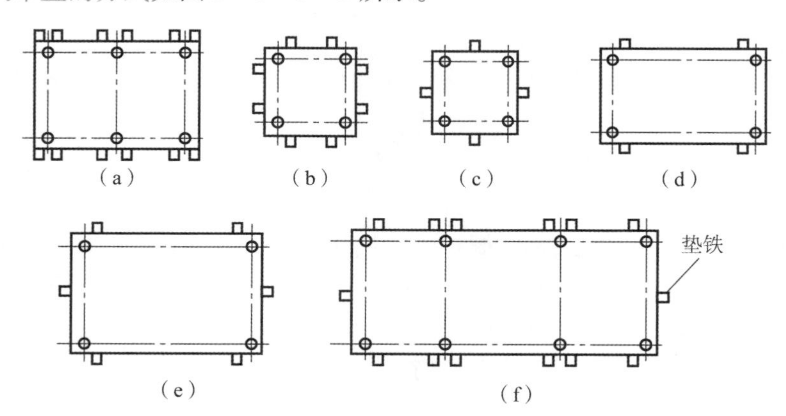


图2-1-3-6　垫铁的布置方式

（a）标准式；（b）井字式；（c）十字式；（d）单侧安放式

（e）三角式；（f）辅助与标准混合式

## 三、设备的就位与固定

### 1. 设备的就位

设备的就位就是用起重设备将待安装设备吊运到安装位置上，使机座安装孔套入地脚螺栓，并平稳地安放在垫铁上。

设备就位主要包括以下工作：

（1）吊运前的安全检查。绳索应拴在设备适合受力的位置上，在绳索与设备表面接触部位应垫上保护垫板，以防损坏其油漆表面或已经加工的表面。

（2）预起吊。开动起重设备缓慢将设备吊起，直至拉紧钢丝绳。检查吊索转接是否可靠，以及其他的各处捆扎、连接情况是否良好。若一切正常，再开动起重机，将设备吊离地面0.2 m左右，停止起重机，再一次检查设备的各个部位有无变形或其他问题。

（3）正式起吊。起吊时，必须注意控制起吊速度，缓慢启动上升至0.5 m左右的高度后，保持匀速水平移动。吊运过程中，应时刻观察起重机、绳索、吊钩的工作情况，防止意

外发生。

（4）设备就位。设备吊运到安装位置后，将设备底座的安装孔对准基础上的地脚螺栓，然后将设备缓缓下降，平稳地安放到垫铁上。设备就位后，应注意调整机床外部尺寸与车间墙柱及其他设备的相对位置，使其满足平面布局图的要求。

2. 设备的固定

采用地脚螺栓或混凝土固定设备。

## 四、设备的拆卸与清洗

设备就位固定后，就可着手设备的拆卸和清洗工作。

1. 设备拆卸注意事项

（1）拆卸前，必须了解清楚设备、零部件的结构、连接和固定方式，不清楚情况不准拆卸。

（2）拆卸时，必须将零件的回转方向、大小头、厚薄端分辨清楚。拆下的零件，应按其形状和特点做好印记、标记，分别采用适当的方式存放在本机上。特别细小的零件应用防潮油纸包好，挂牌保存。

（3）拆卸过程中，要特别注意安全，工具必须牢固，操作必须准确。

（4）不可拆卸的或拆卸后会降低质量的零部件，应尽量不拆卸。对标有不准拆卸标记的设备或零部件，禁止拆卸。

2. 设备的清洗

设备的清洗是除去设备床身及零部件表面的防锈剂、锈蚀层及其他污物、杂质的操作程序。清洗是伴随设备就位、装配、找平找正过程进行的。安装前，对需要的或规定的测量基准面应立即清洗。装配时，与有关零部件相连接的零件，清洗后要立即装配。在试运转及调试过程中，凡涉及的零部件均要清洗，不准拆卸的部位可不打开清洗。设备表面如果有干油可用煤油清洗，若有防锈漆可用香蕉水或丙酮清洗。设备清洗后，用棉纱擦净并涂上润滑油。设备无油漆的部位均应涂上机油防锈。

## 五、设备的装配与调整

机电设备拆卸和清洗完成后，就可进行装配工作。按规定的技术要求，将众多的零件或部件进行组合、连接或固定，使之成为符合技术和功能要求的成品。设备装配过程中，要特别注意零件之间的相互位置和相互结合零件之间的松紧程度。

1. 装配前的准备工作

（1）装配人员必须了解所装配机械的用途、构造、工作原理及有关的技术要求，熟悉并掌握机械装配工作中各项技术规范。

（2）零件装配前必须彻底清洗一次，任何脏物或灰尘均会引起严重磨损。对较长的油孔管道和管路应用压缩空气吹净。

（3）检查零部件在搬运和堆放时有无变形碰伤，零件表面不应有缺陷。

（4）对所有偶合件和不能互换的零件，应按拆卸、修理或制造时所作的记号成对或成套的装配，不许混乱。

（5）准备好各种铜皮、铁皮、保险垫片、弹簧垫圈、止动铁丝等（一般不准重复使用）。纸垫、软木垫及毛毡的油封件均应换新并注意原来厚度。各种垫料在安装时不应涂油

漆和黄油，但可以用机油。

(6) 所有皮质油封在装配前必须浸入已加热至66 ℃的机油和煤油各半的混合液中浸泡5～8 min；橡胶油封应在摩擦部分涂以齿轮油。安装油封时，油封外圈可涂以白色。

2. 选择正确的装配方法

常用的装配方法有一般装配法和过盈连接装配法。一般装配法的类型及选用参见表2－1－3－1；过盈连接装配法的类型及选用参见表2－1－3－2。

表2－1－3－1　一般装配法的类型及选用

| 类型 | 工艺特点 | 适用场合 |
| --- | --- | --- |
| 完全互换法 | 装配操作简单，易于掌握，生产率高；便于组织流水线作业；零件更换方便；零件的加工精度要求较高，制造费用增大 | 适用于组成环数较少、精度要求不高的场合或大批量生产采用 |
| 不完全互换法 | 方法简单；由于此法是凭经验和感觉来确定配合精度的，所以配合精度不太高；装配效率不高 | 适用于零件略多、批量大或零件加工精度需放宽制造的场合 |
| 分组选配法 | 经过分组后，零件的配合精度高；零件制造公差可以适当扩大，因此可降低加工成本；增加了零件的测量分组工作；增加了储存和运输的管理 | 常用于大批量生产中装配精度要求很高、组成环数较少的场合 |
| 调整法 | 装配时零件不需经任何修配加工，并能达到很高的装配精度；可进行定期调整，能保持和很快地恢复配合精度；对于易磨损部位采用垫片、衬套调整零件，更换方便、迅速；增加调整件或调整机构，有时会使配合的刚性受到影响 | 适用于多种装配场合 |
| 修配法 | 可降低零件的加工精度；加工设备精度不高也可采用；节省机械加工的时间，产品成本低；装配工作复杂，增加较多的装配时间 | 适用于单件或小批量生产或配合精度要求高的场合 |

表2－1－3－2　过盈连接装配的类型及选择

| 类型 | | 工艺特点 | 设备或工具 | 适用场合 |
| --- | --- | --- | --- | --- |
| 压装法 | 冲击压装 | 简便，易歪斜，导向性差 | 用手锤或重物冲击 | 适用于配合要求低、长的零件，多用于单件生产 |
| | 工具压装 | 导向性较冲击压装好，生产率高 | 螺旋式、杠杆式、气动式压装工具 | 适用于小尺寸连接件的装配，多用于中小批量生产 |
| | 压力机压装 | 配合夹具使用，导向性较高 | 齿条式、螺旋式、杠杆式、气动式压装工具 | 适用于采用轻型过盈配合的连接件，广泛应用于成批生产 |
| 热装法 | 火焰加热 | 加热温度小于350 ℃，使用加热器，热量集中，易于控制，操作方便 | 喷灯、氧乙炔、丙烷加热器、炭炉 | 适用于局部加热的中大型连接件 |
| | 介质加热 | 去污，热胀均匀 | 沸水槽、蒸汽加热槽、热油槽 | 适用于过盈量较小的连接件 |
| | 电阻和辐射加热 | 加热温度达400 ℃以上，加热时间短，温度调节方便，热效率高 | 电阻炉、红外线辐射、加热箱 | 适用于采用特重型和重型过盈配合的中、大型连接件 |
| | 感应加热 | 加热温度达400 ℃以上，热胀均匀，表面洁净，易于控制 | 感应加热器 | 适用于中、小连接件的成批生产 |

续表

| 类型 | | 工艺特点 | 设备或工具 | 适用场合 |
|---|---|---|---|---|
| 冷装法 | 干冰冷缩 | 可冷至 −78 ℃，操作简便 | 干冰冷箱装置 | 适用于过盈量小的小型连接件的薄壁衬套等 |
| | 低温箱冷缩 | 可冷至 −40 ℃ ~ −140 ℃，冷缩均匀，表面洁净，冷缩温度易于自控，生产率高 | 各种类型低温箱 | 适用于配合面精度较高的连接件，在热套下工作的薄壁套筒件 |
| | 液氮冷缩 | 可冷至 −195 ℃，冷缩时间短，生产率高 | 移动或固定式液氮槽 | 适用于过盈量较大的连接件 |

3. 机械部分的安装与调整

机械安装主要包括清点、清洗、组装、调整、总装、检验六个过程。

（1）清点：根据设备技术资料清点设备的零部件是否齐全、是否符合要求、有无损伤来进行分类。

（2）清洗：去除零件表面或部件中的油污及机械杂质。零部件不得有毛刺、飞边、氧化皮、锈蚀、切屑、油污、着色剂等。

（3）组装：将零部件、整件通过各种连接方法安装在一起，组成一个不可分的整体，使之具有独立工作的功能。组装前对零部件的配合面、滑动门的主要配合尺寸，特别是过盈配合尺寸及相关精度进行复查，确认无误后方可组装。组装的原则是：先轻后重、先小后大、先铆后装、先装后焊、先里后外、先平后高，上道工序不影响下道工序。CA6140 普通车床的简要装配工艺路线如图 2－1－3－7 所示。

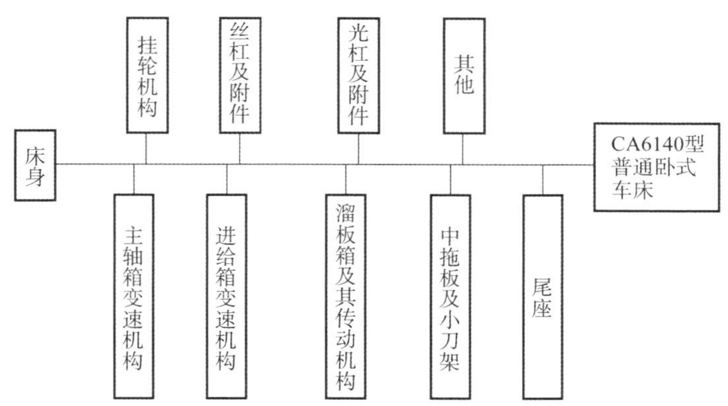


图 2－1－3－7　CA6140 普通车床的简要装配工艺路线

（4）调整：包含平衡、校正、配作等。平衡是对设备中的旋转零部件进行平衡，以防止设备在使用中出现振动，主要包括静平衡和动平衡；校正是产品中各相关零部件间找正相互位置，并通过适当的调整方法，达到装配精度要求，例如机床的平行度校正；配作是两个零件配合后固定其相互位置的加工，如配钻、配铰等，亦有为改善两零件表面结合精度的加工，如配刮、配研及配磨等，配作一般需与校正调整工作结合进行。

（5）总装：按照总装图，将组装调整好的组件安装在机械本体上，最后将整机安装在基础上，或先将机械本体安装在基础上，校正好机械本体水平后再将组件安装在机械本体上。其原则也是：先轻后重、先小后大、先铆后装、先装后焊、先里后外、先平后高，上道工序不影响下道工序。

(6) 检验：安装完成后，按配套的工艺和技术文件的要求进行安装质量检查，主要检查外观、正确性、安全性和精度等。

4. 电气安装

电气安装是根据设备电气布置图，将电气元件（部件、控制器等）安装在相应位置，根据接线图连接所有元器件，对设备可靠地保护接地。安装完毕应对电气设备进行绝缘测试。电气安装时应注意以下事项：

(1) 安装前应检查电气元件（部件、控制器等）是否符合要求和标准。

(2) 电气元件（部件、控制器等）安装紧固时力度要适合，避免损坏器件。

(3) 布线时不同电压等级的导线不得用同一线管。

(4) 接线时一定要安装接线图或电气原理图上的标号，给导线套上号码管。

(5) 导线不得裸露金属部分，以防发生触电事故。

(6) 保护接地线截面积不得小于相线的1/2，且要用黄/绿双色线。

## 六、设备的找正找平

设备的找正找平工序是设备安装施工中最重要、最严格的工作。设备的找正找平就是将设备不偏不倚地正好放在规定的位置上，使设备的纵、横中心线和基础的中心线对正。其工作概括起来主要是进行“三找”，即找标高、找中心、找水平。

1. 设备的初平

设备的初平主要是初步找正找平设备的中心、水平、标高和设备与设备之间、设备与建筑物之间的相对位置。通常与设备的吊装就位同时进行。许多安装精度要求较低、刚度较大的整体设备和绝大多数静置设备，只需进行初平即可，如锯床、仪表车床等。

2. 设备在安装位置上的找正找平检测

(1) 设备安装水平度的检测。此项检测的目的是确保设备床身导轨处于水平状态，使床身导轨工作面与移动工作台工作面间的润滑油不会过快流失，保证工作台运动力均匀。同时，也作为垂直导轨和其他导轨安装调试和检测的基准。图2-1-3-8所示为卧式车床安装水平度检测示意图。

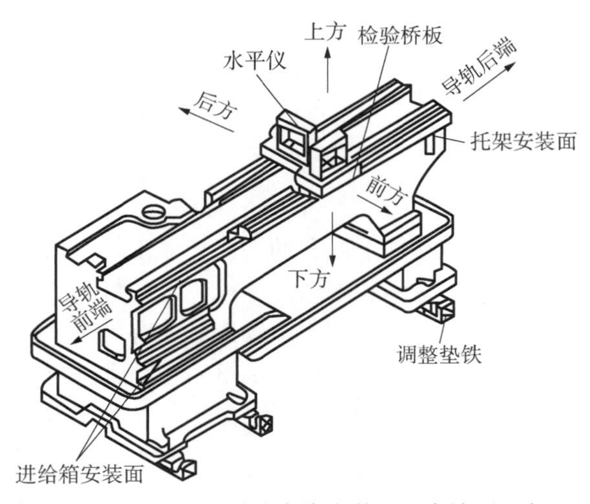


图2-1-3-8 卧式车床安装水平度检测示意

（2）设备安装垂直度的检测。图 2－1－3－9 为龙门铣床横梁移动对工作台面在纵向平面内的垂直度检测示意图。

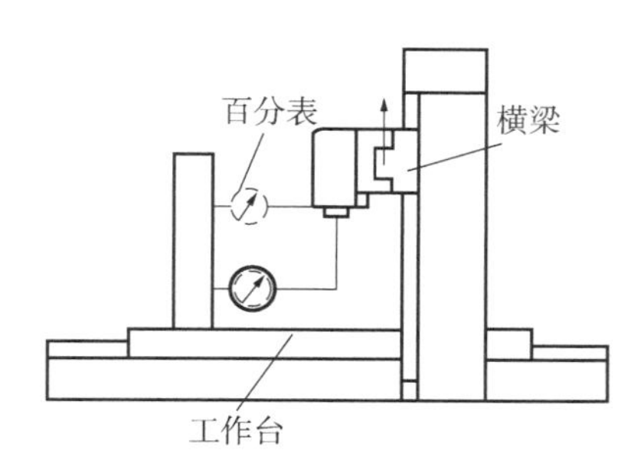


图 2－1－3－9 龙门铣床横梁移动对工作台面在纵向平面内的垂直度检测示意

（3）设备安装直线度的检测。设备安装中对直线度误差的检测常用方法有检验棒或平尺检验法、自准直仪测量法和钢丝测量法等。如图 2－1－3－10 所示。

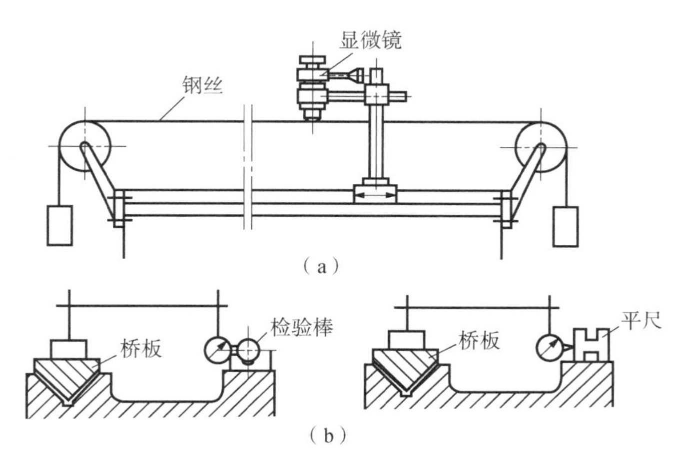


图 2－1－3－10 安装直线度的检测方法

（a）钢丝测量法；（b）检验棒或平尺测量法

（4）设备安装平面度的检测。常用的方法是着色法：将被检测平面涂上颜色，放在校准平尺或平板上研磨，根据单位面积上的接触研点数来判断是否符合要求。对要求不是很高的表面，可用刀口尺的刃口从多个方向紧贴被测表面，通过观察透光情况或用塞尺进行平面度判断。

（5）设备安装平行度的检测。在设备安装中，通常需要对设备导轨与导轨、工作台移动对主轴轴线、溜板移动对主轴轴线等的平行度进行检测。图 2－1－3－11 所示为普通车床溜板移动对主轴轴线的平行度检测示意图。

（6）设备安装同轴度的检测。图 2－1－3－12 为六角车床刀杆支架孔对主轴轴线同轴度检测示意图。

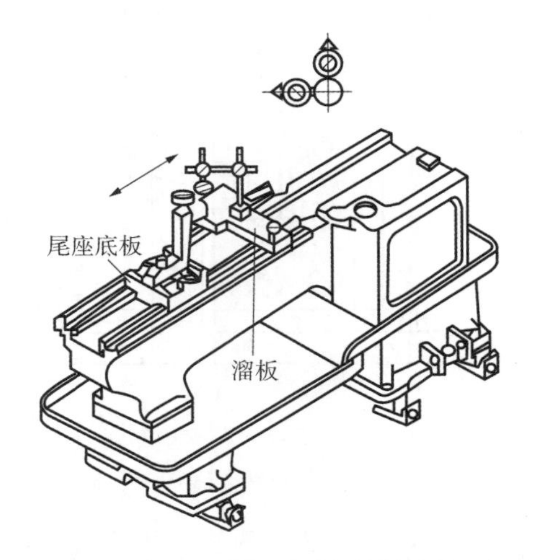


图 2-1-3-11　普通车床溜板移动对主轴轴线的平行度检测示意图

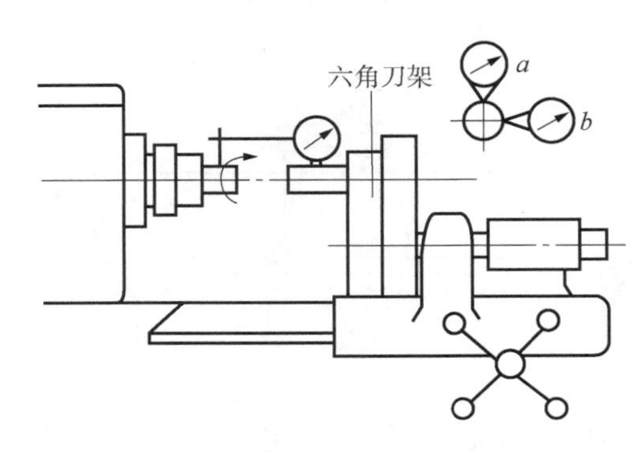


图 2-1-3-12　六角车床刀杆支架孔对主轴轴线同轴度检测示意图

3. 设备的精平

在设备初平的基础上，对设备的水平度、铅垂度、平面度等进行进一步的调整和检测，使其达到规范要求的标准。对安装精度要求特别高的设备，如大型精密车床、铣床、磨床、坐标镗床等，均应在初平的基础上进行精平。机床初平后，当设备地脚螺栓孔灌注的混凝土强度达到设计强度的75%以上，就可以进行机床设备的精平。设备精平的检测调整方法与初平方法基本相同，但精度要求更高、工作要求更细。精平所用的检测工具精度应高于被检测设备部件的设计和安装要求精度，测量误差应小于被检测部件精度允许的极限偏差。

4. 设备的二次灌浆

对于刚度较大的机床设备，精平作业合格，经有关部门按技术标准严格复查合格后，即可进行二次灌浆。二次灌浆不仅可以固定垫铁，而且可以将设备的负荷均匀地分配在基础上。因二次灌浆后，设备便不能再移动、调整，所以，在二次灌浆前要对设备的安装质量进行一次全面、严格的复查。复查的主要内容如下：

（1）垫铁和地脚螺栓的复查。

（2）基础的复查。

（3）设备安装质量的全面复查。主要是中心线、标高、水平度、有关的连接和间隙等的复查。

## 七、机电设备试运转

### 1. 试运行前的准备工作

（1）机床应清洗干净。

（2）控制系统、安全装置、制动机构、夹紧机构等，经调试检查，动作灵活可靠。

（3）电动机旋向与操作和运动部件和运动方向相符。

（4）润滑、液压、气动系统调试良好。

（5）各变速操纵手柄扳动灵活，位置正确、可靠。各部件手摇移动或手动盘车时，移动应灵活无阻滞现象。

（6）磨床的砂轮无裂纹、碰损等缺陷。钻夹头的钥匙、车床卡盘扳手均已取下。

（7）工作台移动限位器调整到安全可靠位置并已锁紧。

### 2. 设备试运转的基本要求（无负荷运转）

（1）试运转的步骤：由部件至组件，由组件至单台机床；先单机后联调；先手动后自动；先低速后高速；先附属设备后主机；先就地后远方（遥控）；先空载后负载；先点动后联动。

（2）操作程序必须符合设备技术文件的规定，上一步骤检查合格后，才能进行下一步骤的运转。

（3）试运转中应注意以下几点：

①操纵机构的位置、刻度标志应正确，操作灵活可靠，动作协调无阻滞。

②设备主运动机构从最低速至最高速依次运转；现场组装的大型设备的运转速度和时间应符合设备技术文件规定。

③进给机构应做低、中、高进给量的试运转；快速移动机构应做快速移动试验。

④具有静压装置的设备，应在静压建立后才可启动。

（4）设备运转中应达到下列要求：

①各种速度下工作机构动作平稳、准确可靠。

②主运动和进给运动的启动、停止、制动和自动动作正确，无冲击振动、爬行等现象。

③变速、重复定位、分度、自动循环、夹紧装置、快速移动以数字显示应灵敏、正确可靠无异常。

④电气、液压、润滑、气动、冷却系统的工作正常，介质的工作温度不超过规定。

⑤安全防护和保险装置可靠，运动中无异响。

⑥滚动轴承的温度一般应不大于70 ℃，温升不大于40 ℃，滑动轴承的温度一般应不大于60 ℃，温升不大于30 ℃。

⑦主运动的无负荷运转功率符合设备技术文件的规定。

⑧数控机床的各种动作符合设计规定。

⑨在考核设备运转情况的同时，更要注意考核系统的整体效果。机械设备的动作、行程、速度及联锁控制等均应符合设计功能要求。

### 2.1.4 机电设备装调工的主要工作内容及其特点

一、机电设备装调工的主要工作内容

机电设备种类繁多，每种设备的装调任务也有各自的特点，从整体行业来看，机电设备装调工的主要工作内容有以下几个方面：

（1）进行机电设备的装配及调整。

（2）运行设备并能加工试件。

（3）判断并排除设备的各类故障。

二、机电设备装调工的特点

当前我国正处于从机械制造大国向机械制造强国转变的关键时期，机电设备装调维修工具有工种的复合性、人员素质的综合性、技术含量的高科技性等特点，因此，将本职业人员素质的管理纳入标准化、制度化、规范化的轨道，提高机电设备装调维修从业人员的知识和技能水平，必将进一步促进我国机电行业的发展，对于提升我国现代制造业的国际竞争力有着非常重要的意义。

## 2.2 机电设备的主要技术指标与调整

### 2.2.1 典型机电设备的主要技术指标与检测技术

数控机床是最典型的机电设备，其主要技术指标和检测技术如下所述。

一、数控机床的主要技术指标

1. 数控机床使用说明书

数控机床使用说明书是由机床生产厂家编制并随机床提供的随机资料。机床使用说明书通常包括与维修有关的内容。

（1）机床的操作过程和步骤。

（2）机床主要机械传动系统及主要部件的结构原理示意图。

（3）机床的液压、气动、润滑系统图。

（4）机床安装和调整的方法与步骤。

2. PLC 程序清单

PLC 程序清单是机床厂根据机床的具体控制要求设计、编制的机床控制软件，PLC 程序中包含了机床动作的执行过程，以及执行动作所需的条件，它表明了指令信号、检测元件与执行元件之间的全部逻辑关系。借助 PLC 程序，维修人员可以迅速找到故障原因，它是数控机床维修过程中使用最多、最重要的资料。在某些系统（如 FANUC 系统、SIEMENS802D 等）中，利用数控系统的显示器可以直接对 PLC 程序进行动态检测和观察，它为维修提供了极大的便利，因此，在维修中定要熟练掌握这方面的操作和使用技能。

3. 机床参数清单

机床参数清单是由机床生产厂根据机床的实际情况，对数控系统进行的设置与调整。机床参数是系统与机床之间的桥梁，它不仅直接决定了系统的配置和功能，而且也关系到机床的动、静态性能和精度，因此，它也是维修机床的重要依据与参考。在维修时，应随时参考系统机床参数的设置情况来调整、维修机床，特别是在更换数控系统模块时，一定要记录机床的原始设置参数，以便机床功能的恢复。

4. 数控系统的连接说明、功能说明

该资料由数控系统生产厂家编制，通常只提供给机床生产厂家作为设计资料。维修人员可以从机床生产厂家或系统生产、销售部门获得。系统的连接说明、功能说明书不仅包含了比电气原理图更为详细的系统各部分之间连接要求与说明，而且还包括了原理图中未反映的信号功能描述，是维修数控系统，尤其是检查电气接线的重要参考资料。

5. 伺服驱动系统、主轴驱动系统的使用说明书

伺服驱动系统、主轴驱动系统的使用说明书是伺服系统及主轴驱动系统的原理与连接说明书，主要包括伺服、主轴的状态显示与报警显示、驱动器的调试、设定要点，信号、电压、电流的测试点，驱动器设置的参数及意义等方面的内容，可供伺服驱动系统、主轴驱动系统维修参考。

6. PLC 使用与编程说明

PLC 使用与编程说明是机床中所使用的外置或内置式 PLC 的使用、编程说明书。通过 PLC 的说明书，维修人员可以通过 PLC 的功能与指令说明，分析、理解 PLC 程序，并由此详细了解、分析机床的动作过程、动作条件、动作顺序以及各信号之间的逻辑关系，必要时还可以对 PLC 程序进行部分修改。

7. 机床主要配套功能部件的说明书与资料

在数控机床上往往会使用较多功能部件如数控转台、自动换刀装置、润滑与冷却系统排屑器等。这些功能部件，其生产厂家一般都提供了较完整的使用说明书，机床生产厂家应将其提供给用户。

## 二、数控机床的检测技术

数控机床的检测极为复杂，对检测手段及技术要求都很高。由于我国尚缺乏专门针对数控机床安装、调试及验收规范和标准，因而一般只能套用类似机床的规范和标准。数控机床通常进行以下项目的检测验收。

1. 机床几何精度检验

数控机床几何精度检测必须在地基以及地脚螺栓的固定填料完全固化后才能进行。机床床身精调合格后再精调其他部件，并在使用半年后，重新精调机床水平。以普通立式加工中心为例，其几何精度检验内容如下。

（1）工作台的平面度。

（2）各坐标方向移动的相互垂直度。

（3）水平面内纵、横向移动时工作台对主轴线的平行度。

（4）水平面内纵向移动时工作台 T 型槽侧面对导轨的平行度。

（5）主轴的轴向窜动量。

（6）主轴孔的径向圆跳动。

（7）主轴箱沿铅垂方向移动的直线度。

（8）主轴回转轴心线对工作台面的平行度。

（9）主轴沿铅垂方向移动的直线度。

2. 数控柜检查

数控柜的检查验收主要有以下几个方面。

（1）外观检查。检查数控柜中 MDI/CRT 单元、位置显示单元、指令接收单元（或纸带阅读机）、直流稳压单元、各种刷电路板等是否有破损、污染，连接电缆的捆扎处是否损坏，如果是屏蔽电缆还应检查屏蔽层是否有剥落现象等。

（2）数控柜内部紧固情况检查。应检查螺钉紧固情况、连接器紧固情况、印刷电路板的紧固情况等。

（3）伺服电动机外表检查。脉冲编码器的伺服电动机外壳应特别检查，尤其是后端盖处。如果发现有磕碰现象，应将电动机后盖打开，再去下脉冲编码器外壳，检查光码盘是否有破损情况。

3. 机床定位精度检测

数控机床定位精度代表机床各运动部件在数控装置控制下的运动精度。检测内容主要有以下几个方面。

（1）直线运动定位精度（包括 X、Y、Z、U、V、W 轴）。

（2）直线运动重复定位精度。

（3）各直线运动轴机械原点的返回精度。

（4）直线运动矢动量的测定。

（5）回转运动的定位精度（转台 a、b、c 轴）。

（6）回转运动的重复定位精度。

（7）回转原点的返回精度。

（8）回转轴运动的矢动量的测定。

测量直线运动的检测工具有：测微仪和成组块规，标准长度刻线尺，光学读数显微镜，双屏微光干涉仪等。回转运动检测工具有：360 齿精确分度的标准转台或角度多面体，高精度圆光栅及平行光管等。

4. 机床的切削精度的检测

机床切削精度检测是对机床的安装几何精度与定位精度在切削条件下的一项综合考核。对于加工中心，主要单项精度有以下几方面。

（1）镗孔精度。

（2）镗孔的孔距精度和孔径圆柱度。

（3）端面铣刀铣削平面的精度。

（4）直线铣削精度。

（5）斜线铣削精度。

（6）圆弧铣削精度。

（7）箱体掉头镗孔精度。

（8）水平转台回转 90°铣四方加工精度。

5. 机床性能及 NC 功能试验

数控机床（立式加工中心）性能检查试验有以下内容要求。

（1）主轴系统性能。

（2）进给系统性能。

（3）自动换刀系统性能。

（4）机床试运转的总噪声不得超过 80dB。

（5）试运转前后分别对电气装置的绝缘性能检查和接地可靠性检查。

（6）数字程序控制装置的功能可靠性检查。

（7）机床保护功能和对操作者安全性检查。

（8）对压缩空气系统、液压管路系统的密封性能与调试性能的检查。

（9）检查定时定量润滑装置的可靠性能。

（10）检查机床各附属装置的工作可靠性能。

（11）检查数控系统主要使用功能的准确性和可靠性。

（12）连续 8 h、16 h 或 24 h 无载荷运转的工作稳定性。

6. 机床外观检查

数控机床是价格昂贵的高技术设备，除按照参数对通用机床有关标准进行外观检查外，还应对各级保护罩、油漆质量、机床照明、切削处理、电线和油管、气管的走线谷底及防护进行细致检查。

## 2.2.2　机电设备的调整与试运行

### 一、机电设备的调试

通过机电设备的调试，可以发现设计的缺陷和安装的错误，并加以改进和纠正，或提出改进建议，确保设备的各项功能和性能指标均达到设计要求。设备调试包括调整和测试（检验）两部分内容。

（1）调整：主要根据设备技术条件的要求，对设备的各机械参数、电气参数进行调整，使设备达到预定的功能和性能要求。

（2）测试：主要是对设备的各项技术指标和功能进行测量和试验，并同设计的性能指标进行比较，以确定是否合格，能否满足系统安全、经济运行的需要。

机电设备调试要根据设备要求，按先部件、再成组、后系统，先手动、再半自动、后自动，先近程、后远程控制的原则进行调试。调试的过程如下：

（1）根据设备的技术和操作要求，将设备置于原始状态。

（2）按照设备要求，加注润滑液（脂）。

（3）检查各机械部件，特别是传动部件是否紧固。

（4）检查气液管路。

（5）检查机械保护装置。

（6）检查电路的接线是否牢固以及绝缘状况。

（7）检查电压等级是否与设备要求相符合。

（8）调整电气保护装置，并根据要求整定参数。

（9）通电、通气。

## 二、机电设备的试运行

经过一系列的调试，准确无误后，可以进行设备的试运行。通过设备的试运行可使设备在设计、制造和安装等方面的质量做一次全面检查和考验。可以更好地了解设备的使用性能和操作顺序，确保设备运行安全投入生产。

### 1. 机电设备试运行前的准备工作

（1）参加试运行的人员都必须熟悉设备说明书和有关技术文件，了解设备的构造和性能，掌握其操作顺序。

（2）科学的编制试运行方案，其内容有：

①试运行机构和人员组成。

②现场管理制度。

③试运行的程序、进度和所要达到的技术要求。

④试运行检查项目和记录要求。

⑤操作规范、安全措施和注意事项。

⑥指挥和联系信号。

⑦必要的备品和工具、润滑剂。

⑧其他规定事项。

（3）准备好试车所需要的各种工具、材料、安全保护用品。

（4）设备各部分装配零件应完好无损，各连接件应紧固；各种仪表和安全装置均应检验合格。

（5）按有关规定对设备进行全面检查，确定没有任何隐患和缺陷后才能进行试车。

（6）清除设备上无关的构件，清扫试车现场。

### 2. 机电设备试运行的方法

设备试运行一般可分为空转试验、负荷试验、精度试验三种。

（1）空转试验：是为了检验设备安装精度的保持性，设备的稳定性，灵敏可靠等有关各项参数和性能，以及传动、操纵、控制、润滑、液压等系统是否正常，在无负载运行状态下进行的试验。一定时间的空载运行是新设备投入使用前进行磨合的一个不可缺少的步骤。

（2）负载试验：在负载试验中应按照规范检查轴承的温升，检验液压系统、传动、操纵、控制、安全灯装置工作是否达到出厂的标准，是否正常、安全、可靠。不同负载状态下的试运行也是新设备进行磨合所必须进行的工作。磨合试验进行的质量如何，对于设备使用寿命影响极大。

（3）精度试验：一般应在负载试验后按技术资料（说明书）的规定进行，既要检查设备本身的几何精度，也要检查工作（如加工产品）的精度。这项试验大多在设备投入使用两个月后进行。

### 3. 机电设备试运行的步骤

试运行的步骤应遵循先低速后高速、先单机后联机、先无负荷后带负荷、先附属系统后主机、能手动的部件先手动再机动等原则。前一步的试运行合格后才能进行后一步的运行。

（1）先由机组电动机单独启动来判断电力拖动部分是否良好、旋转方向是否符合从动机的转动方向。

（2）润滑系统的试车：试运行时，在主机启动前必须先进行润滑系统调试。

（3）液压系统调试：试运行时，主机启动前要进行液压系统的调试。所有液压油的规范均应符合设备技术文件的规定。

（4）机组冷却系统的试车。

（5）设备的运行。

①设备上的运动部分应先用人力缓慢盘动数周，确信没有阻碍和运动方向错误等现象后方能正常启动。对某些大型设备人力无法盘动时，可适当使用机械盘动。

②启动时，应先用随开随停的办法做数次试验，观察各部分动作，确认正常后方可正式启动，由低速逐级增加至高速。

③在运转中，传动皮带不得打滑，发热平皮条不得跑边；齿轮副、链条和齿轮啮合应平稳，无卡住现象和不正常的噪声、磨损。

④对设置有高压顶轴液压泵的设备，当高压液压泵启动后，高压油将轴颈浮起。油压的调整能以盘车较轻松为宜，当机组启动达到额定负荷，应立即停止高压油泵运转。

⑤机组运转中，每隔30 min至1 h应检查各部压力、温度、振动、转速、膨胀间隙、保安装置、电压等，并做好记录。

### 4. 试运行中故障判断的常用方法

（1）听。设备正常试运转时，声音应均衡、平稳。如不正常，就会发出各种杂音，如齿轮的轻微敲击声、嘶哑的摩擦声和金属碰击的铿锵声等，应查明部位，停车检查。听音一般采用听音棒（听音棒可以用螺丝刀代替），将其尖端放在设备发声的部位，耳朵贴在颈部。

（2）看。看压力表、温度计等各种检测仪表读书是否符合规定；看冷却水是否畅通，水量是否充足；看地脚螺栓及其他连接处是否松动等。特别是出现烟雾时应及时停止，妥善处理。

（3）摸。用手摸设备外表可触及部分（如轴承、电动机等）的温度和振动情况。

（4）嗅。嗅到不正常气味，如电动机绝缘烧毁的“焦味”，油温过高的烟味等，则应停车检查。

### 5. 试运转结束后的工作

（1）断开设备的总电路和动力源。

（2）停止运转后辅助液压泵应继续供油，消除压力和负荷（包括放水和放气）。

（3）设备磨合后，对其清洗、润滑、紧固、更换或检修故障零部件并进行调试，使设备进入最佳使用状态。

（4）对几何精度进行复查，复查各紧固连接部分。

（5）装好试运转前预留未装的以及试运转中拆下的部件和附属装置。

（6）清理现场。

（7）整理试运行的各项记录。

（8）办理工程交工验收手续。

# 2.3 机械装调技术基础

## 2.3.1 机械装配技术概述

### 一、装配的相关概念

1. 零件

构成机器（或产品）的最小单元或者说是机器制造的最小单元。如一根轴、一个螺钉、一个键等。

2. 构件

组成机器的相互间存在确定相对运动的部分。如内燃机中的曲轴、连杆、活塞等。

3. 组件

组件是由若干零件按一定技术要求和次序组合成的装配体（机器的一部分），如车床主轴组件、减速器上的锥齿轮轴组件等。

4. 部件

部件是两个或两个以上零件结合成的、能完成某种功能的组合体。如车床的床头箱、进给箱、尾座等。部件是个通称，部件的划分是多层次的，直接进入产品总装的部件也可称为组件；直接进入组件装配的部件称为第一级分组件；直接进入第一级分组件装配的部件称为第二级分组件，其余类推，产品越复杂，分组件的级数越多。

5. 装配

按照规定的技术要求，将若干个零件组装成部件或将若干个零件和部件组装成产品的过程，称作装配。前者称为部件装配，后者称为总装配。装配通常是产品生产过程中的最后一个阶段，其目的是根据产品设计要求和标准，使产品达到其使用说明书的规格和性能要求。只有通过装配才能使若干个零件组合成一台完整的产品。产品质量和使用性能与装配质量有着密切的关系，即装配工作的好坏对整个产品的质量好坏起着决定性的作用。大部分装配工作都是由手工完成，高质量的装配需要丰富的经验。

### 二、安装的概念

装配的工作是把各个零部件组合成一个整体的过程，而各个零部件按照一定的程序、要求固定在一定的位置上的操作称为安装。安装中必须遵循以下原则。

（1）按正确的顺序进行安装，如图 2-3-1-1 所示。

（2）按图样规定的方法和位置进行安装，如图 2-3-1-2 所示。

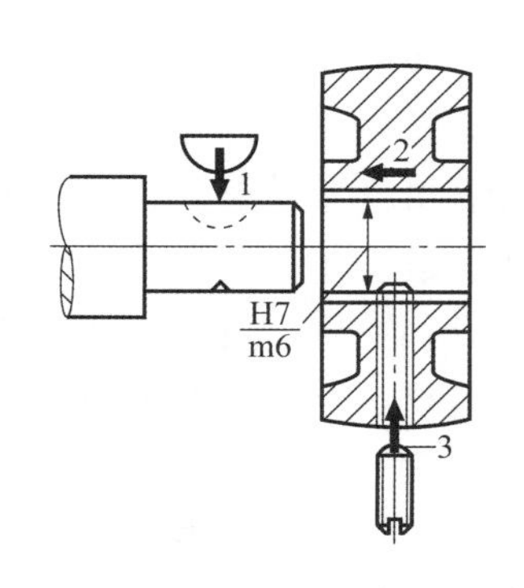


图 2-3-1-1 齿轮的正确安装顺序

1—半圆键；2—齿轮；3—紧定螺钉

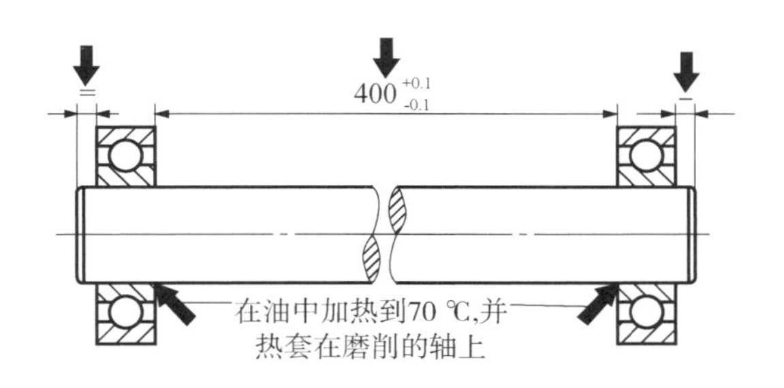


图2－3－1－2　按图样规定的方法和位置进行安装

（3）按图样规定的方向进行安装，如图2－3－1－3所示。

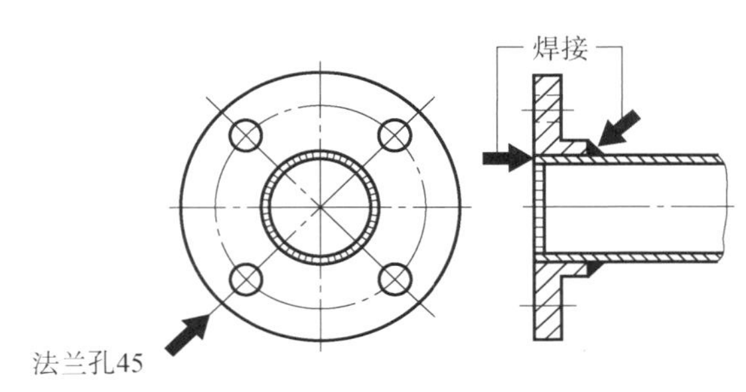


图2－3－1－3　按图样规定的方向进行安装

（4）按规定的尺寸精度进行安装。

（5）安装完毕后，每一个装配的产品必须能够拆卸，产品必须达到预定的要求或标准。

## 三、装配操作

装配是由大量成功的操作来完成的。这些操作又可以分为主要操作和次要操作。主要操作可以直接产生产品的附加值，而除主要操作以外的其他操作则属于次要操作，它们对于产品的装配也是不可缺少的。主要操作和次要操作的区别在于装配中的目的和作用不同。主要操作包括：安装、连接、调整、检验和测试等。次要操作包括：贮藏、运输、清洗、包装等。

## 四、装配技术相关术语

装配技术术语是用来描述装配操作工作方法时使用的一种通用技术语言，它具有描述准确、通俗易懂的特点，便于装配技术人员之间的交流。通过运用装配技术用语，装配技术人员能够使用大量的短语，以简洁的方式来描述装配工作方法，从而清楚地表示出机械装配所必需的各种活动。

装配工作方法的描述是为了十分准确地详述以正确方法进行装配所必需的装配操作活动，并逐步地给出操作流程和操作方法，其中，每一步装配操作可能由不同的子操作活动组成，而这些子操作活动又会出现在其他装配操作步骤中，我们把这些子装配操作活动称为“标准操作”。因此，标准操作的各种名称必须要被每一个装配技术人员所理解，并要以同一种方式去解释。表2－3－1－1为部分标准操作的介绍。

表2－3－1－1　装配的标准操作

| 名　称 | 内　涵 |
|---|---|
| 熟悉任务 | 装配之前，通过阅读图样、技术要求、产品说明书等与装配有关的资料，熟悉装配任务 |
| 整理工作场地 | 准备一块装配场地并进行整理、整顿、清扫；将必需的工具和附件备齐并定位放置 |
| 清洗 | 根据具体条件状况，选用正确的清洗方法去除影响装配或零件功能的污物 |
| 采取安全措施 | 采取个人安全和预防损坏装配件的相应措施 |
| 定位 | 将零件或工具放在正确的位置上 |
| 调整 | 对相关参数，如转速、温度、电流、电压、压力等的调整 |
| 夹紧 | 利用压力或推力使零件固定在某一位置上 |
| 按压 | 利用压力工具或设备，使装配或拆卸的零件产生移动，如轴承的压入或压出 |
| 选择工具 | 选择几种工具中可以用来进行相应操作时的较好工具 |
| 测量 | 借助测量工具进行量的测定 |
| 初检 | 装配前，对装配的文件、零件和标准件的检查等准备工作的检查 |
| 过程检查 | 检查装配过程或操作是否依照预定的要求进行 |
| 最后检查 | 检查装配结束后各项操作的结果是否符合产品说明书的规格要求 |
| 紧固 | 用紧固件来连接两个或多个零件的操作 |
| 拆松 | 与紧固相反的操作 |
| 固定 | 紧固那些在装配中用手指拧紧的零件，以防止零件的移动 |
| 密封 | 防止气体、液体的渗漏或预防污物的渗透 |
| 填充 | 用糊状物、粉末或液体来完全或部分地填满一个空间 |
| 腾空 | 与填充相反的操作 |
| 标记 | 在零件上做记号 |
| 贴标签 | 用标签给出设备有关数据、标识等 |

## 五、装配工作的组织形式

装配工作组织的形式随生产类型和产品复杂程度而不同，一般可分为四类，参见表2－3－1－2。

表2－3－1－2　装配工作的组织形式

| 类　型 | 特　点 | 使用举例 |
|---|---|---|
| 单件生产的装配 | 多在固定的地点，由一个工人或一组工人，从开始到结束进行全部的装配工作 | 夹具、模具的装配；生产线的装配 |
| 成批生产的装配（固定式装配） | 全部装配工作安排在固定地点；每个部件由一个或一组工人来完成，然后进行总装配 | 机床的装配 |
| 大量生产的装配（流水装配法） | 装配过程划分为部件、组件装配；某一工序只由一个或一组工人来完成，只有当从事装配工作的全体工人，都按顺序完成了所担负的装配工序以后，才能装配出产品；广泛采用互换性原则，装配工作工序化，装配质量好，效率高，生产成本低 | 汽车、拖拉机的装配 |
| 现场装配 | 一种为在现场进行部分制造、调整和装配；另一种为与其他现场设备有直接关系的零部件必须在工作现场进行装配 | 减速器的安装 |

六、制定装配工艺时必须考虑的因素

将机械零部件按设计要求进行装配时，为保证制定合理的装配工艺，必须考虑以下一些因素：

（1）零部件的尺寸。

（2）零部件的运动。

（3）安装的精度。

（4）可操作性。

（5）零部件的数量。

七、装配的一般原则

为了提高机械装配的质量，保证装配精度，装配时必须遵循以下原则：

（1）装配前，必须仔细阅读装配图和装配说明书，明确装配技术要求，熟悉各零部件在产品中的功能。

（2）在无装配说明书时，装配前应当考虑好装配的顺序。

（3）装配前必须认真清洗装配的零部件和装配工具。

（4）要防止脏物或异物进入正在装配的产品内。

（5）装配时必须使用符合要求的紧固件进行紧固。

（6）应根据产品装配要求，使用合适的装配工具拧紧螺栓、螺钉等紧固件。

（7）安装时必须根据标记进行装配，确保零件安装在规定的位置上。

（8）装配过程中，应当及时进行位置、间隙、跳动、尺寸、产品的功能等方面的检查或测量，确保装配达到装配技术要求。

### 2.3.2 机械装调常用工具与选用技术

连接装配是装配中最基本的一种装配方法，常见的连接装配有螺纹连接、键连接、销连接等，不管是什么连接装配方法都离不开装配工具。

选择装配工具是指如果有几种工具可以用来进行相应的操作时，我们要选择其中某种较好的工具。为了减轻劳动强度、提高劳动生产率和保证装配质量，一定要选用合适的装配工具和设备。对通用工具的选用，一般要求工具的类型和规格要符合被装配机件的要求，不得错用和乱用，要积极采用专用工具。工程机械由于结构的特点，有时仅用通用工具不能或不便于完成装配作用，因此，必须采用专用工具；此外，还应该积极采用一些机动工具和设备，如机动扳手、压力机等。这样，有利于提高生产效率和确保装配质量。

一、螺钉旋具

用于拧紧或松开头部开槽的螺钉。螺钉旋具有一字旋具、十字旋具、快速旋具和弯头旋具等，如图 2－3－2－1 所示。这些螺钉旋具的形状大致都相同。

除了上述传统的螺钉旋具外，随着科学技术的发展，新型的螺钉旋具不断产生，如图 2－3－2－2所示。

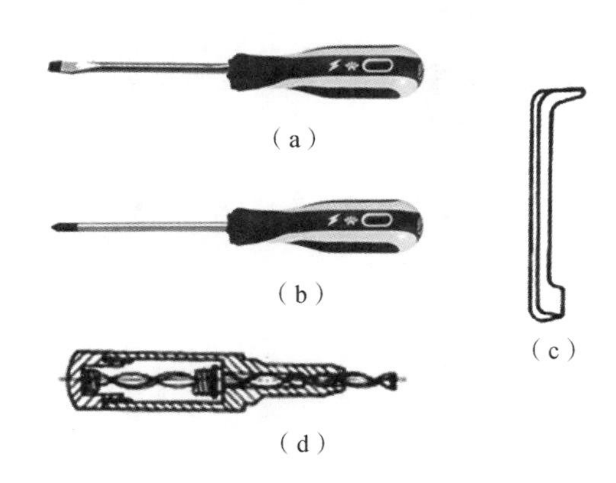


图 2-3-2-1　螺钉旋具的类型

(a) 一字旋具；(b) 十字旋具；(c) 弯头旋具；(d) 快速旋具

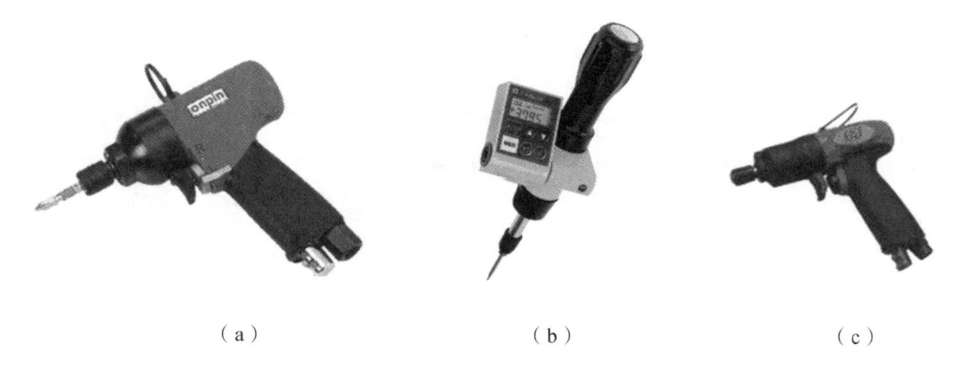


图 2-3-2-2　新型螺钉旋具

(a) 风动旋具；(b) 扭力旋具；(c) 气动旋具

螺钉旋具的使用方法如图 2-3-2-3 所示。小螺钉旋具使用时，用食指顶住旋具柄的末端，用大拇指和中指夹着握柄旋拧；大螺钉旋具使用时，用大拇指、中指、食指夹住旋具柄外，手掌顶住柄的末端旋拧。

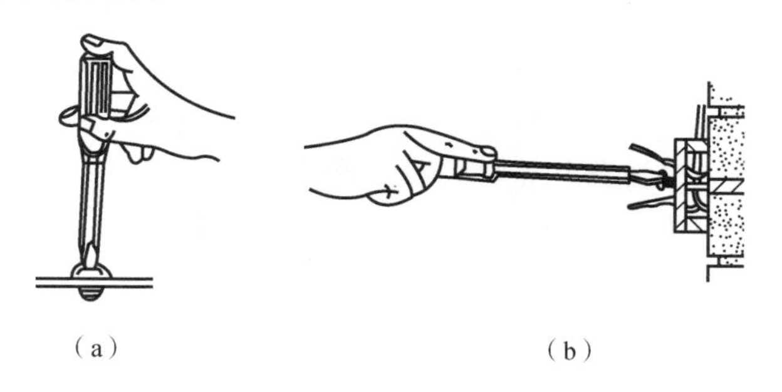


图 2-3-2-3　螺钉旋具的使用方法

(a) 小螺钉旋具的使用；(b) 大螺钉旋具的使用

螺钉旋具选用的原则：由于螺钉旋具的种类、型号很多，所以应根据螺钉头部槽口的不同尺寸与形状选用不同规格、型号的螺钉旋具。相近型号的螺钉旋具在实际操作中是可以互用的，但不能使用型号相差太远的旋具，否则会使操作吃力，并且容易损坏螺钉或螺钉

旋具。

(1) 不能用型号较小的螺钉旋具去拧较大的螺钉，因为一是不容易旋紧，二是螺钉尾槽容易被拧豁，三是旋具头部易受损。同时也不能用型号较大的螺丝刀去拧较小的螺钉，因为容易因用力过大而导致小螺钉滑丝。

(2) 十字螺钉旋具用于旋紧或松开头部带十字槽的螺钉，不能用于旋紧或松开带一字槽的螺钉。

(3) 一字螺钉旋具用于旋紧或松开头部带一字槽的螺钉，一般不能用于旋紧或松开带十字槽的螺钉，因为这样会很吃力。

(4) 弯头螺钉旋具用于操作空间高度受到限制的场合，在大多数场合一般不用弯头螺钉旋具旋紧或松开螺钉，因为使用这种螺钉旋具时旋转的速度不高，影响工作进度。

(5) 螺钉旋具的手柄也是选择时必须考虑的因素之一，它主要体现在是否“好用”上，这与个人长期习惯有关。手柄的种类有直柄、弯柄、按摩型柄、塑胶柄、夹柄、金属柄等。

(6) 不可带电操作；使用时，除施加扭力外，还应施加适当的轴向力，以防滑脱损坏零件；不可用作起子撬任何物品。

## 二、扳手

用于拧紧和松开多种规格的六角头或方头螺栓、螺钉或螺母。常用的有：活扳手、双头呆扳手、单头呆扳手、梅花扳手、套筒扳手、钩形扳手、内六角扳手、管子扳手等，如图 2-3-2-4 所示。以上的扳手形状大致都相同。

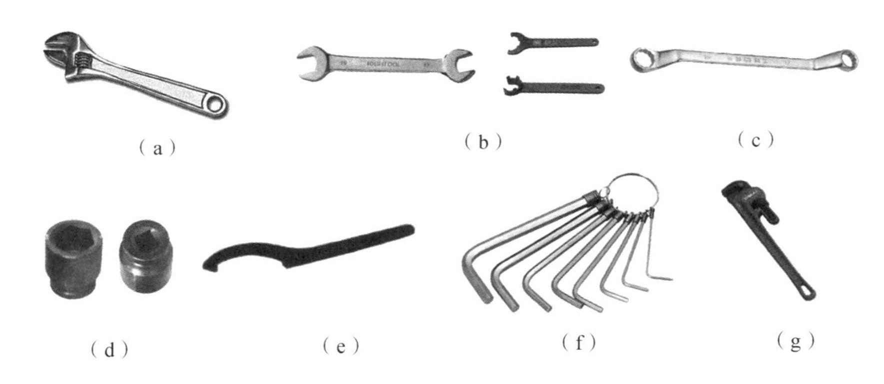

图 2-3-2-4　常用扳手

(a) 活扳手；(b) 呆扳手；(c) 梅花扳手；(d) 套筒扳手；(e) 钩形扳手；(f) 内六角扳手；(g) 管子扳手

除了上述常用扳手外，随着科学技术的发展，新型的扳手不断产生，如图 2-3-2-5 所示。

各类扳手的选用原则：

(1) 所选用扳手的开口尺寸必须与螺栓或螺母的尺寸相符合，扳手开口过大易滑脱并损伤螺件的六角，在进口汽车维修中，应注意扳手公英制的选择。

(2) 一般优先选用套筒扳手，其次为梅花扳手，再次为开口扳手，最后选活动扳手。

图2－3－2－5　新型扳手

（a）扭力扳手；（b）电动扳手；（c）万能扳手；（d）气动扳手；
（e）风动扳手；（f）液压扳手；（g）棘轮扳手

三、钳子

用于夹持或弯折薄形片、切断金属丝材及其他用途。常用的有：钢丝钳、多用钳、弯嘴钳、扁嘴钳、挡圈钳、剥线钳、尖嘴钳等各种钳子，如图2－3－2－6所示。以下的钳子形状大致都相同。

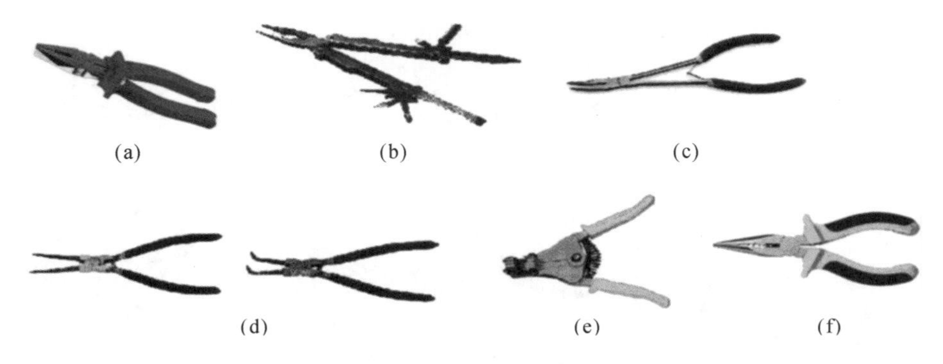

图2－3－2－6　常用钳子

（a）钢丝钳；（b）多用钳；（c）弯嘴钳；
（d）挡圈钳；（e）剥线钳；（f）尖嘴钳

除了上述常用钳子外，随着科学技术的发展，新型的钳子不断产生，如图2－3－2－7所示。

图2－3－2－7　新型钳子

（a）紧线钳；（b）柳钉钳

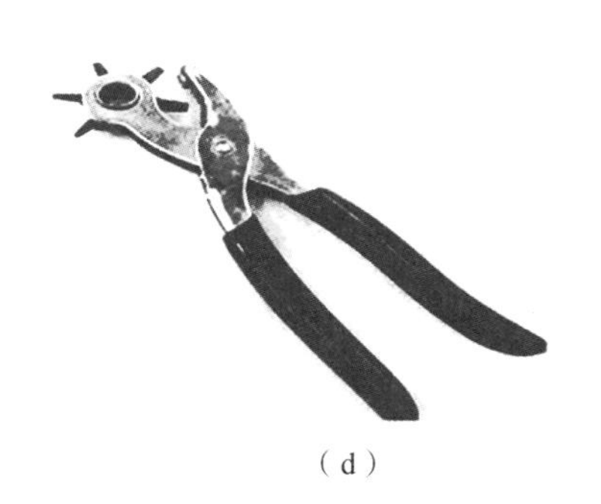

（c）　　　　　　　　　（d）

图2－3－2－7　新型钳子（续）

（c）铅封钳；（d）打孔钳

钳子选用的原则：钳子的规格应与工件规格相适应，以免钳子小工件大造成钳子受力过大而损坏。

## 四、手锤

手锤是凿切、矫正、铆接和装配等工作的敲击工具，由锤头、锤柄两部分组成。一般分为硬头手锤和软头手锤两种，如图2－3－2－8所示。硬头手锤的锤头用碳钢淬硬制成，常用的有圆头和方头两种，一般用于凿切、拆装工作用。软头手锤的锤头是用硬铝、铜、硬木、硬橡胶或尼龙制成。凡工作物经不起钢锤敲击的应选用软手锤。

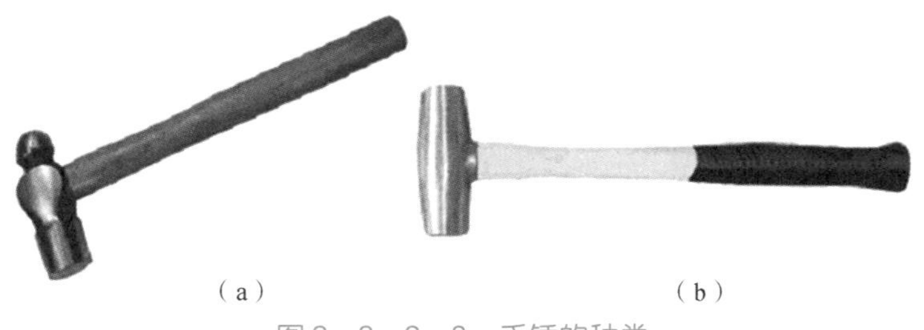

（a）　　　　　　　　　（b）

图2－3－2－8　手锤的种类

（a）手锤；（b）黄铜锤

## 五、刮刀

刮刀是刮削工作中的主要工具，如图2－3－2－9所示。根据不同的刮削表面，刮刀可分为平面刮刀和曲面刮刀两大类。

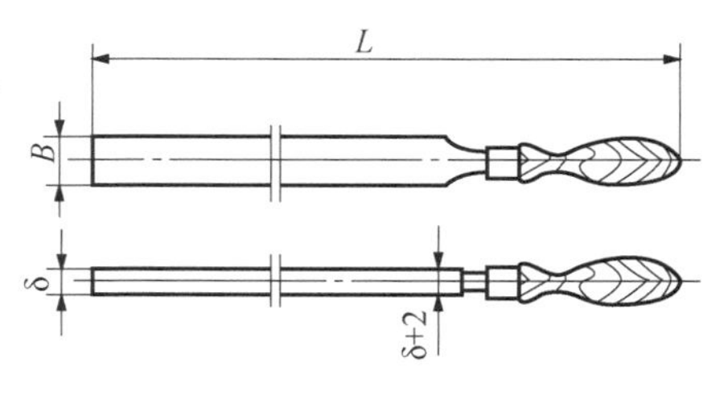


图2－3－2－9　刮刀

### 1. 平面刮刀

平面刮刀主要用来刮削平面，如平板、平面导轨、工作台等，也可用来刮削外曲面。按所刮表面精度要求不同，可分为粗刮刀、细刮刀和精刮刀三种。

### 2. 曲面刮刀

曲面刮刀主要用来刮削内曲面，如滑动轴承内孔等。曲面刮刀有多种形状，如三角刮刀和蛇头刮刀等，如图2－3－2－10所示。

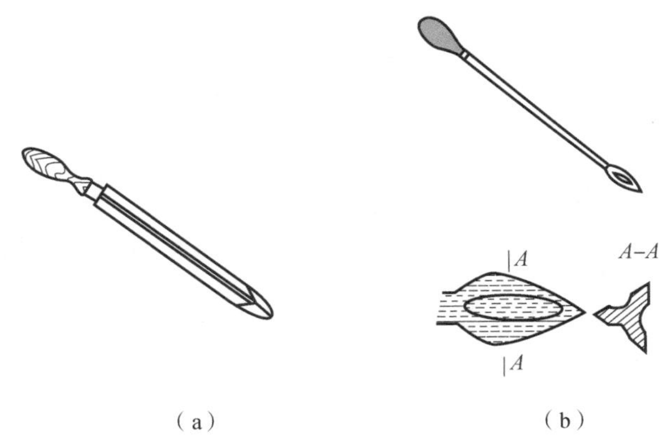


（a）　　　　（b）

图2－3－2－10　曲面刮刀

（a）三角刮刀；（b）蛇头刮刀

## 六、钻头

钻头是用以在实体材料上钻削出通孔或盲孔，并能对已有的孔扩孔的刀具，如图2－3－2－11所示。钻头主要按需加工孔的材料及尺寸选取。

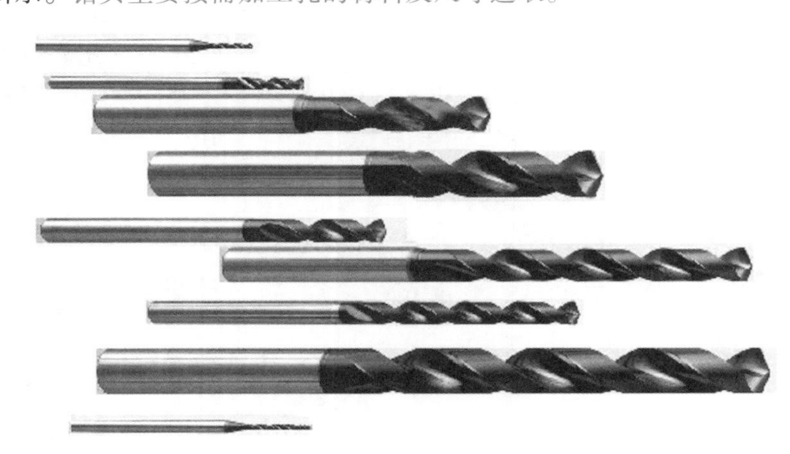

图2－3－2－11　钻头

## 七、铰刀

铰刀是具有一个或多个刀齿、用以切除已加工孔表面薄层金属的旋转刀具，也是具有直刃或螺旋刃的旋转精加工刀具，如图2－3－2－12所示。铰刀主要用于扩孔或修孔，其选用是按所加工孔的基本尺寸及精度要求来选取的。

## 八、其他装卸工具简介

（1）螺钉取出器：如图2－3－2－13（a）所示，用于取出断头螺钉。

（2）手虎钳：如图2－3－2－13（b）所示，用于夹持轻巧工件进行加工。

（3）胀管器：如图2－3－2－13（c）所示，用于扩胀管路和翻边等。

（4）多用压管钳：如图2－3－2－13（d）所示，用于维修液压油管时的压型、切断等。

（5）拉马和液压拉马：如图2－3－2－13（e）、（f）所示，用于拆卸皮带轮、轴承等。

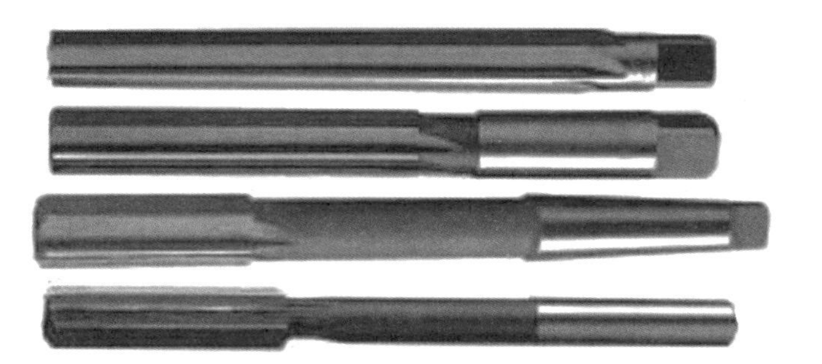

图2-3-2-12 铰刀

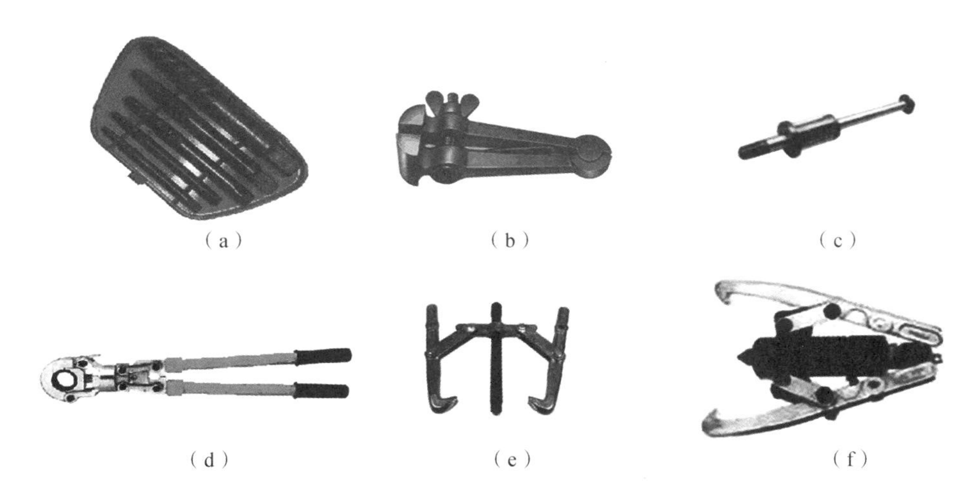

图2-3-2-13 其他装卸工具

(a) 螺钉取出器；(b) 手虎钳；(c) 胀管器；
(d) 多用压管钳；(e) 拉马；(f) 液压拉马

### 九、常用检测工具

(1) 标准平板，如图2-3-2-14所示，用来检查较宽的平面。

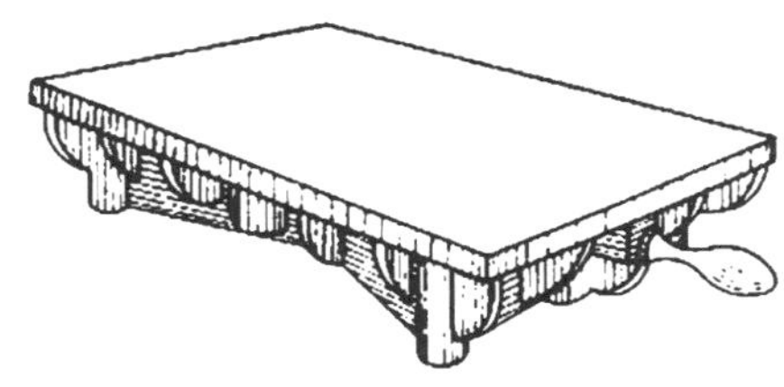

图2-3-2-14 标准平板

（2）检验平尺，如图2－3－2－15所示，用来检验狭长的平面。桥形平尺，用来检验机床导轨面的直线度误差；工形平尺，有单面和双面两种。

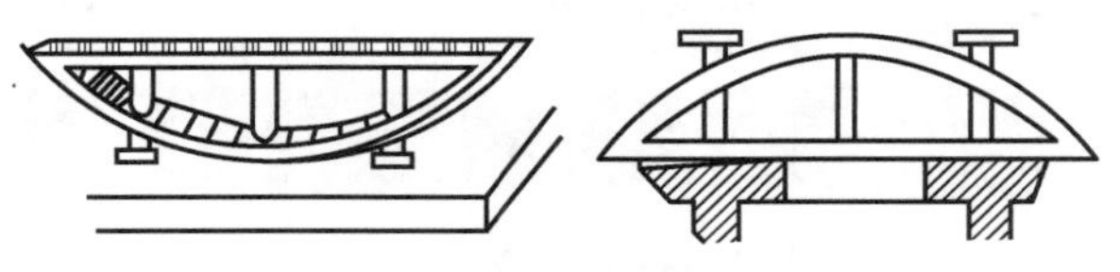

图2－3－2－15　检验平尺

（3）角度平尺，如图2－3－2－16所示，用来检验两个刮削面成角度的组合平面，如燕尾导轨面。其形状有55°、60°等。

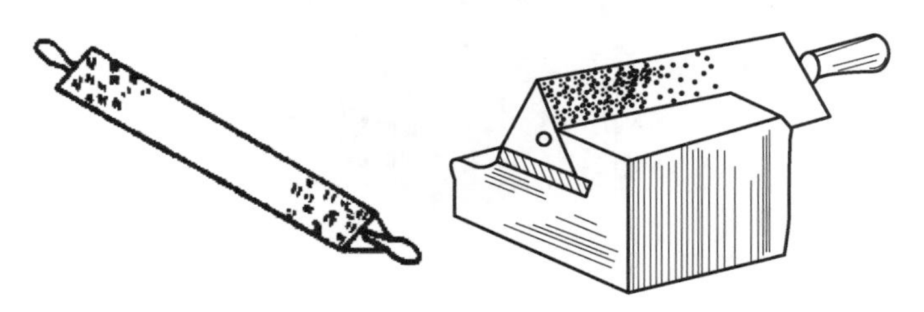

图2－3－2－16　角度平尺

十、电动工具简介

电动工具品种繁多，应用广泛。目前世界上的电动工具已经发展到近500多个品种。其结构轻巧，携带使用方便；比手动工具可提高劳动生产率数倍到数十倍；比风动工具效率高、费用低、振动小和易于控制。

电动工具常用的有电钻、磁座钻、电钻－螺丝刀、电动攻丝机、切割机、磨光机、电动胀管机、电动拉铆枪等，如图2－3－2－17所示。

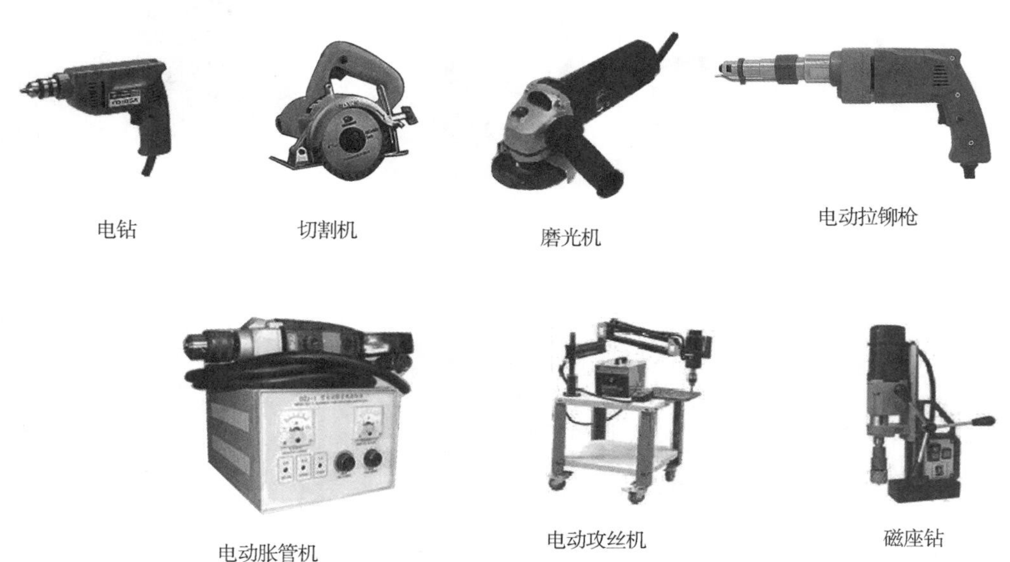


图2－3－2－17　常用的电动工具

电动工具选用时应注意以下事项：

（1）根据需要区别家庭用还是专业用。通常专业用的工具功率较大，一般家庭用的工具输入功率较小。

（2）工具的外包装应图案清晰、没有破损、塑料盒坚固、开启塑料盒的搭扣应牢固耐用。

（3）用手握持时，开关的手柄应平整。电缆线的长度一般应不小于 2 m。

（4）工具的铭牌参数应与 CCC 证书上的一致。说明书上应有制造商和生产厂的详细地址和联系方式。铭牌或合格证上应有产品可追溯的批量编号。

（5）用手握持工具，接通电源，频繁操动开关，使工具频繁启动，观察工具开关的通断功能是否可靠。同时观察现场的电视机、日光灯是否有异常现象，以便确认工具是否装有有效的无线电干扰抑制器。

（6）工具通电运行 1 min，运行时用手握持，手应无明显感觉到任何不正常的颤动，观察换向火花，其换向火花不应超过 3/2 级。

### 十一、气动工具简介

气动工具是一种主要利用压缩空气带动气动马达而对外输出动能工作的工具。一般气动工具主要由动力输出部分、作业形式转化部分、进排气路部分、运作开启与停止控制部分、工具壳体等主体组成，还有能源供给部分、空气过滤与气压调节部分及工具附件等。

气动工具的主要特点有：空气容易获取，无污染，无火灾爆炸危险，使用安全；气体的黏性小、流动阻力损失小，便于集中供气和远距离输送；气动执行元件运动速度高；气动系统对环境的适应能力强，能在温度范围很宽、潮湿和有灰尘的环境下可靠工作；结构简单、维护方便、成本低廉；气动元件寿命长。

气动工具常用的有气钻、气扳机、气砂轮机、气螺刀、气动攻丝机、气动铆钉机、气动射钉枪等。如图 2－3－2－18 所示。

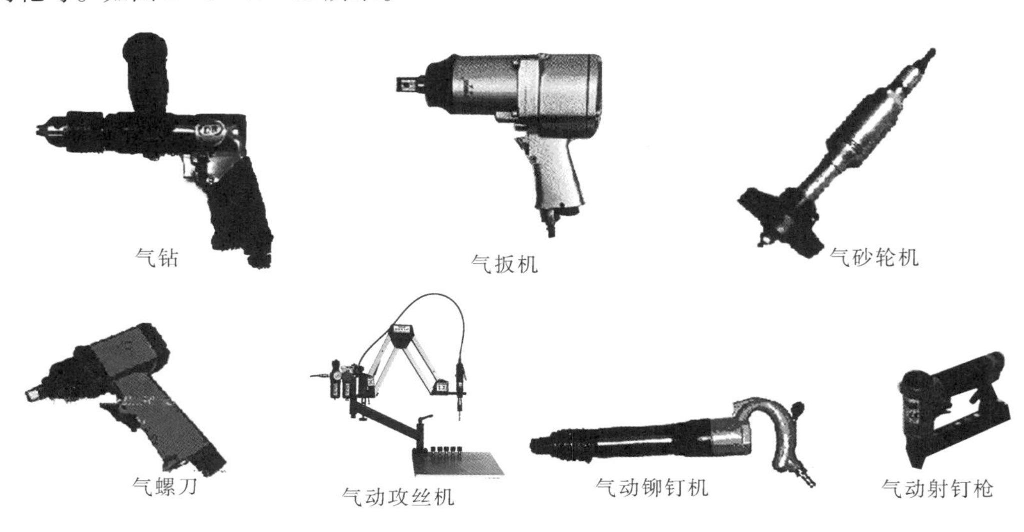


图 2－3－2－18　常用的气动工具

# 2.4　机械装调工艺与典型技术

## 2.4.1　机械装调一般工艺

### 一、装配的一般工艺原则

装配时应根据零、部件的结构特点，采用合适的工具或设备，严格仔细按顺序装配，注意零、部件之间的方位和配合精度要求。

（1）对于过渡配合和过盈配合零件的装配，如滚动轴承的内、外圈等，必须采用相应的铜棒、铜套等专门工具和工艺措施进行手工装配，或按技术条件借助设备进行加温加压装配。如遇有装配困难的情况，应先分析原因，排除故障，提出有效的改进方法，再继续装配，千万不可乱敲乱打鲁莽行事。

（2）对油封件必须使用心棒压入；对配合表面要经过仔细检查和擦净，如若有毛刺应经修整后方可装配；螺柱连接按规定的扭矩值分次均匀紧固；螺母紧固后，螺柱的露出螺牙应不少于两个且应等高。

（3）凡是摩擦表面，装配前均应涂上适量的润滑油，如轴颈、轴承、轴套、活塞、活塞销和缸壁等。各部件的密封垫（纸板、石棉、钢皮、软木垫等）应统一按规格制作。自行制作时，应细心加工，切勿让密封垫覆盖润滑油、水和空气的通道。机械设备中的各种密封管道和部件，装配后不得有渗漏现象。

（4）过盈配合件装配时，应先涂润滑油脂，以利于装配和减少配合表面的初磨损。另外，装配时应根据零件拆卸下来时所作的各种安装记号进行装配，以防装配出错而影响装配进度。

（5）对某些有装配技术要求的零、部件，如装配间隙、过盈量、灵活度、啮合印痕等，应边安装边检查，并随时进行调整，以避免装配后返工。

（6）在装配前，要对有平衡要求的旋转零件按要求进行静平衡或动平衡试验，合格后才能装配。这是因为某些旋转零件如皮带轮、飞轮、风扇叶轮、磨床主轴等新配件或修理件，可能会由于金属组织密度不匀、加工误差、本身形状不对称等原因，使零、部件的重心与旋转轴线不重合，在高速旋转时，会因此而产生很大的离心力，引起机械设备的振动，加速零件磨损。

（7）每一个部件装配完毕后，必须严格仔细地检查和清理，防止有遗漏或错装的零件，特别是对环境要求固定安装的零、部件要检查。严防将工具、多余零件及杂物留存在箱体之中，确信无疑之后，再进行手动或低速试运行，以防机械设备运转时引起意外事故。

### 二、机械装配的工艺过程

装配工艺过程一般由装配前的准备（包括装配前的检验、清洗等）、装配工作（部件装配和总装配）、校正（或调试）和检验（或试车）、油封和包装等四个部分组成。

1. 装配之前的准备工作步骤及内容

各项准备工作的具体内容与装配任务有关，包括资料的阅读和装配工具与设备的准备等，准备工作应在正式装配前完成。

（1）阅读相关资料，包括产品的装配图、工艺文件和技术要求；了解产品的结构，零件的作用以及相互连接关系。

（2）检查装配用的资料和零件是否齐全。

（3）确定正确的装配方法和顺序。根据零、部件的结构特点和技术要求，确定合适的装配工艺、方法和程序。

（4）准备装配所需要的工具与设备。选择装配工具、测量与检测工具及专用附件。

（5）按清单清理检测各备装零件的尺寸精度与制造或修复质量，核查技术要求，凡有不合格者一律不得装配。对于螺柱、键及销等标准件稍有损伤者，应予以更换，不得勉强留用。

（6）整理装配的工作场地。清洁装配工作区，对装配的零件、工具进行清洗，去掉零件上的毛刺、铁锈、切屑、油污；对于经过钻孔、铰削、镗削等机械加工的零件，要将金属屑末清除干净；润滑油道要用高压空气或高压油吹洗干净；相对运动的配合表面要保持洁净，以免因脏物或尘粒等杂入其间而加速配合件表面的磨损；归类并放置好装配用零部件，调整好装配平台基准。

（7）采取安全措施。如个人保护工具、手用工具、梯子、运输工具等。

2. 装配工作

在装配准备工作完成之后，才开始进行正式的装配。结构复杂的产品，其装配工作一般分为部件装配和总装配。

（1）部件装配指产品在进入总装配以前的装配工作。凡是将两个以上的零件组合在一起或将零件与几个组件结合在一起，成为一个装配单元的工作，均称为部件装配。

（2）总装配指将零件和部件组装成一台完整产品的过程。

在装配工作中需要注意的是，一定要先检查零件的尺寸是否符合图样的尺寸精度要求，只有合格的零件才能运用连接、校准、放松等技术进行装配。

3. 调整、精度检验和试车

（1）调整工作是指调节零件或机构的相互位置、配合间隙、结合程度等，目的是使机构或机器工作协调。如轴承间隙、蜗轮轴向位置的调整等。

（2）精度检验包括几何精度和工作精度检验等，以保证满足设计要求或产品说明书的要求。

（3）试车是试验机构或机器运转的灵活性、振动、工作温升、噪声、转速、功率等性能是否符合要求。

4. 涂油、喷漆、装箱

机器装配好之后，为了使其美观、防锈和便于运输，还要做好喷漆、涂油、装箱工作。

## 三、装配工序及装配工步的划分

通常将整台机器或部件的装配工作分成装配工序和装配工步顺序进行。由一个工人或一组工人在不更换设备或地点的情况下完成的装配工作，叫做装配工序。用同一个工具，不改变工作方法，并在固定的位置上连续完成的装配工作，叫做装配工步。在一个装配工序中可

包括一个或几个装配工步。部件装配和总装配都是由若干个装配工序组成。

合理的装配顺序在很大程度上取决于：装配产品的结构；零件在整个产品中所起的作用和零件间的相互关系；零件的数量。安排装配顺序一般应遵循的原则是：首先选择装配基准件，它是最先进入装配的零件，多为机座或床身导轨，并从保证所选定的原始基面的直线度、平行度和垂直度的调整开始。然后根据装配结构的具体情况和零件之间的连接关系，按先下后上、先内后外、先难后易、先重后轻、先精密后一般的原则去确定其他零件或组件的装配顺序。

## 2.4.2　机械装调典型技术简介

### 一、零件的检测技术

#### 1. 量具与量仪的分类

各种形式的量具量仪都具有一个共同点是：它们必须具有检测、比较、显示标准值和被测值之间差别的三个基本功能。按用途、特点来分，量具、量仪的分类参见表2－4－2－1。

表2－4－2－1　量具量仪的分类

| 类型 | 常用产品 |
|---|---|
| 标准量具与量仪 | 量具：量块、直角尺、各种曲线样板及标准量规<br>量仪：激光光波比较仪、光波干涉比较仪、立式光学计 |
| 极限量规 | 通止规 |
| 检验量具 | 一种专用的检验工具，当配合各种比较仪时，能用来检查更多和更复杂的参数 |
| 通用量具与量仪 | 量具：卡规、塞规、环规、塞尺、钢直尺、游标卡尺、千分尺、杠杆千分尺、半径样板、深度尺、高度尺<br>量仪：百分表、杠杆百分表、测微仪、测长仪、大型工具显微镜、万能工具显微镜、投影仪、光学比较仪 |
| 测角量具与量仪 | 量具：角尺、正弦规、万能角度尺、圆锥量规、正切尺、角度量块和锥度样板<br>量仪：水平仪、光学分度头（盘）、光学测角仪、光学倾斜仪和光学合像水平仪 |
| 检测集合形状与相互位置的量具与量仪 | 量具：平晶、平台、样板平尺<br>量仪：偏摆检查仪、圆度仪和平直度测量仪 |
| 检测表面粗糙度的量具与量仪 | 量具：表面粗糙度样板<br>量仪：干涉显微镜、轮廓仪（电感式、压电式）和光切显微镜 |
| 检测螺纹的量具与量仪 | 量具：螺纹千分尺和螺纹量规（螺纹规、螺纹环规）<br>量仪：螺距测量仪、丝杠测量仪 |
| 检测齿轮的量具与量仪 | 量具：公法线千分尺、齿厚游标卡尺<br>量仪：渐开线齿形检查仪、周节检查仪、基节仪、单面啮合检查仪、双面啮合检查仪、滚刀检查仪、导程检查仪和齿向检查仪 |

#### 2. 轴类零件的测量项目、测量方法及器具的选用

1）轴类零件的测量项目

轴类零件的测量项目有直径的测量、长度的测量、锥度的测量、位置误差（同轴度、径向跳动、端面跳动）的测量、偏心轴的测量。

2）轴类零件的测量方法及器具的选用

（1）用通用量具进行测量。

通用量具可选用游标卡尺、游标深度尺、万能角度尺、外径千分尺、百分表、正弦尺等。

（2）用测量仪器精密测量。

量仪可选用立式光学比较仪、万能工具显微镜、卧式万能测长仪、表面粗糙度检查仪、跳动检查仪、偏摆检查仪等。

3. 套类零件的测量项目、测量方法及器具的选用

1）套类零件的测量项目

套类零件的测量项目有孔径的测量、深度的测量、形位误差（圆度、圆柱度）的测量、表面粗糙度的测量等。

2）套类零件的测量方法及器具的选用

（1）用通用量具进行测量。

通用量具可选用游标卡尺、深度游标卡尺、内径千分尺、内径百分表、内径千分表等。

（2）用测量仪器精密测量。

量仪可选用万能工具显微镜、卧式万能测长仪、表面粗糙度检查仪、干涉显微镜等。

4. 螺纹零件的测量方法及测量器具的选用

1）综合测量法

同时测量螺纹的几个参数称为综合测量法。采用的量具是螺纹量规。

2）单项测量法

仅测量螺纹的某一项基本参数称为单项测量法。对一般精度要求的螺纹，螺距常用钢直尺和螺距规进行测量；外螺纹的大径和内螺纹的小径，一般用游标卡尺或千分尺测量；外螺纹中径可以用螺纹千分尺或三针进行测量。

5. 齿轮的测量项目、测量方法及器具的选用

1）齿厚偏差 $\Delta E_s$

齿厚偏差 $\Delta E_s$ 是指在分度圆柱面上，法向齿厚的实际值与公称值之差。测量齿厚偏差使用齿厚卡尺（如图 2－4－2－1）来测量。

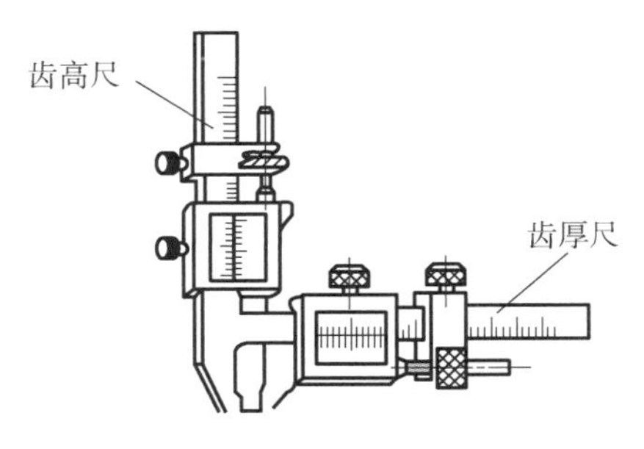


图2－4－2－1　齿厚卡尺

2）齿轮齿距累积误差 $\Delta Fp$ 及齿距偏差 $\Delta fpt$ 的测量

齿距偏差、齿距累积误差的测量方法常用相对测量法。即以齿轮上任意一个齿距作为基准，把仪表调整到零，然后依次测量各齿对于基准的相对齿距偏差，最后对数据处理求出齿距累积误差，同时求解出齿距偏差。相对测量法的定位基准有齿顶圆定位、齿根圆定位、内孔定位等三种。

3）基节偏差的测量

采用相对测量法。利用基节检查仪，以一个与齿廓相切的测量面以及一沿齿面摆动的测

量触头量得两者之间的最小距离，从而反映出基节偏差。

4）齿圈径向跳动 $\Delta F$

在齿轮一转范围内，将测头（圆形、圆柱形等）置于齿槽内，与齿高中部双面接触，测出测头相对于齿轮轴线的最大变动量，如图2-4-2-2所示。

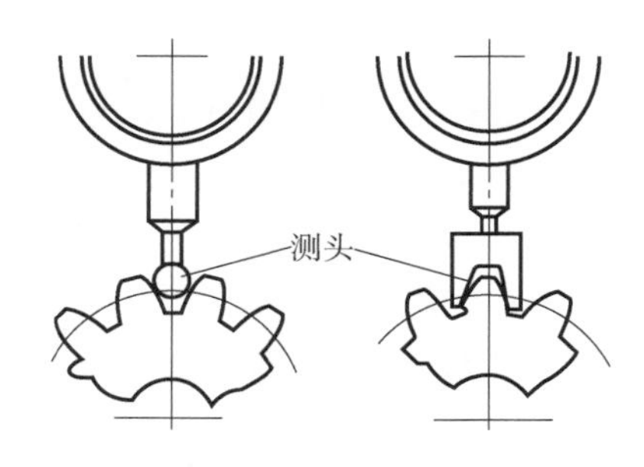


图2-4-2-2 齿圈径向跳动测量示意

6. 箱体零件的测量项目、测量方法及测量器具的选用

根据箱体结构及精度要求，箱体的测量可选择“平台测量法”。即以精密测量平板为基本的测量器件，辅以百分表、千分表、高度尺、直角尺等通用量具及其他辅助器具，通过不同的组合完成测量。

7. 复杂零件测量技术

复杂零件的测量主要涉及曲面、空间几何尺寸与空间形位误差等几何方面的测量。最常用的空间数字测量技术是坐标测量技术。坐标测量基本原理就是通过探测传感器（探头）与测量空间轴线运动的配合，对被测几何元素进行离散的空间点位置的获取，然后通过一定的数学计算，完成对所测得点（或点群）的分析拟合，最终还原出被测的几何元素，并在此基础上计算其与理论值（名义值）之间的偏差，从而完成对被测零件的检验工作。坐标测量技术中应用较广的是三坐标测量机。

此外，对曲面与曲线的测量有时用扫描测量仪器完成，即采用点云的扫描测量方法完成对曲面的扫描测量工作。这类测量工具还能用在逆向工程应用中形面海量点云数据的快速获取。这样的测量具有更高的效率。

## 二、零件的清理和清洗

在装配的过程中，必须保证没有杂质留在零件或部件中，否则，杂质就会迅速磨损机器的摩擦表面，严重的会使机器在很短的时间内损坏。由此可见，零件在装配前的清理和清洗工作对提高产品质量、延长其使用寿命有着重要的意义。特别是对于轴承精密配合件、液压元件、密封件以及有特殊清洗要求的零件尤为重要。

1. 装配时，对零件的清理和清洗内容

（1）装配前清除零件上的残存物，如型砂、铁锈、切屑、油污及其他污物。

（2）装配后，清除在装配时产生的金属切屑，如配钻孔、铰孔、攻螺纹等加工的残存切屑。

（3）部件或机器试车后，洗去由摩擦而产生的金属微粒及其他污物。

（4）机件间的配合不当、制造上的缺陷、运输或存放期间的变形和损坏等都必须在清洗工作中发现并及时予以处理。

2. 装配时，对零件的清理和清洗方法

（1）清除非加工表面的型砂、毛刺可用錾子或钢丝刷。

（2）清除铁锈可用旧锉刀、刮刀和砂布。

（3）有些零件清理后还需涂漆，如箱体内部、手轮、带轮的中间部分。

（4）单件和小批量生产中，零件可在洗涤槽内用抹布擦洗和进行冲洗。

（5）成批或大批量生产中，常用洗涤槽清洗零件，如用固定式喷嘴来喷洗成批小型零件，利用超声波来清洗精度要求较高的零件，如精密传动的零件，微型轴承、精密轴承等。

3. 常用的清洗液

常用清洗液有汽油、煤油、轻柴油和化学清洗液等。

（1）汽油主要适用于清洗较精密的零部件上的油脂、污垢和一般黏附的杂质。

（2）煤油和轻柴油的应用与汽油相似，清洗效果比汽油差，但比汽油安全。

（3）化学清洗液（又称乳化剂清洗液）具有配制简单、稳定耐用、无毒、不易燃烧、使用安全、成本低等特点。如105 清洗剂、6051 清洗剂可用于喷洗钢件上以机油为主的油污和杂质。

4. 机床设备典型部位的清洗

（1）油孔的清洗。油孔在清洗前，应根据图样核对油孔的直径、位置是否正确，油孔应畅通无阻，如不符合要求，应立即处理。

（2）滚动轴承的清洗。清洗时可用软质刮具将原有润滑脂刮掉，然后根据方便程度浸洗或用热油冲洗，有条件的可用压缩空气吹除一次，最后用煤油或汽油进行冲洗直至清洁为止。清洗后的滚动轴承经检查合格，应涂上新的润滑油或润滑脂并妥善保管。

（3）在清洗机床设备的变速机构，如床头箱、进给箱及溜板箱等部分时，要同时注意认真检查箱体内有没有残留的加工遗留杂质，如铁屑等。清洗干净后，要确保所有具有转动和移动功能的零部件动作可靠、灵活。清洗工作结束后，要按设计要求及时、足量地加入规定牌号的润滑油，调整好密封装置，盖好箱盖。

## 三、配刮

精密工件的表面，常要求达到较高的几何精度和尺寸精度。在一般机械加工中，如车、刨、铣加工后的表面，工具很难达到上述精度要求。因此，如机床导轨和滑行面之间、转动的轴和轴承之间的接触面、工具量具的接触面以及密封表面等，常用刮削（用刮刀刮除工作表面薄层的加工方法）选配的方法对一些尺寸进行加工，此过程称为配刮。

刮削所用的工具简单，且不受工件形状和位置以及设备条件的限制；同时，它还具有切削量小、切削力小、产生热量小、装夹变形小等特点，能获得很高的形状位置精度、尺寸精度、接触精度以及较细的表面粗糙度。

刮削前，为了辨明工件误差的位置和程度，需要在精密的平板、平尺、专用检具或与工件相配的偶件表面涂一层很薄的显示剂（也可涂在工件上），然后与工件合在一起对研，对研后，工件表面的某些凸点便会清晰地显示出来，这个过程称为显点。常用的显示剂是红丹油（氧化铁或氧化铅加机械油调制）或蓝油（普鲁士蓝与蓖麻油或机械油调制）。显点后将

显示出的凸起部分刮去。经过反复地显点和刮削，可使工件表面的显示点数逐步增多并均匀分布，这表示表面的形状误差在逐步减小。因此，刮削通常也称刮研。

刮削表面的质量通常用 25 mm × 25 mm 面积内均布的显示点数来衡量。参见表 2－4－2－2。

表 2－4－2－2　刮削表面的显示点数

| 刮削表面 | 25 mm × 25 mm 面积内均布的显示点数/点 |
|---|---|
| 一般连接面 | 5～8 |
| 一般导轨面 | 8～16 |
| 平板、平尺等检具的表面和滑动配合的精密导轨面 | 16～25 |
| 高精度测量工具的表面 | 25～30 |

在刮削后的外露表面上，有时会再刮一层整齐的鱼鳞状花纹或斜花纹以改善外观。在精刨、精铣或磨削后的精密滑动面上刮一层月牙花纹或链状花纹，可改善工作时的润滑条件，形成微观油槽，提高耐磨性。

四、配钻铰

孔加工是钳工的重要操作技能之一。孔加工的方法主要有两类：一类是在实体工件上加工出孔，即用麻花钻、中心钻等进行钻孔；另一类是对已有孔进行再加工，即用扩孔钻、锪孔钻和铰刀进行扩孔、锪孔和铰孔等。

配钻铰是在装配过程中配作孔加工。图 2－4－2－3 所示为两零件件的装配，则应调整好件 1 和件 2 的相对位置，并用螺钉固定后再配作加工销孔。

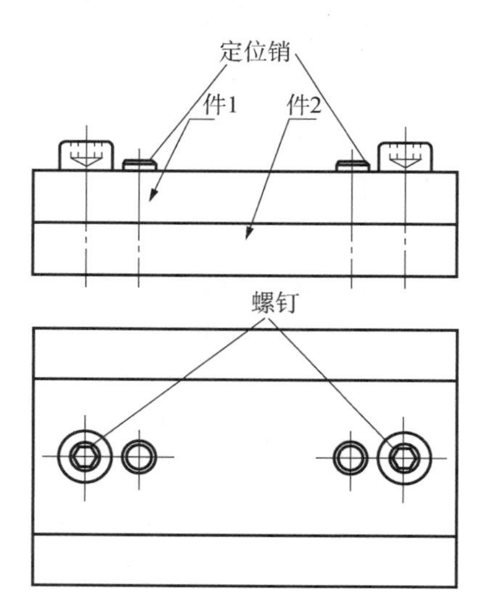


图 2－4－2－3　销的配钻铰

五、研磨

研磨是使用研具和研磨剂从工件表面上去除一层极薄的金属，使工件达到精确的尺寸、准确的几何形状和很小的表面粗糙度的加工方法。

1. 研磨的作用

（1）减少表面粗糙度。

（2）达到精确的尺寸。通过研磨后的工件，尺寸精度可以达到0.001～0.005 mm。

（3）提高零件几何形状的准确性。工件在一般机械加工方法中产生的形状误差，可以通过研磨的方法来校正。

（4）延长工件使用寿命。

2. 研磨余量

研磨的切削量很小，一般每研磨一遍所能磨去的金属层不超过0.002 mm，所以研磨余量不能太大。否则会使研磨时间增加并且研磨工具的使用寿命也要缩短。通常研磨余量在0.005～0.03 mm范围内比较适宜。有时研磨余量就留在工件的公差以内。

3. 研磨的特点

（1）设备简单，精度要求不高。

（2）加工质量可靠。可获得很高的精度和很低的 *Ra* 值。但一般不能提高加工面与其他表面之间的位置精度。

（3）可加工各种钢、淬硬钢、铸铁、铜铝及其合金、硬质合金、陶瓷、玻璃及某些塑料制品等。

（4）研磨广泛用于单件小批生产中加工各种高精度型面，并可用于大批大量生产中。

## 六、调整

调整是指使用专用器具对工程机械部件和整机进行装配与调试，使用测试仪器和试验设备对工程机械进行性能检测与调试，对工程机械装配工装、检测器具进行维护和保养，最终使产品符合质量要求的过程。

机械零、部件装配后的调整是机械设备修理的最后程序，也是最为关键的程序。有些机械设备，尤其是其中的关键零、部件，不经过严格的仔细调试，往往达不到预定的技术性能，甚至不能正常运行。

机械零、部件的调整与调试是一项技术性、专业性及实践性很强的工作，操作人员除了应具备一定的技术、专业知识基础外，同时还应注意积累生产实践经验，方可有正确判断和灵活处理问题的能力。

调整前先要知道装配产品的性能和要求，根据产品的性能和要求对产品进行逐项检测，对不符合要求的项目对照产品要求，使用专用器具对产品进行调试、维护和保养，直到符合要求。

## 七、定位

在进行机械加工或零件装配时，使工件相对于机床或其他零件占有一个正确位置的方法，称为定位。一个尚未定位的工件，其位置是不确定的。工件要正确定位，首先要限制工件的自由度。按照工件加工要求确定工件必须限制的自由度是工件定位中应解决的首要问题。

六点定位原则是工件定位的基本法则，用于实际生产时起支承作用的是有一定形状的几何体，这些用于限制工件自由度的几何体即为定位元件。这种用适当分布的六个支承点限制工件六个自由度的原则称为六点定位原则。

工件定位时，影响加工精度要求的自由度必须限制；不影响加工精度要求的自由度可以限制也可以不限制，视具体情况而定。

定位销在模具中应用最为广泛，包括冲压模具、注塑模具等。它们的精密度都要求的特别高，而如果仅仅靠螺栓来固定模板肯定是不行的，所以只有借助定位销来达到定位的目的，或是防止安装位置、方向的错误等。如图 2－4－2－3 中两零件的定位。

定位销的作用就是限制物体的自由运动度。在一些机械运动的设备中也有一定的应用，主要用于基于二维空间的位置确定。

### 八、设备的检测

机械设备的检测包括以下三个方面：

（1）几何精度，包括直线度、垂直度、平面度和平行度等。传统方法采用大理石或金属平尺、角规、百分表、水平仪、准直仪等工具。

（2）位置精度，包括定位精度、重复定位精度和微量位移精度等。传统方法采用金属线纹尺或步距规、电子测微计和准直仪等工具进行测量。

（3）工作精度。

## 思考题与习题

1. 装配工艺规程包括哪些内容？如何正确制定装配工艺规程？
2. 机电设备安装调试时，应注意哪些事项？
3. 如何正确识读装配图？
4. 如何正确识读电气图？
5. 简述一般机床设备的安装调试工艺流程。
6. 机电设备常用的装配方法有哪些？如何选用？
7. 机电设备的机械安装包括哪几个过程？
8. 在安装位置上，如何找正找平机电设备？
9. 机电设备的调试包括哪些内容？
10. 如何对机电设备进行试运转？
11. 机电设备试运行的方法有几种？如何进行机电设备的试运行？
12. 数控机床的主要检测项目有哪些？
13. 名词解释：组件、部件、装配、安装。
14. 装配工作有哪些组织形式？每种组织形式各有何特点？
15. 制定装配工艺时，必须考虑哪些因素？
16. 装配的一般原则是什么？
17. 如何选用常用的螺钉旋具？
18. 如何选用扳手？

19. 如何选用钳子？
20. 刮刀有哪两大类？它们的功用是什么？
21. 机电设备装调常用的检测工具有哪些？
22. 电动工具有哪些特点？应如何选用？
23. 气动工具有哪些特点？应如何选用？
24. 装配的一般工艺原则有哪些？
25. 机械装配的工艺过程包括几方面？
26. 简述量具量仪的分类。
27. 轴类零件常规的测量项目是什么？如何进行测量？
28. 套类零件常规的测量项目是什么？如何进行测量？
29. 简述螺纹件的测量方法。
30. 简述齿轮的测量方法。
31. 零件的清理与清洗内容是什么？
32. 装配前，如何对零件进行清理和清洗？
33. 什么叫配刮？如何对配合件进行配刮？
34. 研磨的作用是什么？
35. 设备调整的内涵是什么？
36. 设备的检测有哪几方面？

# 第3章 典型机械零部件的装调工艺与技术

## 3.1 连接件的装调工艺与技术

### 3.1.1 螺纹连接（含防松件）的装调工艺与技术

螺纹连接是一种可拆的固定连接，它具有结构简单、连接可靠、拆卸方便迅速等优点，在机械中应用广泛。

螺纹连接分普通螺纹连接和特殊螺纹连接两大类，普通螺纹连接分为螺栓连接、双头螺柱连接和螺钉连接，螺栓连接又可分为普通螺栓连接、紧配螺栓连接；除此以外的螺纹连接称为特殊螺纹连接。螺纹连接的分类如图3－1－1－1所示。

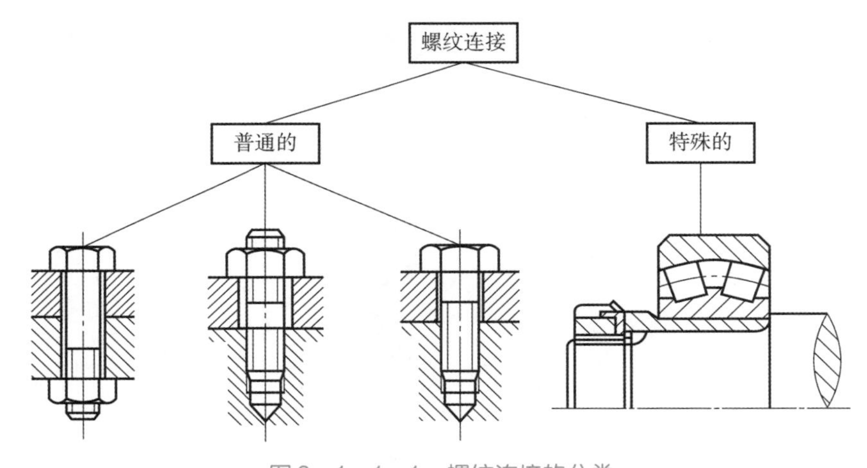


图3－1－1－1　螺纹连接的分类

一、螺纹连接装配的基本要求

（1）螺母和螺钉必须按一定的拧紧力矩拧紧。

螺纹连接为达到连接可靠和紧固的目的，要求纹牙间有一定的摩擦力矩，预紧力和在预紧力作用下连接件的弹性变形，是保证螺纹连接的可靠性和紧密性的主要因素，所以螺纹连接装配时应有一定的拧紧力矩。拧紧力矩或预紧力的大小是根据要求确定的，一般紧固螺纹

连接无预紧力要求，采用普通扳手、风动或电动扳手拧紧；规定预紧力的螺纹连接，常用控制扭矩法、控制螺母扭角法、控制螺栓伸长法、扭断螺母法等方法来保证准确的拧紧力矩或预紧力。

①控制扭矩法。用测力扳手或定扭矩扳手（如图 3－1－1－2 所示）控制拧紧力矩的大小，使预紧力达到给定值。此法简便，但误差较大，适用于中、小型螺栓的紧固。

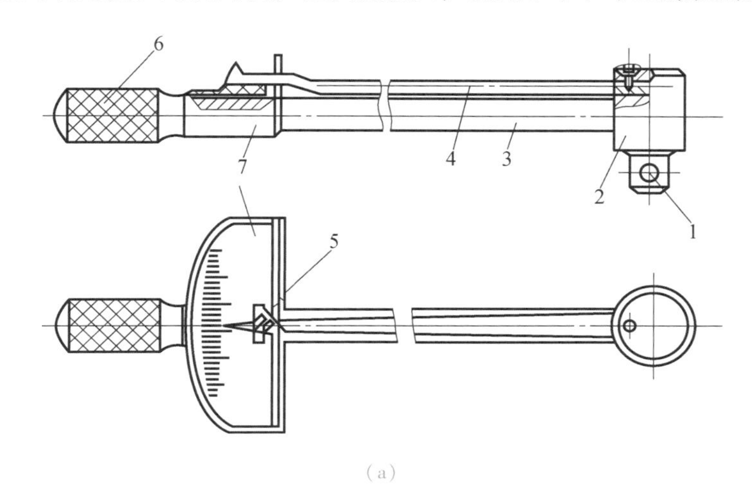


（a）

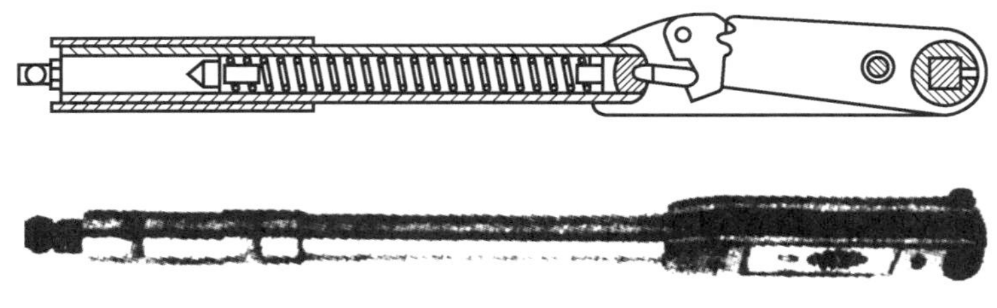

（b）

图 3－1－1－2　测力矩扳手与定扭矩扳手

（a）测力扳手；（b）定扭矩扳手

1—钢球；2—柱体；3—弹性扳手柄；4—长指针；

5—指针尖；6—手柄；7—刻度盘

②控制螺母扭角法。通过控制螺母拧紧时应转过的角度来控制预紧力。先将螺母拧紧至消除间隙，再用定扭角扳手（如图 3－1－1－3 所示）继续拧紧螺母至一定角度。此法主要用于汽车制造以及钢制结构中预紧螺栓。

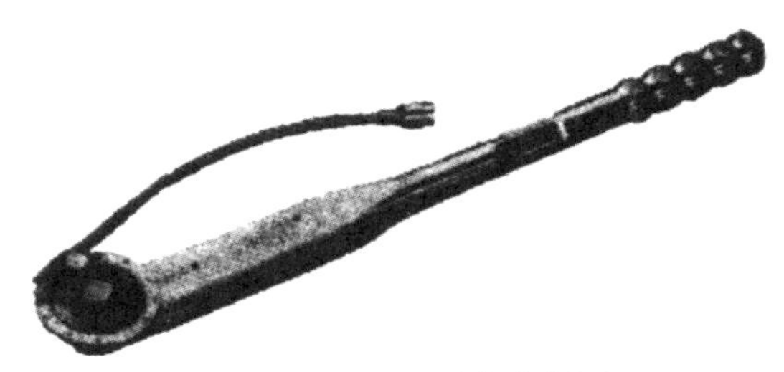

图 3－1－1－3　定扭角扳手

③控制螺栓伸长法，如图 3－1－1－4 所示，其操作是螺母拧紧前，先测量螺栓的长度并记录其值 $L_1$；按预紧力要求拧紧螺母后，再测量螺栓的长度并记录其值 $L_2$，$L_2 - L_1$ = 伸长数，根据伸长数来确定拧紧力矩是否正确。

④扭断螺母法。如图 3－1－1－5 所示，将螺母切出一定深度的环形槽，拧紧时扳手套在环形槽上部，以螺母环形槽处断裂为标志来控制预紧力的大小。这种方法误差较小，操作方便。但螺母本身的制造和修理、重装不太方便。

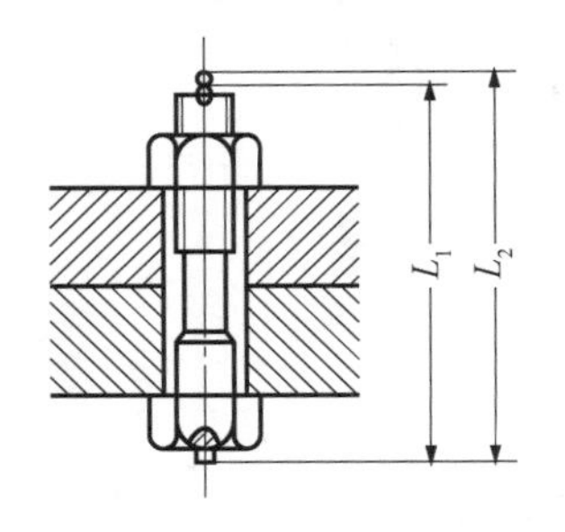


图 3－1－1－4　控制螺栓伸长法

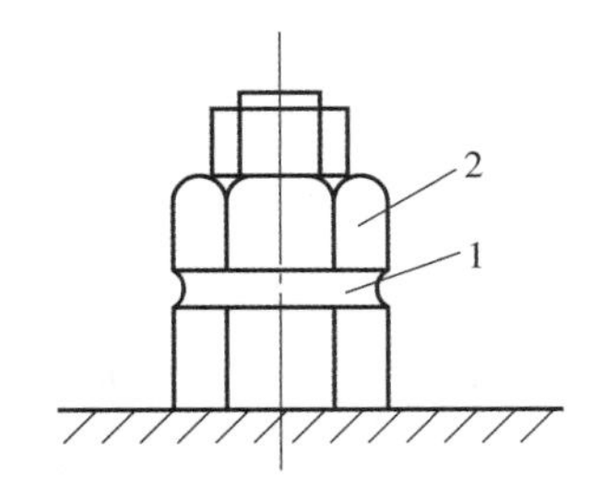


图 3－1－1－5　断裂法控制预紧力

1—断裂处；2—扳动位置

（2）螺钉或螺母与零件贴合的表面应光洁、平整，以防止易松动或使螺钉弯曲；

（3）装配前，螺钉、螺母应在机油中清洗干净，保持螺钉或螺母与接触表面的清洁，螺孔内的脏物也要用压缩空气吹出。

（4）工作中有振动或受冲击力的螺纹连接，都必须安装防松装置，以防止螺钉、螺母回松。

（5）拧紧成组螺栓或螺母时，应使螺栓受力一致，根据零件形状及螺栓分布情况，按一定的顺序拧紧螺母。

①拧紧长方形布置的成组螺母时，应从中间开始，逐步向两边对称地扩展，如图 3－1－1－6 所示。

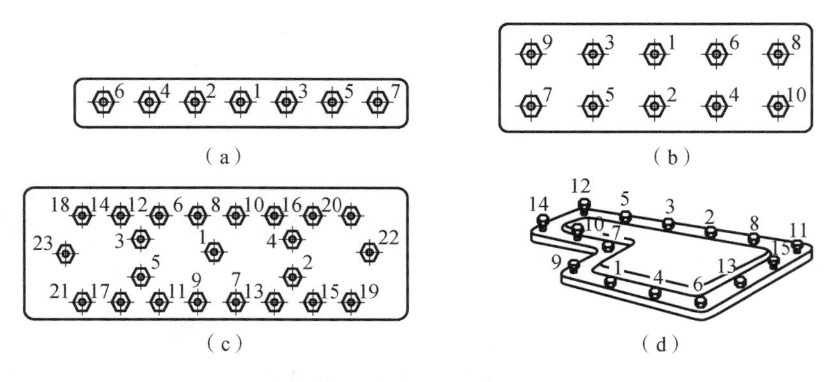


图 3－1－1－6　长方形布置的成组螺母拧紧方法

（a）一字形；（b）平行形；（c）多孔形；（d）非对称形

②拧紧圆形或方形布置的成组螺母时，必须对称地进行（如有定位销，应从靠近定位销的螺栓开始），如图 3－1－1－7 所示。

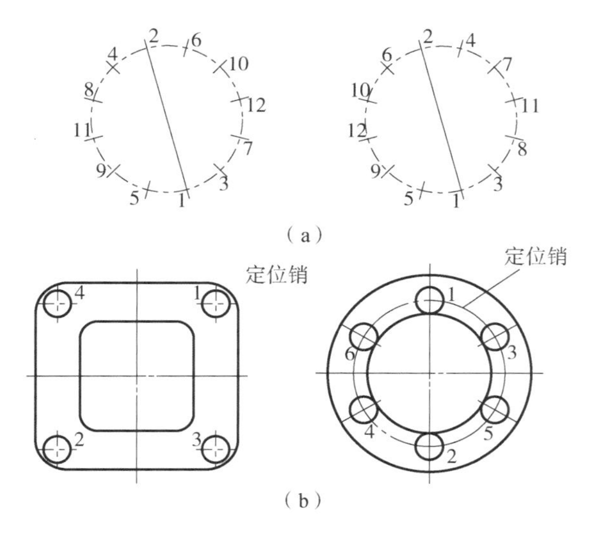


图 3-1-1-7　圆形或方形布置的成组螺母拧紧方法

(a) 圆形布置；(b) 带定位销的布置

③拧紧时，不可一下拧紧，而应按顺序分 1~3 次逐步拧紧。

（6）热装螺栓时，应将螺母拧在螺栓上同时加热且尽量使螺纹少受热，加热温度一般不得超过 400 ℃，加热装配连接螺栓须按对角顺序进行。

（7）螺纹连接件应具有适当的强度和较好的互换性。

（8）螺纹连接装配后要稳固、可靠、经久耐用。

## 二、螺纹连接的装配工艺要点

### 1. 双头螺柱的装调要点

（1）应使双头螺柱与机体螺纹的配合有足够的紧密性，以便在拧紧或拆卸螺母时双头螺柱不会发生松动。

（2）双头螺柱的轴心线要与机体表面垂直，装配时可用直尺检验。

（3）为防止旋入双头螺柱时被咬住及便于检修时拆卸，应涂擦少许润滑油或黑铅粉对螺柱、螺孔进行润滑。

（4）双头螺柱连接的装配方法。

①双螺母拧紧法。先将两个螺母相互锁紧在双头螺柱上，然后转动上面的螺母，即可把双头螺柱拧入螺孔，如图 3-1-1-8 所示。

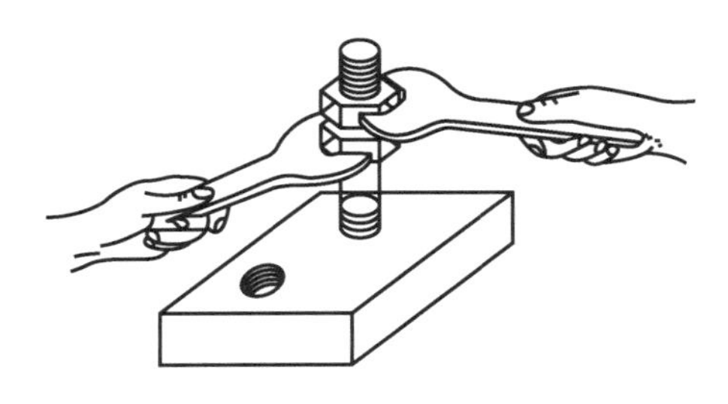

图 3-1-1-8　双螺母拧紧法

②长螺母拧紧法。先将长六角螺母旋在双头螺柱上，再拧紧止动螺钉，然后扳动长螺母，即可将双头螺柱拧入螺孔，如图 3－1－1－9 所示。

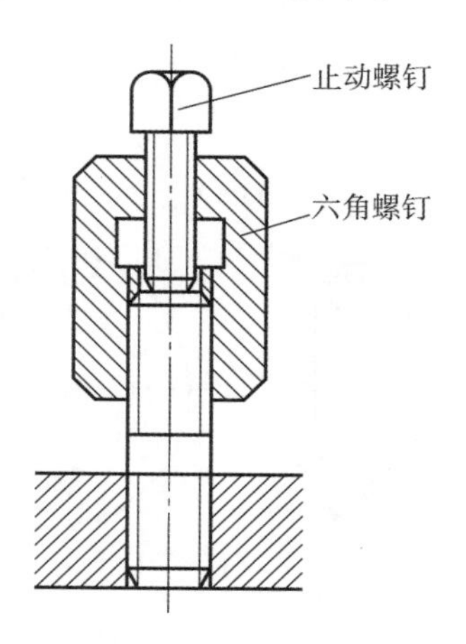


图 3－1－1－9　长螺母拧紧法

2. 螺母和螺钉的装调要点

（1）螺母和螺钉不能有“脱扣”“倒牙”等现象，检查时凡不符合技术条件要求的螺纹不得使用。

（2）螺杆不得变形，螺钉头部、螺母底部与零件贴合面应光洁、平整。

（3）保证有可靠的防松装置。

## 三、螺纹连接防松装置的装配工艺要点

螺纹连接一般都具有自锁性，在静载荷下不会自行松脱。但在冲击、振动或交变载荷作用下，会使纹牙之间正压力突然减小，以致摩擦力矩减小、螺母回转，使螺纹连接松动。当被连接件在工作中受到振动、冲击时，为防止螺纹连接松动，装配螺钉或螺母必须匹配防松装置。常见螺纹连接防松装置如下。

1. 附加摩擦力防松

（1）锁紧螺母防松（俗称背母，双螺母）：安装时，要满足螺纹连接安装的基本要求，先将主螺母拧紧至预定位置，然后再拧紧副螺母，拧紧力矩要适当。如图 3－1－1－10 所示。这种防松装置由于要用两只螺母，增加了结构尺寸和重量，一般用于低速重载或载荷较平稳的场合。

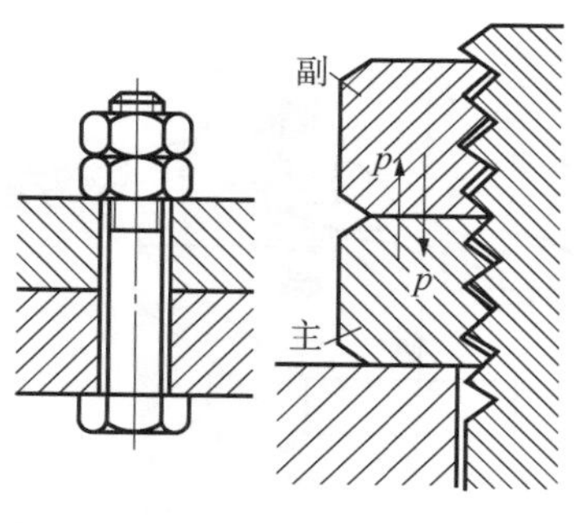


图 3－1－1－10　锁紧螺母防松

（2）弹簧垫圈防松：常用的弹簧垫圈如图 3－1－1－11 所示。

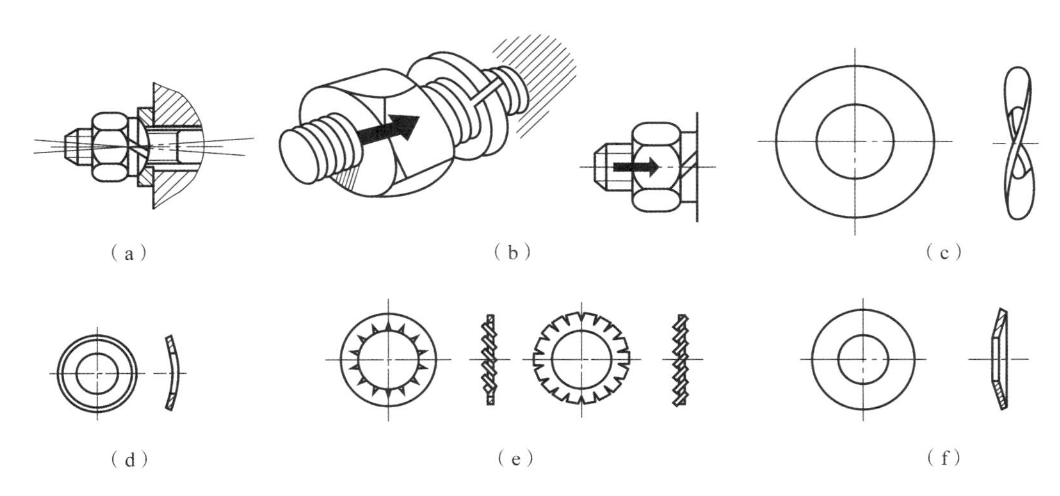

图 3－1－1－11　常用的弹簧垫圈

（a）球面弹簧垫圈；（b）普通弹簧垫圈；（c）波形弹簧垫圈；
（d）鞍形弹簧垫圈；（e）有齿弹簧垫圈；（f）杯形弹簧垫圈

弹簧垫圈防松装配时要注意：

①应根据连接结构选择适用类型的弹簧垫圈。

②不要用力将弹簧垫圈的斜口拉开，以免在重复使用时加剧划伤零件表面。

③螺母或螺钉要缓慢地旋紧，旋紧要适度。

（3）DUBO 弹性垫圈防松：DUBO 弹性垫圈如图 3－1－1－12（a）所示。此弹性垫圈具有防止回松和防止泄漏的双重作用。安装的要点如下：

①应根据螺栓接头的类型，使用正确的 DUBO 弹性垫圈，有关其直径方面的资料由供应商提供。

②必须将螺钉旋紧至 DUBO 弹性垫圈的外侧厚度已变形并包围在螺钉头四周为止（如图 3－1－1－12（b）所示）。这样，螺栓连接就能产生足够的预紧力，螺钉就被完全锁紧。装配后，还必须将螺母再旋紧四分之一圈。

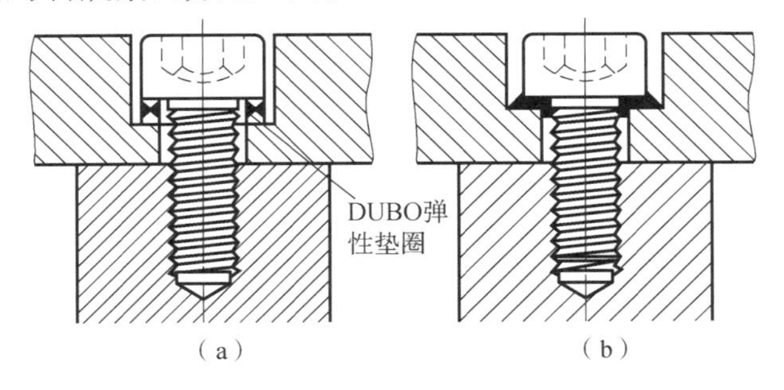


图 3－1－1－12　DUBO 弹性垫圈

（a）拧紧前；（b）拧紧后

③被锁紧的螺母要缓慢地旋紧，且不可过度旋紧。

④为形成良好的密封效果，零件表面必须平整；螺栓孔应越小越好。

⑤对连接的要求很高时，建议将 DUBO 弹性垫圈和杯形弹性垫圈或锁紧螺母配套使用。

（4）自锁螺母防松：自锁螺母是将一个弹性尼龙圈或纤维圈压入螺母缩颈尾部内的沟槽内，该圈的内径约在螺纹小径与中径之间（如图 3－1－1－13 所示），当旋紧螺母时，此圈变形并紧紧包住螺杆，从而防止螺母松开。

（5）扣紧螺母防松：扣紧螺母必须与普通六角螺母或螺栓配合使用，且扣紧螺母的齿需适应螺纹的螺距。在拧紧时，其齿会弹性地压在螺栓齿的一侧，从而防止螺母回松。如图 3－1－1－14所示。

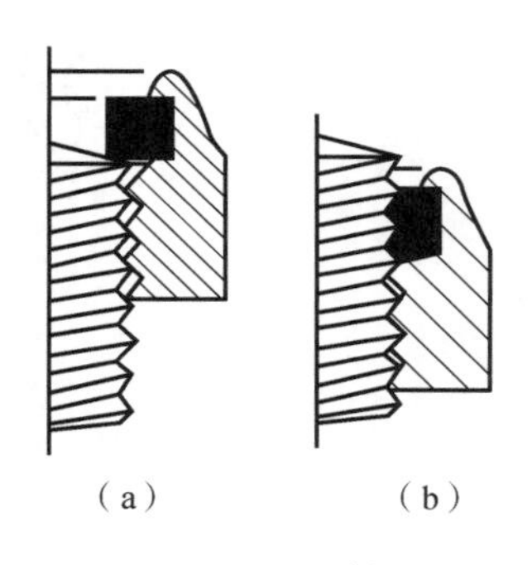

图 3－1－1－13　自锁螺母防松

（a）未拧紧前；（b）拧紧后

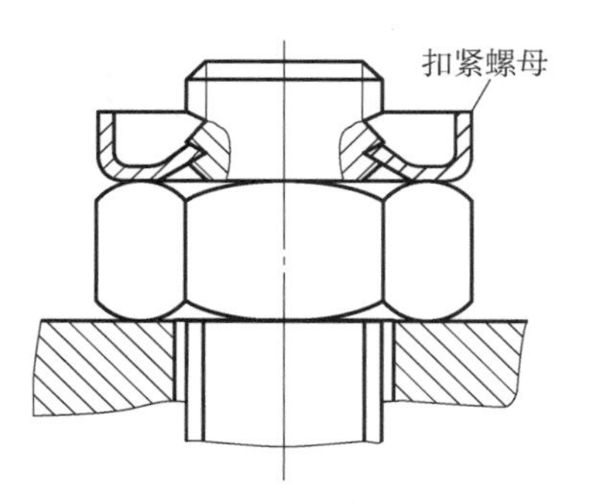


图 3－1－1－14　扣紧螺母防松

2. 机械方法防松

（1）开口销与槽形螺母配合防松：此装置必须在螺杆钻出一个小孔，使开口销能穿过螺杆，并用开口销把螺母直接锁在螺栓上，从而防止螺母松开。带槽螺母和开口销重要的是开口销的直径应和销孔相适应，开口销端部必须光滑且无损坏。装配开口销时，先旋紧螺母到相应位置，再将开口销穿入，并应注意将开口销的末端压靠在螺母和螺栓的表面上，否则会出现安全事故。如图 3－1－1－15 所示。

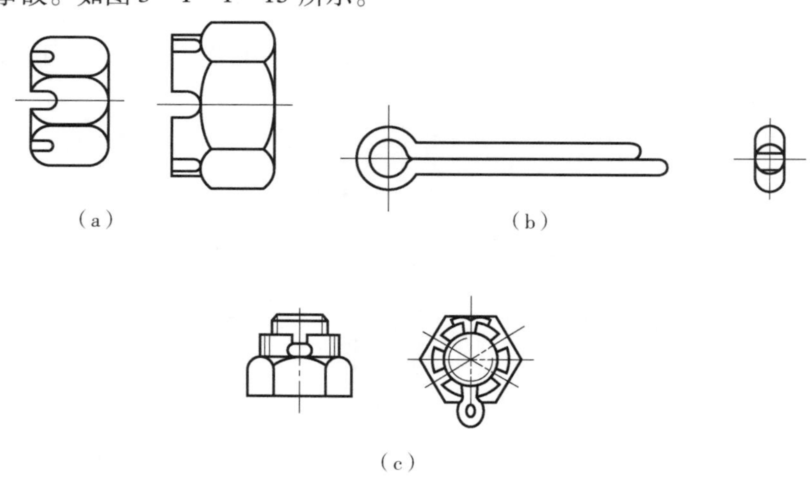

图 3－1－1－15　开口销防松

（a）开槽螺母；（b）开口销；（c）槽形螺母和开口销

（2）止动垫圈或带翅垫圈防松：带耳止动垫圈防止六角螺母回松如图3－1－1－16所示，当拧紧螺母后，将垫圈的耳边弯折，并与螺母贴紧；多折止动垫圈的应用及功能与有耳止动垫圈相似，如图3－1－1－17所示；外舌止动垫圈常安装于螺母或螺栓头部下面，如图3－1－1－18所示；圆螺母止动垫圈常与带槽圆螺母配合使用，常用于滚动轴承的固定，装配时，先把垫圈的内翅插入螺杆槽中，然后拧紧螺母，再把外翅弯入螺母的外缺口内，如图3－1－1－19所示。

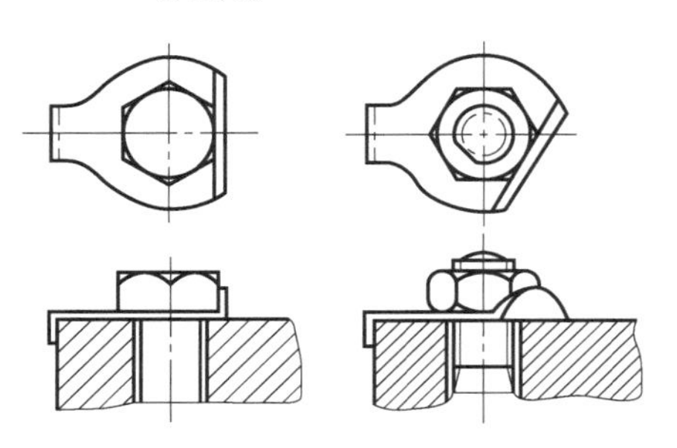

图3－1－1－16　止动垫圈

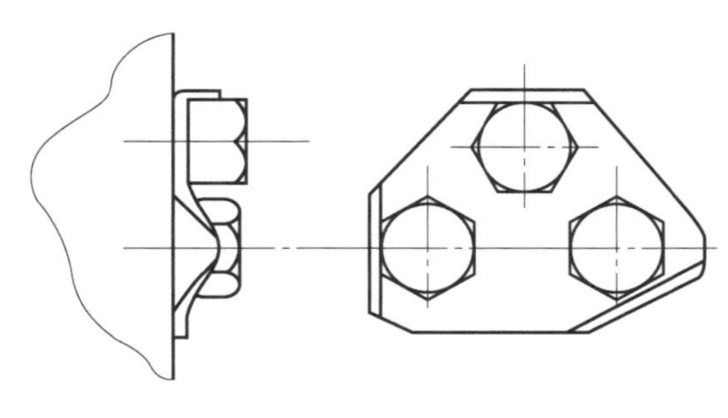

图3－1－1－17　多折止动垫圈

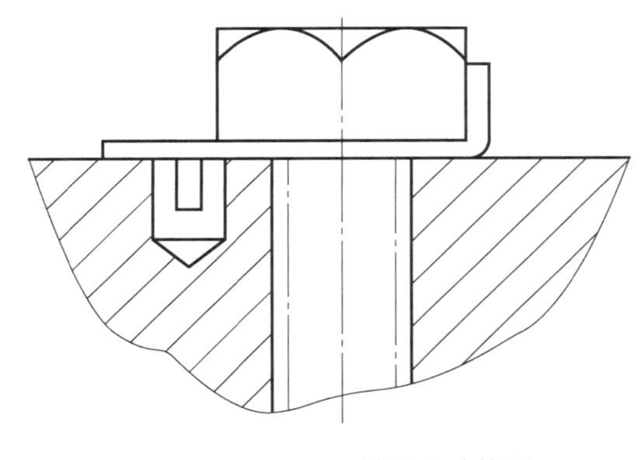

图3－1－1－18　外舌止动垫圈

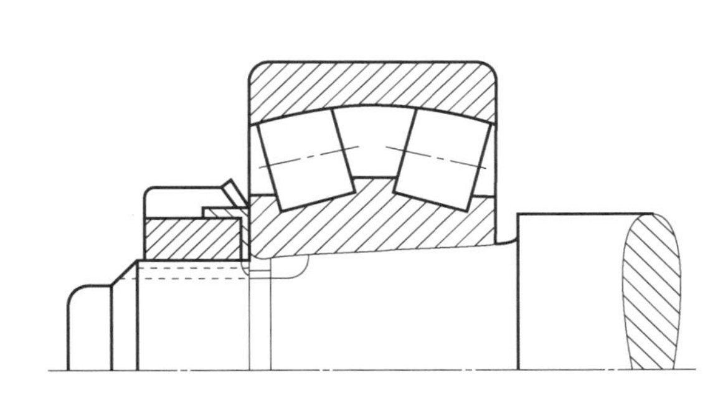

图3－1－1－19　圆螺母止动垫圈的应用

（3）串联钢丝法防松：用钢丝连接穿过一组螺钉头部的径向小孔（或螺母和螺栓的径向小孔），以钢丝的牵制作用来防止回松，如图3－1－1－20所示。装配时应注意钢丝的穿丝方向，以防止螺钉或螺母仍有回松的余地。

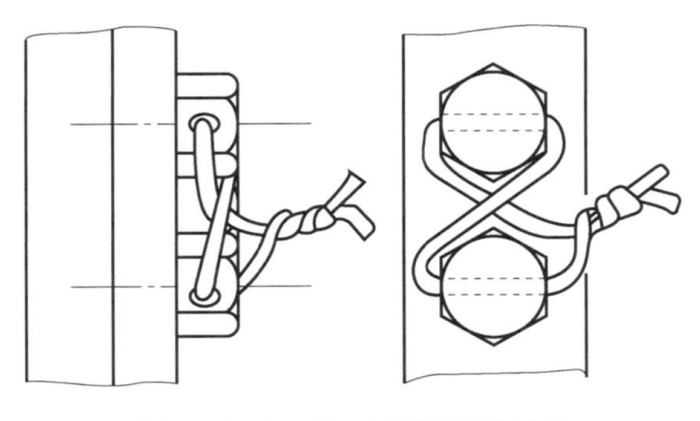

图3－1－1－20　串联钢丝防松法

3. 其他防松方法

（1）冲点防松：在螺栓上用打样冲眼的办法防松，如图 3－1－1－21 所示。一般用于不拆的连接。

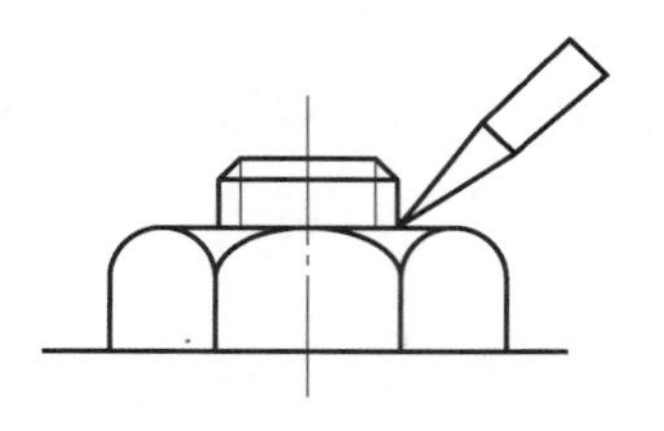

图 3－1－1－21　冲点防松

（2）黏结法防松：在螺栓和螺母的螺纹间隙中注入胶黏剂，通过液态合成树脂进行防松，如图 3－1－1－22 所示。此防松方法黏结牢固，不易拆卸，适用于各种机械修理场合，效果良好。

①在操作时，零件接触表面必须用专用清洗剂仔细地进行清洗、脱脂，同时，稍为粗糙的表面可增强黏结的强度。

②如果零件表面相互间接触良好，胶黏剂涂层越薄，则此防松效果越好。

③“厌氧性”的胶黏剂可用于这种用途。但并非所有的胶黏剂都可用于螺纹间的防松。

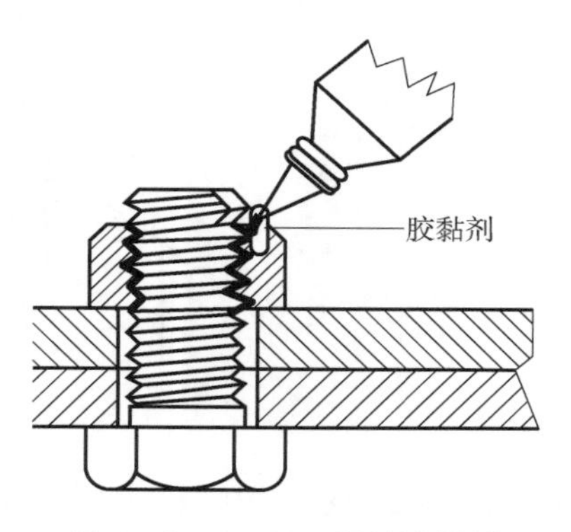


图 3－1－1－22　黏结法防松

四、孔轴类防松元件的装配

除了螺纹连接件的防松外，还有一类防松是孔与轴的防松。此类防松零件包括锁紧轴本身的防松零件和锁紧装配于轴上的各种零件的防松零件。常用的防松零件有键、销、紧定螺钉和弹性挡圈等。

1. 矩形锁紧板

简单的矩形锁紧板，如图 3－1－1－23 所示，可用于轴的锁紧，防止其作径向的和轴向的移动。

2. 锁紧挡圈

锁紧挡圈滑套在轴上，然后用具有锥端或坑端的紧定螺钉将其锁紧，如图 3－1－1－24 所示。此挡圈可对旋转轴进行轴向固定，但无须在轴上作出轴肩。

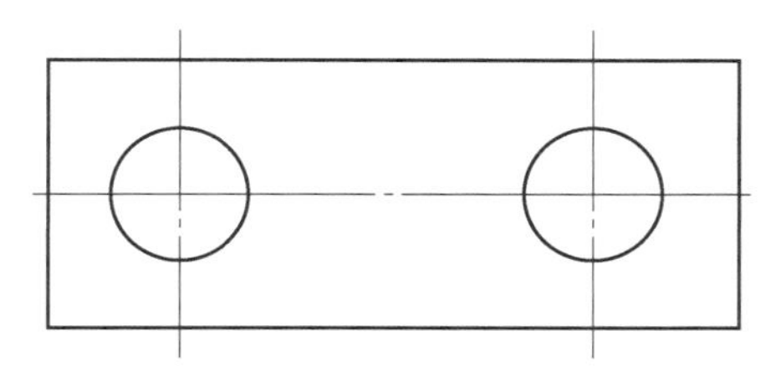

图 3－1－1－23　矩形锁紧板

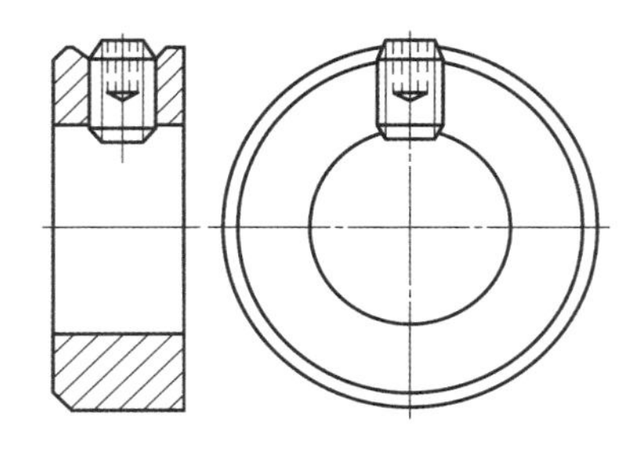

图 3－1－1－24　锁紧挡圈

3. 弹性挡圈

弹性挡圈包括轴用弹性挡圈和孔用弹性挡圈两类，用于防止轴或其上零件的轴向移动，如图 3－1－1－25 所示。轴（孔）用弹性挡圈均有平弹性挡圈、弯曲弹性挡圈、锥面弹性挡圈三种形式，分别适用于不同场合。

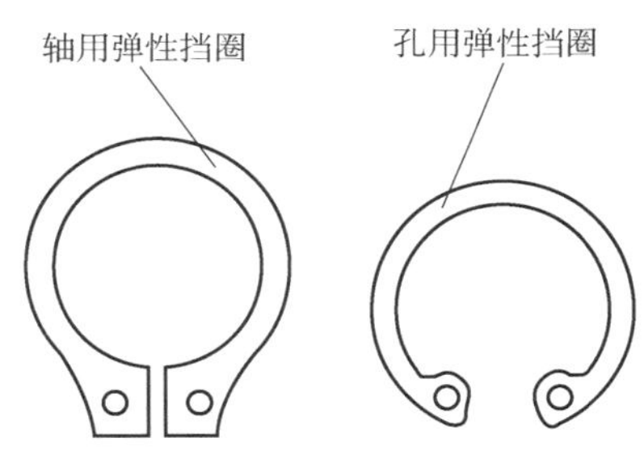


图 3－1－1－25　孔（轴）用弹性挡圈

弹性挡圈的装配要点如下：

（1）安装弹性挡圈前，应先检查沟槽的尺寸是否符合要求，沟槽尺寸可从有关手册表格中查找。

（2）采用一些专用工具进行拆装，可简化弹性挡圈的装配和拆卸。

①具有锥度的心轴和导套：具有锥度的专用心轴和导套装配工具如图 3－1－1－26 所示。使用此类工具装配弹性挡圈时，应将其放置在轴颈或孔前端，沿轴向在挡圈上施加压力，从而使挡圈在移动的同时张开或挤压，最后顺利地装入沟槽内。使用这种工具的优点是装配时间很短，而且装配时产生的弯曲应力不会超过弹性挡圈的许用应力。

②弹性挡圈钳：弹性挡圈钳又称卡簧钳。有孔用弹性挡圈钳和轴用弹性挡圈钳，为了适应不同结构的装配，两类弹性挡圈钳都各有直头和弯头两种类型。如图 3－1－1－27 所示。图 3－1－1－27（a）为孔用弹性挡圈钳，使用方法与普通老虎钳相似。图 3－1－1－27（b）为轴用弹性挡圈钳，当其两个把手相互移近时，两个钳口却相对张开。由于弹性挡圈有多种规格，使用时必须选择合适的弹性挡圈钳，以防止弹性挡圈在装配时产生过度变形。在装配轴端或孔端的弹性挡圈时，应将弹性挡圈的两端 1 首先放入沟槽

内，然后将弹性挡圈的其余部分2沿着轴或孔的表面推进沟槽，这样可使挡圈的径向扭曲变形最小，如图3－1－1－28所示。

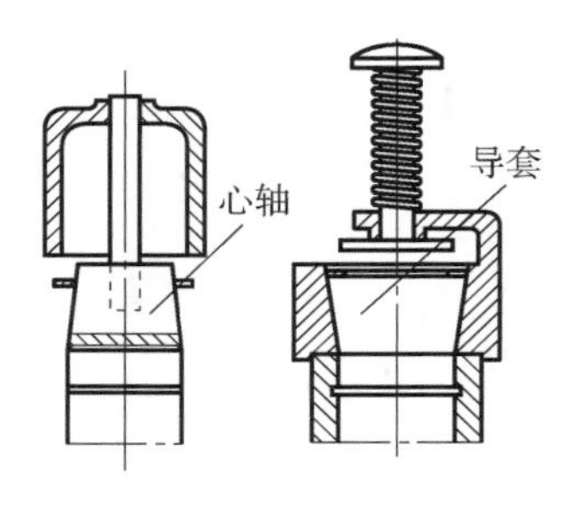


图3－1－1－26　专用心轴和导套

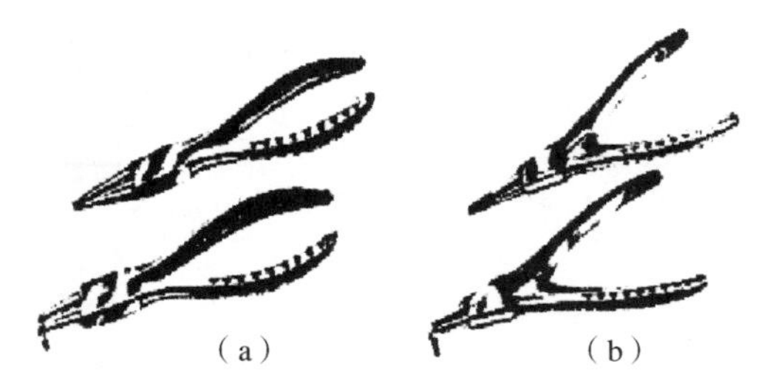


图3－1－1－27　弹性挡圈钳

（a）孔用弹性挡圈钳；（b）轴用弹性挡圈钳

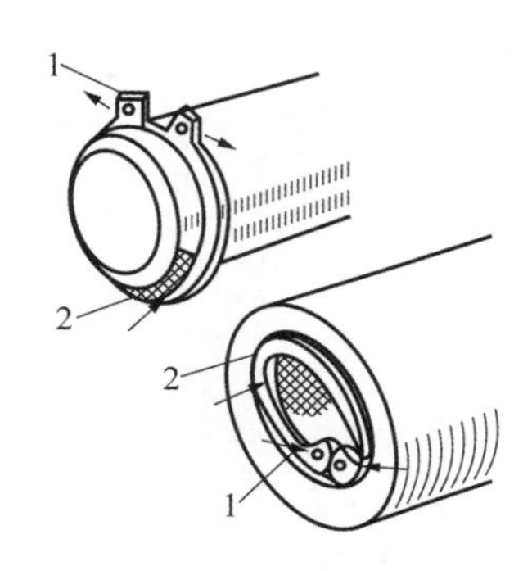


图3－1－1－28　装配轴（孔）端弹性挡圈

（3）装配和拆卸弹性挡圈时，应使弹性挡圈的工作应力不超过其许用应力，即弹性挡圈的张开量或挤压量不得超出其许可变形量。

（4）更换弹簧挡圈时，应确认所用弹性挡圈具有相同规格尺寸。

4. 弹簧夹和开口挡圈

弹簧夹如图3－1－1－29所示，安装时可不用特殊工具，但要求零件上有专门形状的沟槽供其安装。开口挡圈如图3－1－1－30所示，可用于大公差的预加工沟槽内。

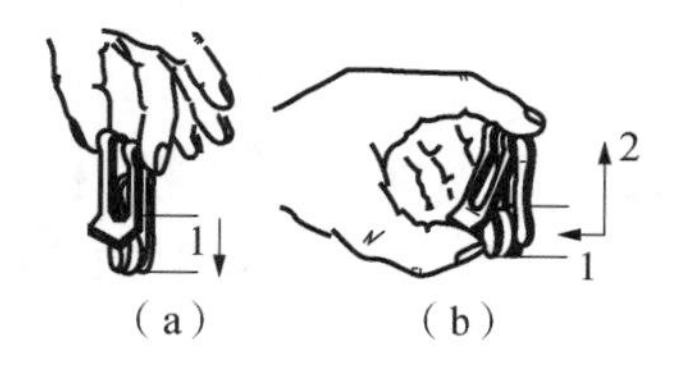


图3－1－1－29　弹簧夹的装拆方法

（a）安装；1—下压；

（b）拆卸；1—拆开簧片；2—向上拔

图3－1－1－30　开口挡圈的安装

5. 锁紧销

销常用于零件相互间的精确定位，也可用于实现零件的锁紧，其种类较多，应用最多的是圆柱销及圆锥销。

## 五、螺栓连接的装配质量检查

螺纹连接装配后，通常采用目测、塞尺测检及手锤轻击等方法进行检查：

方法一，拧完后用扳手在各个螺母上重扳一下看是否全部拧紧；

方法二，采用敲击法了解拧紧程度，如听到的是破裂声，表示配合不紧，须加以紧固。因敲击振动易使螺钉松开，检查后应对各螺钉重紧一次。

## 六、螺纹连接的装配工具

由于螺栓、螺柱和螺钉的种类繁多，螺纹连接的装拆工具也很多。使用时应根据具体情况合理选用。螺纹连接常用装配工具参见表3－1－1－1。

表3－1－1－1　螺纹连接常用装配工具

| 工具名称 | | 主要用途 | 示意图片 |
|---|---|---|---|
| 扳手 | 活动扳手 | 用来旋紧六角头、正方头螺钉和各种螺母。 | （a）正确　（b）错误 |
| | 开口扳手 | | （a）旋松时扳手的正确施力　（b）拧紧时扳手的正确施力 |
| | 整体扳手 | | （a）正方形扳手<br>（b）六角形扳手<br>（c）梅花形扳手<br>整体扳手<br>梅花扳手 |
| | 成套套筒扳手 | | |

续表

| 工具名称 | | 主要用途 | 示意图片 |
| --- | --- | --- | --- |
| | 锁紧扳手 | 专门用来锁紧各种结构的圆螺母 | （a）钩头锁紧扳手<br>（c）冕形锁紧扳手<br>（b）U形锁紧扳手<br>（d）锁头锁紧扳手 |
| | 内六角扳手 | 用于装拆内六角头螺钉 | |
| | 特种扳手 | 用于快速、高效地拧紧螺母或螺钉 | 内六角套筒<br>棘爪　弹簧<br>反转<br>正转<br>棘轮扳手 |
| 起子（螺丝刀） | 标准起子 | 用于旋紧或松开头部带沟槽的螺钉 | 手柄　刀体　刀口<br>一字起子<br>十字起子 |
| | 其他起子 | | 拳头起子　直角起子　锤击起子<br>（a）<br>（b）<br>夹紧起子 |

## 七、螺纹连接的拆卸

普通螺纹连接是容易拆卸的，只要使用各种扳手左旋即可。其拆卸虽然比较容易，但往往因重视不够、工具选用不当、拆卸方法不正确等而造成损坏。因此，拆卸螺纹连接件时，一定要注意选用合适的呆扳手或一字旋具，尽量不用活扳手。对于较难拆卸的螺纹连接件，应先弄清楚螺纹的旋向，不要盲目乱拧或用过长的加力杆；拆卸双头螺柱要用专用的扳手。

### 1. 日久失修、生锈腐蚀的螺纹连接的拆卸

当螺钉头、螺母、起子槽口仍然完好时，可采用下列措施拧松。

（1）用煤油浸润连接件或用布头浸上煤油包在螺钉或螺母上，使煤油渗入连接处。

（2）用锤子敲击螺钉或螺母，使连接受到震动而自动松开少许。

（3）试着把螺钉扣拧松一下：

①用手锤敲击螺纹件的四周，以震松锈层，然后拧出。

②可先向拧紧方向稍拧动一点，再向反方向拧，如此反复拧紧和拧松，逐步拧出为止。

③在螺纹件四周浇些煤油或松动剂，浸渗一定时间后，先轻轻锤击四周，使锈蚀面略微松动后，再行拧出。

④若零件允许，还可采用快速加热包容件的方法，使其膨胀，然后迅速拧出螺纹件。

上面几种措施依次使用仍不能拆下时，就只好用力旋转或采用车、锯、錾、气割等方法，破坏螺纹件。

### 2. 断头螺钉的拆卸

（1）如果螺钉仍然有一部分在孔外面时，可用以下方法拆卸：

①在螺钉的断头上锯出一个槽口，然后用一字旋具将其拧动。

②在断头上锉出扁头或方头，然后用扳手转动。

③断头螺钉较粗时，可用扁錾子沿圆周剔出。

④在螺钉的断头上加焊一弯杆或加焊一螺母拧出，如图 3-1-1-31 所示。

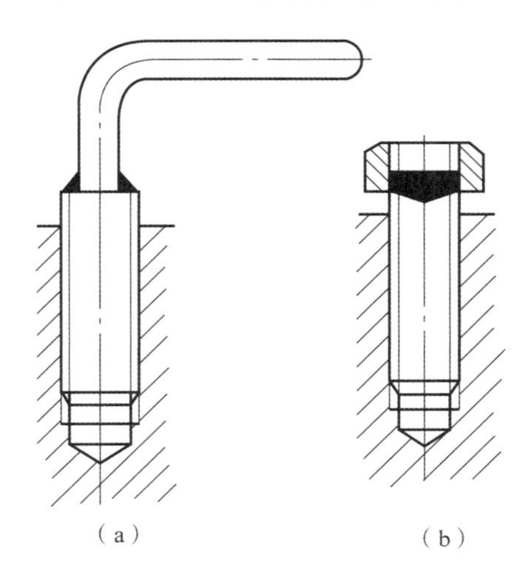


图 3-1-1-31 加焊接件拆卸断头螺钉

（a）加焊弯杆；（b）加焊螺母

（2）断在孔中的螺钉，可以在螺钉上钻孔，在孔中打入多角淬火钢杆（注意打击力不可过大，以防损坏机体上的螺纹），将螺钉旋出，如图 3－1－1－32 所示。

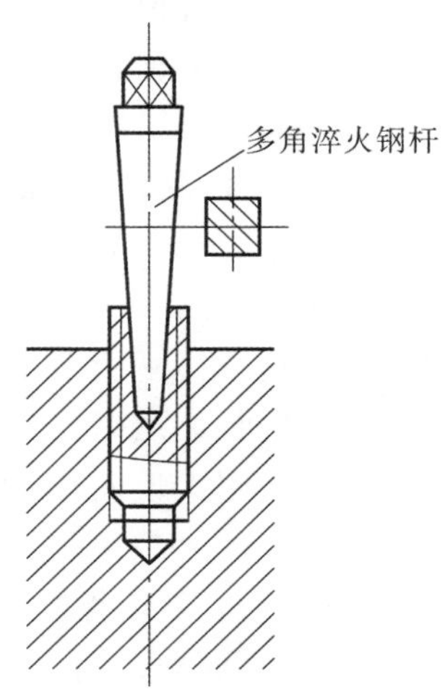


图 3－1－1－32　打入多角淬火钢杆拆卸螺钉

（3）实在无法拆出的螺钉，可以选用直径比螺纹小径小 0.5～1 mm 的钻头，把螺钉钻除，再用丝锥旋去。

3. 过盈配合连接螺栓的拆卸

（1）将带内螺纹的零件加热，使其直径增大，然后再旋出。

（2）在螺钉中心钻孔，攻反向螺纹，拧入反向螺钉旋出，如图 3－1－1－33 所示。

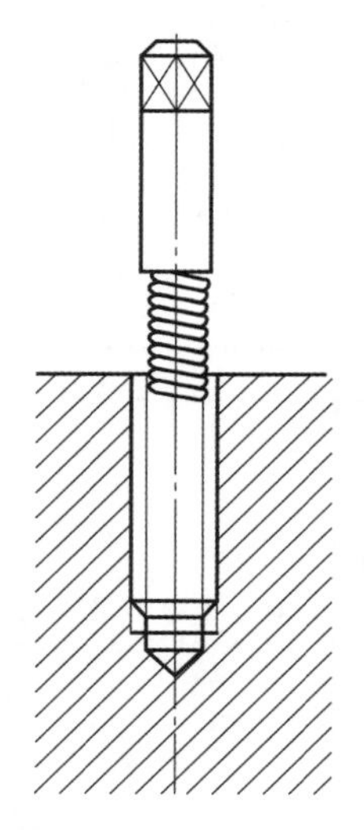

图 3－1－1－33　攻反向螺纹拆卸断头螺钉

（3）在螺钉上钻直径相当于螺纹小径的孔，再用同规格的螺纹刃具攻螺纹；或钻相当于螺纹大径的孔，重新攻一比原螺纹直径大一级的螺纹，并选配相应的螺钉。

（4）用电火花在螺钉上打出方形或扁形槽，再用相应的工具拧出螺钉。

4. 打滑六角螺钉的拆卸

六角螺钉用于固定连接的场合较多，当内六角磨圆后会产生打滑现象而不容易拆卸，这

时用一个孔径比螺钉头外径稍小一点的六方螺母，放在内六角螺钉头上，然后将螺母与螺钉焊接成一体，待冷却后用扳手拧六方螺母，即可将螺钉迅速拧出，如图 3－1－1－34 所示。

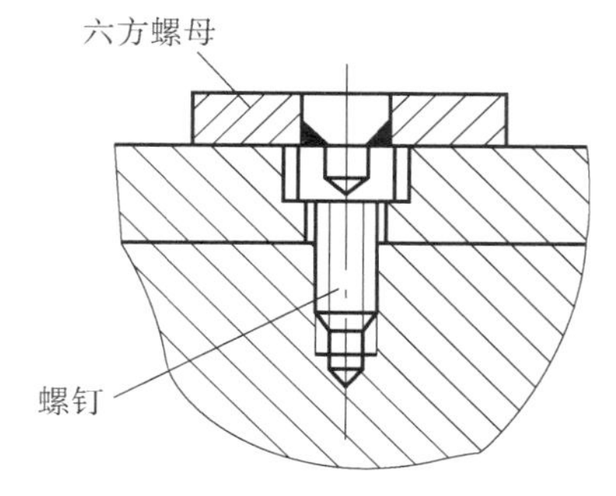


图 3－1－1－34　打滑六角螺钉的拆卸

5. 成组螺纹连接件的拆卸

成组螺纹连接件的拆卸，除按照单个螺纹件的方法拆卸外，还要做到如下几点：

（1）首先将各螺纹件拧松 1～2 圈，然后按照一定的顺序，先四周后中间按对角线方向逐一拆卸，以免力量集中到最后一个螺纹件上，造成难以拆卸或零、部件的变形和损坏。

（2）处于难拆部位的螺纹件要先拆卸下来。

（3）拆卸悬臂部件的环形螺柱组时，要特别注意安全。首先要仔细检查零、部件是否垫稳，起重索是否捆牢，然后从下面开始按对称位置拧松螺柱进行拆卸。最上面的一个或两个螺柱，要在最后分解吊离时拆下，以防事故发生或零、部件损坏。

（4）注意仔细检查在外部不易观察到的螺纹件，在确定整个成组螺纹件已经拆卸完后，方可将连接件分离，以免造成零、部件的损伤。

## 3.1.2　键、销连接的装调工艺与技术

### 一、键连接的装配工艺要点

键连接是用来连接轴上零件并对其起周向固定作用，以达到传递运动和动力的一种机械零件。其连接类别有松键连接、紧键连接和花键连接。

1. 键连接装配的基本要求

（1）装配前应检查键的直线度、键槽对轴心线的对称度和平行度。

（2）键两端圆弧应无干涉，键端与轴槽应留有 0.10 mm 的间隙。

（3）普通平键的底面与键槽底面应贴实；顶面与轮毂间须有 0.10～0.40 mm 的间隙；两侧面与轮毂的配合一般有间隙，但不能过大，以免在倒转时键产生松动现象；重载荷、冲击载荷及双向作用时可略有过盈。

（4）半圆键的半径应稍小于轴槽半径。

（5）楔键顶面应有 1∶100 斜度，轮毂的键槽斜度必须与其相匹配，其接触部分大于配合面的 2/3；两侧面与轴键槽及轮毂槽的配合应有少量间隙；钩头楔键的钩头距轮毂端面应有一定间隙，以便拆卸。

（6）花键装配时，禁止修理定心表面；间隙配合的花键，松紧要适当，手感时不得有明显的周向间隙，且套件在花键轴上能自由滑动无阻滞现象。

2. 键连接的装配方法

1）平键的装配方法

（1）装配前要清理键和键槽各表面上的锐边、毛刺和污物，以防装配时造成过大的过盈。

（2）锉配平键两端的圆弧面，保证键与键槽的配合要求。一般在长度方向允许有 0.1 mm 间隙，高度方向允许键顶面与其配合面有 0.3 ~ 0.5 mm 的间隙。用键头与轴槽试配松紧，应能使键紧紧地嵌在轴槽中（对普通平键、导向平键而言）。

（3）清洗键槽和平键并在配合面上涂润滑油，用平口钳将键压入键槽内，也可采用垫铜皮用锤子将键敲入键槽内，或直接用铜棒将键敲入键槽内，直至与槽底面贴实。

（4）试配并安装套件（如齿轮、带轮等），安装套件时用塞尺检查非配合面间隙，以保证同轴度要求，装配后要求套件在轴上不得有摆动现象。

（5）轮毂上的键槽与键配合过紧时，可修整轮毂的键槽，但不允许松动。

2）楔键的装配方法

（1）清除楔键及键槽内的污物和毛刺、锐边。

（2）将轮毂装在轴上，并使轴与轮毂键槽对正。

（3）将楔键试装入轴的键槽和套的键槽之间，用涂色法检查楔键斜面与套件键槽的接触情况。

（4）根据涂色法检验结果，用锉刀或刮刀对楔键进行修整，保证楔键与轮毂键槽紧密配合，使接触长度符合要求，并和套件键槽有良好的接触。

（5）楔键修整合格后，用铜锤（或铜棒）将楔键敲入轴和套件的键槽内，并保证合理的配合性质。

（6）钩头楔键的装配步骤与普通楔键连接的装配步骤基本相同，但钩头楔键在修整后装配时，应保证键的钩头与套件端面之间有一定的间隙，以利于调整和拆卸。

3）花键的装配方法

（1）静花键连接的装配要点。

①清理花键轴和套件花键孔内的污物和毛刺，并加注润滑油。

②检查轴、孔的尺寸是否在允许过盈量的范围内。

③当过盈量较小时，可用铜棒将套件敲入花键轴上，敲套件时要注意不使其偏斜，以防将配合表面拉伤。

④当配合过盈量较大时，应采用热装方法进行装配。可将套件放入 100 ℃左右的热油中加热，待达到热平衡时迅速将套件取出擦净，然后将套件套入花键轴的正确位置。

（2）动花键连接的装配要点。

①检查轴、孔的尺寸是否在允许的间隙范围内。

②清理花键轴及花键孔内的污物和毛刺。

③将套件装到花键轴上，用涂色法检验花键孔在花键轴全长上的配合情况。

④据涂色法检验的结果，对花键轴进行修整，直至套件在花键轴全长上移动时无阻滞现象为止，但不应有径间隙感觉。

⑤将花键轴及套件清洗干净，加注润滑油后将套件装到花键轴上。

⑥花键装配时，一般可调换相互位置，取其配合较好的位置使用。装配后，可用下列方

法予以检查：用手晃动轴上的轮，应感觉不到有任何间隙；零件在全长上移动的松紧程度要一致，不允许有局部倾斜或花键的咬塞现象。

3. 键连接的拆卸

1）平键连接的拆卸

（1）拆去轮毂后，如果键的工作面良好，不需要更换拆除时，不应将键拆下。

（2）如果键已损坏，可用錾子或一字旋具将磨损或损坏的键从键槽中取出；如键已松动，可用尖嘴钳将键拔出来。

（3）滑键可利用其上的螺纹孔旋入螺钉，顶住槽底轴面，将键顶出。

（4）当键在槽中配合很紧，又需保存完好，但必须拆出时，可在键上钻孔、攻螺纹，然后用螺钉将键顶出。

2）楔键连接的拆卸

（1）拆卸楔键时，应注意拆卸方向。

（2）拆卸时，应用冲子从键的较薄端向外冲出或在键的大端面开螺纹孔，拧上螺钉将其拉出。

（3）钩头楔键可用钩子拉住钩头将键拔出。

## 二、销连接的装配工艺要点

销连接的作用是定位、连接、锁定或作为安全装置中的过载剪切元件而起保护作用。其连接种类有：普通圆柱销、内螺纹圆柱销、弹性圆柱销、普通圆锥销、螺尾圆锥销、开尾圆锥销以及开口销等。

1. 销连接的装配

销连接的装配要点因销的类型和作用不同而异。

1）圆柱销的装配

（1）将被连接零部件确定好装配位置后，一起钻孔、铰孔（配作），并严格控制孔径尺寸。

（2）装配前应检查销钉与销孔是否有合适的过盈量，一般过盈量在 0.01 mm 左右为适宜。

（3）在销钉上涂润滑油，在销子端面垫上软金属，然后用锤子将销钉轻轻打入孔中。

（4）在装盲孔销钉时，在销钉外圆表面上用油石磨出通气槽（或面），如图3－1－2－1所示，以便于孔底空气排出，否则，销钉打不进去。

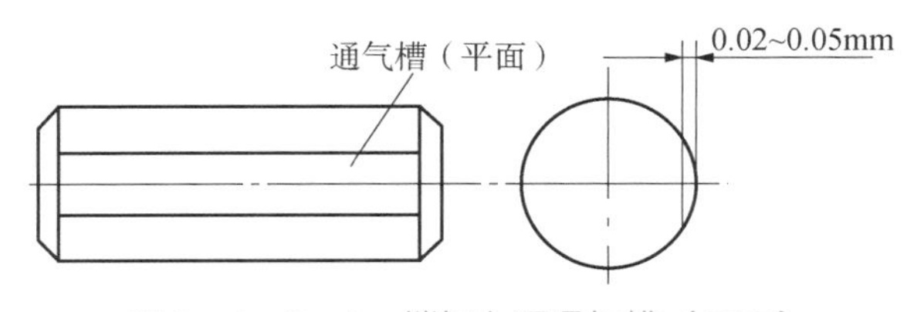


图3－1－2－1　销钉上开通气槽（平面）

2）圆锥销的装配

圆锥销大部分是定位销，其本身有1∶50的锥度，比圆柱销连接更加牢固可靠，且拆卸方便，可在一个孔内装拆多次，而不影响装配质量。

(1) 安装时，将两工件相互定位后进行钻孔，再以铰刀铰削，并不断用销钉试配，直至销能自由插入销长的80%为宜。

(2) 铰好孔后，以手将圆锥销推入孔内至锥销长80%~85%，用手锤敲入，确保大端稍露出工件表面即可。

(3) 不通锥孔内应装带有螺孔的圆锥销，以免取出困难。

(4) 开尾圆锥销打入后，应让开口端露出工件表面，扳开开口。

(5) 销钉顶端的内外螺纹是备拆卸所用，可借助螺母、螺钉或拔销器进行拆卸。

3) 开口销的装配

开口销由扁圆材料对合而成，它的两腿长短不齐，以便于分开，多用于防松止推零件。开口销装配后两腿必须拨开，拨开角度应不小于90°。

4) 销轴的装配

销轴是圆柱销的一种特殊形式，常用作活动连接的枢轴。装配时，销轴与销孔的配合必须是动配合。为防止销轴脱落，销轴两端一般均装配垫圈，无挡圈端应插入开口销。

2. 销连接的拆卸

(1) 拆卸销钉时可用直径比销钉直径小一些的冲子冲出（锥销冲小头），打冲要猛而有力。

(2) 若销钉弯曲打不出时，可用直径小于销钉直径的钻头钻掉。

(3) 圆柱形定位销，在拆去被定位的零件之后，定位销常常留在主体上，如果没有必要，不必去动它；必须拆下时，可用尖嘴钳拔出。

## 3.1.3 管道连接的装调工艺与技术

管道是用来输送液体或气体的。这些管道连接常用的管子有钢管、有色金属管、橡胶管和尼龙管等。管道连接分为可拆卸的连接和不可拆卸的连接。可拆的连接有管子、管接头、连接盘和衬垫等零件组成；不可拆卸的连接是用焊接的方法连接而成。输送不同参数、不同介质的工业管道，对其安装、维护、检修，特别是焊缝检验的要求各不相同。

### 一、常用管子、管件及阀门

1. 管子

工业管道中的管子主要由金属材料和非金属材料制成。常用的管子见表3-1-3-1。

表3-1-3-1 常用管子

| 名 称 | 主要用途 |
| --- | --- |
| 钢管 | 用于输送水、煤气、空气和蒸汽、油等 |
| 铸铁管 | 用于输送水和煤气等压力流体 |
| 有色金属管 | 用于输送化学、染料、制药等流体 |
| 混凝土管 | 主要用于输送水 |
| 陶管 | 用于排输污水、废水、雨水或灌溉用水 |

### 2. 管件

管件按其作用进行分类，见表3－1－3－2。

表3－1－3－2 管件的分类

| 管件的作用 | 管件的种类 |
| --- | --- |
| 连接直管 | 承插管件或管箍 |
| | 短接 |
| | 活接头 |
| 改变流体方向 | 45°、90°弯头 |
| | 三通 |
| | Y形三通 |
| | 四通 |
| | 弯管 |
| | 回弯头 |
| 连接不同管径的管子 | 同心大小头，偏心大小头 |
| | 异径弯头 |
| | 异径三通 |
| | 异径Y三通 |
| | 异径四通 |
| | 异径承插管件 |
| 堵管端 | 管帽 |
| | 丝堵 |
| 特殊件 | 伸缩器 |
| | 挠性接头 |

### 3. 阀门

阀门的种类及其应用见表3－1－3－3。

表3－1－3－3 阀门的种类及其应用

| 阀门的种类 | | 用途 |
| --- | --- | --- |
| 通用阀 | 闸阀 | 全开、全闭的切断阀 |
| | 球形截止阀 | 用于公称直径小于8″的管道流量调节 |
| | Y形截止阀 | 用于腐蚀性流体、磨损性流体的流量调节 |
| | 角阀 | 调节流量并直角改变流向 |
| | 针形阀 | 用于流量微调 |
| | 止回阀 | 防止逆流 |
| | 旋塞 | 用于紧急切断 |
| | 球阀 | 用于紧急切断 |
| | 蝶阀 | 大口径、低压流量调节阀 |
| | 隔膜阀 | 阀的主要部位不接触流体，用于有腐蚀性、毒性或危险性高的流体 |
| 特殊阀 | 安全阀 | 防止系统内部压力超高 |
| | 疏水阀 | 回收或排放蒸汽配管的凝结水 |

## 二、管道连接的基本要求

（1）按图纸设计要求，找好基准点，依次测量放线、定位，转接点必正确无误，并有一定的坡度。

（2）根据压力和使用场所的不同进行管道的选择。选用的管道须有足够的强度，且其内壁光滑、清洁，无砂眼、无锈蚀、无氧化皮等缺陷；对有腐蚀的管道，在配管作业时要进行酸洗、中和、清洗、干燥、涂油、试压等工作，直至合格才能使用。

（3）管道安装应按施工流程图“对号入座”，不得混淆，不得用强拉、强推、强扭或修改密封垫厚度等方法来补偿安装误差。

（4）管道每隔一定的长度要有支承，并用管夹头牢固固定。

（5）管路的排气装置应装设在管路最高部位。

（6）管道安装时的焊接连接应符合设计要求。

①直线焊缝放在管道上半圆中心垂直线左侧或右侧45°处。

②对接焊缝不宜置于套管内；有环焊缝的地方不准开口焊接支管。

③配管时应选择相同壁厚的连接在一起。

（7）管道上的仪表应和管道同时安装完成。

（8）管子切断时，断面要与轴线垂直；弯曲时，不能把管子压扁。

（9）管道连接支管时，气体管道应从干管顶部接出，也可从管道侧面平接；液体管道可从干管底部接出。

（10）管线安装工作如有间断，应及时将敞开的管口用布包住。

（11）一段管口封堵前，应进行检查，不允许有杂物遗留在管内。

（12）管道系统中，任何一段管道或者元件都能单独拆装，且不影响其他元件。

（13）管道试装好后，拆下来，经清洗、干燥、涂油及试压等环节后，再进行二次正式安装。

## 三、管道连接的装调工艺要点

### 1. 扩口薄管接头的装配

（1）手动滚压管子扩口，如图3－1－3－1所示。

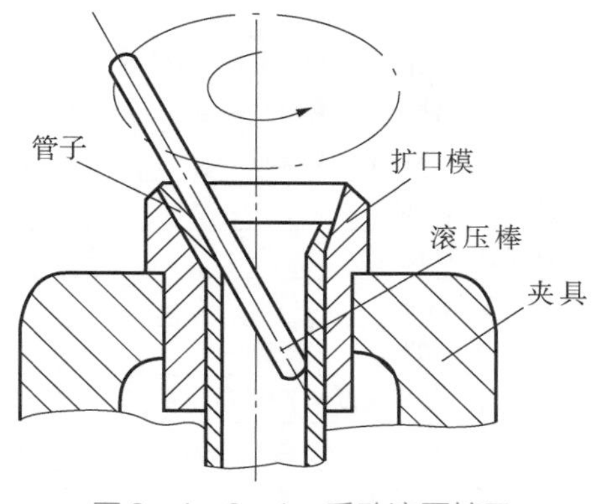


图3－1－3－1　手动滚压扩口

（2）在管接头螺纹上涂上白胶漆或者用密封胶带包裹在螺纹外。

（3）在管子扩口端套上管套和管螺母，然后装上管接头体，拧紧螺母。如图 3－1－3－2 所示。

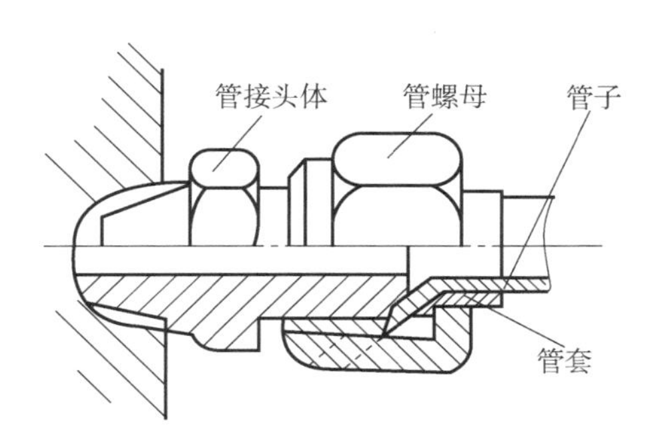


图 3－1－3－2　扩口薄管接头的装配

2. 球形管接头的装配

（1）分别将凹球面接头体和凸球面接头体与管子焊接。

（2）将连接螺母套在球面接头体上，然后拧紧连接螺母。如图 3－1－3－3 所示。

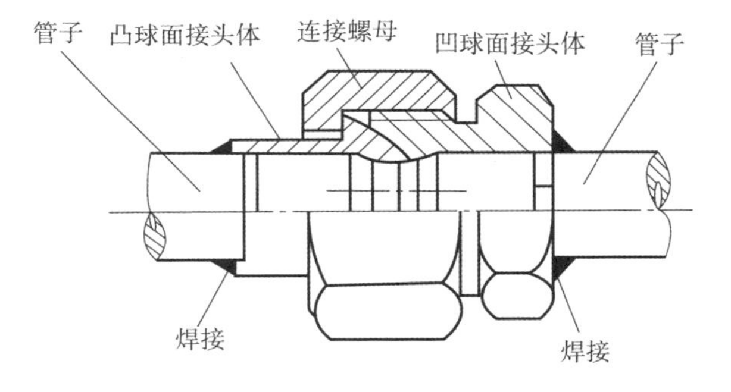


图 3－1－3－3　球形管接头的装配

3. 高压胶管接头的装配

（1）将胶管接头处剥去一定长度的外胶皮，但不能损坏钢丝层。

（2）在剥离处倒 15°角，然后装入外套内。

（3）把接头心拧入外套及胶管中，如图 3－1－3－4 所示。

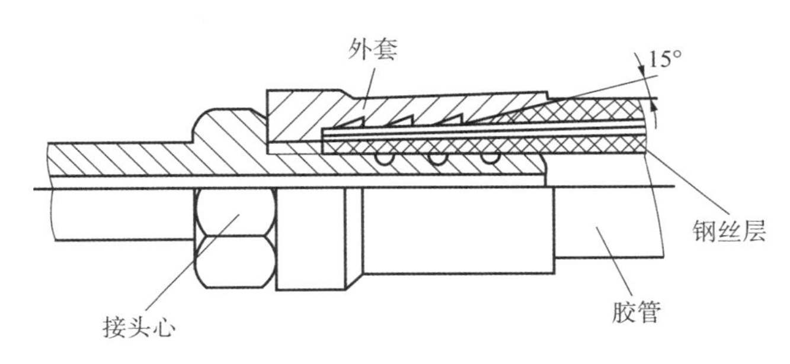


图 3－1－3－4　高压胶管接头的装配

4. 管道的法兰连接装调

法兰连接是通过管子和管件端部的法兰盘，将管子和管件连接起来的管道连接方法。法兰连接由一对法兰盘、一个垫片和若干个螺栓和螺母组成，均已标准化。

1）法兰连接的基本要求

（1）根据设计要求，按管子的公称直径和公称压力选择法兰。

（2）在管道中不得任意增设或削减法兰连接处。

（3）装配的法兰密封面应平整光洁，无伤痕、毛刺等，凹凸面应能自然配合。

（4）螺纹法兰的螺纹应完整、无损伤。

（5）装配用软垫片材质应与设计规定一致，表面无折损、皱纹等；金属垫片的尺寸、硬度、精度及表面粗糙度应符合设计要求，表面平整、光洁。

（6）装配用紧固件必须符合设计要求。

（7）装配的两个法兰应互相平行，并与管道同心。

2）法兰与管道的焊接

（1）将法兰套入管端，使管口端部进入距法兰盘内端面为管壁厚度的1.3～1.5倍处，并保证管子与法兰盘端面的垂直度。

（2）在法兰内圆周上均布四处点焊：

①先在一侧进行点焊。

②在点焊对面找正，使法兰密封面垂直于管子中心线。

③在靠尺找正处点焊；将管子转动90°，再用靠尺找正后在靠尺两端点焊；点焊后，还需用靠尺再次检查法兰与管子中心线的垂直度。

④经两次检查确认点焊位置合格后，进行法兰与管子之间角焊接。

⑤焊完后，锉平高出法兰盘内端面的焊缝，清除杂物，保证法兰连接的严密性。

5. 高压管道的装调

凡工作压力大于10 MPa的管道统称为高压管道。高压管道安装方法与一般管道基本相同。同时应注意以下事项：

（1）高压管支、吊架材质、结构型式、安装尺寸和标高应按图纸设计制造。

（2）安装前，先找正固定高压设备、阀门操作台等。

（3）安装前，按要求仔细检查阀门、管子、管件等。

6. 不锈钢管道的装调

（1）不锈钢管道的安装，应符合管道安装一般工艺要求和输送酸、碱和盐类等腐蚀性溶液管道安装的有关规定。

（2）不锈钢管道的安装应尽量就地预制，并予以编号，防止安装时发生错乱。

（3）安装过程中尽量减少敲击；需敲击时，必须用不锈钢或铜合金锤头。

（4）安装前，须清除管子、管件、弯头等内部的油渍与污物。

（5）不锈钢管不允许直接与碳钢支架接触，之间应加隔离垫片。

（6）不锈钢管道穿越建筑结构物和楼板时，均应加套管。

（7）管道安装完成后，应对管道系统进行强度试验和严密性试验。

7. 常用有色金属管道的装调工艺

1）铜管道的装调

（1）装配用铜管（紫铜管或黄铜管），表面及内壁的缺陷不能超过相关规定。

（2）支、吊、托架安装位置要正确、平正、牢固。

（3）铜管道的螺纹连接必须涂以石墨甘油作密封填料。

（4）铜管道用的法兰连接应根据管道承受的压力大小和设计要求选用。

（5）铜管道的焊接连接，通常采用承插（扩口长度不小于管径）、卷边和套管（套管长度不小于管径的2倍）等接头形式。

2）铝和铝合金管道的装调

（1）安装前，按设计要求检验管道上所用的管子、管件、阀门等均要合格。

（2）铝管不得与铁、铜和不锈钢等材料接触，以免接触产生电化腐蚀。

（3）按照碳钢管支架安装进行铝管支架的安装，支架涂上油漆或垫入其他隔离物后才能与铝管接触。

（4）铝管道上应设置阀门专用支架，不得以管道承受阀门重。

（5）铝管道安装时，要按设计图纸中的坡度、坡向施工，不得私自更改，更不得任意敷设。

8. 车间内部工业管道的装调

（1）车间内部各种工业管道的干管，应架空、沿墙或柱子敷设，安装高度不小于2.5 m，且不妨碍交通和其他操作。

（2）各种工业管道应尽量采用统一的支、吊架。

（3）管道安装竖向排列时，管道自上而下排列的顺序是：煤气管—乙炔管—氧气管—压缩空气管—热力管—热水管—给排水管。最上面的管子与吊车滑轨的净距不得小于2 m。

（4）管道敷设的坡度不得小于0.003，以便于排除管道中的积水和空气。

（5）车间架空管道之间，应参照相关规定，保持一定的距离。

9. 压缩空气管道的装调

车间压缩空气管路系统由车间入口装置、车间内压缩空气管道、配气器、集水器和软管插头等组成。

1）车间压缩空气入口装置的安装

（1）车间压缩空气入口装置一般由总控制阀、油水分离器、压力表等组成。

（2）通常沿墙装设，其安装高度为1.2 m，安装位置根据施工图要求确定。

（3）油水分离器与供气干管采用法兰连接，安装时注意气流方向，不得装反；油水分离器用螺栓固定在墙上的角钢支架上。

（4）入口装置处要安装减压阀，以满足各用气点对供气压力的要求。

2）车间压缩空气管路的安装

（1）车间内部压缩空气管路由主干管、干管和支立管及配气装置等组成。

（2）管路一般采用单管树枝式布置形式，如图3-1-3-5所示。

（3）压缩空气管道一般采用钢管，管道及附件在安装前均应检验合格。

（4）压缩空气水平干管可与车间其他管道共架敷设。主干管一般坡向入口装置，干管坡向末端或管路最低点。

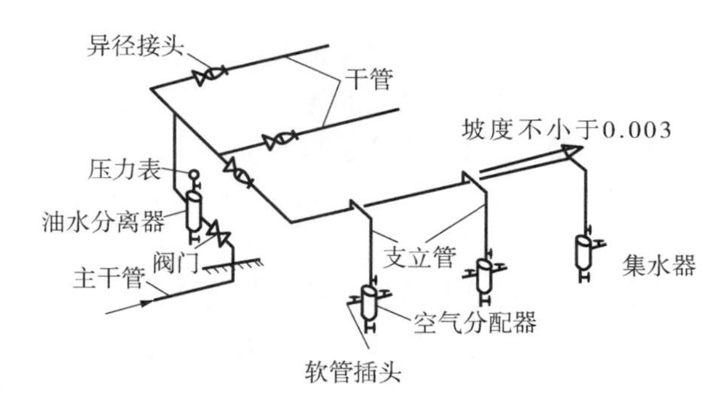


图3-1-3-5　单管树枝式管路布置形式

(5) 管路变径时，应根据油水排除方向采用同心或偏心异径接头。

(6) 通往各用气设备的支管应从架空干管顶部接出，然后沿墙、柱面往下敷设，在1.2 m高处安装控制阀门或中间配气装置。

(7) 当用气设备远离墙或柱面时，可将支管引下后埋地铺设，然后与用气设备接通，其埋深一般为0.3 m左右。埋地管段两边立管上均应设控制阀门。

(8) 压缩空气管道除与设备或需要拆卸处采用法兰连接外，均应采用焊接连接。

(9) 管道安装完毕后，采用压缩空气进行吹洗，清除管内的杂物。

3) 配气器、集气器和软管插头的安装

(1) 集水器安装在车间干管的末端或最低点。

(2) 与集水器连接的支立管应从干管下端接出。

(3) 空气分配器和集水器一般安装在墙上或柱子上，其顶部安装高度为1.2 m。

(4) 软管插头安装在压缩空气供应点的分气支管上，从插头处连接软管与用气设备接通。

(5) 软管插头直接装在内螺纹截止阀上。

4) 管路的试压

室内管道安装完毕，采用水为介质进行强度试验；采用压缩空气或无油压缩空气为介质进行气密性试验，测试指标达规定要求。

### 3.1.4　过盈连接的装调工艺与技术

包容件（孔）和被包容件（轴）利用过盈来达到紧固连接的连接方法叫过盈连接。过盈连接具有结构简单、对中性好、承受能力强、能承受变载和冲击力等特点。由于过盈配合没有键槽，因而可避免机件强度的削弱，但配合面加工精度要求较高，加工麻烦，装配时要求有正确的相互位置和紧固性，不能损伤零件的强度和精度。

#### 一、过盈连接的装配工艺要求

(1) 相配合的表面应有较高的精度和较细的表面粗糙度。

(2) 相配合的表面要求十分清洁；经加热或冷却的配合件在装配前要擦拭干净。

(3) 装配时配合表面必须用润滑油，以免装配时擦伤表面。

(4) 装压过程要保持连续，速度不宜太快，压入时不允许有歪斜现象。

（5）装配后最小的实际过盈量，要能保证两个零件相互之间的准确位置和一定的紧密度。

（6）装配后最大的实际过盈量要保证不会使零件遭到损伤，甚至破裂。

（7）为了便于装配，包容件的孔端和被包容件的进入端都要倒角（一般倒角5°~10°）。

（8）细长的薄壁件（如管件）要特别注意检查其过盈量和形状误差，装配要尽量采用垂直压入，以防变形。

（9）成批生产时，最好选用分组选配法装配，以降低零件加工要求。

## 二、过盈连接常用的装配方法

### 1. 压装法

1）压装法的常用装配方法

常温下的压装法适用于过盈量较小的几种静配合，是最常用的一种过盈连接装配方法，但因装配过程中配合表面被擦伤，减少了过盈量，降低了连接强度，故不宜多次拆装。压装法常用的装配方法如表3-1-4-1。

表3-1-4-1　压装法的常用装配方法

| 装配方法 | | 设备或工具 | 适用场合 | 工艺特点 |
|---|---|---|---|---|
| 压装法 | 冲击压装 | 手锤或重物冲击 | 配合面要求较低、长度较短的过渡配合连接件的单件生产 | 简单方便，导向性差，易歪斜 |
| | 工具压装 | 螺旋式、杠杆式、气动式压入工具 | 适用于小尺寸连接件的中小批量生产 | 导向性较冲击压装好，生产效率高 |
| | 压力机压装 | 齿条式、螺旋式、杠杆式、气动式压力机或液压机 | 适用于采用轻型过盈配合的连接件的成批生产 | 配合夹具使用，导向性较高， |

2）压装法的装配工艺

（1）验收装配的零件；测量实际过盈。

①验收零件的尺寸、几何形状偏差、表面粗糙度、倒角和圆角是否符合图纸要求，是否去掉了毛刺等，以免造成零件装不进去、零件胀裂、配合松动、损伤配合表面、装配不易导正、零件装不到预定的位置等后果。

②一般用千分尺或游标卡尺，在轴颈和轴孔长度上两个或三个截面的几个方向测量零件尺寸和几何形状；其他内容靠样板和目视进行检查。

③根据零件的验收结果，得到相配合零件实际过盈的数据。

（2）压力计算及装配方法选择。

由于各种因素很难准确估计，尤其粗糙度的影响很大，无法准确计算，所以在实际装配工作中，根据实际测量到的过盈量采用经验公式进行压力计算，并选择合适的装配方法。

（3）装配。

①清洁零件装配表面，并涂上润滑油。

②用专用导向工具并均匀加力，以 2 ~ 4 m/s，不超过 10 m/s 的压入速度压入轴件，不可过急过猛。

③准确控制压入行程，零件装到预定位置后才可结束装配工作。

④用冲击压装法时，应采用软垫加以保护，防止打坏零件。

⑤装配中，如出现装入力急剧上升或超过预定数值时，应立即停止装配。找出原因，经妥善处理后方可继续装配。

⑥装配时必须保持轴与孔的中心线一致，不允许有倾斜现象。

⑦圆锥面过盈连接的装配方法有螺母压紧装配和液压装配，如图 3 – 1 – 4 – 1 和图 3 – 1 – 4 – 2 所示。

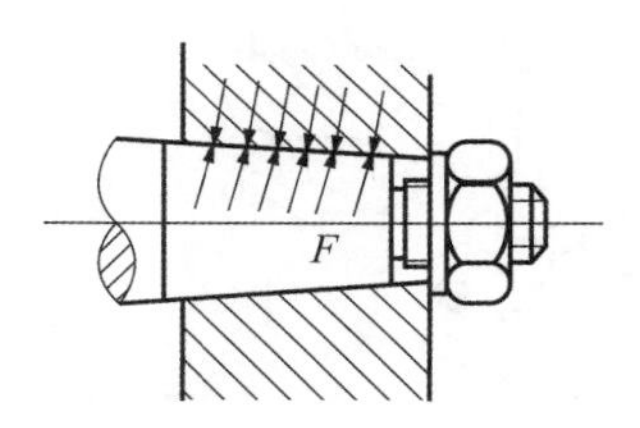


图 3 – 1 – 4 – 1　靠螺母压紧圆锥面的过盈连接

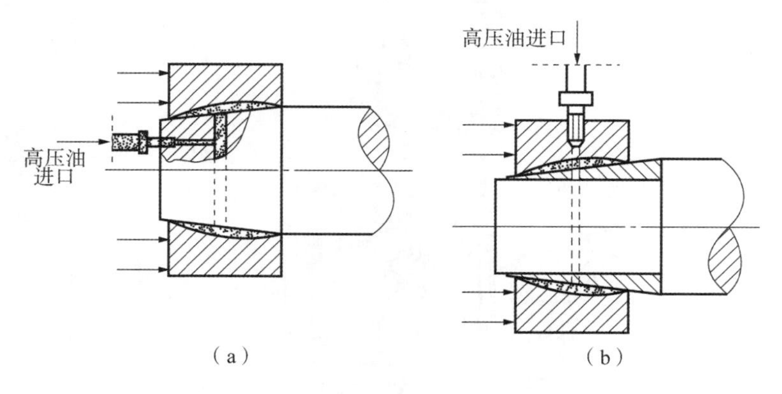


图 3 – 1 – 4 – 2　液压装配圆锥面过盈连接

（a）直接在轴上加工出锥度的圆锥面过盈连接；（b）采用过渡锥套的圆锥面过盈连接

2. 热装法

热装法是利用金属材料热胀冷缩的原理，先将包容件（孔）加热，使其直径膨胀到一定数值，然后将被包容件（轴）自由装入到配合位置，待包容件（孔）冷却后，使包容件达到装配要求的一种装配方法。一般适用于大型零件，而且过盈量较大的场合。其装配工艺

如下：

（1）验收装配的零件，测量实际过盈。

（2）根据加热温度应使孔的膨胀量达到实际过盈量的 2 ~3 倍的原则，采用相关公式计算确定加热温度。

（3）根据具体情况选择合适的加热方法。

①介质加热法。此方法是将机油放在铁盒内加热，再将需加热的零件放入油内即可。对于忌油的连接件，则可采用沸水或蒸汽加热。常用于尺寸及过盈量较小的连接件，如用于加热轴承。

②氧—乙炔焰加热法。这种加热方法简单，但易于过烧，要求有熟练的操作技术。多用于局部加热的中、大型连接件。

③固体燃料加热法。根据零件尺寸大小，临时用砖砌成一个加热炉，或将零件用砖垫上再用木柴或焦炭加热，为了防止热量散失，可在零件表面盖一与零件外形相似的焊接罩子。适用于结构比较简单，要求较低的连接件。固体燃料加热法加热温度不易掌握，零件加热不均匀，而且炉灰飞扬，易发生火灾，故最好不用。

④煤气加热法。此法操作较简单，加热时无煤灰，且温度易于掌握，对大型零件只要将煤气烧嘴布置合理，亦可做到加热均匀。

⑤电阻加热法。用镍—铬电阻丝绕在耐热瓷管上，放入被加热零件的孔里，对镍铬丝通电便可加热。为了防止散热，可用石棉板做一外罩盖在零件上，这种方法适用于特重型和重型过盈配合的中、大型连接件。

⑥电感应加热法。利用交变电流通过铁芯（被加热零件可视为铁芯）外的线圈，产生感应电动势，使铁芯内电能转化为热能，产生热量。此方法操作简单，加热均匀，无炉灰，不会引起火灾，最适合于装有精密设备和有易爆易燃物品的场所。

（4）测定控制加热温度。

加热时，要严格控制加热温度和加热时间，并使孔件均匀加热。加热温度的测定方法有：

①用油类或金属做测试零件加热温度的材料。如机油的闪点、锡的熔点、纯铅的熔点、测温蜡笔、测温纸片等。

②用半导体点接触测温计测温。

③用样杆进行检测，如图 3 -1 -4 -3 所示。样杆尺寸按比实际过盈量大 3 倍制作。当样杆刚能放入孔时，表示加热温度正合适。

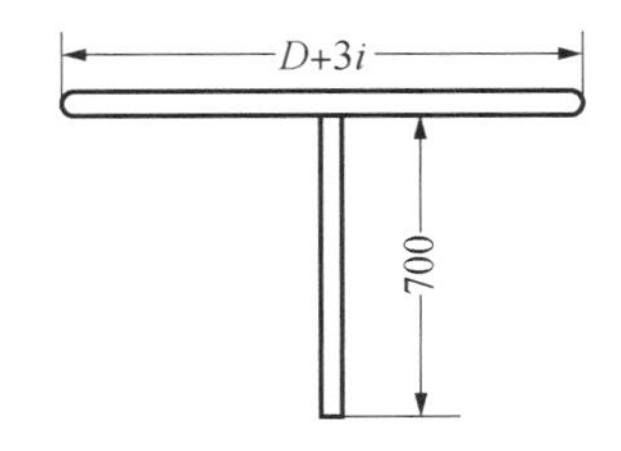


图 3 -1 -4 -3　测定加热温度的样杆

$D$—加热件孔径；$i$—过盈量

前两种方法很难测准所需的加热温度，第三种测量较精确。

（5）装配。

①去除零件表面上的灰尘、污物。

②将零件装到预定位置，并将装入件压装在轴肩上，直至零件完全冷却为止。

③不允许用水冷却零件，以免造成内应力，降低零件的强度。

3. 冷装法

利用金属材料热胀冷缩的原理，先将被包容件（轴）用低温冷却，使其尺寸缩小，然后迅速将此零件装入到包容件（孔）的配合位置，从而达到装配要求的装配方法。冷装法收缩变形量较大，因而多用于过渡配合，有时也用于轻型静配合。

1）冷装法的常用方法，如表3－1－4－2。

表3－1－4－2　冷装法的常用方法

| | | | | |
|---|---|---|---|---|
| 冷装法 | 干冰冷缩 | 干冰冷箱装置（或以酒精，丙酮汽油为介质） | 可冷至－78 ℃，操作简便 | 适用于过盈量小的小型连接件的薄壁衬套等 |
| | 低温箱冷缩 | 各种类型低温箱 | 可冷至－40 ℃～－140 ℃，冷缩均匀，表面洁净，冷缩温度易于自控，生产率高 | 适用于配合面精度较高的连接件，在热套下工作的薄壁套筒件 |
| | 液氮冷缩 | 移动或固定式液氮槽 | 可冷至－195 ℃，冷缩时间短，生产率高 | 适用于过盈量较大的连接件 |

2）冷装法的装配工艺

（1）准备好操作和检查必需的工具、量具及冷藏运输容器。

（2）精确测量被冷却件的尺寸。

（3）按冷却的工序及要求在常温下进行试装演习，检查操作工艺是否可行。

（4）要特别注意操作安全，以防冻伤人体。

4. 液压无键连接装配

液压无键连接是一种先进技术，它对高速重载、拆装频繁的连接件具有操作方便、使用安全可靠等特点。国外普遍应用于重型机械的装配，国内随着加工技术的提高和高压技术的进步，也正得到推广。

1）液压无键连接的原理和基本结构

液压无键连接的原理是利用钢的弹性膨胀和收缩，使套件紧箍在轴上所产生的摩擦力来传递扭矩或轴向力的一种连接方式。

液压无键连接装配过程如图3－1－4－4所示，此例是轧钢机方向联轴器的装配。万向联轴器13与轴4之间有一个过渡锥套3。锥套3的内孔与轴4的配合是圆柱面滑动配合，膨胀油泵1的高压油进入锥套3与联轴器的配合面之间，使联轴器13受轴向推力，产生轴向移动，直至联轴器装到预定位置。当膨胀油泵卸荷时，联轴器13失去油压，产生弹性收缩，紧紧箍在锥套上，并使锥套弹性收缩，紧紧箍在轴上。同样道理，拆卸也十分方便。

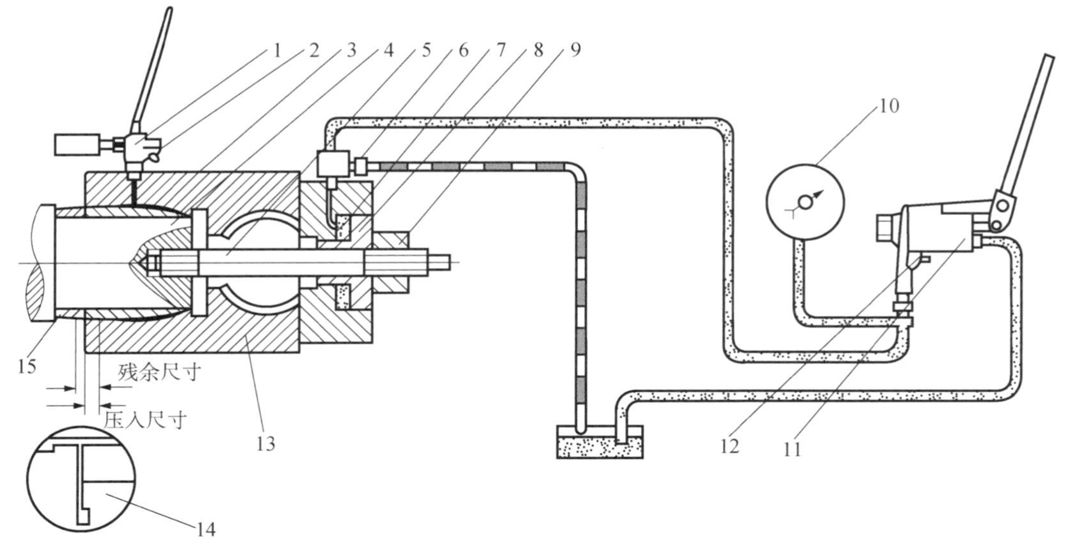


图3－1－4－4　液压无键连接示意图

1—膨胀油泵；2、6—放气孔；3—锥套；4—轴；5—螺丝杠；7—缸；8—活塞；9—螺母；10—压力表；11—压入油泵；12—放气阀；13—联轴器；14—迷宫环；15—外罩

2）液压无键连接的装配与拆卸工艺过程

（1）装配前的准备工作。

①检查室温在 16 ℃以上。

②检查连接件的尺寸和几何形状偏差，锥表面一定要光滑清洁，油眼、油沟不能有毛刺。

③锥套、轴颈和联轴器内孔必须用非常干净的油清洗，用干净布擦净，不得用破布和毛织物擦洗。

④用砂布去掉锐棱。

⑤用红丹粉检查配合锥面接触面的程度，接触面应达 60％～70％，大头可略差些，但小头一定要保证接触点良好。装配完毕后，接触面应从 70％提高到 80％。

⑥采用过渡中间锥套时，要按图纸公差要求检查锥套孔和轴之间的间隙。

（2）装配。

①在非常干净的锥套外锥面、联轴器或轴承的内锥面涂以极少许的经过滤的轻质润滑油，以减少装配摩擦阻力。

②将联轴器锥面轻轻推到锥套的外锥面上，并用游标卡尺检查残余尺寸是否与图纸相符。

③接通膨胀油泵出油管，启动压入油泵，从放气孔压出空气。联轴器压入长度很小时，从配合面有极少量的油（或油泡沫）渗出，此为正常现象，可继续升压。如油压已达到规定值而行程尚未到达时，应稍停压入。待包容件逐渐扩大后，继续压入，达到规定行程为止。开始压入时，压入速度要小。

④达到规定行程后，松开膨胀油泵消除径向油压，等待 5 min 左右消除轴向油压后，再

取下压入工具，其目的是防止包容件弹出而造成事故。等待时间与室温有关，室温低，等待时间长。室温为 0 ℃ ~15 ℃时，等待 10 min 以上；寒冷时，等待 30 min 以上。

⑤最后拆出各种油管接头，用塞头把油孔堵塞。

（3）拆卸。

①拆卸时的油压比安装时要低，每拆卸一次再压入时，压入行程一般稍增加，增加量与配合面锥度及加工精度有关。

②拆卸时，使用同样的膨胀工具。应在拆卸工具端面与联轴器端面间垫一块厚约 20mm 的橡皮，目的是防止联轴器飞出。

## 三、过盈配合件的拆卸

拆卸过盈配合件，应视零件配合尺寸和过盈量的大小选择合适的拆卸方法和工具、设备，如拔轮器、压力机等，不允许使用铁锤直接敲击零、部件，以防损坏零、部件。在无专用工具的情况下，可用木槌、铜锤、塑料锤或垫以木棒（块）、铜棒（块）用铁锤敲击。无论使用何种方法拆卸，都要检查有无销钉、螺钉等附加固定或定位装置，若有应先拆下；施力部位必须正确，以使零件受力均匀不歪斜。如对轴类零件，力应作用在受力面的中心；要保证拆卸方向的正确性，特别是带台阶、有锥度的过盈配合件的拆卸。

滚动轴承的拆卸属于过盈配合件的拆卸范畴，它的使用范围较广泛，又有其拆卸特点，所以在拆卸时，除遵循过盈配合件的拆卸要点外，还要考虑到它自身的特殊性。

### 1. 加热拆卸

拆卸尺寸较大的轴承或其他过盈配合件时，为了使轴和轴承免受损害，要利用加热来拆卸，如图 3 -1 -4 -5 所示。

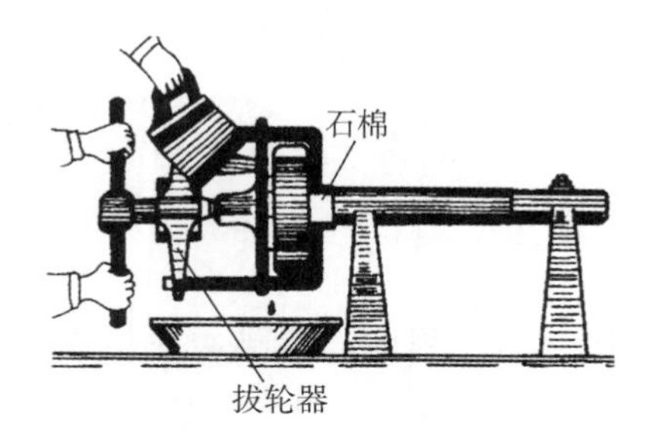


图 3 -1 -4 -5　轴承的加热拆卸

（1）加热前把靠近轴承的那一部分轴用石棉隔离开来，然后在轴上套上一个套圈使零件隔热。

（2）拆卸工具的抓钩抓住轴承的内圈。

（3）迅速将加热到 100 ℃的油倒到轴承内圈上，使轴承内圈加热。

（4）从轴上拆卸轴承。

### 2. 冷却拆卸

齿轮两端装有圆锥滚子轴承，如图 3 -1 -4 -6 所示。用拔轮器的抓钩抓住轴承的外圈，同时用干冰局部冷却轴承的外圈，然后迅速从齿轮中拉出圆锥滚子轴承的外圈。

### 3. 轴端滚动球轴承的拆卸

拆卸位于轴末端的轴承时，应在轴承内圈上加力拆卸。

（1）用小于轴承内径的铜棒、木棒或软金属抵住轴端，轴承下垫以垫块，再用手锤敲击，如图 3－1－4－7（a）所示。

（2）用压力机拆卸位于轴末端的轴承，关键是必须使垫块同时抵住轴承的内、外圈，垫块可用两块等高的方铁、U 形或两半圆形垫铁，着力点要正确，如图 3－1－4－7（b）所示。

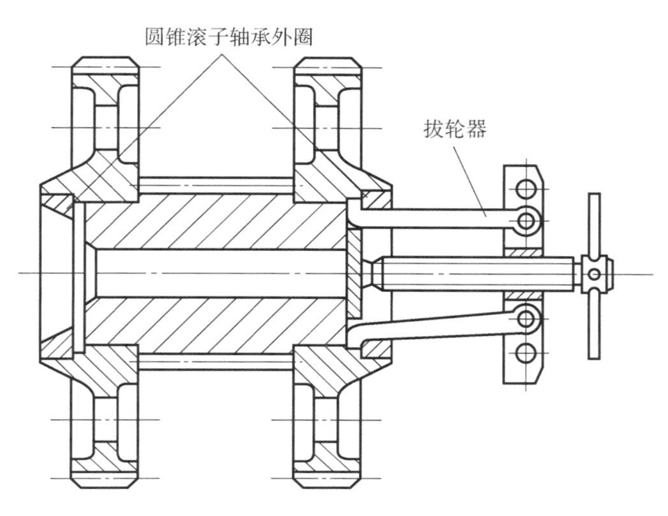


图 3－1－4－6　轴承的冷却拆卸

（3）用拔轮器拆卸位于轴末端的轴承，必须使拔钩同时勾住轴承的内、外圈，且着力点也必须正确，如图 3－1－4－7（c）所示。

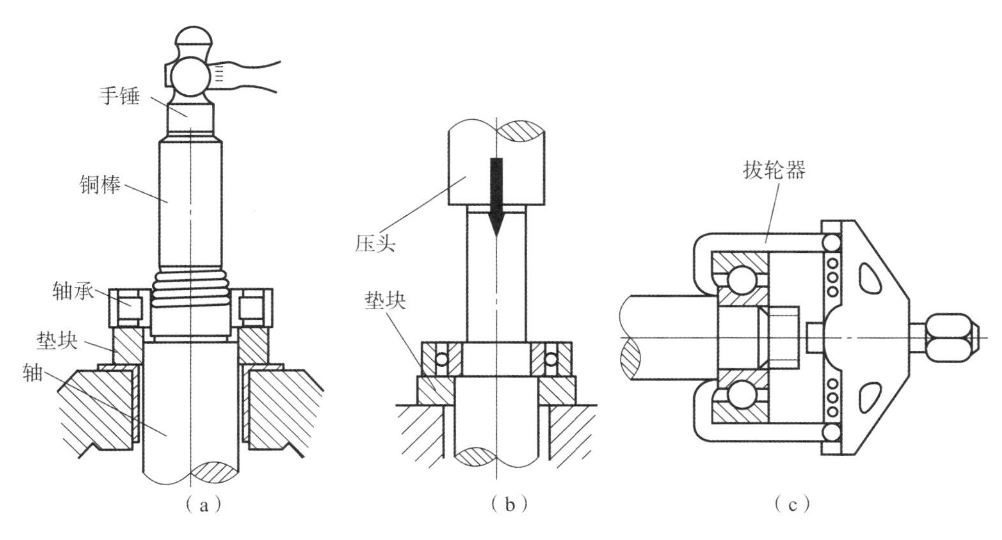


图 3－1－4－7　轴端轴承的拆卸

（a）用铜棒、手锤拆卸；（b）压力机拆卸轴承；（c）拔轮器拆卸轴承

4. 锥形滚柱轴承的拆卸

一般将内、外圈分别拆卸。如图 3－1－4－8（a）所示，将拔轮器张套放入外圈底部，然后施入张杆使张套张开勾住外圈，再扳动手柄，使张套外移，即可拉出外圈。用图

3－1－4－8（b）所示的内圈拉头来拆卸内圈，先将拉套套在轴承内圈上，转动拉套，使其收拢后，下端凸缘压入内圈的沟槽，然后转动手柄，拉出内圈。

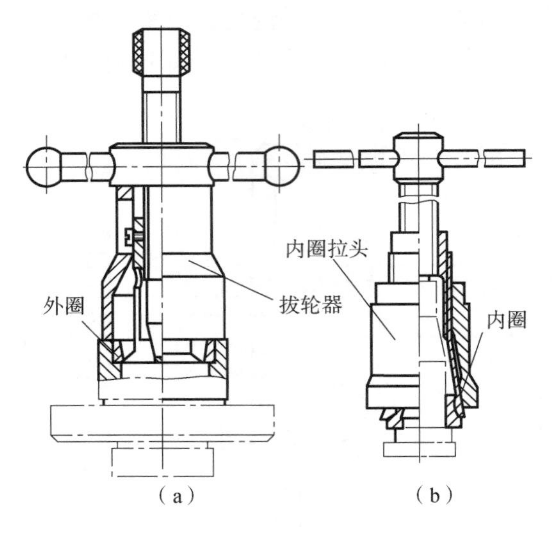


图3－1－4－8　锥形滚柱轴承的拆卸

（a）用拔轮器拆卸外圈；（b）用内圈拉头拆卸内圈

5. 报废轴承的拆卸

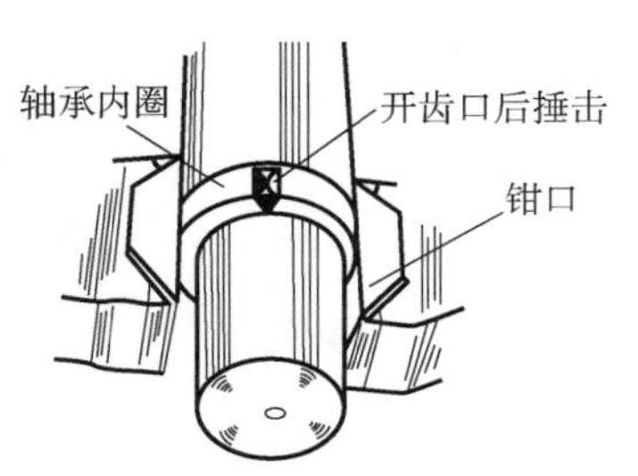


图3－1－4－9　报废轴承的拆卸

如果因轴承内圈过紧或锈死而无法拆卸时，则应破坏轴承内圈而保护轴，采用如图3－1－4－9所示的拆卸方法，但操作时应注意安全。

四、不可拆连接件的拆卸

不可拆连接件有焊接件和铆接件等，焊接、铆接属于永久性连接，在修理时通常不拆卸。

（1）焊接件的拆卸可用锯割、扁錾子切割，或用小钻头钻排孔后再锯、再錾，也可用氧炔焰气割等方法。

（2）铆接件的拆卸可用錾子切割掉铆钉头，或锯割掉铆钉头，或气割掉铆钉头，或用钻头钻掉铆钉等。

（3）操作时，应注意不要损坏基体零件。

# 3.2　常用传动机构的装调工艺与技术

## 3.2.1　带传动（含同步齿形带）的装调工艺与技术

### 一、带传动的形式与特点

带传动是利用带与带轮之间的摩擦力或带与带轮上齿的啮合来传递运动和动力的。带传

动按带的截面形状不同可分为V带传动、平带传动、同步带传动等，如图3-2-1-1所示。

带传动结构简单、工作平稳，由于传动带的弹性和挠性，具有吸振、缓冲作用，过载时的打滑能起安全保护作用，能适应两轴中心距较大的传动；但带传动的传动比不准确，传动效率较低，带的寿命较短，结构不够紧凑。

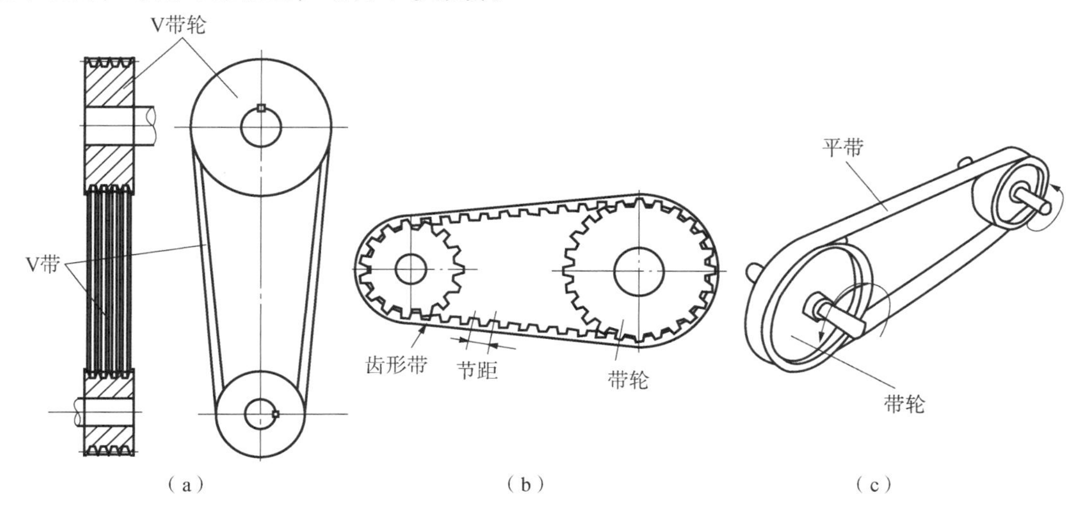


图3-2-1-1　带传动的形式

(a) V带传动；(b) 同步齿形带传动；(c) 平带传动

## 二、带传动机构的主要装配要求

(1) 应严格控制带轮的径向跳动和轴向窜动。

(2) 带轮安装在轴上，应没有歪斜和摆动。

(3) 两轮的轮宽中央平面应该在同一平面。

(4) 平带在轮面上应保持在中间位置，以防止工作时脱落。

(5) 带传动的张紧力要适当。

(6) 当带的速度大于5 m/s时，应对带轮进行静平衡试验；当大于25 m/s，还需要进行动平衡试验。

(7) 两根传动轴应严格保持平行，其平行度极限偏差不超过0.5/1 000。

## 三、V带（平带）传动的装调要点

### 1. 带轮的装调

带轮与轴的配合一般选用过渡配合H7/k6，并用键或螺钉固定以传递动力。

(1) 按轴和轮毂的键槽修配键，做好孔、轴的清洁工作，并在安装面上涂润滑油。

(2) 采用圆锥轴轴头配合的带轮装配，如图3-2-1-2 (a) 所示。先将键装到轴上的键槽里，然后将带轮孔的键槽对准轴上的键套入，在端部拧紧轴向固定螺母和垫圈即可。

(3) 圆柱形轴头上可用平键、花键、斜键、轴肩、挡圈、垫圈及螺母等固定。装配前将键装在轴的键槽上，用木槌、铜棒（最好采用专用的螺旋压入工具，如图3-2-1-3所示）等工具将带轮徐徐压到轴上，如图3-2-1-2 (b)、(c)、(d) 所示。压装时，不能直接敲打带轮的端面，特别是在已装进机器里的轴上安装带轮时，敲打不但

会损伤轴颈，而且会损伤其他机件。可通过垫板对轮毂的各个地方轻轻敲打，以消除因倾斜而产生的卡住现象。

（4）安装后，检查带轮在轴上的相关装配要求。检查圆跳动的方法，较大的带轮可用划线盘来检查，较小的皮带轮可用百分表来检查。

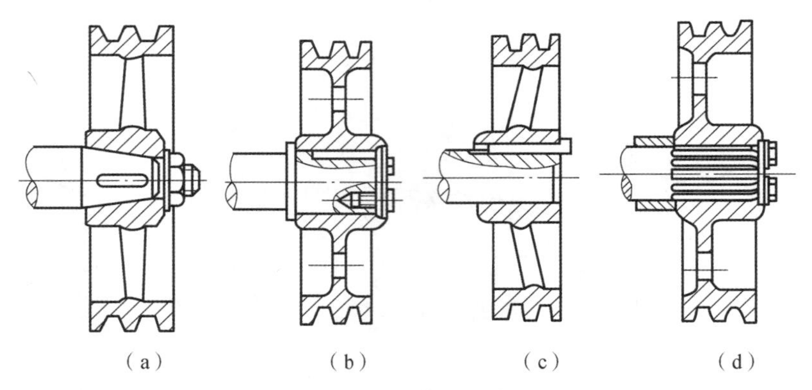


图 3－2－1－2　带轮与轴的装配

（a）圆锥轴头的带轮装配；（b）用平键装配带轮；（c）用斜键装配带轮；（d）用花键装配带轮

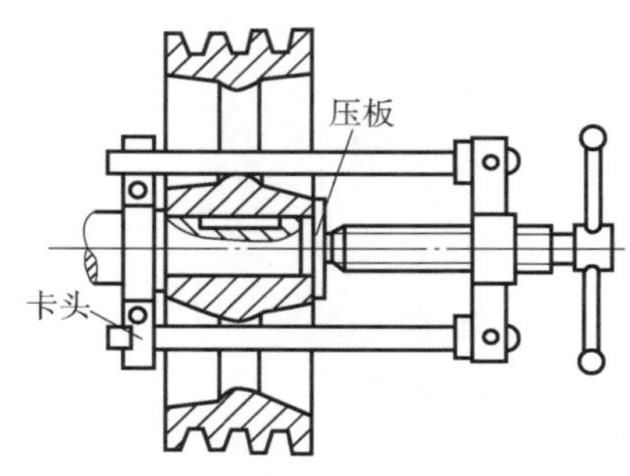


图 3－2－1－3　螺旋压入工具

①检查径向及端面跳动：大带轮用线盘检查，小带轮用百分表检查，如图 3－2－1－4 所示。一般端面圆跳动为（0.000 5～0.001）$D$（$D$ 为带轮直径），径向圆跳动为（0.002 5～0.000 5）$D$。

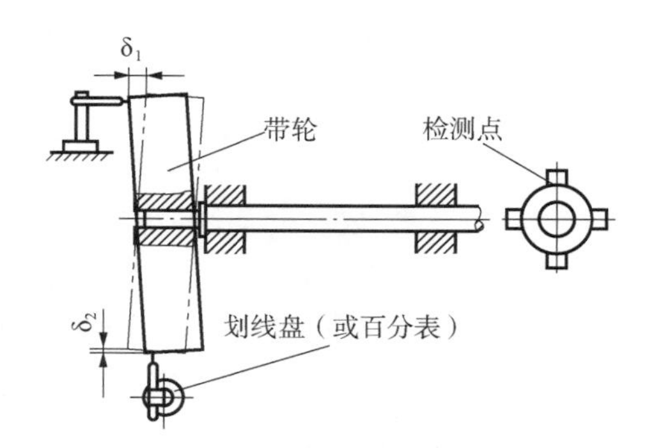


图 3－2－1－4　带轮端面和径向圆跳动的检查

②检查一组带轮相互位置正确性：两轮轴线的平行度应符合要求，两带轮的中心平面的轴向偏移量 $a$：平带一般不应超过 1.5 mm，V 形带不应超过 1 mm；两轴不平行度 $\alpha$ 角不应

超过 ±20°。当两轮中心距在 1 000 mm 以下，可以用直尺紧靠在大带轮端面上，检查小带轮端与直尺的距离；当两轮中心距大于 1 000 mm 时，用拉线法来进行找正。方法是把测线的一端系在大带轮的端面处，然后拉紧测线，小心地贴住带轮的端面。当它接触到大带轮端面上的点时，停止移动测线，再测量小带轮的距离，如图 3 – 2 – 1 – 5 所示。带轮的中心距要正确，一般可以通过检查并调整带的松紧程度来补偿中心距误差。

（5）带轮的拆卸：一般情况下，不能直接用大锤敲打，而应采用拉出器拆卸，如图 3 – 2 – 1 – 6 所示。

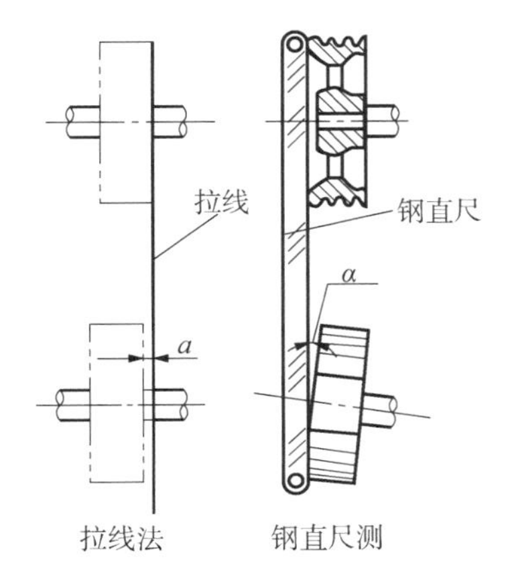


图 3 – 2 – 1 – 5　带轮位置正确性检测

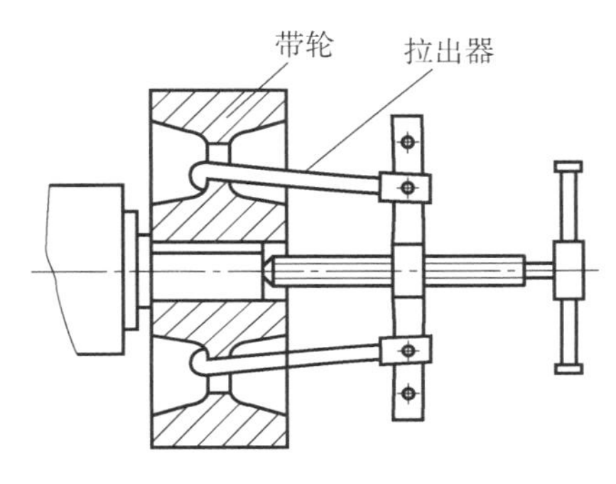


图 3 – 2 – 1 – 6　带轮的拆卸

2. 带的安装

（1）先将传动 V 带套在小带轮槽中。

（2）转动大带轮，并用螺钉旋具将 V 带拨入大带轮槽中。

（3）安装传动带应注意以下几点：

①安装时，不宜用力过猛，以防损坏带轮。

②装好的 V 带内周面不应与带轮槽底接触，外周面不能凸在轮槽外。

③传动带不宜阳光暴晒，不宜使矿物质、酸、碱等与带接触。

④带的张紧力要适当。一般用手感法或者测力法来控制。如图 3 – 2 – 1 – 7 所示，在带与带轮的切点 $A$、$B$ 的中点，垂直于带加一载荷 $F$，通过测量产生的挠度 $y$ 来检查张紧力的大小。在规定范围内的测量载荷 $F$ 作用下，产生的挠度应不超过 15 mm。

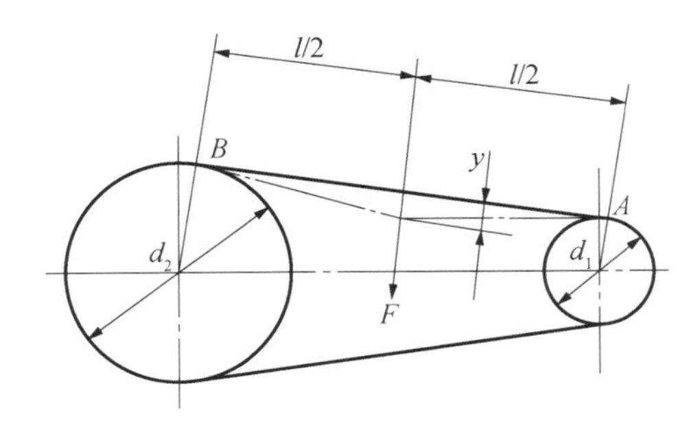


图 3 – 2 – 1 – 7　带张紧力的检测

⑤带在带轮上的包角不能小于120°。

(4) 带在工作一段时间后，如发现张紧力不符合要求，应采用定期张紧装置、自动张紧装置、张紧轮张紧或调节中心距等方法重新调整，使其正常工作。

(5) 平带的宽度有一定规格，长度按需要截取，并留有一定的余量。平带在装配时，采用胶合法、铰链带扣法、缝合法等方法对接。

## 四、同步带传动机构的装配

同步带传动兼有带传动和链传动的优点，传动稳定、传动比准确。目前，同步带主要应用在要求传动比准确的中小功率传动中，如计算机、录音机、高速机床（如磨床）、数控机床、汽车发动机及纺织机械等，在压缩机等大型设备上也有应用。

### 1. 同步带的结构

同步带相当于在绳芯结构平带基体的内表面沿带宽方向制成一定形状（梯形、弧形等）的等距齿，如图3-2-1-8所示。其抗拉体由金属丝绳、合成纤维线或玻璃纤维绳绕制而成，带体多由橡胶制成，也有用聚氨酯浇注而成的。为了提高橡胶同步带齿的耐磨性，通常还在其齿面上覆盖尼龙或织布层。如图3-2-1-9所示。

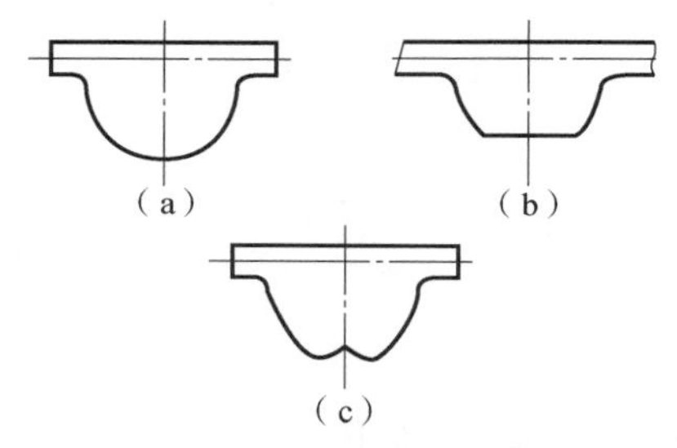


图3-2-1-8　同步带的常见齿形

(a) 圆弧齿；(b) 平顶圆弧齿；(c) 凹顶抛物线齿

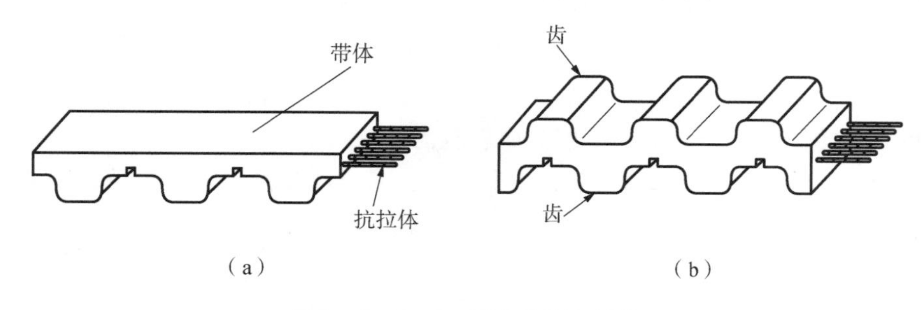


图3-2-1-9　同步齿形的结构

(a) 单面同步带；(b) 双面同步带

有的同步带还在其背面或侧边制成各种形状的突起，可以进行物料的输送、零件的整理和选别以及开关的启停等。

### 2. 同步带轮

同步带轮有双边挡圈带轮（图3-2-1-10(a)）、单边挡圈带轮（图3-2-1-10(b)）、无挡圈带轮（图3-2-1-10(c)）等三类。如果两轮间的中心距大于最小带轮直径的8倍时，那么，两个带轮应有侧边挡圈，以减小带滑脱带轮的可能性。

3. 同步带的装配

同步带传动机构的装配、校准和张紧与V带传动机构相一致。但应注意，带轮有侧面挡圈时，带在套装至带轮时不能绕经挡圈。

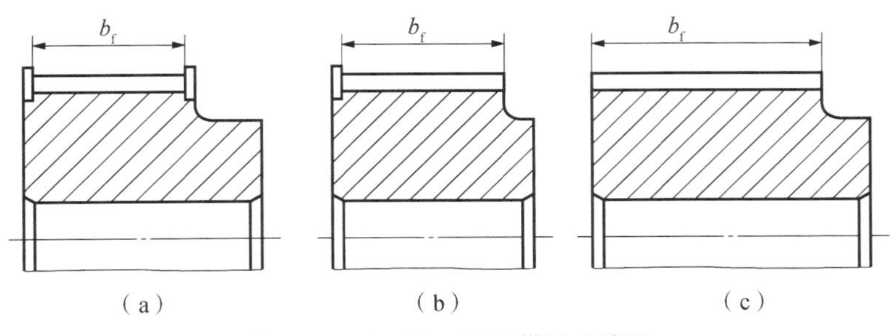


图3-2-1-10　同步带轮的类型

(a) 双边挡圈带轮；(b) 单边挡圈带轮；(c) 无边挡圈带轮

4. 同步带的张紧力调整

当同步带的张紧力不够时，带将被轮齿向外压出，带与带轮齿不能良好接触，如图3-2-1-11所示，此时，带发生变形，使同步带传递的功率降低，甚至发生跳齿现象，这将导致带和带轮的损坏。张紧力过大时，同步带受拉力太大，将缩短同步带、带轮、轴和轴承等的寿命。同步带的张紧采用张紧轮装置、自动张紧装置或定期调整中心距等方法。

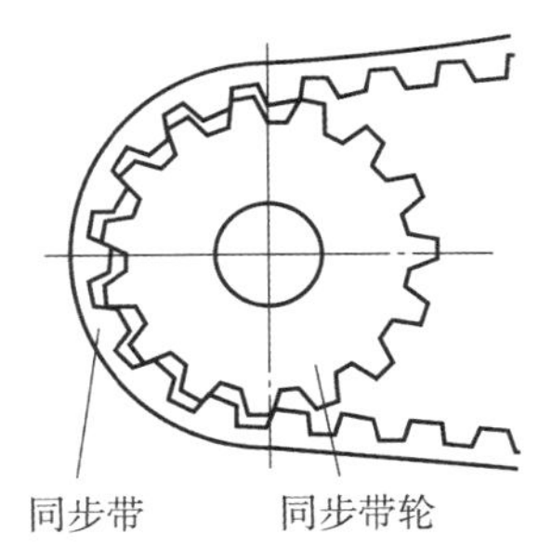


图3-2-1-11　张紧力过小时，同步带的啮合

在同步带传动中，张紧力是通过在带与带轮的切边中点处加一垂直于带边的测量载荷 $F$（根据带的宽度和类型，查表确定），测量其产生挠度 $y$ 是否达到规定的值（规定挠度 $y$ 可通过相关公式计算得出），并进行调整。如图3-2-1-12所示。

目前，许多企业广泛使用同步带张紧度测量仪，通过测量带的振动频率来检查同步带的张紧程度。带的振动频率可查阅设备使用手册，当实际测量频率小于要求时，可调大中心距；当实际测量频率大于要求时，可调小中心距。

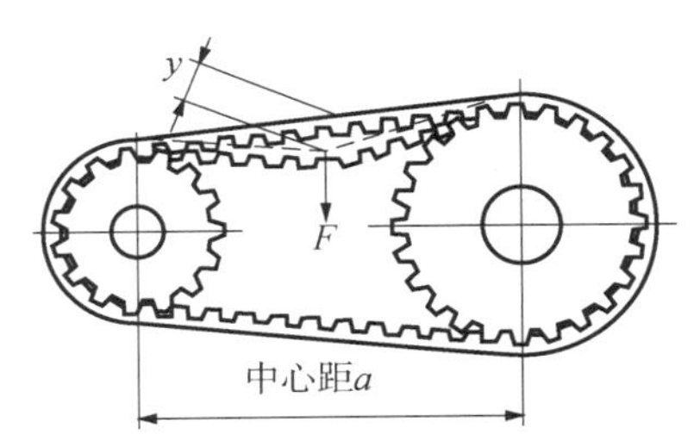


图3-2-1-12　同步带张紧力的检查

### 3.2.2 链传动的装调工艺与技术

#### 一、链传动简介

链传动是由两个（或两个以上）具有特殊齿形的链轮和链条组成并依靠链轮和链条的啮合传递运动和动力的传动装置，如图 3-2-2-1 所示。链传动平均传动比准确、传动距离较远、传动功率较大，特别适合在温度变化大和灰尘较多的场合使用。按照用途不同，链可分为起重链、牵引链和传动链三大类。常用传动链有套筒滚子链和齿形链，如图 3-2-2-2 所示。

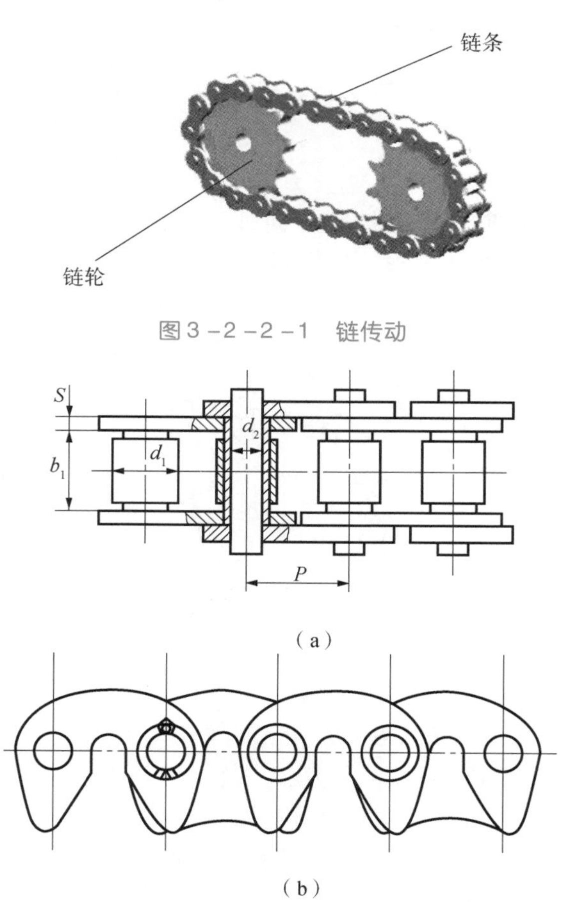


图 3-2-2-1 链传动

(a)

(b)

图 3-2-2-2 常用的传动链

(a) 套筒滚子链；(b) 齿形链

#### 二、链传动的装配技术要求

（1）两链轮的布置：两轮的回转平面尽可能安排在同一铅垂平面内；紧边在上，松边在下。

（2）两链轮轴的轴线应严格平行，其平行度偏差不超过 0.000 5 mm。

（3）两链轮应严格对中，链轮之间的轴向偏移量必须在规定的范围内。一般当中心距

小于 500 mm 时，允许偏移量小于 1 mm；当中心距大于 500 mm 时，允许偏移量小于 2 mm。

（4）保证链条和链轮的良好啮合，如图 3－2－2－3 所示，以减少磨损、降低噪声。

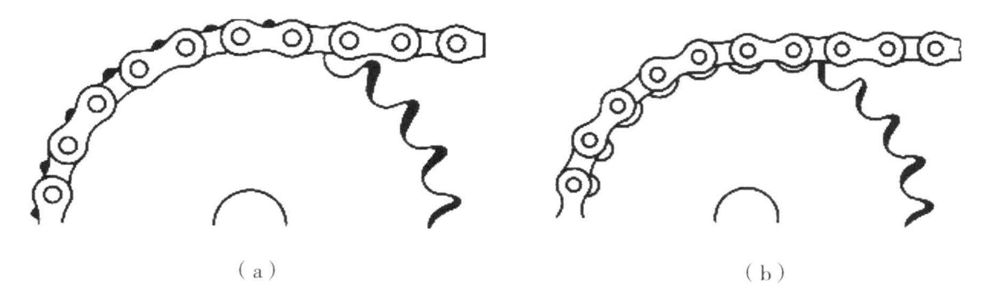


图 3－2－2－3　链条与链轮的啮合

（a）链条的正确啮合；（b）链条的不正确啮合

（5）链轮在轴上固定之后，径向和端面圆跳动误差必须符合要求。

（6）链条有正确的下垂量。

（7）链条运行自由，严禁和其他物体（如链条罩壳）相擦碰。

（8）能确保良好的润滑状态。

## 三、链传动机构的装调

### 1. 链轮的安装

链轮常用的固定方法如图 3－2－2－4 所示。链轮的装配方法与带轮装配方法基本相同。

（1）装配后，若两链轮轴线平行度达不到要求时，可通过调整两链轮轴两端支承件的位置进行调整。

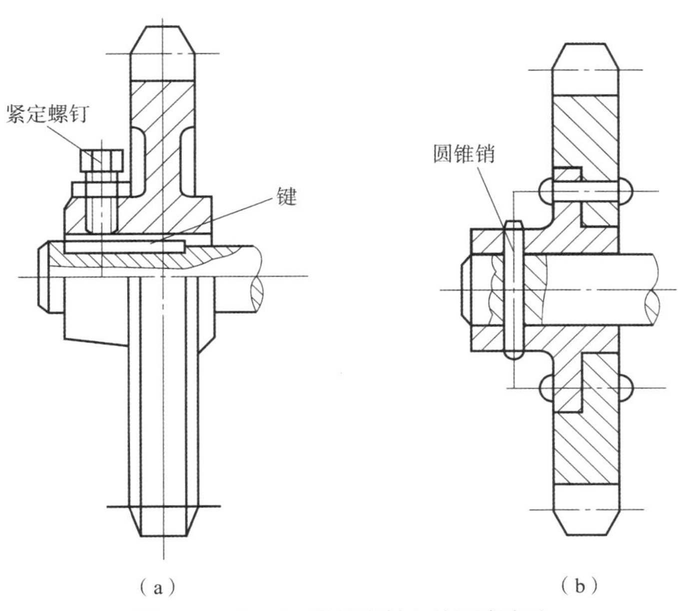


图 3－2－2－4　链轮在轴上的固定方法

（a）用键连接与紧定螺钉固定；（b）用圆锥销固定

（2）用长钢直尺或拉线法检查两链轮的中心平面位置，使轴向偏移量控制在允许范

围内。

(3) 检查链轮的径向和端面圆跳动量，控制在规定范围内。

2. 链条的装调

在链轮经过校准和链条张紧轮装配后，方可安装链条。

(1) 在链轮上装链条。

①如果两链轮均在轴端，且两轴中心距可调节时，链条接头可预先在工作台上连接好后，再套装到链轮上。

②如果结构不允许链条预先将接头连好时，则必须先将链条穿过传动轴套在链轮上，再利用专用的拉紧工具连接，如图 3 -2 -2 -5 所示。如无专用的拉紧工具，可考虑使用铁丝或尼龙绳在跨过接头处穿上，然后绞紧，将两接头拉近即连接。

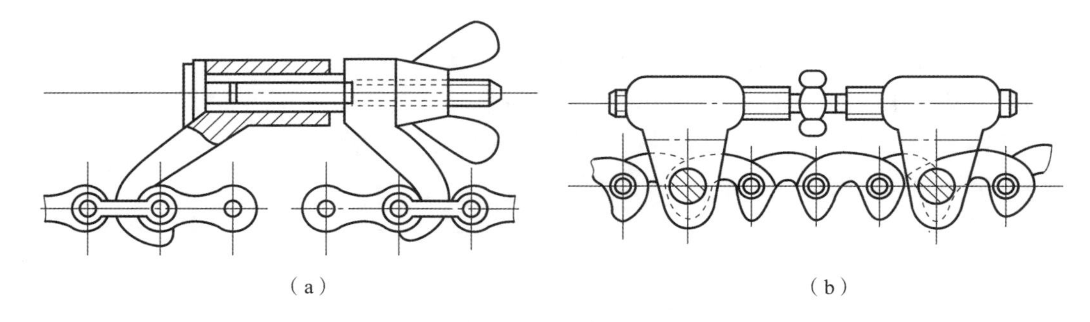


图 3 -2 -2 -5　链条专用的拉紧工具

(a) 滚子链拉紧专用工具；(b) 齿形链拉紧专用工具

(2) 在确保链条与两端的链轮正确啮合时，用连接链片将链条的两端连接起来，如图 3 -2 -2 -6所示。

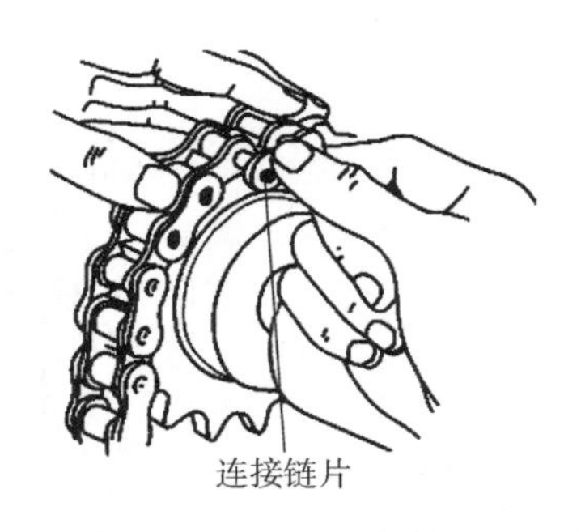


图 3 -2 -2 -6　安装连接链片

(3) 安装链条接头。滚子链的接头形式有开口销、弹簧夹和过渡链节等三种，如图 3 -2 -2 -7所示。弹簧夹的装配如图 3 -2 -2 -8 所示，应确保弹簧夹的开口方向与链条的运动方向相反，以免运动中受到碰撞而脱落。

(4) 检查、调整链条的下垂度。链传动水平或倾斜在 45°以内时，下垂度 $f$ 应不大于两轮中心距的 2%；倾斜度增加时，要减小下垂度，一般为中心距的 1% ~1.5%；在垂直放置时，垂度应小于两轮中心距的 0.2%，检查的方法如图 3 -2 -2 -9 所示。若下垂度达不到要求时，可通过调节中心距、截短链条长度、安装张紧轮装置等方法调整。

(5) 在链条的无负载部分正确安装链条张紧轮。

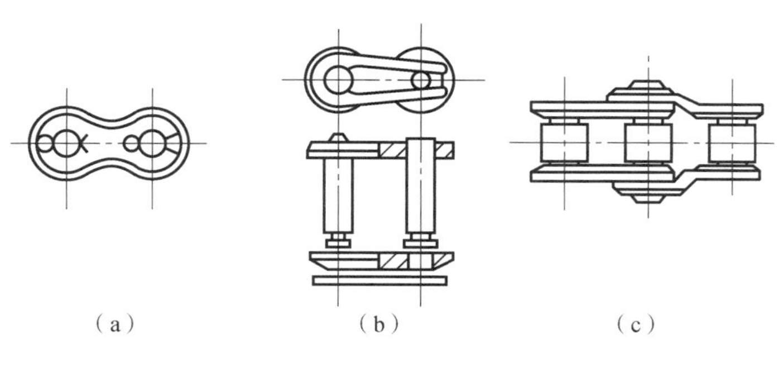


图3-2-2-7　滚子链的接头形式

（a）开口销；（b）弹簧头；（c）过渡链节

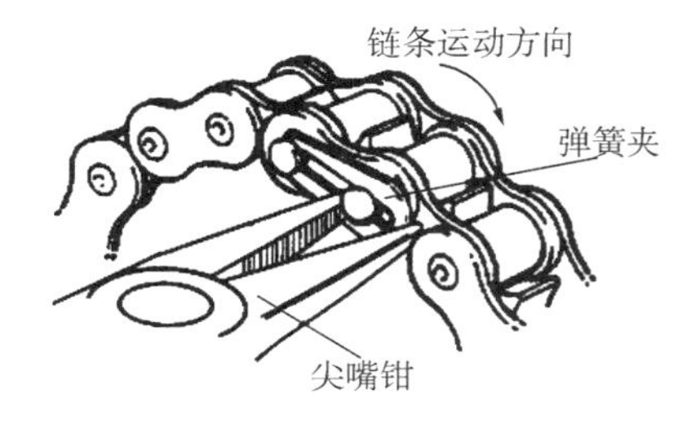


图3-2-2-8　安装链条接头

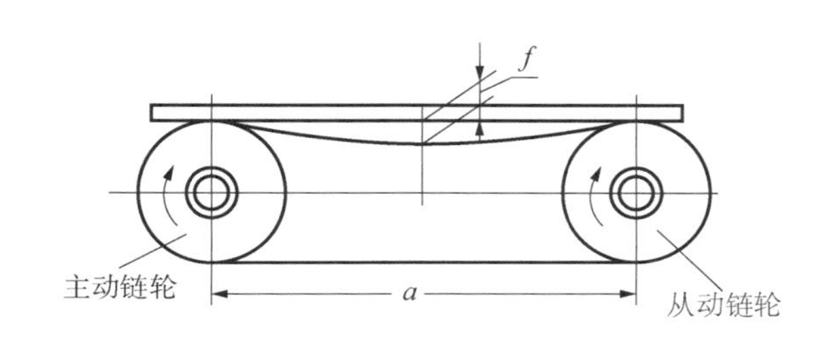


图3-2-2-9　链条下垂度的检查

四、链传动机构的拆卸

（1）链轮拆卸时，先将链轮的紧定件，如紧定螺钉、圆锥销等取下后，再拆卸链轮。

（2）拆卸链条时，套筒滚子链应按其接头方式不同进行拆卸。

①开口销连接的，先拆下开口销，然后取外连板和销轴即可。

②用弹簧夹连接的，先拆卸弹簧夹，然后取下外连板和两轴即可。

③对与销轴采用过盈连接的，用小于销轴的冲头冲出销轴即可。

## 3.2.3　齿轮传动的装调工艺与技术

一、齿轮传动机构概述

齿轮传动是最常用的传动方式之一，它依靠轮齿间的啮合传递运动和动力。其特点是：能保证准确的传动比，传递功率和速度范围大，传动效率高，结构紧凑，使用寿命长，但齿轮传动对制造和装配要求较高。齿轮传动的类型较多，有直齿、斜齿、人字齿轮传动；有圆柱齿轮、圆锥齿轮以及齿轮齿条传动等。要保证齿轮传动平稳、准确，冲击与振动小，噪声低，除了控制齿轮本身的精度要求以外，还必须严格控制轴、轴承及箱体等有关零件的制造精度和装配精度，才能实现齿轮传动的基本要求。

二、齿轮传动机构装配的基本要求

（1）保证齿轮与轴的同轴度，无偏心或歪斜等现象。

（2）严格控制齿轮的径向和端面圆跳动。

（3）保证准确的中心距和齿侧间隙值符合技术要求。

（4）相互啮合的两齿轮要有足够的接触面积和正确的接触部位，接触斑点分布均匀。

（5）对转速高的大齿轮，装配后要进行平衡试验。

（6）滑动齿轮不应有咬死和阻滞现象，变换机构应保证准确的定位，齿轮的错位量不超过规定值；空套齿轮在轴上不得有晃动现象。

（7）封闭箱体式齿轮传动机构，应密封严密，不得有漏油现象，箱体结合面的间隙不得大于0.1 mm或涂以密封胶密封。

（8）齿轮传动机构组装完毕后，应进行跑合试车。

## 三、齿轮传动机构的装配步骤

（1）装配前对零件进行清洗、去毛刺，检查装配零件的粗糙度、尺寸精度及形位误差等是否符合图纸要求，装配表面必要时应涂上润滑油。

（2）将齿轮装于轴上，并装配好轴承。

（3）齿轮—轴安装到箱体相应位置。

（4）检查、调整安装后齿轮接触质量。

## 四、圆柱齿轮传动的装调

### 1. 齿轮与轴的装配

（1）在轴上空套或滑移的齿轮，直接将齿轮套装到轴上相应位置。装配后，齿轮在轴上不得有晃动现象。

（2）在轴上固定的齿轮，装配时，具有较小过盈量的，可用铜棒或锤子轻轻敲击装入；具有较大过盈量时，可在压力机上压装。压入前，配合面涂润滑油，压装时要尽量避免齿轮偏斜和端面不到位等装配误差。也可以将齿轮加热后，进行热套或热压。

（3）齿轮与轴为锥形面配合时，应用涂色法检查接触状况，对接触不良处进行刮削，使之达到要求。装配后，轴端与齿轮端面应留有一定的间隙$\Delta$。如图3-2-3-1所示。

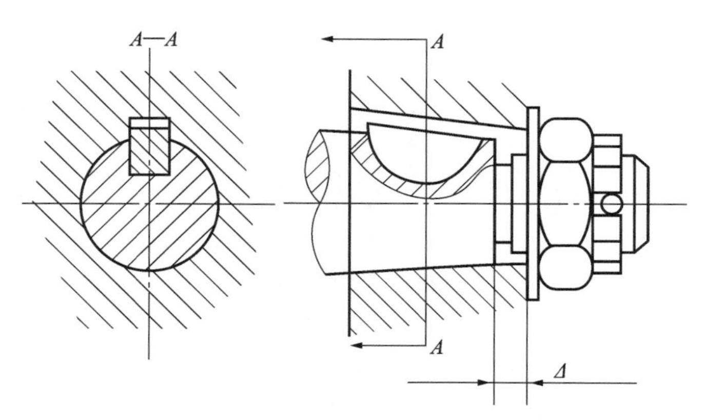


图3-2-3-1 齿轮与轴为锥面结合

（4）齿轮端面圆跳动与径向圆跳动的检查。

齿轮端面圆跳动误差的检测方法如图3-2-3-2所示，齿轮旋转一圈，百分表的最大读数与最小读数的差值为齿轮端面圆跳动误差。

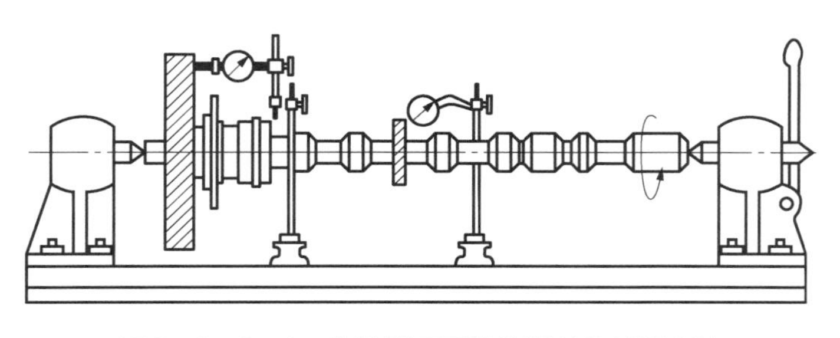

图3-2-3-2　齿轮端面圆跳动误差的检测方法

齿轮径向圆跳动的检测方法如图3-2-3-3所示，用百分表测量圆柱规，齿轮每转动3~4个齿重复测量一次，测得百分表的最大与最小读数之差为径向圆跳动误差。

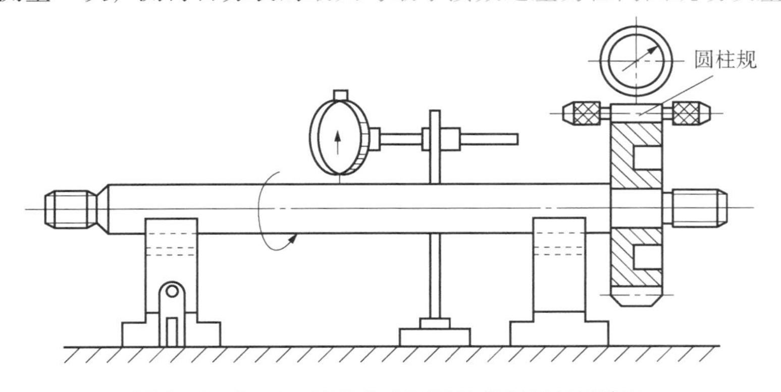


图3-2-3-3　齿轮径向圆跳动误差的检测方法

2. 检查箱体的主要部件是否符合技术要求

1）检查孔和平面的尺寸、形状精度、表面粗糙度

2）检查孔的中心距及轴线平行度

在齿轮未装入箱体前，用游标卡尺或用专用检验心轴与内径的千分尺进行孔中心距的检查。如图3-2-3-4所示。

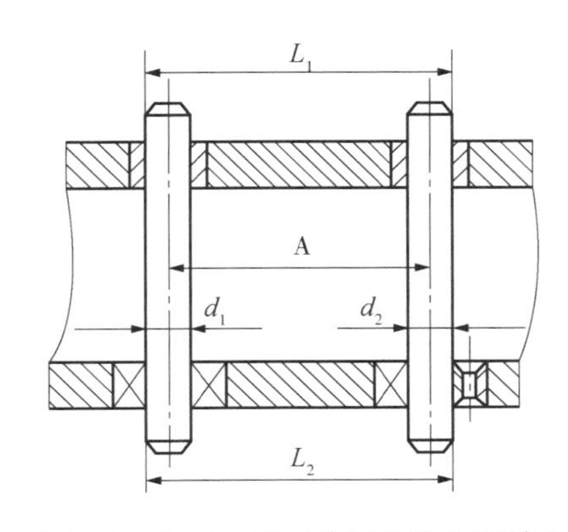


图3-2-3-4　啮合齿轮的中心距检查

孔轴线平行度的检查，如图3-2-3-4、图3-2-3-5所示。图3-2-3-4中，测出轴两端尺寸$L_1$、$L_2$，其差值为两孔轴线平行度误差；图3-2-3-5中，测出轴两端尺寸$h_1$、

$h_2$，其差值为两孔轴线与基面的平行度误差。

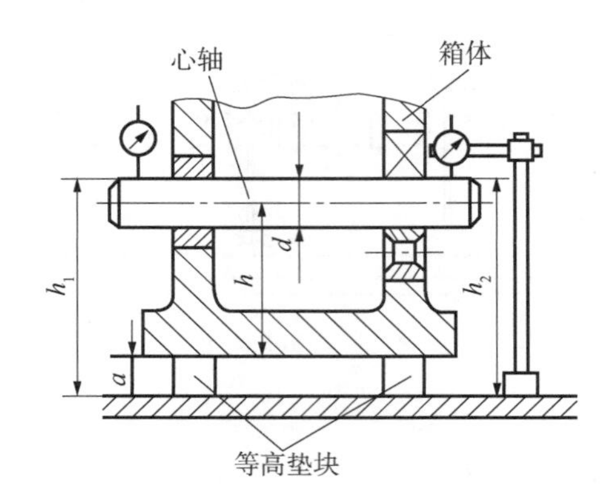


图3-2-3-5　孔轴线平行度

3）检查孔的同轴度

多孔的同轴度检查如图3-2-3-6所示。图3-2-3-6（a）中，若心轴能自由推入几个孔中，表明孔的同轴度符合要求；图3-2-3-6（b）中，心轴转动一圈，百分表的最大与最小读数的差值为同轴度误差。

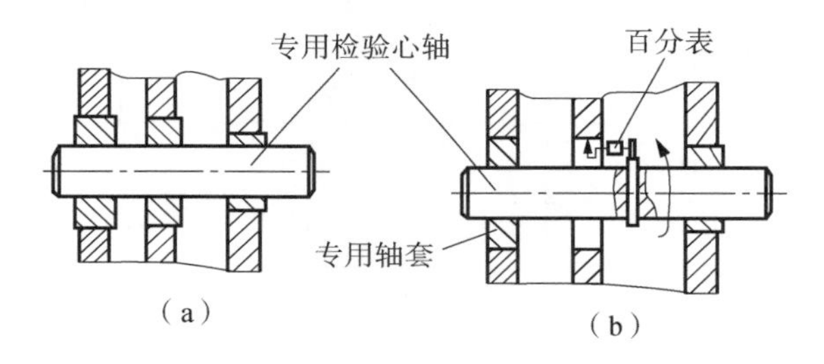


图3-2-3-6　孔同轴度的检查方法

4）检查孔的垂直度

孔轴线与孔端面垂直度的检查方法如图3-2-3-7所示，图3-2-3-7（a）中用带有检验圆盘的心轴进行检查，用塞尺测量间隙Δ或在圆盘上涂色检查孔的垂直度；图3-2-3-7（b）中用心轴与百分表配合检查，心轴转一圈，百分表最大与最小读数的差值为孔垂直度误差。

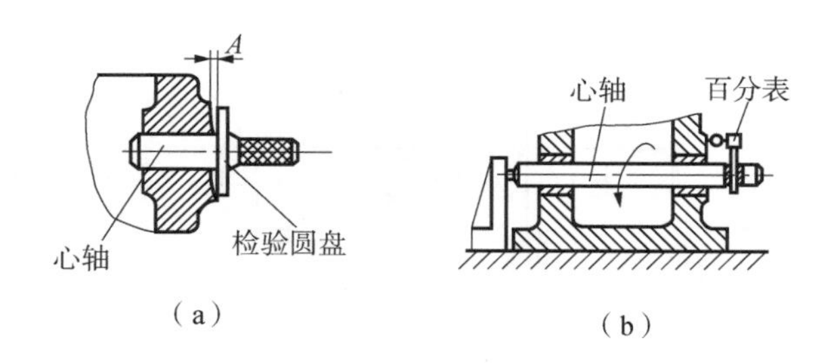


图3-2-3-7　孔的垂直度检查方法

（a）用带有检验圆盘的心轴检查；（b）用百分表与心轴检查

5）检查孔系垂直度及孔对称度

两孔间垂直度的检查方法如图 3－2－3－8 所示。具体操作如下：

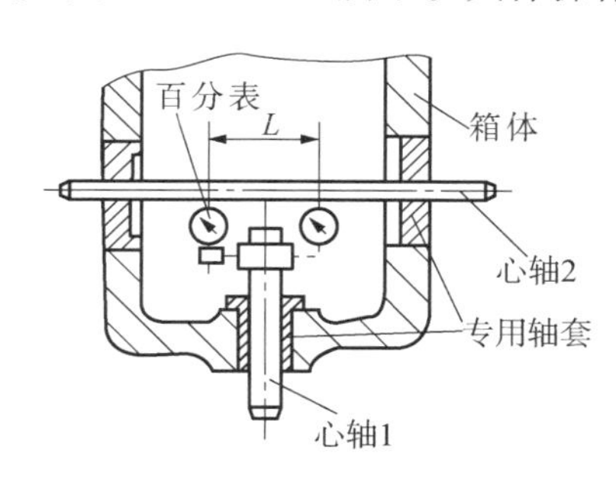


图 3－2－3－8　两孔间垂直度的检查方法

（1）在心轴 1 上装上百分表，在垂直孔中装入专用套，并将心轴 1 装入。

（2）在水平孔中装入专用套，并将心轴 2 装入。

（3）调整好百分表的测量位置，并固定好心轴 1 的位置。

（4）旋转心轴 1，百分表在心轴 2 上两点的读数差，即为两孔在 $L$ 长度内的垂直度误差。

两孔间对称度检查方法如图 3－2－3－9 所示。心轴 1 的测量端加工成“U”形槽，心轴 2 的测量端按对称度公差做成阶梯形的通端和止端，检验时，若通端能通过“U”形槽而止端不能通过，则对称度合格，否则为超差。

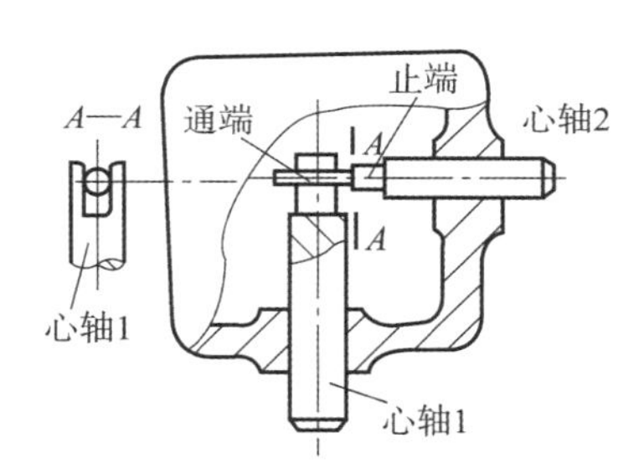


图 3－2－3－9　两孔间对称度的检查方法

3. 齿轮—轴部件装入箱体

根据轴在箱体中的结构特点，选用合适的装配方法，将齿轮—轴部件装入箱体。箱体组装轴承部位如是开式的，只要打开上部，即可将齿轮轴部件放入下部箱体，比如一般减速器。组装轴承部位是一体的，轴上的零件（包括齿轮、轴承等）需在装入箱体过程中同时进行，轴上有过盈量的配合件，装配时可用铜棒或手锤将其装入。

4. 装配质量的检验

1）侧隙的检验

装配时主要保证齿侧间隙，一般图样和技术文件都明确规定了侧隙的范围值。装配后，两啮合齿轮的侧隙必须在两个极限值之间，并最好接近最小的齿侧间隙值。常用的检测方法如下：

（1）压扁软金属丝检查法。

①取两根直径相同的铅丝（熔断丝）：直径不超过最小间隙的 4 倍，但也不能太粗；长

度不得少于 4 个齿距。

②在沿齿宽齿方向两端的齿面上，平行放置此两条铅丝（熔断丝），宽齿轮应放 3 ~ 4 条，如图 3 -2 -3 -10 所示。

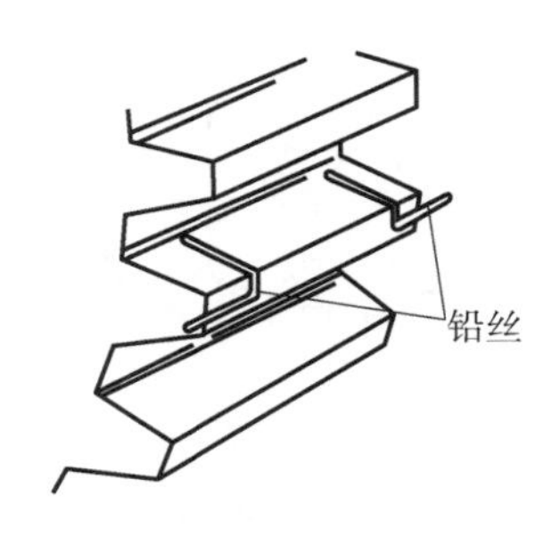


图 3 -2 -3 -10　压铅丝法检测齿轮副侧隙

③转动齿轮，使齿轮副啮合滚压，将铅丝压扁。铅丝必须在一个方向上转动后压扁，齿轮不能来回转动。

④用千分尺测量被压铅丝最薄处的厚度尺寸，即为侧隙。

压铅丝检验法测量齿侧间隙时，必须在齿轮周向的四个不同位置测量齿侧间隙，每次测量后须将齿轮旋转 90°再测。

（2）百分表检查法，如图 3 -2 -3 -11 所示。测量时，将一个齿轮固定，在另一齿轮上装夹紧杆，转动装有夹紧杆的齿轮，百分表可得到一个读数 $C$，则齿轮啮合的侧间隙为 $C_n = C(R/L)$（$R$ 为装夹紧杆齿轮的分度圆半径；$L$ 为测量点到轴心的距离）。

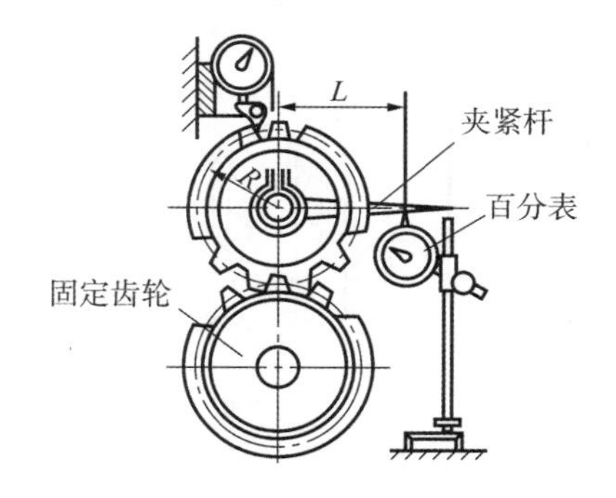


图 3 -2 -3 -11　百分表测量侧隙

对于模数比较大的齿轮，也可用百分表或杠杆百分表直接抵在可动齿轮的齿面上，将接触百分表测头的齿轮从一侧啮合转到另一侧啮合，百分表上的读数差值就是侧隙数值。

（3）塞尺检查法。检测时，将小齿轮转向一侧，使两齿轮紧密接触，然后用塞尺在两齿未接触面间测量，测得值为侧隙。用塞尺检查啮合侧隙时，必须在齿轮周向的四个不同位置测量齿侧间隙，每次测量后须将齿轮旋转 90°后再测。

侧隙与中心距偏差有关，如果齿侧间隙不合乎要求，则可通过微调中心距进行侧隙的调整。而由滑动轴承支承的齿轮，可通过精刮轴瓦调整侧隙。

2）接触精度的检验

齿轮传动装配后，用涂色法进行齿轮接触斑点及分布情况的检查。

（1）将红丹粉加少量机油调制成黏稠的膏状物。

（2）在主齿轮面上薄而均匀地涂上红丹粉。

（3）被动轮加载使其轻微制动，转动主动轮驱动从动齿轮转 3～4 圈，在从动齿轮上观察痕迹。轮齿上接触痕迹的面积，一般情况下，在齿轮的高度上接触斑点应不少于 30%～60%，在齿轮宽度上应不少于 40%～90%（具体随齿轮精度而定），分布的位置应在齿轮节圆处上下对称。

（4）如是双向工作齿轮，正反向都要检查。

从一对齿轮啮合时的接触斑点情况可以判断产生误差的原因，并采取相应的调整方法。具体参见表 3－2－3－1。

表 3－2－3－1　齿轮接触斑点及调整方法

| 接触斑点 | 原因分析 | 调整方法 |
| --- | --- | --- |
|  | 正确啮合 | 可在中心距允许的范围内刮削轴瓦或调整轴承座 |
|  | 中心距太大 |  |
|  | 中心距太小 |  |
| 同向偏接触 | 两齿轮轴线不平行 |  |
| 异向偏接触 | 两齿轮轴线歪斜 |  |
| 单面偏接触 | 两齿轮轴线不平行，同时歪斜 |  |
| 游离接触。在整个齿圈上，接触区由一边逐渐移至另一边 | 齿轮端面与回转轴线不垂直 | 检查并校正齿轮端面与回转轴线的垂直度 |
| 不规则接触（有时齿面一个点接触，有时在端面边线上接触） | 齿面上有毛刺或有碰伤隆起 | 去除毛刺，修准 |
| 接触较好，但不太规则 | 齿圈径向圆跳动太大 | 检验并消除齿圈的径向圆跳动 |

## 五、圆锥齿轮传动的装调

圆锥齿轮传动机构的装调方法与圆柱齿轮传动机构的装配基本类似，但装配时还应做到

如下几点。

（1）应保证两个节锥的顶点重合在一起，安装孔的交角一定要达到图样要求。

（2）装配时要适当调整轴向位置。以圆锥齿轮的背锥作为基准，装配时使背锥面平齐，沿轴线调节和移动齿轮的位置，以保证两齿轮的正确位置，并能得到正确的齿侧隙，如图3－2－3－12所示。轴向定位一般由轴承座与箱体间的垫片来调整。

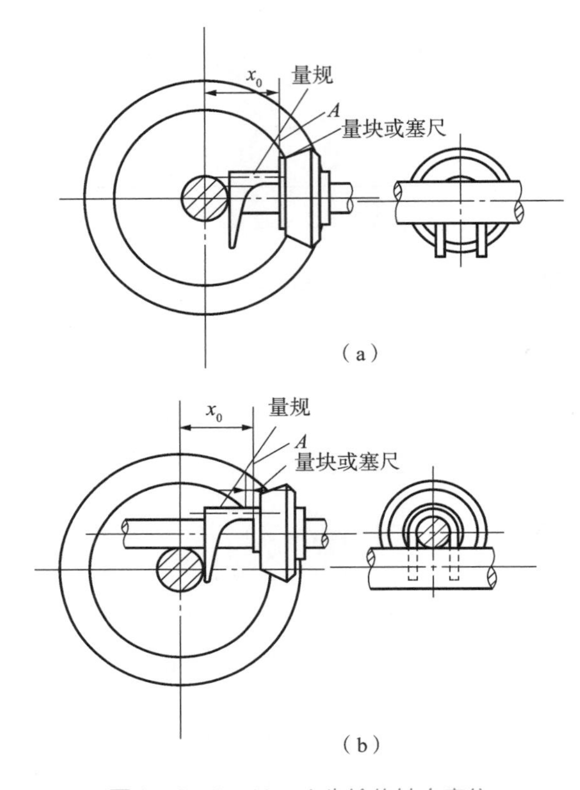


图3－2－3－12　小齿轮的轴向定位

（a）小齿轮安装距离的测量；（b）小齿轮偏置时安装距离的测量

（3）圆锥齿轮接触斑点的检查。涂色后，在无载荷的情况下，轮齿的接触斑点位置应在齿宽的中部稍偏小端；齿轮表面的接触面积，一般情况下，在齿轮的高度上接触斑点应不小于30%～50%；在齿轮的宽度上应不小于40%～70%（具体随齿轮的精度而定）。如图3－2－3－13所示。如接触不正确时，可通过移动轴向的位置、轴向移动齿轮、修正齿形等办法进行调整。

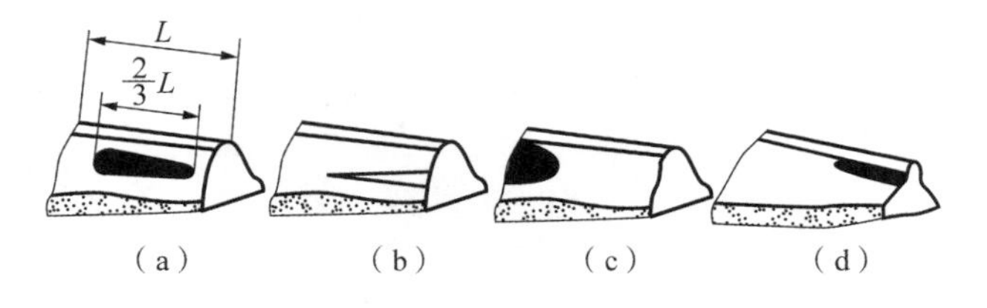


图3－2－3－13　圆锥齿轮传动接触斑点

（a）正常啮合；（b）侧隙不足；（c）夹角过小；（d）夹角过大

#### 六、齿轮传动机构装配后的跑合

因为跑合可以消除加工或热处理后的变形，能进一步提高齿轮的接触精度和减少噪声。对于高转速重载荷的齿轮传动副，跑合就显得更为重要。

（1）加载跑合。在齿轮副的输出轴上加一力矩，使齿轮接触表面相互磨合（需要时加磨料）。用这种方法跑合需要时间较长。

（2）电火花跑合。在接触区域内通过脉冲放电，把先接触的部分金属去掉，以后使接触面积扩大，达到要求的接触精度。

（3）跑合合格后，应将箱体进行彻底清洗，以防磨料、铁屑等杂质残留在轴承等处。对于个别齿轮传动副，若跑合时间太长，还需进一步重新调整间隙。

### 3.2.4　螺旋传动（含滚珠丝杠副）的装调工艺与技术

#### 一、螺旋传动概述

螺旋传动是利用螺杆和螺母的啮合来传递动力和运动的机械传动，通常由螺杆、螺母、机架及其他附件组成，可以方便地把主动件的回转运动转变为从动件的直线运动。螺旋传动具有结构简单，工作连续、平稳，承载能力大，传动精度高等优点，因此广泛应用于各种机械和仪器中。

按用途不同螺旋传动分为：主要用以传递动力的传力螺旋机构，如螺旋压力机和螺旋千斤顶上的螺旋；主要用以传递运动的传导螺旋机构，如机床的进给螺旋（丝杠）；主要用以调整、固定零件的相对位置的调整螺旋机构，如机器和精密仪表微调机构的螺旋。按螺纹间摩擦性质，螺旋传动可分为：滑动螺旋传动和滚动螺旋传动，滑动螺旋传动又可分为普通滑动螺旋传动和静压螺旋传动。普通滑动螺旋传动的效率低、能够自锁，但磨损大、寿命短，还可能出现爬行等现象；静压螺旋传动靠螺纹工作面间形成的液体静压油膜润滑传动，摩擦系数小、传动效率高、无磨损和爬行现象、无反向空程、轴向刚度很高、不自锁、具有传动的可逆性，但螺母结构复杂，而且需要有一套压力稳定、温度恒定和过滤要求高的供油系统。

螺旋传动常用的螺纹有梯形、矩形或锯齿形，其中梯形螺纹应用最广，锯齿形螺纹用于单面受力，对于受力不大和精密机构的调整螺旋，有时也采用三角螺纹。螺杆常用右旋螺纹，只有在某些特殊的场合，如车床横向进给丝杠，为了符合操作习惯，才采用左旋螺纹。传力螺旋和调整螺旋要求自锁时，应采用单线螺纹。对于传导螺旋，为了提高其传动效率及直线运动速度，可采用多线螺纹（线数为3～4，甚至多达6）。

#### 二、螺旋传动机构装配的技术要求

（1）螺杆与螺母的配合间隙应在规定范围内。

（2）螺杆与螺母配合，应相互转动灵活。

（3）螺杆与螺母的同轴度及螺杆轴心线与基准面的平行度应符合规定要求。

（4）螺杆的回转精度应在规定范围。

## 三、螺旋传动机构的装配工艺要点

### 1. 螺杆与螺母配合间隙的测量

螺杆与螺母的配合间隙，即径向间隙，直接反映螺旋传动的配合精度，是保证螺旋传动精度的主要因素，一般由加工保证。装配前必须进行检测，径向间隙的测量方法如图 3－2－4－1所示，将螺母旋转到距螺杆一端约 $L=(3\sim5)P$（螺距）处，将百分表的测头抵在螺母上，用稍大于螺母重量的作用力 $F$，将螺母压下或抬起，百分表上的读数即为径向间隙的大小。

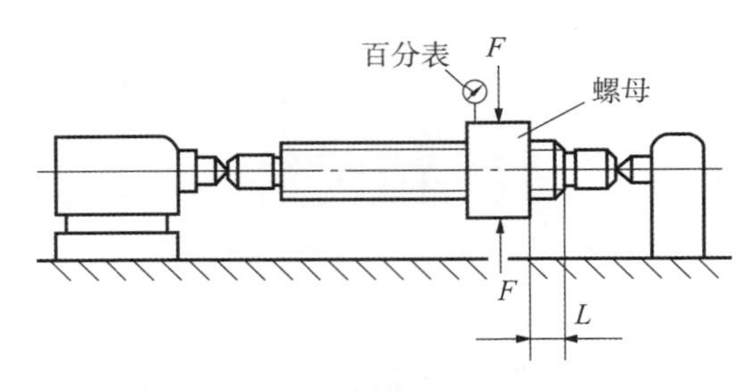


图 3－2－4－1　径向间隙的测量方法

### 2. 轴向间隙的调整

螺杆螺母间轴向间隙直接影响螺旋传动的传动准确性。调整轴向间隙时，无消隙机构的螺杆螺母副，用单配或选配的方法来决定合适的配合间隙；有消隙机构的按单螺母或双螺母结构采用下列方法调整间隙。

单螺母传动机构常采用如图 3－2－4－2 所示的方法消除轴向间隙，使螺母与丝杠始终保持单向接触。

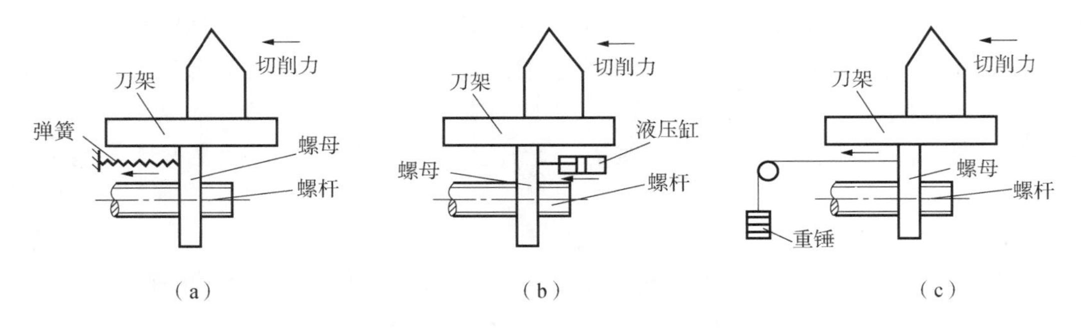


图 3－2－4－2　单螺母轴向间隙消除方法

（a）弹簧拉力消隙；（b）液压力消隙；（c）重锤消隙

双螺母传动机构常采用如图 3－2－4－3 所示方法消除轴向间隙。楔块消隙法是依靠楔块斜度的补偿作用消除螺杆副间隙（先松螺钉 1，后拧紧螺钉 2，使斜块上移，轴向推动左右螺母移动，直到消除间隙为止，最后再拧紧螺钉 1 将螺母固定起来）；弹簧消隙法是通过转动调整螺母，借助于压缩弹簧和垫片使螺母产生轴向移动，消除轴向间隙；调节垫片消隙法是依靠调整螺母与工作台间垫片厚度消除轴向间隙。

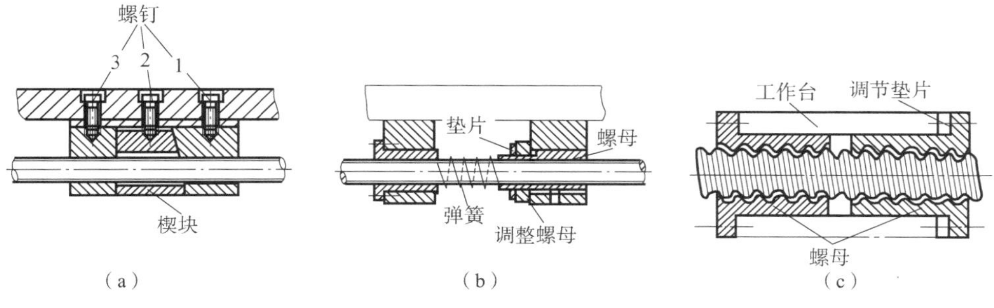


图3-2-4-3　双螺母轴向间隙消除方法

(a) 楔块消隙；(b) 弹簧消隙；(c) 调节垫片消隙

3. 螺杆螺母副的同轴度及螺杆轴心线与基准面平行度的校正

(1) 用百分表和专用检验心轴校正法。

先用百分表和专用检验心轴校正安装螺杆的两轴承座孔的同轴度与平行度，如图3-2-4-4所示。将专用检验心轴装入轴承孔，用百分表校正，使两轴承孔轴心线在一直线上，并与螺母移动时的基准导轨平行。如检测不合格，则可根据实测数据 $h$ 修刮轴承座结合面，并调整两轴承座的水平位置，直至达到所需的要求。

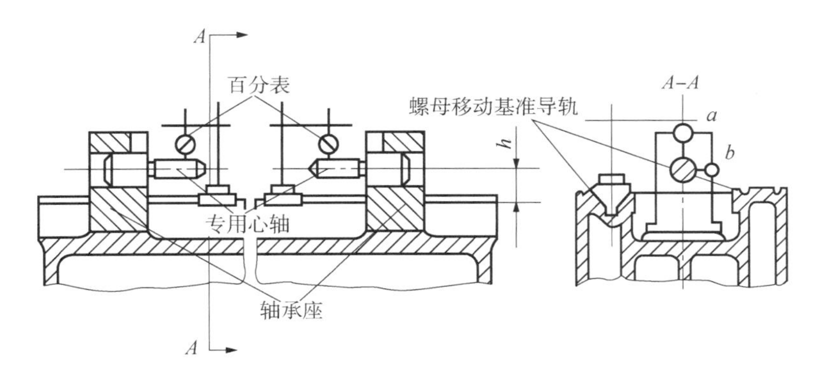


图3-2-4-4　用百分表和专用心轴校正轴承座孔

再以两轴承座孔的轴心线为基准，用专用检验心轴校正螺母孔的同轴度，如图3-2-4-5所示。将检验心轴插入螺母座孔中，左右移动工作台，检验心轴能顺利插入两轴承座孔中，同轴度合格。如不合格，则根据实测数据 $h$ 修配垫片厚度，直至达到要求。

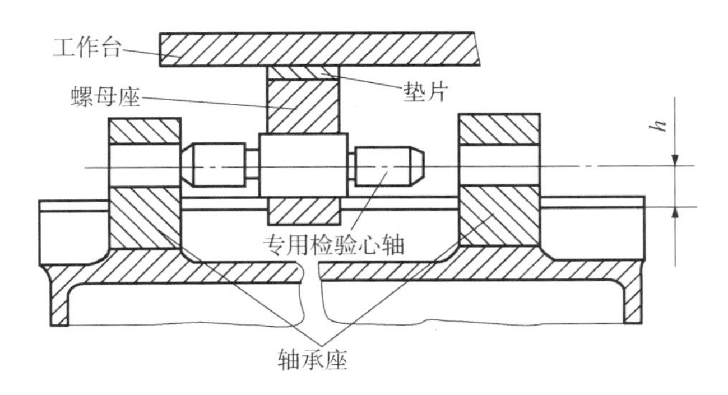


图3-2-4-5　用专用心轴校正螺母座孔

用百分表和专用检验心轴校正时，应注意如下事项：

①在校正螺杆轴心线与螺母移动的基准导轨平行度时，各支承孔中检验心轴的“抬头”或“低头”方向一致。

②为消除检验心轴在各支承孔中的安装误差，可将其转过180°后再测量一次，取其平均值。

③具有中间支承的螺杆螺母副，考虑螺杆有自重挠度，中间支承孔中心位置校正时应略低于两端。

④检验心轴应满足如下要求：测量部分与安装部分的同轴度误差为螺杆螺母副同轴度误差的2/3～1/2；测量部分直径允差应小于0.005 mm，圆度、圆柱度允差为0.002～0.005 mm，表面粗糙度允差为$Ra6.3$～$Ra3.2$；安装部分直径与各支承孔配合间隙为0.005～0.001 mm。

（2）用螺杆直接校正法。

图3－2－4－6所示为用螺杆直接校正法，校正时，先修刮螺母座底面，调整其在水平面上的位置，使螺杆的上母线$a$、侧母线$b$均与导轨面平行；再修配两轴承座垫片，直至螺杆的两端能顺利插入轴承座孔中，表明两轴承座孔与螺母座孔的同轴度达到要求。

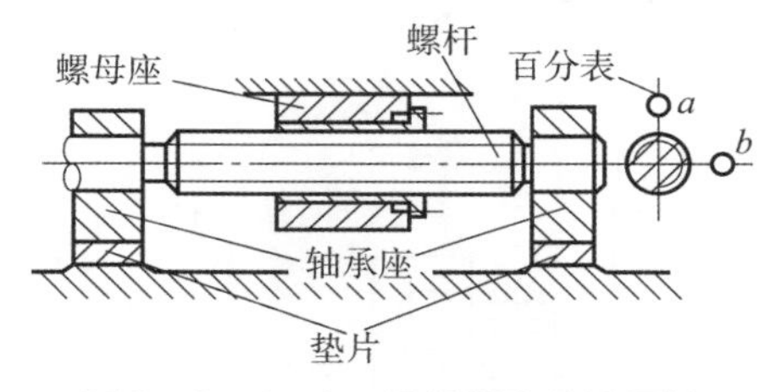


图3－2－4－6　用螺杆直接校正法

## 四、滚动螺旋传动的装调

### 1. 滚动螺旋传动概述

滚动螺旋传动，又称滚动丝杠副，是指在丝杠和螺母的螺旋槽之间填装滚动体，当丝杠或螺母转动时，滚动体在螺纹滚道内滚动，使丝杠和螺母做相对运动时的摩擦成为滚动摩擦，并将旋转运动转化为直线往复运动的螺旋传动，如图3－2－4－7所示。按用途可分为用于控制轴向位移量的定位滚珠丝杠副和用于传递动力的传动滚珠丝杠副。滚动螺旋传动主要由螺母和丝杠两个主要部件组成，螺母主要由螺母体和循环滚珠组成，多数螺母（或丝杠）上有滚动体的循环通道，与螺纹滚道形成循环回路（如图3－2－4－7所示），使滚动体在螺纹滚道内循环。

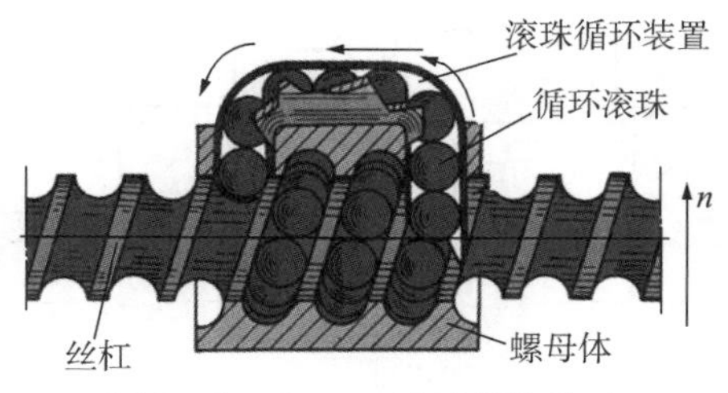


图3－2－4－7　滚动螺旋传动

滚动螺旋传动的摩擦系数小、效率高、传动精度高、运动形式的转换十分平稳、基本上不需要保养。已广泛地应用于机器人、数控机床、传送装置、飞机的零部件（如副翼）、医疗器械（如X射线设备）和印刷机械（如胶印机）等要求高精度或高效率的场合。但其结构复杂，制造精度要求高，价格比较贵，抗冲击性能差。

2. 滚动螺旋传动的装调基本要求

（1）丝杠与螺母的同轴度及丝杠、螺母的轴线和与之配套导轨的轴线平行度，应控制在规定范围内。

（2）安装螺母时，应尽量靠近支承轴承，且不可用力过大，以免螺母损坏。

（3）滚珠丝杠安装到机床上时，不要把螺母从丝杠上卸下。如必须卸下时，要使用安装辅助套筒。

（4）安装辅助套筒的外径应小于丝杠小径的0.1～0.2 mm；在使用中必须靠紧丝杠螺纹轴肩。

（5）滚珠丝杠螺母必须进行密封，以防止污染物进入滚珠丝杠副内。常用的密封方法如图3－2－4－8所示。

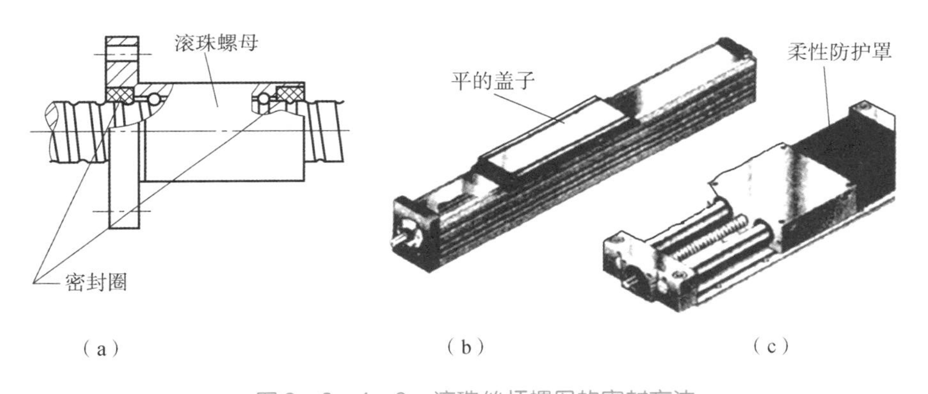


图3－2－4－8　滚珠丝杠螺母的密封方法

（a）密封圈密封；（b）平的盖子密封；（c）柔性防护罩密封

（6）滚珠丝杠副必须有很好的润滑。润滑的方法与滚珠轴承相同。使用润滑油润滑时，一定要安装加油装置；使用润滑脂润滑时，不能使用含石墨或MoS2润滑脂，一般每500～1 000 h添加一次润滑脂。

3. 滚动螺旋传动的装调工艺

1）螺母的安装

交货时，如果螺母没有安装在丝杠上，就要先将螺母安装到丝杠上。螺母安装的步骤如下：（相关图片参考百度空间“梦回秀江”博客）

（1）在丝杠上旋上一端的密封圈，如图3－2－4－9所示。

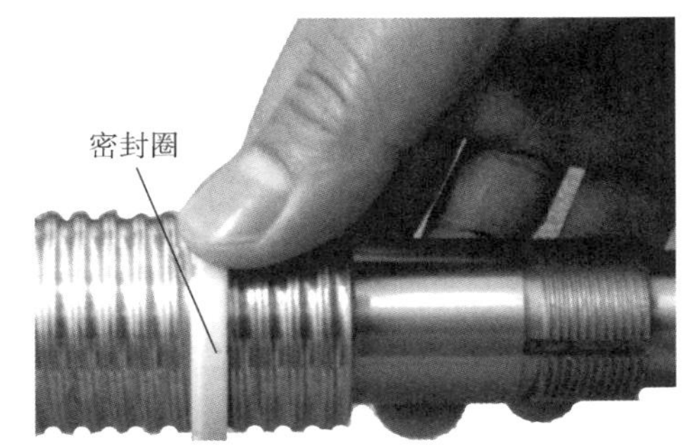


图3－2－4－9　装一端密封圈

（2）将带空心套的螺母顶在丝杠轴端，

然后慢慢地将安装辅助套筒和螺母一起滑装到丝杠轴颈上，轻轻地按压螺母直到其到达丝杠的退刀槽处无法再向前移动为止，如图3－2－4－10所示。

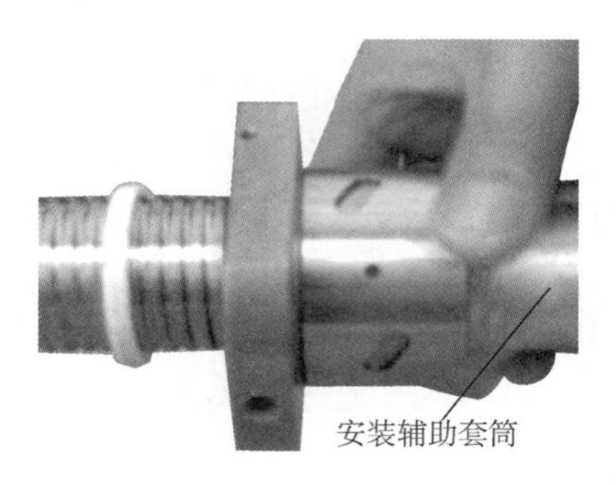


图3－2－4－10　滑装安装辅助套筒和螺母至丝杠轴颈

（3）慢慢地将螺母旋在丝杠上，并始终轻轻按压螺母，直至螺母完全与丝杠旋合为止。如图3－2－4－11所示。

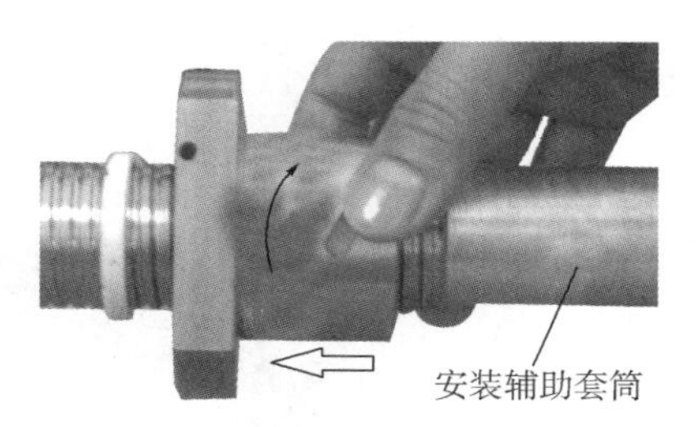


图3－2－4－11　在丝杠上旋合螺母

（4）安装另一端的密封圈，如图3－2－4－12所示。

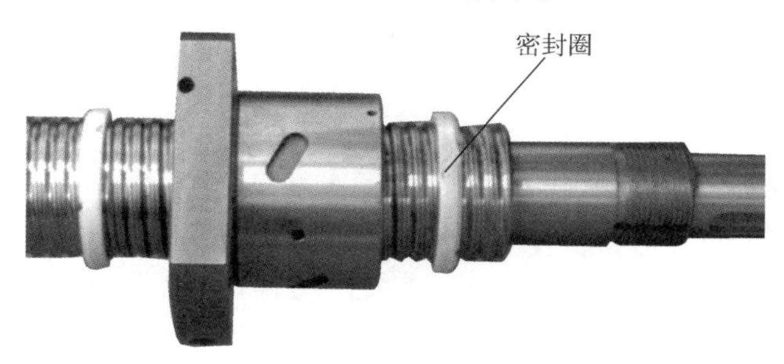


图3－2－4－12　装另一密封圈

（5）借助螺丝刀沿螺纹旋转方向将密封圈完全旋入螺母端部，在螺母外沿用六角扳手（小螺丝刀）将密封圈锁紧，如图3－2－4－13所示。

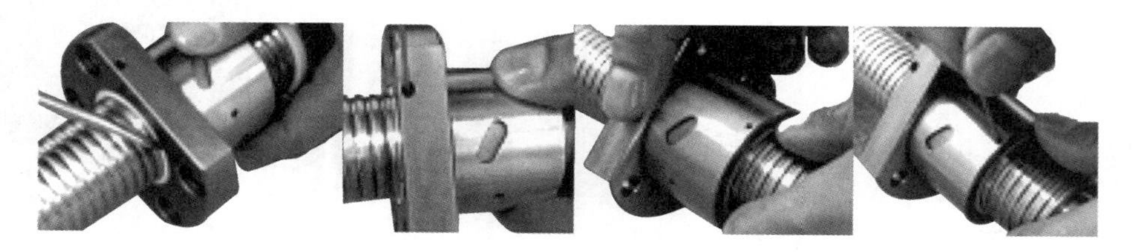

图3－2－4－13　密封圈的锁紧

（6）将螺母在丝杠上反复旋转移动，直至旋转顺畅，如图 3－2－4－14 所示。

图 3－2－4－14　螺母与丝杠跑合

2）滚珠丝杠副的预紧

（1）在丝杠上安装两个滚珠螺母和一个垫片，如图 3－2－4－15 所示。

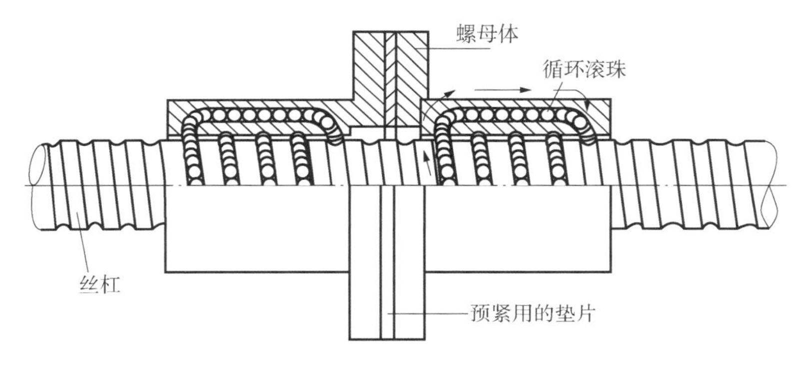


图 3－2－4－15　安装滚珠螺母及垫片

（2）调整垫片的厚度，将两个滚珠螺母分隔开，达到预紧要求，如图 3－2－4－16 所示。

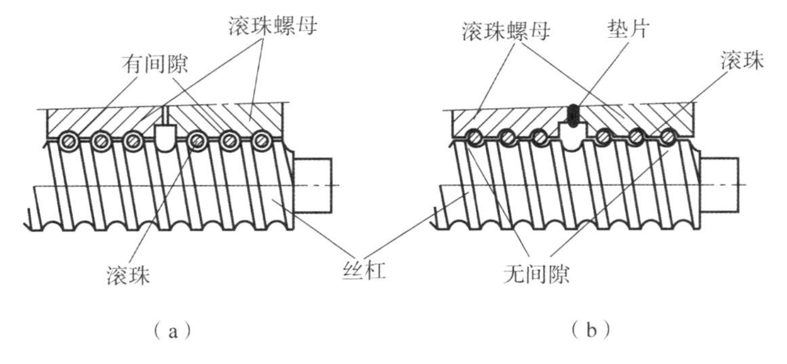


图 3－2－4－16　滚珠螺母副的预紧
（a）预紧前；（b）预紧后

3）滚珠丝杠平行度的调整

（1）根据设备的结构以及丝杠和导轨的安装位置，选用相应的量具分别在水平方向和垂直方向测量滚珠丝杠与导轨的平行度。

（2）平行度达不到要求时，沿水平方向调整丝杠，垂直方向用垫片调节轴承座高度。

## 3.2.5　蜗杆传动的装调工艺与技术

### 一、蜗杆传动简述

蜗杆传动是用来传递空间两相互交错垂直轴之间的运动和动力的一种传动机构，两轴交错角为90°。蜗杆传动机构由蜗轮、蜗杆等零件组成，如图3－2－5－1所示。其具有传动比大、传动平稳、噪声小、结构紧凑、有自锁功能等优点，但其效率低、发热量大、需要良好的润滑，蜗轮齿圈通常用较贵重的青铜制造，成本较高，适合于用做减速、起重等机械。

一般蜗杆与轴制成一体，称为蜗杆轴，如图3－2－5－2所示；蜗轮的结构形式可分为整体式、齿圈压配式、螺栓连接式等三种，如图3－2－5－3所示。

图3－2－5－1　蜗杆传动

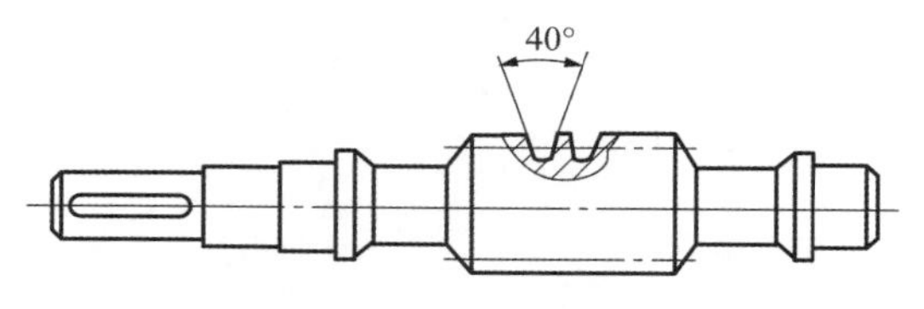


图3－2－5－2　整体式蜗杆

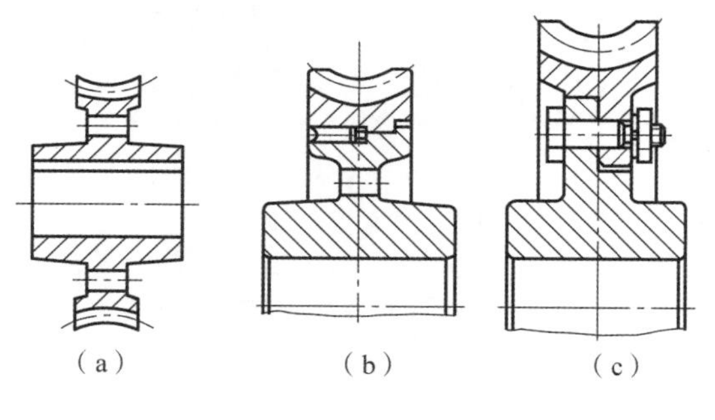


图3－2－5－3　蜗轮的结构形式

（a）整体式；（b）齿圈压配式；（c）螺栓连接式

二、蜗杆传动机构的装配要求

（1）蜗杆轴线与蜗轮轴线必须相互垂直，且蜗杆轴线应在蜗轮齿的对称平面内。

（2）蜗轮蜗杆之间的中心距要正确，以保证适当的啮合侧隙和正常的接触斑点。

（3）蜗杆传动机构装配后应转动灵活，蜗轮在任意位置时旋转蜗杆手感应相同，无任何卡滞现象。

（4）蜗轮齿圈的径向圆跳动应在规定范围内，以保证蜗杆传动的运动精度。

三、蜗杆传动机构的装配工艺

蜗杆传动机构的装配顺序，按其结构特点的不同，有的先安装蜗轮，后装蜗杆；有的则相反。一般是从装配蜗轮开始。

（1）检查箱体上蜗杆孔轴线与蜗轮轴线的垂直度，方法如图 3－2－5－4 所示。将专用心轴 1 和 2 分别插入箱体上蜗杆和蜗轮的安装孔内，在专用心轴 1 上装上百分表装置，使百分表测头抵住心轴 2，转动心轴 1 至相距长度为 $L$ 的心轴 2 的另一位置，此两位置的百分表读数差即为两轴线的垂直度误差值。

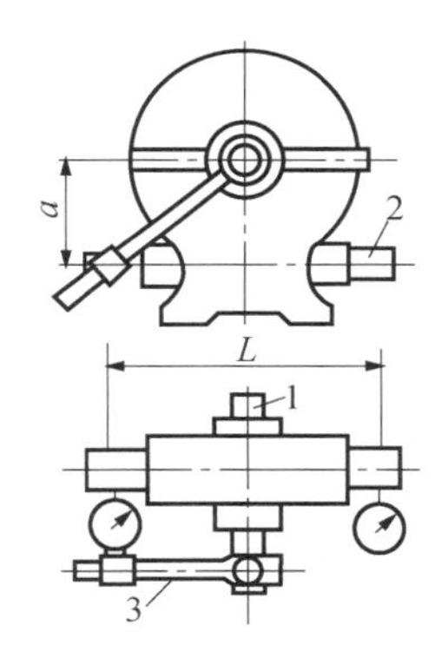


图 3－2－5－4　蜗杆轴线与蜗轮轴线垂直度的检测

1，2—专用心轴；3—百分表装置

（2）检测箱体上蜗杆轴孔与蜗轮轴孔间中心距，方法如图 3－2－5－5 所示。先将心轴 1、2 分别插入箱体蜗轮与蜗杆轴孔中，再用 3 只千斤顶将箱体支承在平台上，调整千斤顶，使其中 1 个心轴与平板平行，分别测出两心轴与平台之间的距离 $H_1$、$H_2$，算出中心距。

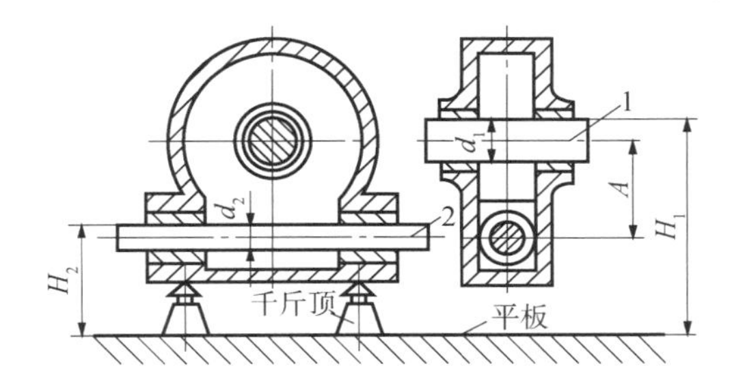


图 3－2－5－5　蜗轮蜗杆轴线间中心距的检测

（3）将蜗轮齿圈压装在轮毂上（方法与过盈配合装配相同），并用螺钉加以紧固。如图 3－2－5－6所示。

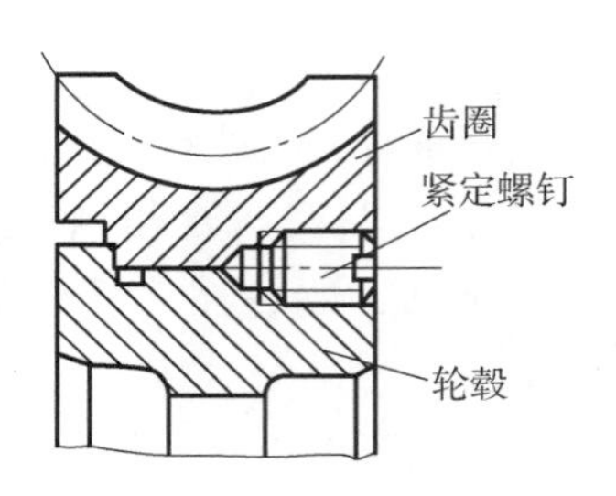


图3－2－5－6　组合式蜗轮的装配

（4）将蜗轮装在轴上。安装过程和检测方法与安装圆柱齿轮相同。通常装配时需加一定外力，压装时，要避免蜗轮歪斜和产生变形。若配合的过盈量较小，可用手工敲击压装，过盈量较大，则可用压力机压装。蜗轮装在轴上后应检验常见的误差，包括偏心、歪斜和端面未紧贴轴肩。检测蜗轮、蜗杆的径向圆跳动和端面圆跳动的方法与圆柱齿轮相同。

（5）把蜗轮轴装入箱体，然后再装入蜗杆，并通过改变调整垫圈厚度或其他方式调整蜗轮的轴向位置，确保蜗杆轴线位于蜗轮轮齿的对称中心平面内。

（6）蜗杆传动机构啮合质量的检查。

①齿侧间隙检测。

a. 对不重要的蜗杆传动，用手转动蜗杆，根据空程量的大小判断侧隙大小。

b. 用百分表测量侧隙，如图3－2－5－7所示。在蜗杆轴上固定一带刻度盘的量角器，用一百分表测头抵在蜗轮齿面上（或在蜗轮轴上装测量杆，用百分表测头抵住测量杆，如图3－2－5－8所示），用手转动蜗杆，在百分表指针（蜗轮）不动的条件下，用刻度盘相对基准指针转过最大的转角推算出侧隙大小。

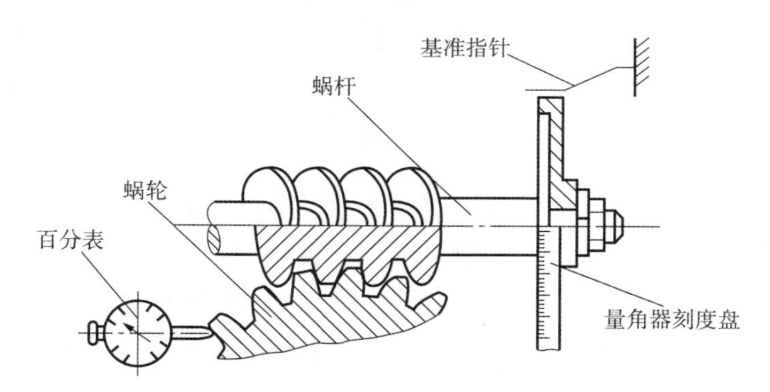


图3－2－5－7　蜗杆传动的侧隙检测

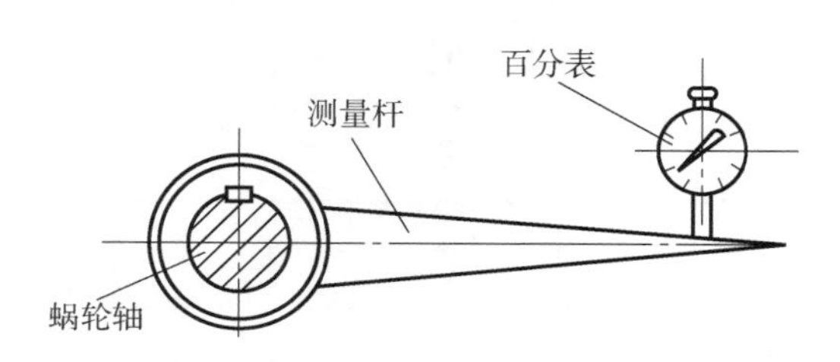


图3－2－5－8　测量杆辅助检测

②涂色法检验蜗轮的接触斑点。将红丹粉涂在蜗杆的螺旋面上，给蜗轮以轻微阻力，转动蜗杆，在蜗轮轮齿上得到接触斑点。接触斑点情况反映的装配质量如图 3－2－5－9 所示。对接触斑点不正确的情况，可通过调节调整垫片的厚度，对蜗轮的轴向位置进行调整，使其达到正常接触。

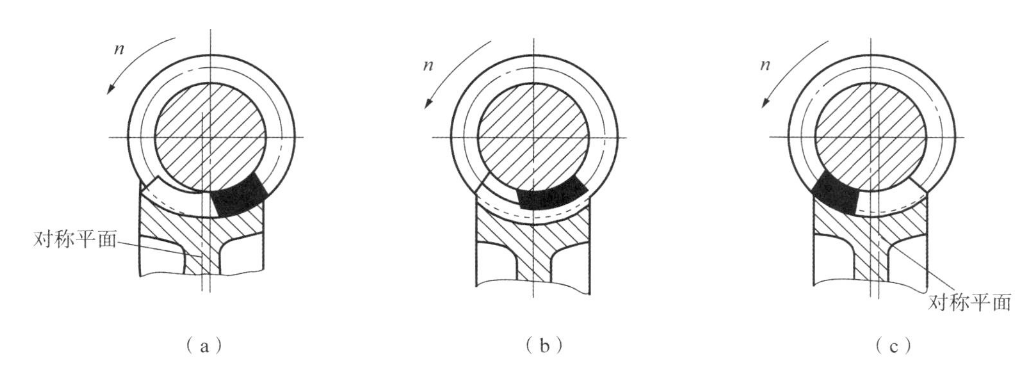


图 3－2－5－9　接触斑点反映的装配质量

（a）不正确，蜗轮轮齿对称平面偏左；（b）正确，斑点在蜗轮轮齿中部偏蜗杆旋出方向；（c）不正确，蜗轮轮齿对称平面偏右

（7）检查转动的灵活性。装配好的蜗杆传动机构，蜗轮在任何位置上，用手旋转蜗杆所需的扭矩均应相同，转动灵活，没有卡滞现象。

# 3.3　常用轴系零件装调工艺与技术

## 3.3.1　轴的装调工艺与技术

### 一、轴的概述

轴是机械中的重要零件，所有旋转零件或部件都是靠轴来带动，如齿轮、带轮、蜗轮以及一些工作零件如叶轮、活塞等都要装到轴上才能工作。轴、轴上零件与两端支承的组合称为轴组件。为了保证轴及其上面的零、部件能正常运转，要求轴本身具有足够的强度和刚度，并必须能满足一定的加工精度要求。

当轴的装配质量不好时，就会使设备中有关零件磨损，同时加大动负荷，增加润滑油料的消耗，甚至损坏零、部件，造成事故，直接影响整个机器的质量。所以轴的装配质量对确保设备正常运行有很大影响，在装配过程中对各因素都要考虑周密，并且格外细心。

### 二、轴的装配基本要求

（1）轴与配合件间的组装位置正确，水平度、垂直度及同轴度均应该合乎技术要求。

（2）轴与支承的轴承配合应符合技术要求，旋转平稳灵活，润滑条件良好。

（3）轴上的轴承除一端轴承定位外，其余轴承沿轴向都应有活动余地，以适应轴的伸

缩性。

(4) 旋转精度要求高的轴和轴承尽量采用选配法，以降低制造精度要求。

## 三、轴的装配工艺

### 1. 修整

用条形磨石或整形锉对轮毂和轴装配部位进行棱边倒角、去毛刺、除锈、擦伤处理等修整。

### 2. 按图样检查轴的同轴度、径向圆跳动等精度

在V形架上或车床上检查轴的精度，如图3－3－1－1所示。

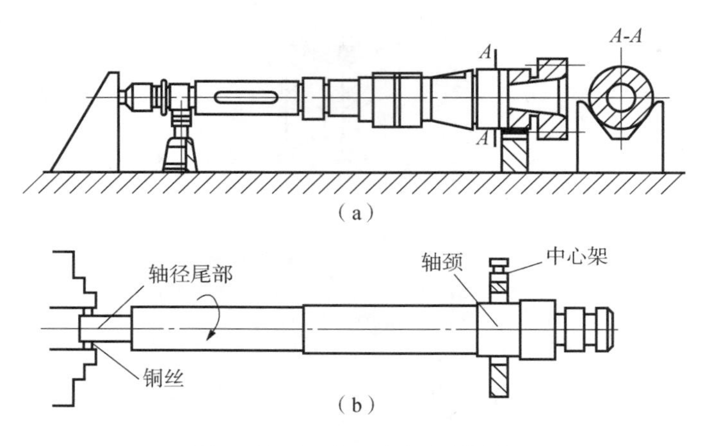


图3－3－1－1　轴的精度检查

(a) 在V形架上检查；(b) 在车床上检查

### 3. 用着色法修整、试装

以花键轴为例，将配合轮毂固定于台虎钳上，两手将轴托起，找到一方向使得轴上轮毂的修复量最小，同时在轮毂和轴上做相应标记，以免下次试装时变换方向。在轮毂的键槽上涂色，将轴用铜棒轻轻敲入，如图3－3－1－2所示，退出轴后，根据色斑分布来修整键槽的两肩，反复数次，直至轴能在轮毂中沿轴向滑动自如、无卡滞现象为止，另沿周向转动轴时不应感到有间隙。

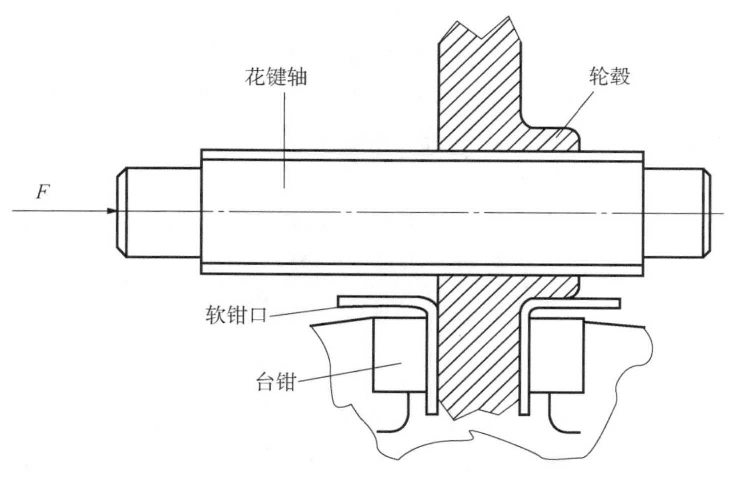


图3－3－1－2　轴的修整与试装

4. 清洗所有装配件

5. 正式装配

如果在轮毂上装有变速用的滑块或拨叉，要预先放置好。在装配过程中，如果阻力突然增大，应该立即停止装配，并检查是否由以下原因造成：

（1）由于轴与轴承内环之间的过盈配合所造成的阻力增大，属正常情况。

（2）轮毂键槽和轴上的键没对正。可用手托起轮毂，克服轮毂自重，并缓慢转动轮毂键槽对正，然后继续装配。

（3）拨叉和滑块的位置不正。用手推动或转动滑块，如果滑块不能动，则应调整滑块至正确位置，此时，扳动手柄，轮毂应滑动自如，手感受力均匀。

## 3.3.2 轴承与轴瓦的装调工艺与技术

轴承是支承轴的部件，是机械设备中的重要组成部分。轴承分为滑动轴承和滚动轴承；按承受的载荷的方向可分为向心轴承、推力轴承和向心推力轴承。

### 一、滑动轴承

轴与轴承孔进行滑动摩擦的一种轴承，称滑动轴承。滑动轴承具有工作可靠、传动平稳、无噪声、润滑油膜吸振能力强、高速性能好、能承受较大冲击载荷的特点。但也存在启动摩擦阻力矩大、附加设施多、维护较复杂等缺点。滑动轴承一般用于高速运转的机械传动。滑动轴承常见的分类方法见表3－3－2－1。整体式轴承、剖分式轴承的结构形式如图3－3－2－1所示。

表3－3－2－1 滑动轴承的分类

| 分类方法 | 轴承类型 |
|---|---|
| 按承受载荷的方向 | 径向轴承、推力轴承、其他（圆锥轴承、球面轴承） |
| 按承受载荷的方式 | 动压轴承、静压轴承 |
| 按润滑剂的种类 | 液体润滑轴承、气体润滑轴承、其他（固体润滑、脂润滑等） |
| 按轴承材料种类 | 金属轴承、粉末冶金轴承、非金属轴承（塑料、橡胶等） |
| 按轴承结构形式 | 整体或对开轴承、单瓦或多瓦轴承、全周或部分包角轴承 |

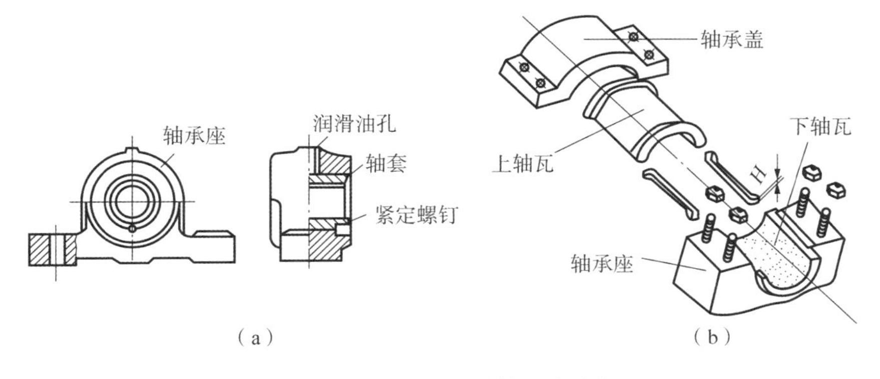


图3－3－2－1 滑动轴承的结构

（a）整体式滑动轴承；（b）剖分式滑动轴承

1. 滑动轴承的装配基本要求

(1) 滑动轴承在安装前应修去零件的毛刺锐边，接触表面必须光滑清洁。

(2) 安装轴承座时，需将轴瓦（套）先装配到轴承座上，按轴瓦（套）中心进行位置校正，合格后，再把轴放置在轴瓦（套）上，用显示剂检查各轴瓦（套）表面上的接触情况。

(3) 轴承座底面与机件应均匀紧密地接触，固定连接应可靠，设备运转时，轴承座不得与机体有任何松动移位现象。

(4) 同一传动轴上的各轴承中心应在一条轴线上，其同轴度误差应在规定的范围内；并行的轴承必须在同一平面上相互平行，且不平行度和跳动符合设计要求。

(5) 轴颈与轴承孔之间应有良好接触精度和合理的间隙。用着色法检查轴承与轴的接触情况时，其研点数应符合要求。

(6) 在轴颈转动时，不允许轴瓦（套）在轴承座内发生滑动、蠕动。

(7) 安装时，必须保证润滑油能畅通无阻地流入到轴承中，并保证轴承中有充足的润滑油存留，以形成油膜。

(8) 要确保密封装置的质量，不得让润滑油漏到轴承外，并避免灰尘进入轴承。

(9) 在水中工作的尼龙轴承，安装前应先在水中浸煮一定时间（约 1 h），使其充分吸水膨胀，防止内径严重收缩。

2. 轴承座的安装

轴承安装在轴承座里，轴承座有的是用螺栓固定在机体上，有的则与机体是一个整体。轴承座与机体是同一整体时，只要机体安装好，轴承座就自然安装好了。而轴承座与机体不是同一体时，则需要对轴承座进行安装和找正。

轴承座安装时，必须把轴瓦装配在轴承座里，并以轴瓦的中心来找正轴承座的中心。一般可用平尺或挂线法来找正它的中心位置，如图 3－3－2－2 所示。

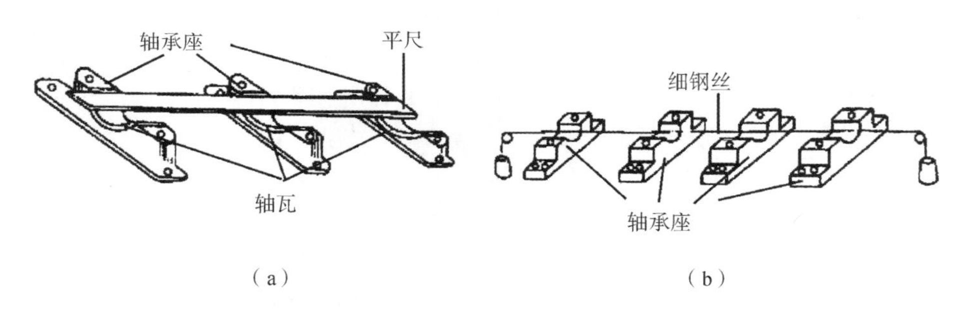


图 3－3－2－2　轴承座的找正

(a) 平尺找正法；(b) 挂线找正法

(1) 用平尺找正时，将平尺放在轴承座上，平尺的一边与轴瓦口对齐，然后用塞尺检查平尺与各轴承座之间的间隙情况，由间隙判断各轴承座中心的同轴度。

(2) 用挂线法来找正时，在轴承座上架设一根直径为 0.2～0.5 mm 的细钢丝，使细钢丝张紧并与两端的两个轴承座中心重合，再以细钢丝为基准，找正其他各轴承座。实测中，应考虑细钢丝的挠度对中间各轴承座的影响。此法主要用于轴承座间距较大的场合。

(3) 当传动精度要求较高时，还可采用激光仪对轴承座进行找正。通过轴承座中心与激光束的同轴度偏差及角度偏差进行找正。

3. 整体式滑动轴承的装配工艺

（1）核查轴套和轴承座的配合过盈量是否符合图纸规定或技术规范。

（2）对两配合件倒棱、去毛刺。

（3）清洗配合件，疏通润滑油孔（通道）。

（4）配合件的配合面涂润滑油。

（5）装入轴套。根据轴套尺寸和过盈量的大小，采用敲入或压装的方法进行装配。

①过盈量较小时，可用手锤加垫板或心棒将轴套敲入。

②当轴套尺寸和过盈量较大时，用压力机或拉紧工具压入。用压力机压入时，可用导向环或导向心轴导向，以防止轴套歪斜，并注意控制压入的速度。

③当轴套很薄又较长时，为避免轴套变形，宜采用温差法装入，即把轴套在干冰或液氮中冷却后装入轴承座。

（6）轴套的固定。轴套压入后，为了防止其转动、滑动，需在轴套外端面和滑动轴承座圆周结合部位用紧定螺钉或定位销等加以固定，如图3－3－2－3所示。

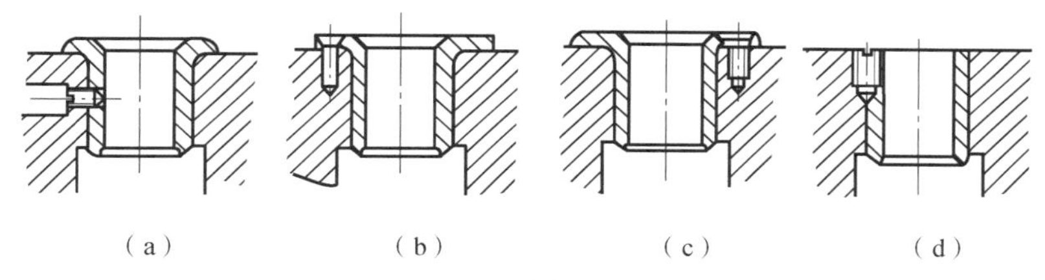


图3－3－2－3　轴套的固定方式

(a) 径向紧定螺钉固定；(b) 端面铆钉固定；(c) 端面螺钉固定；(d) 骑缝螺钉固定

（7）刮研修正轴套。轴套压入后，由于外壁过盈量会导致内孔缩小或变形，可采用铰削、刮研、珩磨等方法来消除，使轴套和轴颈之间的间隙和接触点达到要求。刮研顺序为：

①先刮研接触斑点至符合相关规定。

②再刮研接触角至符合技术规范或规定。当轴颈转速大于500 r/min时，接触角为60°；当轴颈转速小于500 r/min时，接触角为90°。如图3－3－2－4所示。

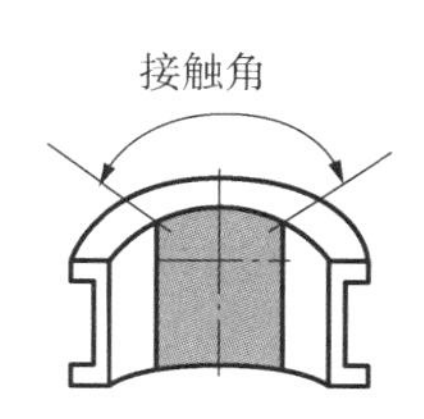


图3－3－2－4　接触角

③最后刮研侧间隙至符合技术规范或规定。含油轴套与轴颈之间的间隙量一般为轴颈的(0.7%～2.0%) $d$（轴颈的直径）。

（8）装配后的检查。

①用内径百分表在轴套内孔的两三处相互垂直方向上检查轴套的圆度误差。

②用塞尺检验轴套孔的轴线与轴承体端面的垂直度误差。

4. 剖分式滑动轴承的装配

（1）清理轴承座、轴承盖、上瓦和下瓦的毛刺、飞边。

（2）用涂色法检查轴瓦外径与轴承座孔的贴合情况。不贴合或贴合面积较少时，厚壁轴瓦应以座孔为基准锉销或刮研至着色均匀；薄壁轴瓦不便修刮，可进行选配。

（3）在对合面上垫木板轻轻锤入轴瓦。

（4）压入轴瓦后，应检查轴瓦剖分面的高低，轴瓦剖分面应比轴承体的剖分面略高出一些，一般略高出 0.05 ~0.1 mm。

（5）配刮轴瓦。

①用与轴瓦配合的轴来作校准样棒。

②在上下轴瓦工作面涂上显示剂，装好轴瓦及轴承盖，压紧并转动轴。

③通常先刮下瓦（因下瓦承受压力大），后刮上瓦。

④在合瓦显点的过程中，螺栓的紧固程度以能转动轴为宜。

⑤研点配刮轴瓦至规定间隙及触点为止。如果上下瓦之间没有调整垫片，在刮研上瓦时必须注意轴承的顶间隙，应先刮上瓦的顶间隙，使得顶间隙值大致差不多时，再刮研接触斑点和接触角。

（6）对刮好的轴瓦进行仔细清洗后，垫好调整垫片，再重新装入座、盖内。

（7）按规定拧紧力矩均匀地拧紧锁紧螺母。

5. 锥形表面滑动轴承的装配

（1）内柱外锥式轴承的装配方法及步骤。

①将轴承外套压入箱体孔中，并达到配合要求。

②修刮轴承外套的内孔（用专用心棒研点），接触点数要达到规定要求。

③在轴承上钻铰进、出油孔，注意与油槽相接，如图 3 –3 –2 –5 所示。

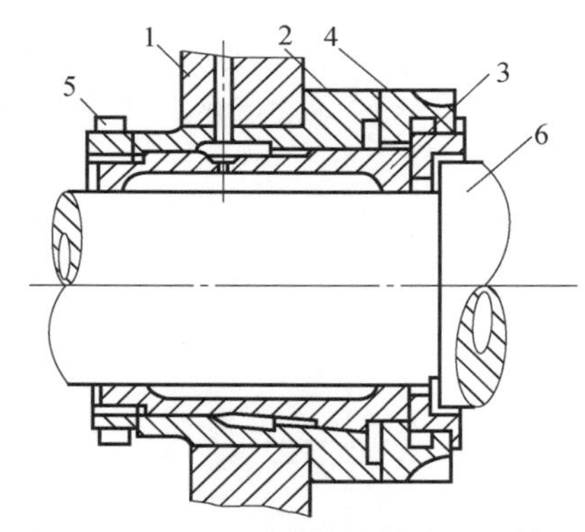


图 3 –3 –2 –5　内柱外锥式动压轴承

1—箱体；2—轴承外套；3—轴承；4—前螺母；5—后螺母；6—轴

④以外套的内孔为基准，研点配刮内轴套的外锥面，接触点数要达到规定的要求。

⑤把主轴承装入外套孔内，并用螺母来调整主轴承的轴向位置。

a. 以轴为基准，配刮轴套的内孔，接触点数要达到规定要求。

b. 清洗轴套和轴颈，并重新安装和调整间隙，达到规定要求。

（2）内锥外柱式轴承的装配方法及步骤。

装配方法和步骤与外锥内柱式轴承装配大体相同，所不同点如下。

①以相配合的轴为基准，只需研刮内锥孔。

②由于内孔为锥孔，所以研点时将箱体竖起来，这样轴在研点时能自动定心；箱体不能

竖起来时，研点时要用力将轴推向轴承，不使轴因自重而向下移动。

6. 液体静压轴承的装配

利用外界的油压系统供给一定压力润滑油，将轴颈浮起，使轴与轴颈达到润滑的目的，利用这种润滑的原理制造的轴承叫做液体静压轴承，如图 3－3－2－6 所示。液体静压轴承摩擦力小、启动和运转时功耗小、传动效率高、轴运转平稳、轴回转精度高、承载能力较强。

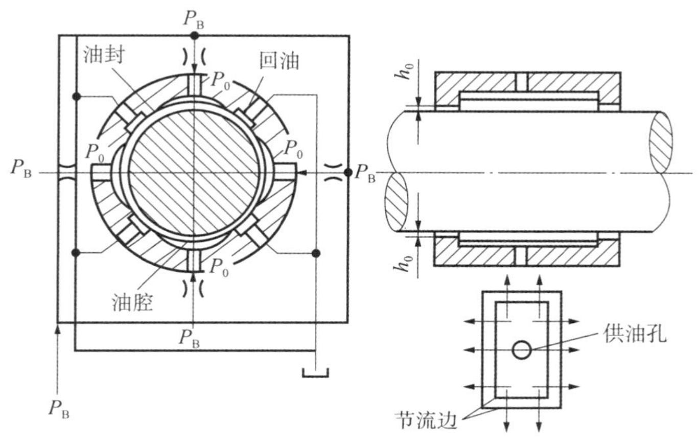


图 3－3－2－6　液体静压轴承

液体静压轴承的装配方法应依据轴承结构而定，主要装配要点如下：

(1) 装配前，必须将全部零件及油管系统用汽油彻底清洗，不允许用棉纱等去擦洗，防止纤维物质堵塞节流孔。

(2) 仔细检查主轴与轴承间隙，一般双边间隙为 0.035～0.04 mm。然后将轴承压入壳体中。

(3) 轴承装入壳体孔后，应保证其前后轴承的同轴度及主轴与轴承的间隙。

(4) 试车前，液压供给系统需运行 2 h 后，清洗过滤器，再接入液体静压轴承中正式试车。

## 二、滚动轴承

工作时，有滚动体在内外圈的滚道上进行滚动摩擦的轴承，叫滚动轴承。滚动轴承由外圈、内圈、滚动体和保持架四部分组成。如图 3－3－2－7 所示。

滚动轴承具有摩擦力小、工作效率高、轴向尺寸小、装拆方便等优点，广泛地应用于各类机器设备。滚动轴承是由专业厂大量生产的标准部件，其内径、外径和轴向宽度在出厂时已确定。

1. 滚动轴承装配前的准备工作

(1) 准备好所需工具和量具。

(2) 按图样要求检查与滚动轴承相配的零件，如轴颈、箱体孔、端盖等表面的尺寸是否符合图样要求，是否有凹陷、毛刺、锈蚀和固体微粒等。并用汽油或煤油清洗后擦净，涂上系统消耗油（机油）。

(3) 检查滚动轴承型号与图样是否一致，并清洗滚动轴承。如滚动轴承是用防锈油封存的，可用汽油或煤油擦洗滚动轴承内孔和外圈表面，并用软布擦净；对于用厚油和防锈油

脂封存的滚动轴承，则需在装配前采用加热清洗的方法清洗。

（4）在滚动轴承装配操作开始前，才能将新的滚动轴承从包装盒中取出，必须尽可能使它们不受灰尘污染。

（5）安装过程应尽可能在干净无尘的空间中进行，最好在无尘室中装配滚动轴承。如果不可能的话，应用东西遮盖住所装配的设备，以保护滚动轴承免于周围灰尘的污染；场地应打扫干净，保持干燥清洁，严防铁屑、砂粒、灰尘、水分进入轴承。

2. 滚动轴承的装配工艺

滚动轴承的安装方法应根据轴承的结构、尺寸大小及轴承部件的配合性质来确定。

1）装配滚动轴承时，不得直接敲击滚动轴承内外圈、保持架和滚动体，如图 3－3－2－7 所示。否则，会破坏滚动轴承的精度，降低滚动轴承的使用寿命。

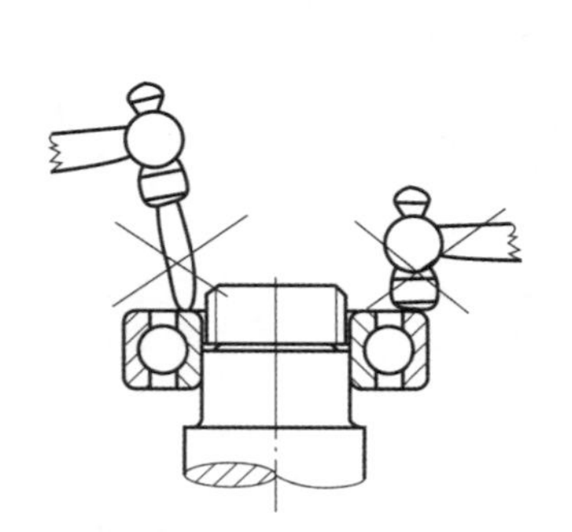
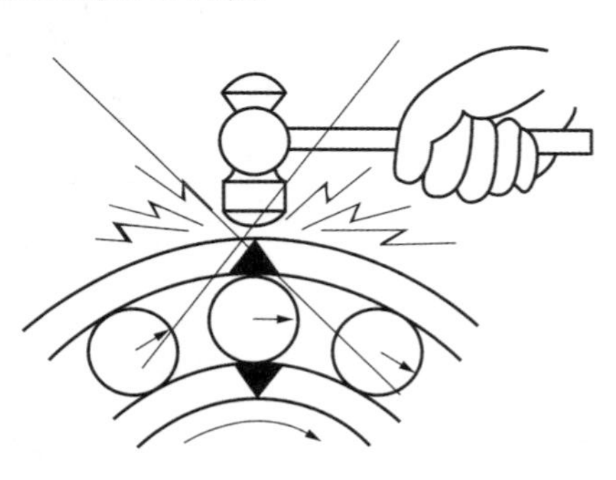

图 3－3－2－7　装配滚动轴承的错误操作

2）装配的压力应直接加在紧配合的套圈端面上，绝不能通过滚动体传递压力。如图 3－3－2－8所示。

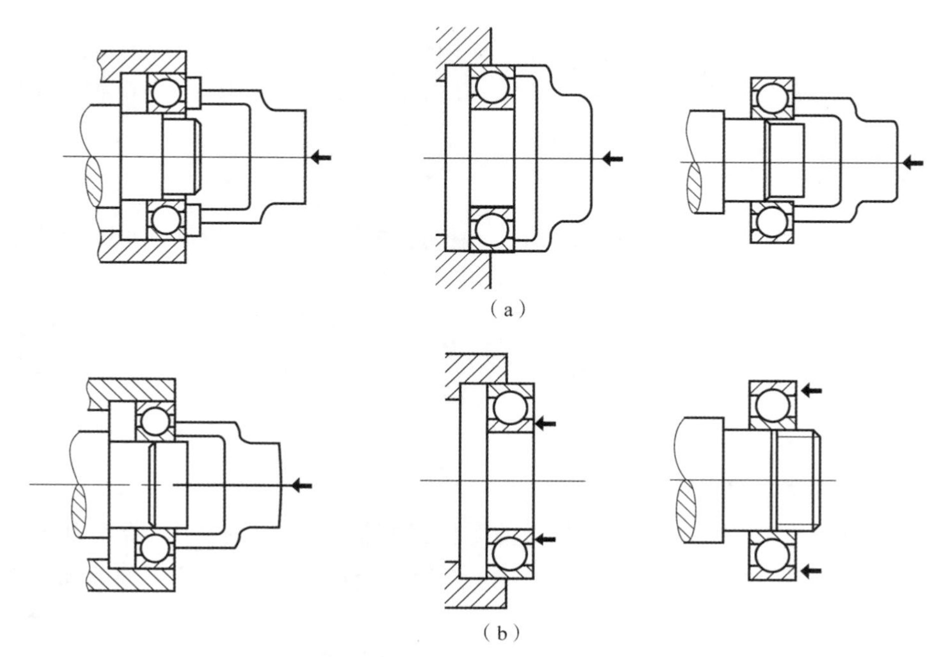


图 3－3－2－8　装配的压力施加方法

(a) 正确施力；(b) 不正确施力

3）根据轴承类型正确选择轴承内、外圈安装顺序。不可分离型滚动轴承（如深沟球轴承等），按内外圈配合松紧程度决定其安装顺序，参见表3－3－2－2；可分离型滚动轴承（如圆锥滚子轴承），因其外圈可分离，装配时可以分别把内圈和滚动体一起装入轴上，外圈装在轴承座孔内，然后再调整它们的游隙。

表3－3－2－2　滚动轴承内、外圈的安装顺序

| 内外圈配合松紧情况 | 内外圈安装顺序 | 安装示意图 |
| --- | --- | --- |
| 内圈与轴颈为配合较紧的过盈配合；外圈与轴承座孔为配合较松的过渡配合 | 先将滚动轴承装在轴上，然后连同轴一起装入轴承座孔中 | 将套筒垫在滚动轴承内圈上压装 |
| 外圈与轴承座孔为配合较紧的过盈配合；内圈与轴为配合较松的过渡配合 | 先将滚动轴承压入轴承座孔中，然后再装入轴 | 用外径略小于轴承座孔的套筒在外圈压装 |
| 滚动轴承内圈与轴颈、外圈与轴承座孔都是过盈配合 | 把滚动轴承同时压在轴上和轴承座孔中 | 用端面具有同时压紧滚动轴承内外圈圆环的套筒压装 |

4）滚动轴承内、外圈的压入。

（1）敲击压入法。当配合过盈量较小时，在轴颈配合面上涂上一层润滑油，然后用手锤敲击作用于轴承内圈的铜棒、套筒等，将轴承装至轴上规定的位置。如图3－3－2－9所示。此法适用于小型滚动轴承。

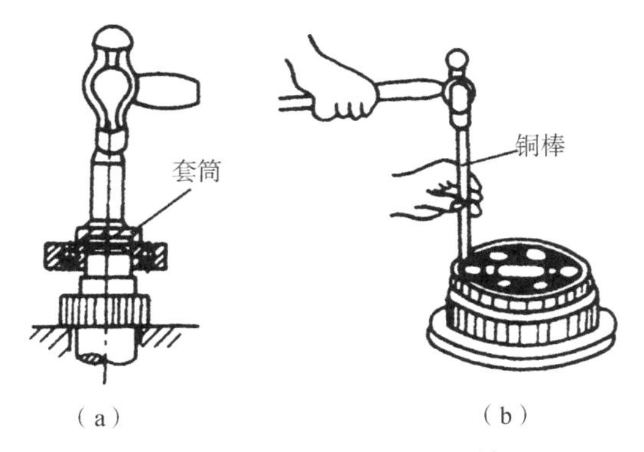


图3－3－2－9　敲击法压入轴承

（a）用套筒压装；（b）用铜棒压装

（2）用螺母和扳手装配。如果轴颈上有螺纹，则可以用螺母和扳手装配小型轴承，如图3－3－2－10（a）所示。对于中等轴承的装配，可以用锁紧螺母和冲击扳手进行装配，如

图3－3－2－10（b)所示。

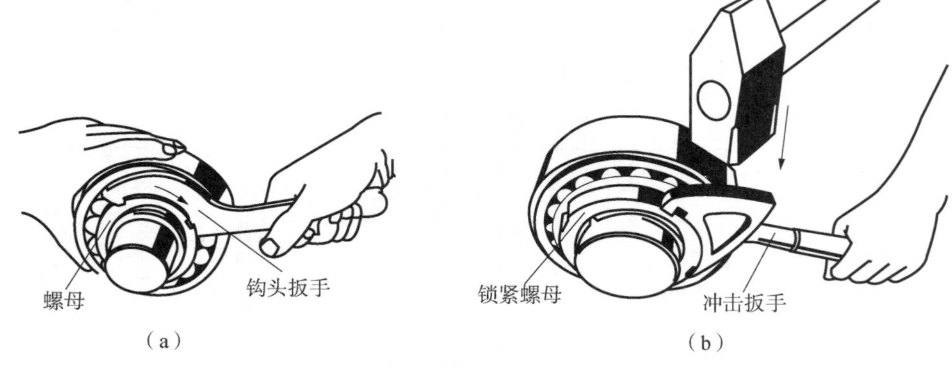


图3－3－2－10　用螺母和扳手装配滚动轴承

(a) 用螺母和钩头扳手装配小型轴承；(b) 用螺母和冲击扳手装配中型轴承

(3) 压力机压入法。当配合过盈量较大时，可用压力机械压入，如图3－3－2－11所示。这种方法仅适用于装配中等滚动轴承。

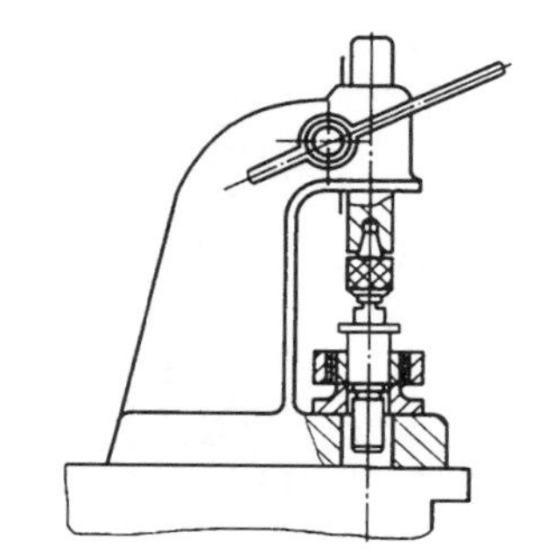

图3－3－2－11　压力机压入轴承

(4) 温差法装配。将滚动轴承加热，然后与常温轴配合，如图3－3－2－12所示。这种装配方法一般适用于大型滚动轴承。

图3－3－2－12　温差法装配轴承

①一般滚动轴承加热温度为110 ℃，不能将滚动轴承加热至125 ℃以上，更不得利用明火对滚动轴承进行加热，以免会引起材料性能的变化。

②安装时，应戴干净的专用防护手套搬运滚动轴承。

③轴承加热完成后，应当立即将滚动轴承装至轴上与轴肩可靠接触，并始终按压滚动轴承直至滚动轴承与轴颈紧密配合为止。以防止滚动轴承冷却时套圈与轴肩分离。

④装配中，滚动轴承与轴颈的相对轴向位移的控制方法如下：

A. 以轴肩定位的滚动轴承与轴颈的相对轴向位移控制。

a. 将轴承装到轴上，至其与轴颈接触良好时，测出滚动轴承内圈与轴肩之间的距离 $L$，如图 3－3－2－13 所示。

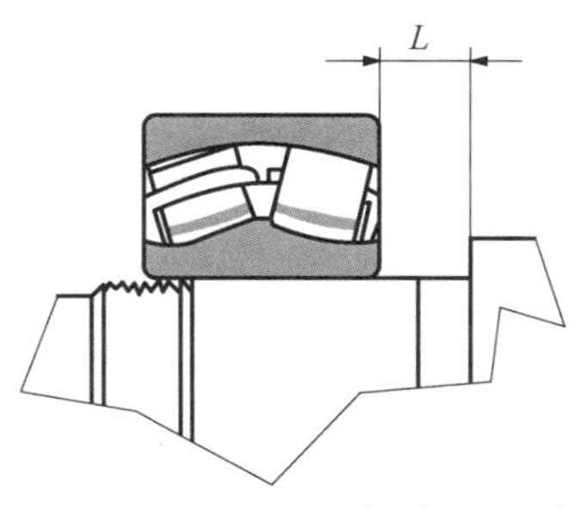


图 3－3－2－13　测量辅助距离

b. 查表确定滚动轴承轴向位移的减小量 $S$。

c. 用 $L$ 减去轴向位移减小量 $S$，得到定位环的轴向尺寸并加工定位环，如图 3－3－2－14 所示。

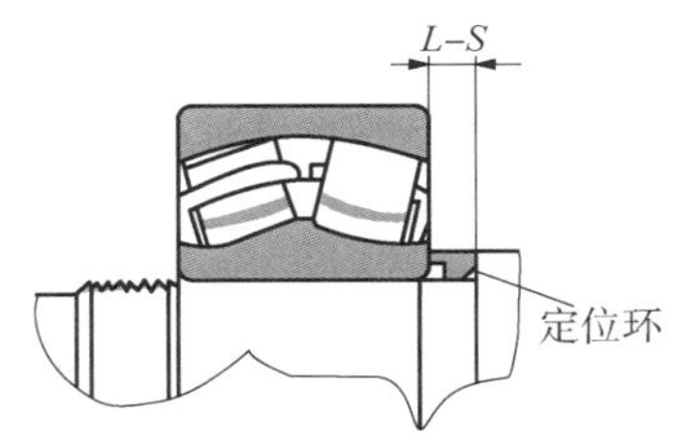


图 3－3－2－14　确定定位环尺寸

d. 将定位环靠紧轴肩安装，加热滚动轴承，并将其压至定位环，直至滚动轴承冷却并与轴配合紧密为止。

e. 用锁紧螺母固定滚动轴承。当滚动轴承冷却后，再检查其游隙大小。

B. 无轴肩定位的滚动轴承与轴颈的相对轴向位移控制。

方法与有轴肩定位的相同，但测量所用基准不是轴肩而是轴上的某一个端面，图 3－3－2－15所示为螺纹段的左端面。通过装配时长度 $L$ 的增加或减小来获得所需的“装配距离”。当滚动轴承位置达到要求时，保持滚动轴承的位置直至其与轴紧密配合，再装上锁紧螺母。当滚动轴承冷却后，再检查其游隙大小。

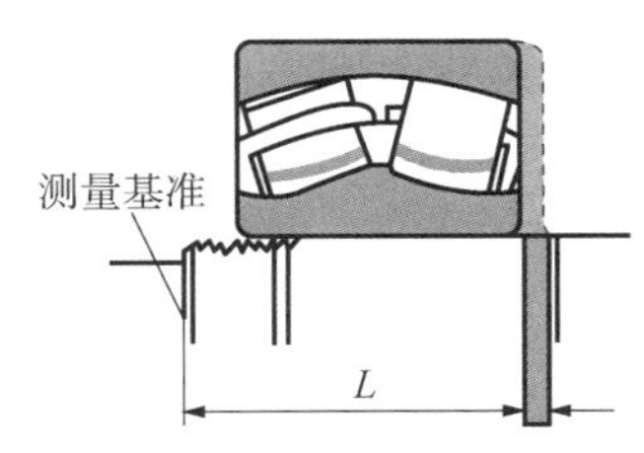


图 3－3－2－15　无轴肩定位的滚动轴承轴向位移控制

（5）液压螺母装配法。在大于 50 mm 的孔径内安装滚动轴承时，可以采用液压螺母进行装配。液压螺母是由一个侧面上带有环形沟槽的带内螺纹的螺母体和与沟槽相配合的环形

活塞两部分组成的螺母，其间有两个O形密封圈用于油腔的密封，如图3－3－2－16所示。液压螺母有一个快速接头，以便于与液压泵连接。当油压入油腔时，活塞向外移动并产生足够的力用来装配或拆卸轴承。

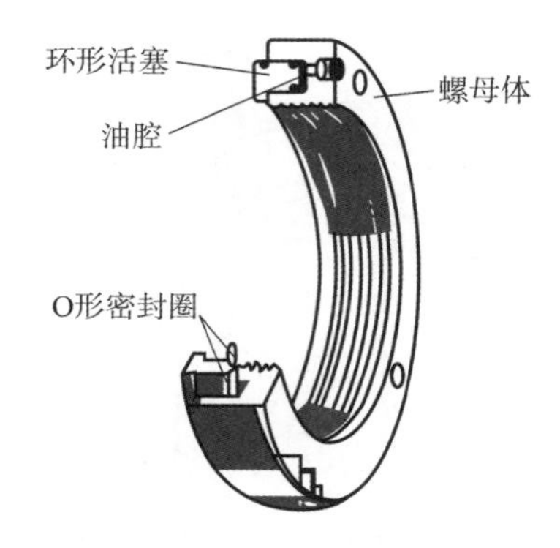


图3－3－2－16　液压螺母的结构

用液压螺母装配滚动轴承的步骤如下。

①使液压螺母的活塞端朝向滚动轴承，将液压螺母旋于轴上并旋紧螺母。

②连接油管，将油压进液压螺母，直至轴承到达规定的装配位置。

③打开回油阀，拧紧螺母，使活塞被推回到原位，排清螺母内的油。

④卸下液压螺母，装上止动垫圈和锁紧螺母。

（6）推力轴承有松圈和紧圈之分，松圈的内孔比轴大，与轴能相对转动，应紧靠静止的机件；紧圈的内孔与轴应取较紧的配合，并装在轴上，如图3－3－2－17所示。

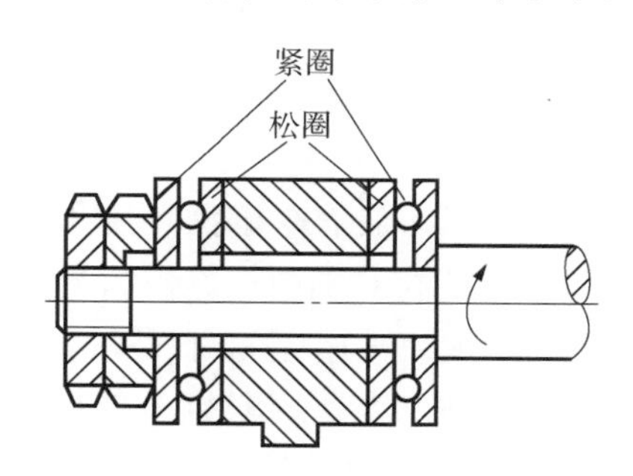


图3－3－2－17　推力球轴承的安装

5）轴承安装后的检查。

（1）转动轴或轴承座，看看是否能检查到有明显的异常：转动零件是否与静止零件相摩擦；轴向紧固装置的安装是否正确；润滑油是否顺利地进入轴承内；密闭装置是否可靠。用手转动应无卡阻现象。

（2）在低速、无加载条件下观察运转情况，然后慢慢地提高转速和载荷，同时查看运行的温度、噪声、振动。装配好的轴承在运转的过程中应无噪声，工作温度不超过50 ℃。

（3）在运转过程中有任何异常发生，停下来再确认一次。

（4）安装精度检查：轴承内圈端面（对推力轴承为紧圈）要贴紧轴肩；轴承外圈要贴紧轴承座挡肩。

3. 滚动轴承安装时的间隙调整

间隙调整是滚动轴承安装时一项十分重要的工作环节，滚动轴承的间隙分为轴向间隙 $c$ 和径向间隙 $e$，如图 3－3－2－18 所示。滚动轴承间隙调整的常用方法有以下三种。

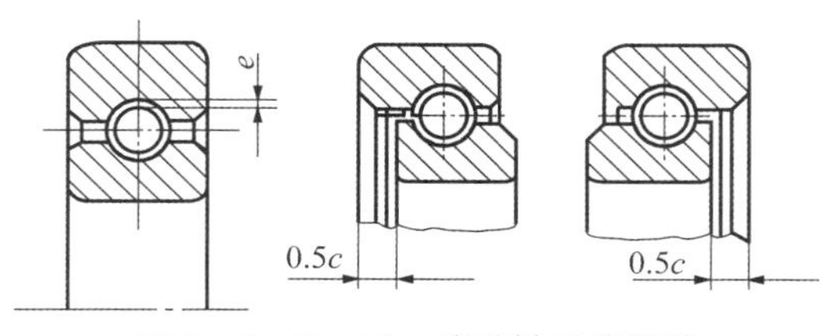


图 3－3－2－18　滚动轴承的间隙

1. 垫片调整法

如图 3－3－2－19 所示，先将轴承端盖紧固螺钉缓慢拧紧，同时用手缓慢的转动轴，当感觉到轴转动阻滞时，停止拧紧螺钉，此时轴承内已无间隙。用塞尺测量端盖与壳体间的间隙 $\delta$，垫片的厚度应等于 $\delta$ 再加上轴承的轴向间隙 $c$ 值（可由轴承手册查得）。

2. 螺钉调整法

松开调整螺钉上的锁紧螺母，然后拧紧调整螺钉，推动止推盘压紧轴承。同时，用手缓慢的转动轴，当感觉到轴转动阻滞时，停止拧紧调整螺钉。再根据轴向间隙要求，将调整螺钉回转一定的角度 [（轴承轴向间隙/调整螺钉的螺距）×360°]，最后将锁紧螺母拧紧。如图3－3－2－20所示。

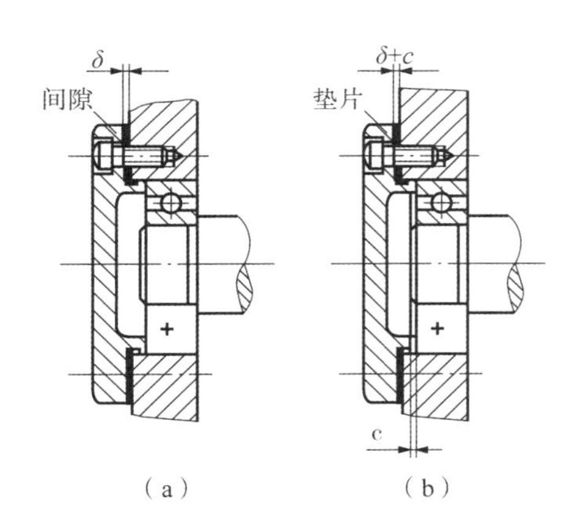


图 3－3－2－19　轴承间隙的垫片调整法

（a）端盖与壳体间的间隙；（b）垫片厚度

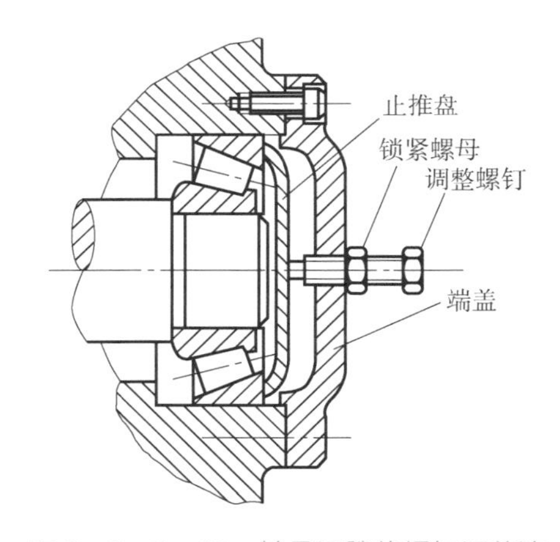


图 3－3－2－20　轴承间隙的螺钉调整法

3. 止推环调整法

缓慢拧紧止推环（有外螺纹），同时用手缓慢的转动轴，当感觉到轴转动阻滞时，停止拧紧止推环，根据轴向间隙的要求，将止推环回转一定的角度 [（轴承轴向间隙/止推环的螺距）×360°]，最后用止动片予以固定。如图 3－3－2－21 所示。

轴承间隙调整好以后，应该进一步检查调整的正确性。

（1）百分表检查法

先用力将轴向一端推紧，在其反方向的轴肩或其他物体上，垂直于轴心线安装一只百分表，然后再用力将轴向反方向推紧，此时，百分表上的读数为滚动轴承的轴向间隙数值。

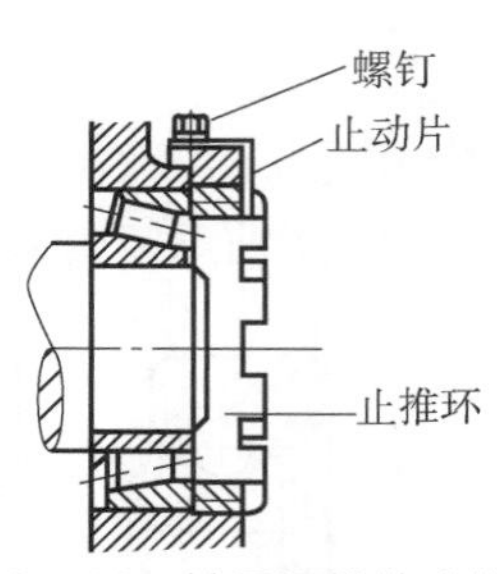


图3-3-2-21　轴承间隙的止推环调整法

（2）塞尺检查法

塞尺检查法主要用于圆锥滚柱轴承轴向间隙的检查。检查时，先将轴向一端推紧，直到轴承没有任何间隙为止，然后用塞尺量出轴承滚柱斜面上的间隙尺寸，利用下列公式计算轴向间隙。

$$C=\frac{\alpha}{2\sin\beta}$$

式中，$C$——轴承轴向间隙；

$\alpha$——用塞尺测得斜面间隙；

$\beta$——轴承外套斜面与轴中心线所成的角度。

4. 滚动轴承的拆卸方法

滚动轴承的拆卸方法与其结构有关。对于拆卸后还要重复使用的滚动轴承，拆卸时不能损坏滚动轴承的配合表面，不能将拆卸的作用力加在滚动体上，要将力作用在紧配合的套圈上。为了使拆卸后的滚动轴承能够按照原先的位置和方向进行安装，拆卸时应在滚动轴承的位置和方向上做好标记。对非分离式轴承，首先从较松配合面（一般是外圈和壳体的配合面）将轴承拆出，然后使用相关工具将轴承从紧配合表面压出。拆卸滚动轴承的方法有四种：机械拆卸法、液压法、压油法、温差法。

1）机械拆卸法

机械拆卸法适用于具有过盈配合的小型和中等滚动轴承的拆卸，拆卸工具为拉马。

（1）轴上滚动轴承的拆卸。将滚动轴承从轴上拆卸时，拉马的爪应作用于滚动轴承的内圈，使拆卸力直接作用在滚动轴承的内圈上，如图3-3-2-22所示。当没有足够的空间使拉马的爪作用于滚动轴承的内圈时，可以将拉马的爪作用于外圈上，但拆卸时要旋转整个拉马，以旋转滚动轴承的外圈，从而保证拆卸力不会作用于同一点上，如图3-3-2-23所示。

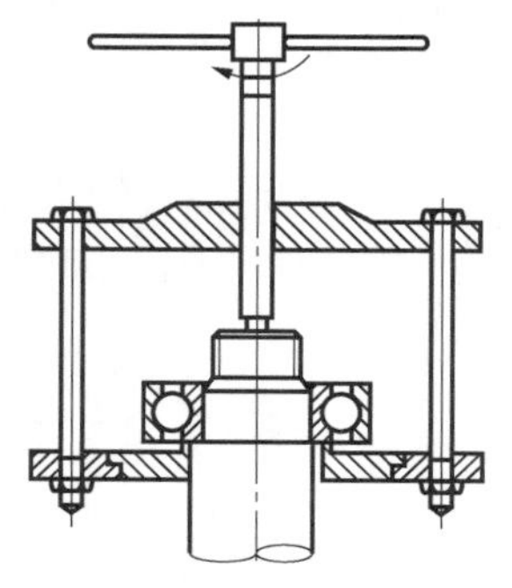

图3-3-2-22　作用于轴承内圈拆卸轴承

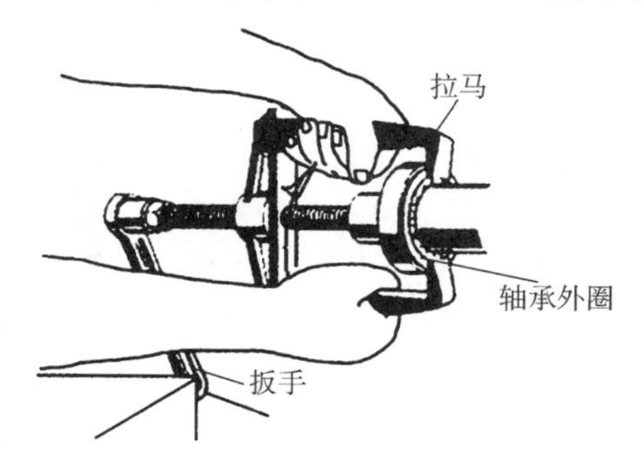


图3-3-2-23　作用于轴承外圈拆卸轴承

（2）孔中滚动轴承的拆卸。拆卸壳体孔中的滚动轴承时，拉马的爪必须作用于轴承外圈上，如图3-3-2-24所示。如壳体孔为无轴肩通孔时，则可以直接采用手锤敲击作用于轴承外圈的套筒，拆卸滚动轴承，如图3-3-2-25所示。

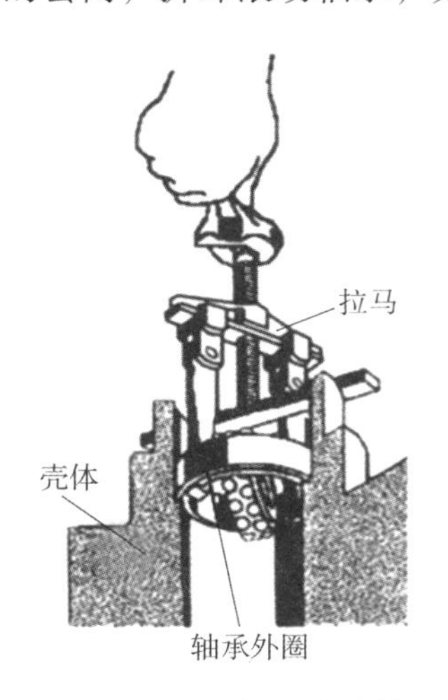


图3-3-2-24　壳体孔中的轴承拆卸

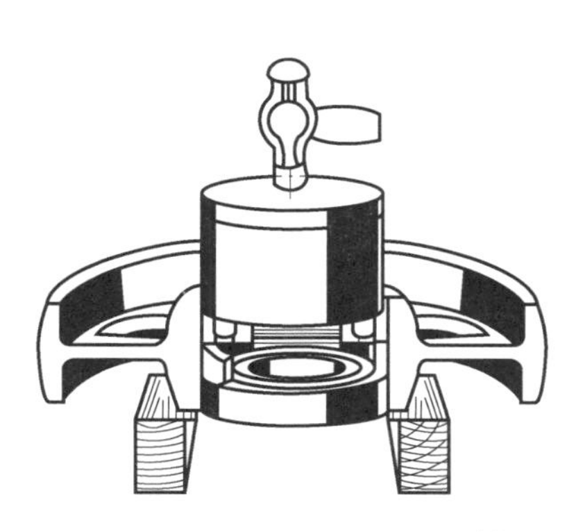

图3-3-2-25　用套筒拆卸轴承

2）液压法

液压法适用于过盈配合的中等滚动轴承的拆卸。常用拆卸工具为液压拉马，如图3-3-2-26所示。

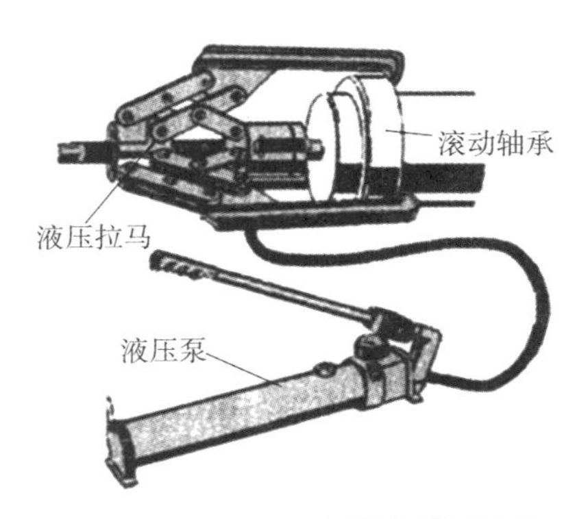


图3-3-2-26　液压法拆卸轴承

3）压油法

压油法适用于中等滚动轴承和大型滚动轴承的拆卸，常用的拆卸工具为油压机和自定心拉马。如图3-3-2-27所示，油在高压作用下通过油路和轴承孔与轴颈之间的油槽，在轴与孔之间形成油膜，将轴孔的配合表面完全分开，此时用拉马直接作用在滚动轴承的外圈上，用很小的力就可拆下轴承。

4）温差法

温差法主要适用于圆柱滚子轴承内圈的拆卸。加热设备通常采用铝环。

（1）拆去圆柱滚子轴承外圈。

（2）在轴承内圈滚道上涂上一层抗氧化油。

（3）加热铝环至225 ℃左右。

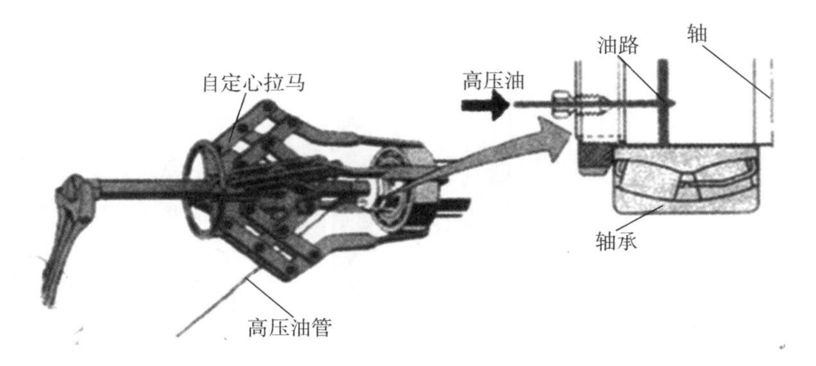


图 3－3－2－27　压油法拆卸轴承

（4）将铝环包住圆柱滚子轴承的内圈，再夹紧铝环的两个手柄，直到圆柱滚子轴承拆卸后移去铝环。如图 3－3－2－28 所示。

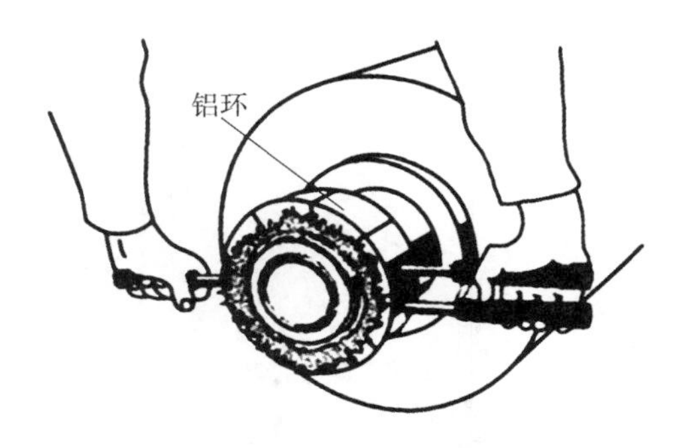


图 3－3－2－28　温差法拆卸轴承

三、带座轴承简介

带座轴承又称为带座轴承单元，是滚动轴承与座组合在一起的一种新结构轴承部件，其大部分滚动轴承都是外圈外径做成外球面，与带有球形内孔的轴承座安装在一起，结构形式多种多样，通用性和互换性好。这种轴承单元具有与普通轴承一样的载荷能力，有突出的调心性能和密封性能，可以在恶劣的环境下工作。轴承单元安装使用方便，能节省维修费用，近 20 年来，世界各国著名轴承生产厂家和公司都迅速发展这种轴承单元，并在纺织、农机、运输和工程机械等各个领域得到了日益广泛的应用。带座轴承单元中安装的轴承有向心球轴承或滚子轴承，其中量大面广的是外球面球轴承。

## 3.3.3　联轴器、离合器的装调工艺与技术

一、联轴器

联轴器用于连接两根不同的轴，以便将主动轴的运动及动力直接传递给从动轴。常用联轴器的类型与特点如表 3－3－3－1 所示。

表3－3－3－1　常用联轴器的类型与特点

| 联轴器的类型 | | 结构与特点 | 示意图 |
|---|---|---|---|
| 刚性联轴器 | 铰制孔凸缘联轴器 | 铰制孔凸缘联轴器，采用铰制孔螺栓连接，并靠铰制孔（对应铰制孔螺栓）螺栓来对中，依靠螺栓的抗剪切能力传递扭矩 | |
| | 普通螺栓连接的凸缘联轴器 | 依靠两半联轴器结合面上摩擦力传递扭矩 | |
| | 套筒联轴器 | 结构最简单的固定式联轴器。一个圆柱形套筒通过两个平键或两个圆锥销传递扭矩。无标准，需要自行设计，机床上常用 | |
| 无弹性元件的挠性联轴器 | 十字滑块联轴器 | 由两个端面上开有凹型槽的半联轴器和两面带有凸牙的中间盘组成。凸牙可在凹槽中滑动，可以补偿安装及运转时两轴间的相对位移。一般运用于转速小于250 r/min的两轴之间，轴的刚度较大，无剧烈冲击处 | 1 2 3　1 2 3 |
| | 滑块联轴器 | 由两个带凹槽的半联轴器和一个方形滑块组成，滑块材料通常为夹布胶木制成。由于中间滑块的质量较小，具有弹性，可应用于较高的转速。结构简单、紧凑，适用于小功率、高转速而无剧烈冲击处 | 1 2 3 |
| | 万向联轴器 | 由两个叉形接头、一个中间连接件和轴组成。属于一个可动的连接，且允许两轴间有较大的夹角（夹角 $\alpha$ 可达35°～45°）。结构紧凑、维护方便，广泛应用于汽车、多头钻床等机器的传动系统 | 1 2 3 4 5　1 3 5 4 2 |
| | 齿式联轴器 | 由两个带有内齿及凸缘的外套和两个带有外齿的内套筒组成。依靠内外齿相啮合传递扭矩。齿轮的齿廓曲线为渐开线，啮合角为20°。这类联轴器能传递很大的转矩，并允许有较大的偏移量，安装精度要求不高，常用于重型机械中 | 1 2 3 4　1 2 3 4 |

续表

| 联轴器的类型 | | 结构与特点 | 示意图 |
|---|---|---|---|
| 有弹性元件的挠性联轴器 | 滚子链联轴器 | 利用一条公用的双排链同时与两个齿数相同的并列链轮啮合来实现两半联轴器的连接 | |
| | 弹性套柱销联轴器 | 构造与凸缘联轴器相似，只是用套有弹性套的柱销代替了连接螺栓。因为通过蛹状常用耐油橡胶，可以提高其弹性。半联轴器与轴的配合孔可做成圆柱形或圆锥形 | |
| | 弹性柱销联轴器 | 工作时转矩通过两半联轴器及中间的尼龙柱销而传给从动轴。为了防止柱销脱落，在半联轴器的外侧，用螺钉固定了挡板。这种联轴器结构更为简单，安装、制造方便，耐久性好，也有一定的缓冲和吸振能力，允许被连接两轴有一定的轴向位移，适用于轴向窜动较大、正反转变化较多和启动频繁的场合，由于尼龙柱销对温度较敏感，故使用温度限制在 -20 ℃ ~ +70 ℃的范围内 | |
| | 星形弹性联轴器 | 两半联轴器上均制有凸牙，用橡胶等类材料制成的星形弹性件，放置在两半联轴器的凸牙之间。工作时，星形弹性件受压缩并传递转矩。这种联轴器允许轴的径向位移为 0.2 mm，偏角位移为 1°30′。因弹性件只受压不受拉，工作情况有所改善，故寿命较长 | |
| | 梅花形弹性联轴器 | 其结构形式及工作原理与星形弹性联轴器相似，但半联轴器与轴配合的孔可做成圆柱形或圆锥形，并以梅花形弹性件取代星形弹性件。弹性件可根据使用要求选用不同硬度的聚氨酯橡胶、铸型尼龙等材料制造。工作温度范围为 -35 ℃ ~ +80 ℃，短时工作温度可达 100 ℃，传递的公称转矩为 16 ~ 25 000 N · m | |
| | 轮胎联轴器 | 用橡胶或橡胶织物制成轮胎状的弹性元件，两端用压板及螺钉分别压在两个半联轴器上。这种联轴器富有弹性，具有良好的消振能力，能有效地降低动载荷和补偿较大的轴向位移，而且绝缘性能好，运转时无噪声。缺点是径向尺寸较大；当转矩较大时，会因过大扭转变形而产生附加轴向载荷。为了便于装配，有时将轮胎开出径向切口，但这时承载能力要显著降低 | |

续表

| 联轴器的类型 | | 结构与特点 | 示意图 |
|---|---|---|---|
| | 膜片联轴器 | 弹性元件为一定数量的很薄的多边环形（或圆环形）金属膜片叠合而成的膜片组，在膜片的圆周上有若干个螺栓孔，用铰制孔用螺栓交错间隔与半联轴器相连接。当机组存在轴向、径向和角位移时，金属膜片便产生波状变形。这种联轴器结构比较简单，弹性元件的连接没有间隙，不需润滑，维护方便，平衡容易，质量小，对环境适应性强，但扭转弹性较低，缓冲减振性能差，主要用于载荷比较平稳的高速传动 | 膜片组<br>中间轴 |
| | 安全联轴器 | 这种联轴器有单剪的和双剪的两种。这类联轴器由于销钉材料机械性能的不稳定，以及制造尺寸的误差等原因，致使工作精度不高；而且销钉剪断后，不能自动恢复工作能力，因而必须停车更换销钉；但由于其构造简单，所以对很少过载的机器经常采用 | 单剪的　双剪的 |

1. 联轴器装配的要求

无论哪种形式的联轴器，装配的主要技术要求都是保证两轴的同轴度。即经安装调整后的联轴器的两轴线不允许超过许用安装误差。一般情况下，许用安装偏移量应为运转状态下许用偏移量的1/2～1/4。特别是联轴器的轴线与传动装置的底面距离较大、工作中局部热变形影响较严重以及冲击和振动较大时，安装偏移量应控制得小一些。对于挠性联轴器，由于其具有一定的挠性作用和吸振能力，其同轴度要求比刚性联轴器要低一些。

2. 联轴器的装配工艺

（1）准备好装配所需的量具、工具，所运用的测量工具应具有足够的刚度，避免因弹性变形而影响读数的准确性。

（2）按图纸要求检查轴、联轴器内孔的加工质量、尺寸精度、形位精度及表面粗糙度，不合格的联轴器不允许安装。

（3）清理机组和机座的表面，使表面无铁屑或其他杂物。

（4）用煤油清洗联轴器内孔，然后用干净的布擦干，涂上润滑剂。

（5）将联轴器装配到轴上。

①直接装配法：对于联轴器与轴间有间隙的配合，可在清理干净配合表面后，涂抹润滑油脂直接安装。

②敲击法：轴径小于50 mm的联轴器，采用敲击法装配。在轮毂的端面上垫放木块或其他软材料做缓冲件，用手锤敲打垫板，将联轴器装配到位。

③压入装配法：对于过渡配合和过盈量不是很大的配合，或者有特殊要求的配合（如保护已装精密零部件），可采用专用压入设备，将联轴器压装到位。

④温差装配法：轴径大于50 mm、过盈量较大的联轴器，一般采用温差装配法，即用加热的方法使联轴器受热膨胀或用冷却的方法使轴端受冷收缩，从而方便地把联轴器装到轴

上。温差装配法大多采用加热的方法，将联轴器放在高闪点的油中或焊枪烘烤，均匀加热120 ℃ ~150 ℃，然后取出，迅速装到轴上。

（6）装配后的检查。联轴器在轴上装配完后，应仔细检查联轴器与轴的垂直度和同轴度。一般是在联轴器的端面和外圆设置两块百分表，用手转动安装轴，观察联轴器的全跳动（包括端面跳动和径向跳动）的数值，判定联轴器与轴的垂直度和同轴度的情况。为取得可靠的读数，应多次测量，取其平均值。

（7）经调整后，对称均匀地逐步拧紧固定螺栓。

3. 联轴器装配后的调整

联轴器安装后，两轴轴线的轴向偏移和角偏移可能发生在水平面或者在垂直平面。如果偏移发生在水平面，可以调整部件的位置，使其达到所需要的对中精度。

联轴器安装时，在垂直方向可能会出现下列安装位置误差，如图 3－3－3－1 所示。其中图 3－3－3－1（b）、（c）、（d）图的装配位置均不正确，需进行调整找正。常用的找正方法如下：

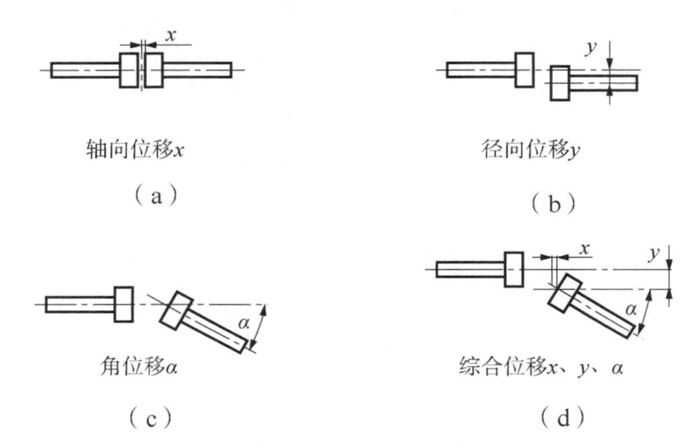


图 3－3－3－1　联轴器安装时的 4 种情况（垂直方向）

（a）两半联轴节的轴心线在一直线上；（b）两半联轴节平行，但不同轴；
（c）两半联轴节同心，但轴心线成一倾角；（d）两半联轴节不同心，但两轴心线成一倾角

（1）直尺及塞尺找正法。用直尺和塞尺测量联轴器的同轴度误差；用塞尺测量联轴器平行度误差，测量方法如图 3－3－3－2 所示。这种方法一般只用于转速较低、精度要求不高的机器。

（2）外圆、端面双表法，如图 3－3－3－3 所示。用两个千分表分别测量联轴器轮毂的外圆和端面上的数值，通过测得的数字进行计算分析，得出调整量和调整方向，调整联轴器达到较为精确的对中性。这种方法一般适宜于采用滚动轴承、轴向窜动比较小的中小型机器。

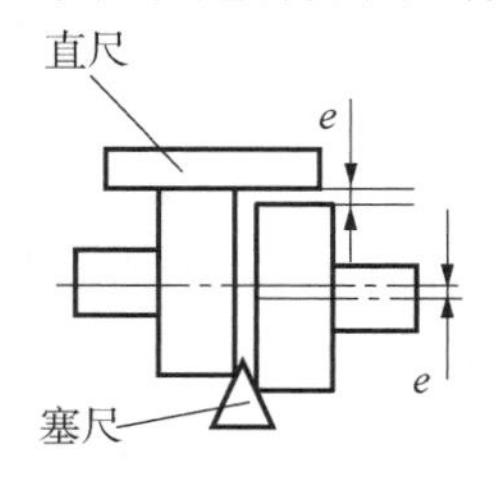


图 3－3－3－2　直尺及塞尺找正法

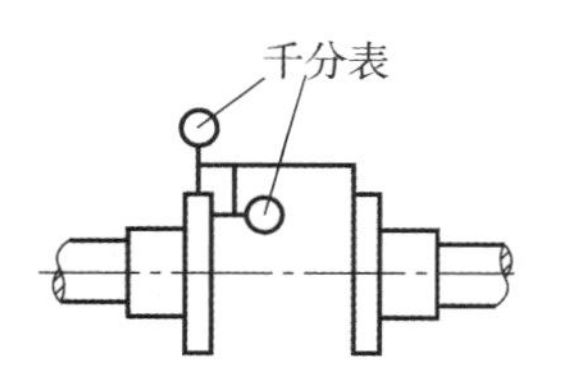


图 3－3－3－3　外圆、端面双表法

（3）外圆、端面三表法，如图 3－3－3－4 所示。原理与双表法相同，不同之处是在端面上相对于轴中心线等距离对称设置两个千分表，以消除轴向窜动对端面读数测量的影响。这种方法的精度很高，适用于需要精确对中的精密机器和高速机器。

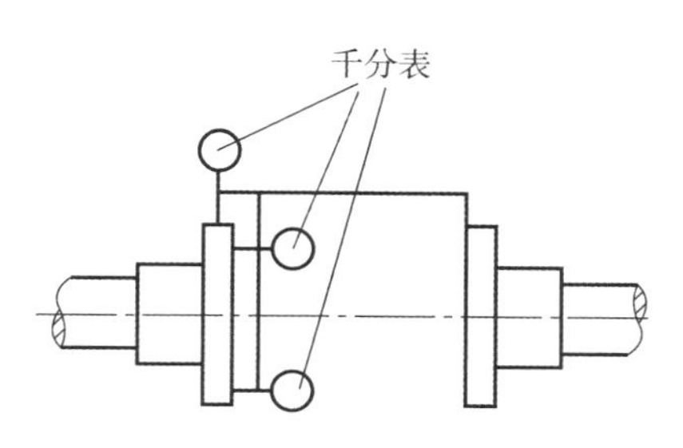


图 3－3－3－4　外圆、端面三表法

（4）外圆双表法，如图 3－3－3－5 所示。用两个千分表测量外圆，其原理是通过相隔一定间距的两组外圆读数，确定两轴的相对位置，以此得知调整量和调整方向，从而达到对中的目的。这种方法的缺点是计算较复杂。

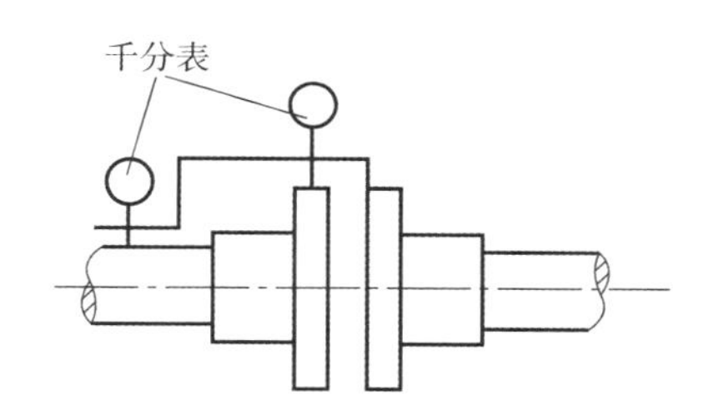


图 3－3－3－5　外圆双表法

（5）单表法，如图 3－3－3－6 所示。用一个千分表测定轮毂的外圆读数，通过测得的数字进行计算分析，得出调整量和调整方向，调整联轴器达到较为精确的对中性。此法对中精度高，而且能用于轮毂直径小而轴端面比较大的机器的轴对中，又能适用于多轴的大型机组（如高转速、大功率的离心压缩机组）的轴对中。用这种方法进行轴对中还可以消除轴向窜动对找正精度的影响。

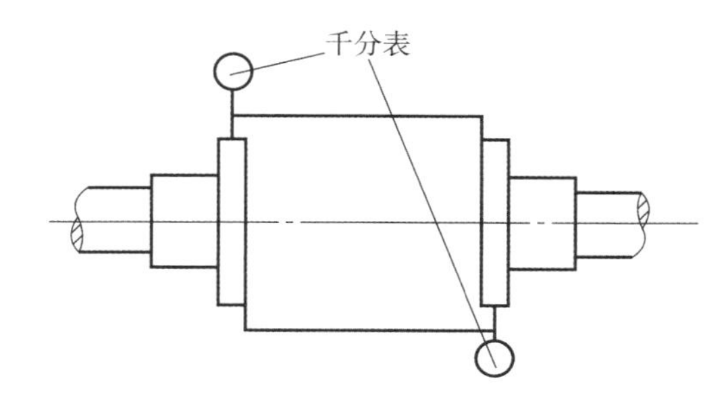


图 3－3－3－6　单表法

在垂直方向发生的安装位置误差，主要通过改变主动件支脚下面的补偿垫片来调整，即由一组经过磨削加工的厚度为 0. 1 mm、0. 2 mm、0. 4 mm 和 0. 8 mm 的垫片中，选取若干片组合达到需要的调整量。

4. 典型联轴器的装配方法

1）弹性套柱销联轴器的装配，如图 3-3-3-7 所示

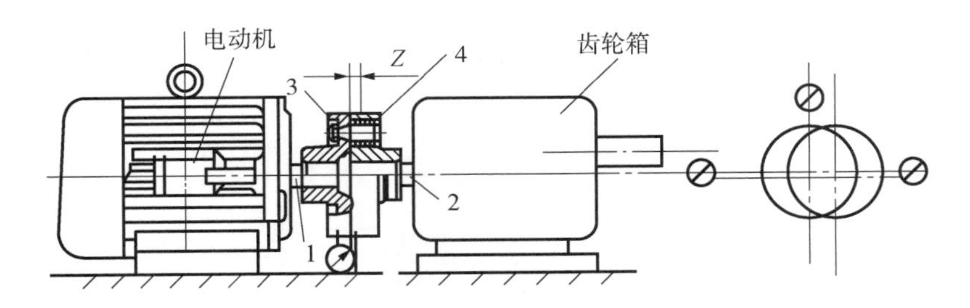


图 3-3-3-7　弹性套柱销联轴器的装配

1—电动机轴；2—齿轮轴；3—左联轴器；4—右联轴器

（1）在电动机轴 1 和齿轮轴 2 上分别装上平键、左联轴器 3 和右联轴器 4。

（2）固定齿轮箱，并按要求检查其径向和端面圆跳动。

（3）找正左、右联轴器，使之符合同轴度、平行度要求。

（4）将弹性套柱销装入右联轴器 4 的圆柱孔内。

（5）移动电动机，使弹性套柱销另一端进入左联轴器 3 的锥孔内。

（6）逐步拧紧弹性套柱销的螺母，转动轴 2 并调控间隙 $Z$ 使之沿圆周方向均匀分布。

（7）移动电动机，使两个半联轴器靠紧，固定电动机，复检联轴器的同轴度。

（8）拧紧弹性套柱销的螺母，使弹性套柱销的弹力达到要求。

2）凸缘联轴器的装配，如图 3-3-3-8 所示

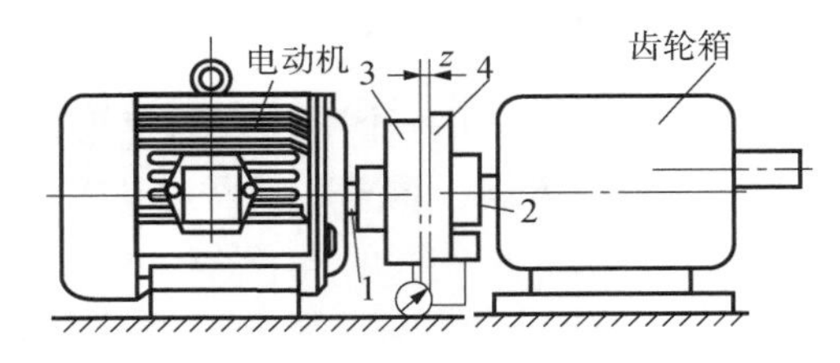


图 3-3-3-8　凸缘联轴器的装配

1—电动机轴；2—齿轮轴；3—左凸缘盘；4—右凸缘盘

（1）在电动机轴 1 和齿轮轴 2 上分别装上平键和左凸缘盘 3、右凸缘盘 4。

（2）齿轮箱找正并固定。

（3）找正左右凸缘盘，使之符合同轴度要求。若两者有同轴度误差时，可通过调整电动机或齿轮箱底面的垫片厚度，使两者同轴。

（4）移动电动机，使左凸缘盘的凸台插入右凸缘盘的端面槽中少许。

（5）转动轴 2，移动电动机调整两凸缘盘的间隙 $Z$ 使之沿圆周方向均匀分布。

（6）再移动电动机，使两凸缘盘紧靠后，固定电动机，并用螺栓紧固两凸缘盘 3、4。

3）十字滑块式联轴器的装配，如图 3-3-3-9 所示

（1）分别在轴 1、7 上装上平键 3、6 和联轴盘 2、5。

（2）找正联轴盘 2、5。

（3）安装中间盘 4，并移动轴，使 2、5 与 4 间留有能满足 4 自由滑动要求的少量间隙。

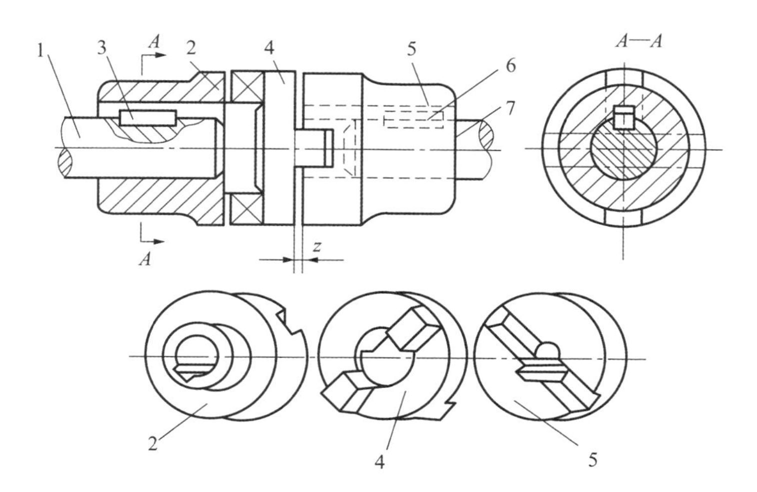


图 3-3-3-9　十字滑块式联轴器的装配

1，7—轴；2，5—联轴盘；3，6—平键；4—中间盘

## 二、离合器

离合器是在机器的运转过程中，可将传动系统中的主、从动件随时接合或分离的一种联轴装置。离合器的种类很多，常用的有牙嵌式和摩擦式两种。

### 1. 离合器装配的工艺要求

（1）接合和分开时，动作要灵敏。

（2）能传递足够的扭矩。

（3）工作平稳可靠。

（4）牙嵌式离合器的齿形间啮合间隙应尽量小些，以防旋转时产生冲击。

（5）摩擦离合器，应解决发热和磨损补偿问题。

### 2. 常用离合器的装配方法

1）牙嵌式离合器的装配，如图 3-3-3-10 所示

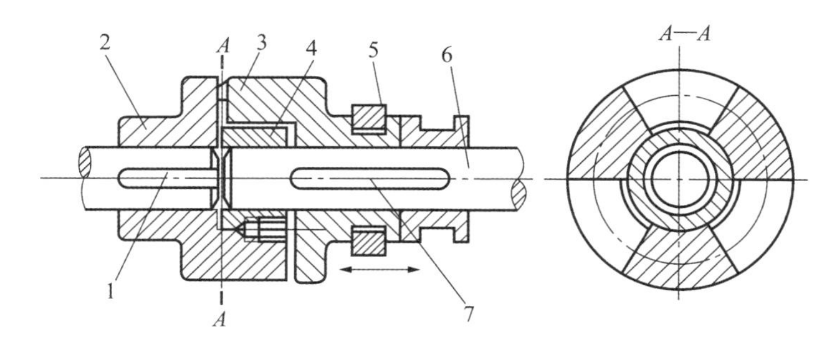


图 3-3-3-10　牙嵌式离合器的装配

1—主动轴；2，3—半离合器；4—对中环；5—拨叉；6—从动轴；7—导向键；8—平键

（1）在主动轴上装上平键 8 和半离合器 2。

（2）将对中环 4 固定在半离合器 2 上。

（3）将导向键 7 用沉头螺钉固定在从动轴 6 上。

（4）将半离合器 3 装在从动轴 6 上，要能轻快地滑动。

（5）将从动轴装入对中环 4 的孔内，能自由转动。

（6）将拨叉 5 移到半离合器 3 上。

2）单片式圆盘摩擦离合器的装配，如图 3－3－3－11 所示

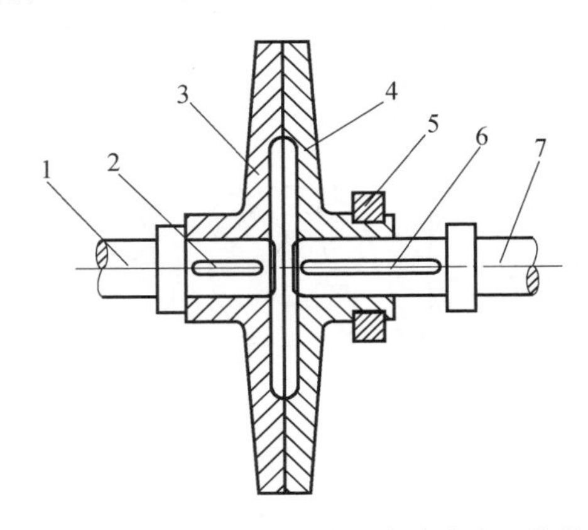


图 3－3－3－11　单片式圆盘摩擦离合器的装配

1—主动轴；2—平键；3—固定圆盘；4—活动圆盘；5—拨叉；6—导向键；7—从动轴

（1）在主动轴 1 上装上平键 2 和固定圆盘 3。

（2）将导向键 6 安装在从动轴 7 上。

（3）将活动圆盘 4 装到从动轴 7 上，要能轻快地滑动。

（4）将拨叉 5 移到活动圆盘 4 上。

三、液力联轴器简介

液力联轴器，又称液力耦合器，是一种利用封闭在腔内的液体经过机械能—液体能—机械能的循环转换，实现主、从动轴的动力传递的液力传动装置，是和机械联轴器具有不同传动原理的另一种联轴方式。

液力联轴器与机械联轴器比较，具有可实现空载启动、缓冲减振性好、有过载保护作用、可实现无级调速、易于远程控制和自动控制、工作可靠、可长期无检修运行、使用维护方便等优点。在电力、冶金、矿山、化工、纺织和轻工等各行业中，都得到了广泛的应用。

### 3.3.4　密封件的装调工艺与技术

在机械设备中，密封件是必不可少的零件，它主要起着阻止介质泄漏和防止污物侵入的作用。密封件可分为两大主要类型，即静密封件和动密封件。静密封件用于被密封零件之间无相对运动的场合，如密封垫和密封胶。动密封件用于被密封零件之间有相对运动的场合，如油封和机械式密封件。

一、密封件的装配工艺要点

（1）密封件不得有飞边、毛刺、裂痕、切边、气孔及疏松等缺陷。

（2）密封件的外形尺寸和精度必须达到标准要求，橡胶密封件的胶料性能必须达到设计规定密封材料的要求。

(3) 零件密封部位的沟、槽、面的加工尺寸和精度、粗糙度应严格符合规范要求。

(4) 密封件、密封部位及其所经过的零件表面应清洁干净。

(5) 装配前应在密封件和装配密封件时经过的零件表面上涂上足够的合适型号的干净润滑油或与工作介质相容的润滑油脂，以便于装配和保护密封件。

(6) 装密封圈的零件，一般应有15°~30°的导入角（最好小于20°）。如图3-3-4-1所示。

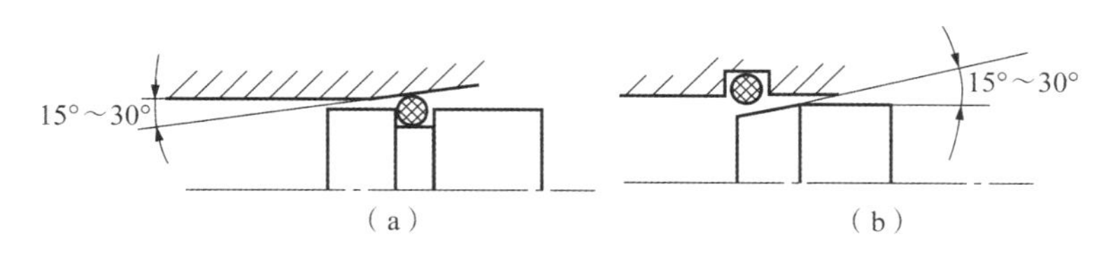


图3-3-4-1 装密封件的零件导角

(a) 孔口导角；(b) 轴端导角

(7) 密封件经过零件的螺纹、锐边与键槽等部位时，要将密封件套在专用的薄套筒上进行装配。如图3-3-4-2所示。

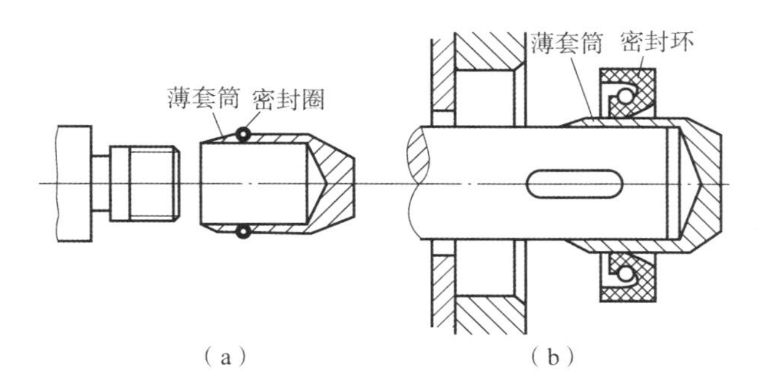


图3-3-4-2 用专用薄套筒装配密封件

(a) 带螺纹零件；(b) 带键槽零件

(8) 安装结构复杂的密封装置时，最好用压力机压入或用橡胶锤轻轻敲入。

(9) 液压、润滑及冷却系统中螺塞、管接头体等部件的连接密封是垫圈时，要保证：

①密封面与螺纹中心线垂直；

②接口螺纹倒角要合理；

③管接头装配时，连接部件的凹陷部分尺寸略大于垫圈外径尺寸即可；或在管接头细颈部位加一旧密封圈，以防止垫圈偏心。

## 二、O形密封圈的装配

O形密封圈是截面形状为圆形的圆形密封元件，如图3-3-4-3所示。O形密封圈的作用是将被密封零件结合面间的间隙封住或切断泄漏通道，从而使被堵塞的介质不能通过O形密封圈。大多数的O形密封圈由弹性橡胶制成，它具有良好的密封性，是一种压缩性密封圈，同时又具有自封能力。其结构简单、成本低廉、使用方便，密封性不受运动方向的影响，因此得到了广泛的运用。O形密封圈是一种标准件，在多数情况下，安装在沟槽内。

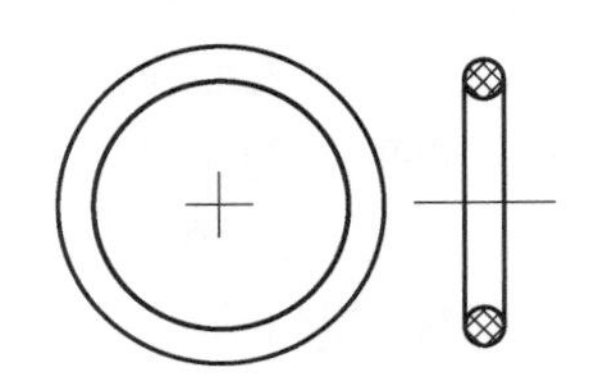

图3－3－4－3　O形密封圈

1. O形密封圈常用的拆装工具，见表3－3－4－1。

表3－3－4－1　O形密封圈的装配和拆卸工具

| 名　称 | 使用示意图 | 用途 |
|---|---|---|
| 尖锥 | | 用于将小型O形密封圈从难以接近的位置上拆卸下来 |
| 弯锥 | | 用于将O形密封圈从难以接近的位置中拆卸下来 |
| 曲锥 | | 用于将O形密封圈从沟槽中拆卸下来或将O形密封圈拉入沟槽内 |
| 装配钩 | | 用于将O形密封圈放入沟槽内 |
| 镊子 | | 用于将O形密封圈浸入液体润滑剂中，并将其送至需密封的地方 |
| 刮刀 | | 用于拆卸接近外表面处的O形密封圈或将O形密封圈放入沟槽中和向已安装的O形密封圈添加润滑剂 |

2. O形密封圈的安装要点

（1）检查被密封表面，应无缺陷。

（2）对各棱边倒角或倒圆，并去除毛刺。

（3）清洁装配表面，若安装路径上有螺纹、毛刺时，需用专用薄套筒安装。

（4）选用硬度高的橡胶O形密封圈或用挡圈来阻止密封圈被挤入缝隙。如图3－3－4－4所示。

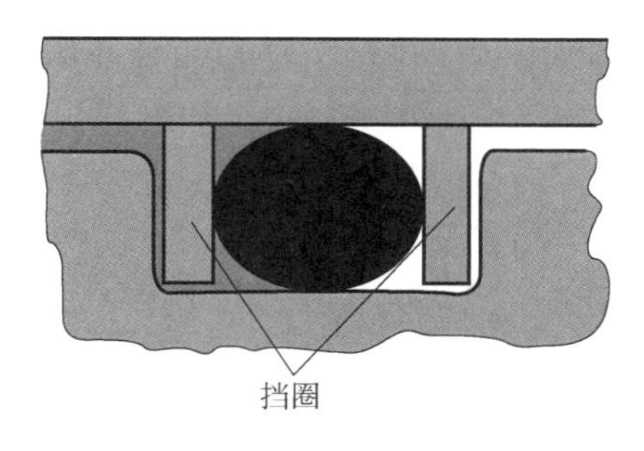


图 3－3－4－4　O 形密封圈的挡圈

（5）手动安装时，不可使用尖锐工具，但应采用专用工具，以保证 O 形圈不扭曲。

（6）装配时，O 形密封圈和金属零件必须有良好的润滑。所有以矿物油、动物油、植物油或脂为基础的润滑剂，都不适用，常用惰性润滑剂润滑。

（7）禁止过分拉伸 O 形圈；由密封带制成的 O 形圈，禁止在其连接处进行拉伸。

（8）若进行自动安装，须做好充分准备。例如为便于安装，可在 O 形圈的表面涂钼、石墨、敷上滑石粉或用 PTFE 涂覆。

### 三、油封的装配

#### 1. 油封的结构及类型

旋转轴所用的唇形密封圈，一般简称为油封。油封是一种最常用的密封件，它适用在工作压力小于 0.3 MPa 的条件下对润滑油和润滑脂的密封，其功用在于把油腔和外界隔离，对内封油，对外防尘。常用于各种机械的轴承处，特别是滚动轴承部位。油封的结构如图 3－3－4－5所示。

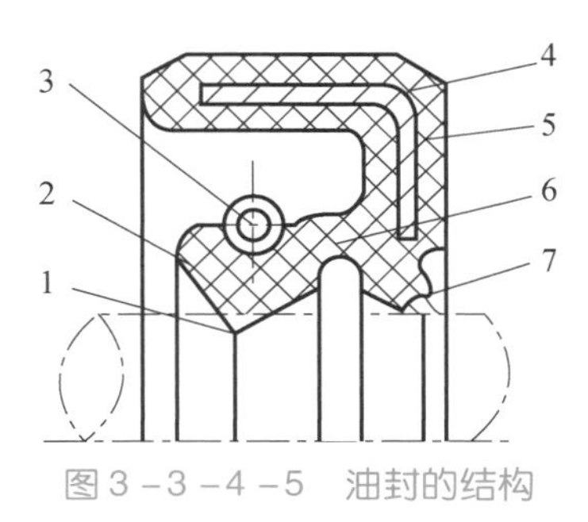


图 3－3－4－5　油封的结构

1—唇口；2—冠部；3—弹簧；4—骨架；5—底部；6—腰部；7—副唇

常用油封的类型参见表 3－3－4－2。

#### 2. 油封的装配工艺要点

（1）油封在安装前不要太早将包装纸撕开，防止杂物附着在油封表面而带入工作中。

（2）装配前，检查油封各部位尺寸是否与轴及腔体尺寸相符；检查油封的唇口有没有损伤、变形，弹簧有没有脱落、生锈。确保油封清洁和完好无损。

（3）检查腔体与轴各部分尺寸是否正确，尤其是内倒角不能有坡度；轴与腔体的端面加工要光洁，装配倒角处应没有损伤、毛刺、沙子、铁屑等杂物。

（4）对油封、轴以及孔进行严格的清洗。橡胶油封不能用汽油、柴油、煤油清洗，如果油封上有油及赃物，应用干净的棉纱擦拭干净。

表3-3-4-2　常用油封的类型

| 类型 | 结构示意图 | 特点 |
| --- | --- | --- |
| 黏结结构型 | 骨架<br>橡胶唇部 | 外露骨架。橡胶部分和金属骨架单独加工制造，再由胶黏结在一起，制造简单、价格便宜 |
| 装配结构型 | 外骨架　内骨架<br>橡胶唇部 | 内外骨架。由橡胶唇部、金属骨架和弹簧圈组装而成 |
| 橡胶包骨架结构型 | 骨架 | 内包骨架。金属骨架包在橡胶之中，制造工艺较复杂，但刚度好，易装配，骨架钢板的材料要求不高 |
| 全胶油封 | | 无骨架，有的甚至无弹簧。整体由橡胶模压成形，刚性差，易产生塑性变形，但可切口使用，这对于不能从轴端装入而又必须用油封的部位是仅有的一种形式 |

（5）为了使油封易于套装到轴上，必须事先在轴和油封上涂抹润滑油或脂。

（6）油封要平装，不能有倾斜的现象。一般采用油压设备或套筒工具安装，通过将密封件压进到与腔体内孔前端面相齐或抵住腔体内孔肩底端面达到安装垂直度。安装时，压力不要太大，速度要均匀、缓慢，以防止弹簧脱落。

（7）安装过程中，密封圈唇口滑过的任何表面应光滑无损伤。如果密封圈要滑过带有花键、键槽或孔口时，应使用专用安装工具。专用工具不应采用软金属制作，也不允许使用带缺口的安装工具。

（8）骨架油封安装时应注意使唇边朝向压力油的一边。

（9）密封圈在冬天或在低温环境下安装时，可将密封圈在低于50 ℃的与其密封介质相同的干净液体中放置10～15 min，以恢复密封圈唇口的弹性。

## 四、密封垫的安装

密封垫广泛用于管道、压力容器以及各种壳体接合面的静密封中。密封垫有非金属密封垫、非金属与金属组合密封垫（半金属密封垫）、金属密封垫三大类。制作密封垫的材料通常以卷装和片装形式出售，并可用各种形状的密封垫制作工具切割成密封垫片。除此，也有按所需尺寸和形状制成的密封垫片供应，这些密封垫片大多是具有金属面层和弹性内层的半金属密封垫片。

密封垫的安装工艺要点如下：

（1）清理、清洗两个被密封表面。密封面间不得有任何影响连接密封性能的划痕、斑点、杂物等。

（2）在密封面、垫片、螺纹及螺栓螺母旋转部位稍微涂抹上一层用石墨粉或石墨粉和机油（或水）调和的润滑剂。

（3）确定预紧力。在保证试压不漏的情况下，尽量减小。

（4）用定力矩或测力矩扳手参照螺纹连接中螺栓的拧紧方法拧紧全部螺栓或螺母，以便密封垫片应力分布均匀。

（5）垫片安装在密封面上要对中、正确，不能偏斜，不能伸入阀腔或搁置台肩上。

（6）垫片上紧后，应保证连接件有预紧的间隙，以备垫片泄漏时有预紧的余地。

（7）检验所安装的密封垫是否达到密封要求。

## 五、压盖填料的装填

压盖填料结构主要用作动密封件，它广泛用作离心泵和压缩泵、真空泵、搅拌机和船舶螺旋桨的转轴密封，活塞泵、往复式压缩机、制冷机的往复运动轴的密封，以及各种阀门阀杆的旋转密封等，其结构如图 3－3－4－6 所示。压盖填料是通过填料与轴间的“轴承效应”和“迷宫效应”对运动零件进行密封，防止液体泄漏。

要保持良好的润滑和适当的压紧，需要经常对填料的压紧程度进行调整。为了维持液膜和带走摩擦热，需使填料处有少量泄漏，所以要定期更换填料。

压盖填料合理装填的步骤如下。

（1）清除结构中原有的旧压盖填料（包括填料盒底部的环）。

（2）清洗轴、杆，做到填料腔表面清洁、光滑。

（3）检查全部零件功能是否正常，如检查轴表面是否有划伤、毛刺等现象。并用百分表检查轴在密封部位的径向圆跳动量，其公差应在允许范围内。

（4）用游标卡尺测量填料盒的孔径 $D$，轴的直径 $d$，计算确定填料的厚度 $S$：$S=(D-d)/2$。如图 3－3－4－7 所示。

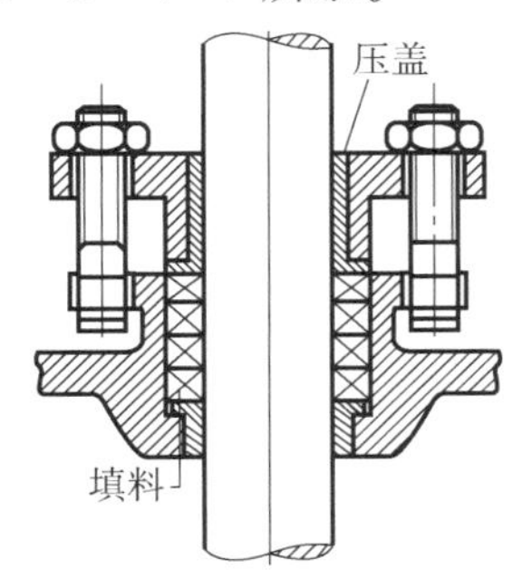

图 3－3－4－6 压盖填料的结构

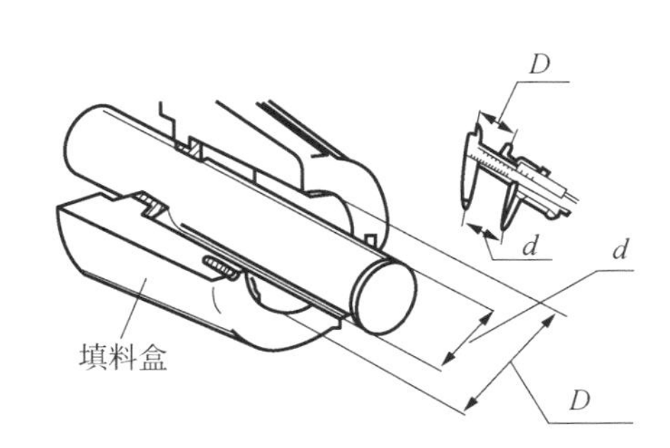


图 3－3－4－7 填料厚度的确定

（5）修正尺寸小的或过大的填料。较小量的尺寸偏差可用圆杆或管子在较硬的平面上滚压来纠正，如图 3－3－4－8 所示，但严禁用锤击来纠正尺寸，以防破坏填料的结构。

（6）填料的装填。

①安装挡圈。对比较陈旧的设备，为防止填料挤入间隙，要安装塑料或金属的挡圈，如

图 3 －3 －4 －9 所示。

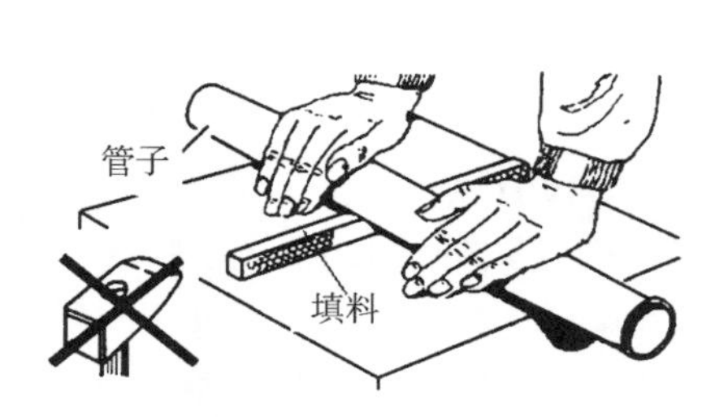


图 3 －3 －4 －8　填料的尺寸修正

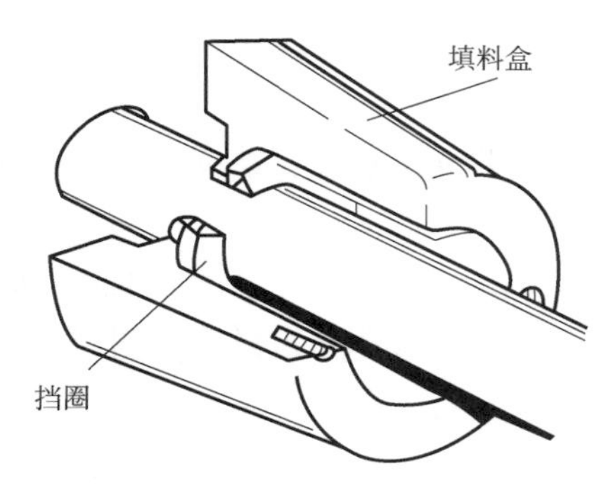


图 3 －3 －4 －9　安装挡圈

②切断填料。将成卷的新填料切成具有平行切面的单独填料环。切断方法如图 3 －3 －4 －10所示：将填料缠绕在一根与轴直径相同的木棒上，再用刀沿一定角度的斜面切断填料（含润滑脂的软编织填料和塑料填料切口斜面角度为 30°；硬质填料或金属填料切口斜面角度为 45°）。将切断后的每一节填料用与填料同宽度的纸带呈圆环形包扎并黏结好纸带接口，置于洁净处。

③在轴上套入填料。取一根填料，将纸带撕去，用足量的石墨润滑脂或二硫化铝润滑脂、云母润滑脂对填料进行润滑，再用双手各持填料接口的一端，沿轴向拉开使之呈螺旋形，再从切口处套入轴径。如图 3 －3 －4 －11 所示。

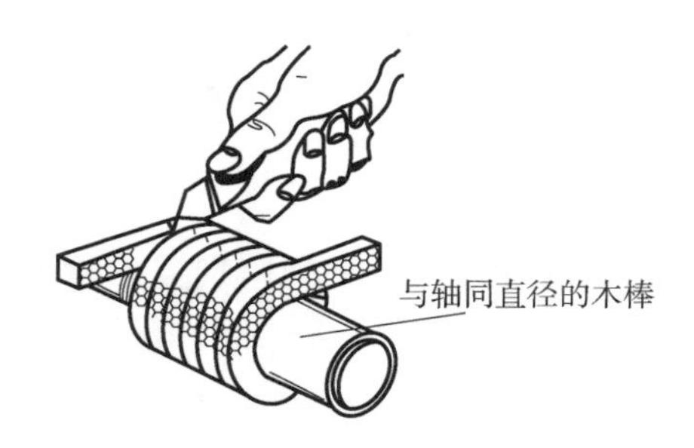


图 3 －3 －4 －10　填料的切断

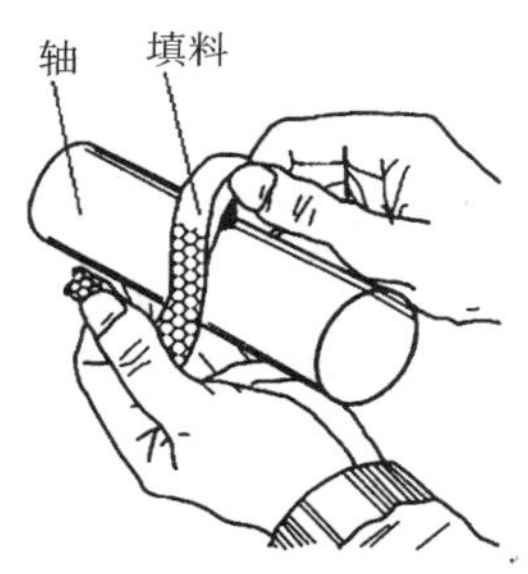


图 3 －3 －4 －11　在轴上套入填料

④填料的压入与预紧。用与填料腔尺寸相同的木质两半轴套，合于轴上，将填料推入腔的深部，并用压盖施加压力使填料得到 5％～10％的预压缩量，然后将轴转动一周，取出木轴套。如图 3 －3 －4 －12 所示。

⑤同样的方法装填其余填料。但应保证填料环的切口错位及切口的良好闭合，以防切口泄漏。如图 3 －3 －4 －13 所示。

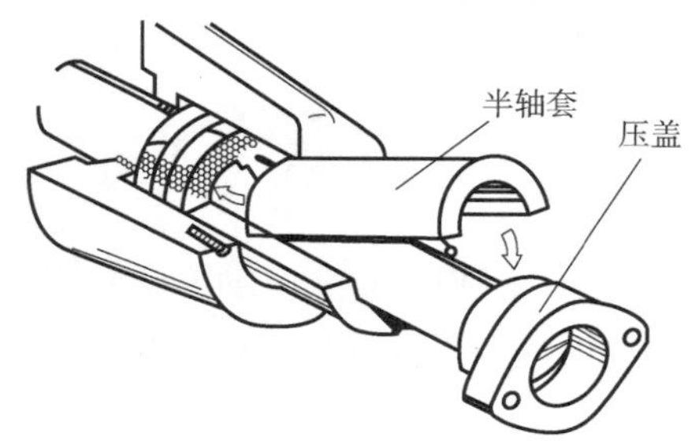


图 3 －3 －4 －12　填料的压入与预紧

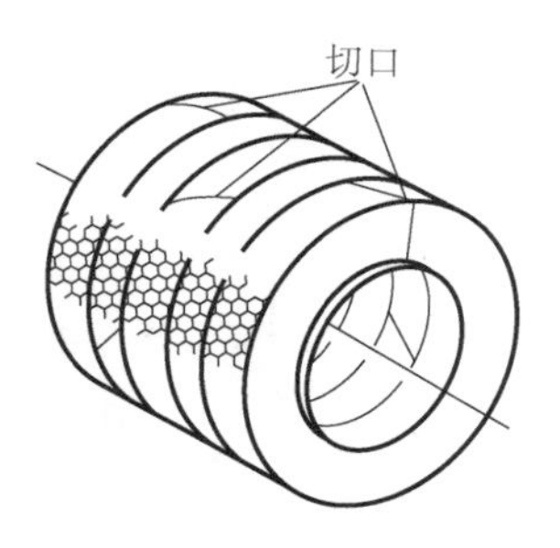


图 3 －3 －4 －13　填料装填时的切口要求

⑥压紧压盖。装填完最后一根填料后，调整压盖垂直于衬套，并适当地压紧压盖；再用手转动轴，调整压紧力趋于抛物线分布，最后再略微放松一下压盖。

（7）试运转调整。试运转，检查是否达到密封要求和验证发热程度。若不能密封，可将填料再压紧一些；若发热过大，可将填料放松一些。反复调整至只呈滴状泄漏和发热不大时为止。

## 3.4 直线导轨副的装配工艺与技术

导轨是在机床上用来支承和引导部件沿着一定的轨迹准确运动或起夹紧定位作用的轨道。如车床上的大拖板就是沿着床身上的导轨进行纵向直线运动的。轨道的准确度和移动精度，直接影响机械的工作质量、承载能力和使用寿命。按工作原理导轨分为滑动导轨和滚动导轨两类。具体分类参见表 3-4-0-1。

表 3-4-0-1 直线导轨副的分类

| 类型 | | 特点 | 示意图 |
|---|---|---|---|
| 滑动导轨 | 普通滑动导轨 | 滑动面间摩擦阻力大，易产生爬行，磨损快，寿命短，结构简单，易制造，易保持精度。应用普遍 | |
| | 卸荷导轨 | 采用一定措施减小导轨间的接触压力，摩擦阻力较小，灵敏度较高 | |
| | 静压导轨 | 利用液压系统提供的液体的静压力，使两个相对运动的导轨面间处于纯液体摩擦状态，磨损小，寿命长，工作精度高，抗振性好，低速时不爬行，但结构复杂，对润滑油的洁净度要求高，一般用于重型机床及高精度机床 | |

续表

| 类型 | | 特点 | 示意图 |
|---|---|---|---|
| | 环形导轨 | 是回转工作台的运动轨迹。导轨接触面较宽，导轨副的刚度、精度和稳定性都较好。多用于立式车（磨）床、立式滚齿机、插床等 | |
| | 塑料导轨 | 贴塑导轨：在与床身相配的滑动导轨上粘贴一层动、静摩擦因数基本相同，耐磨、吸振的塑料软带 | |
| | | 注塑导轨：在调整好固定导轨与运导轨间相对位置后注入双组分塑料，固化后将导轨分离，得到的导轨副 | |
| 滚动导轨 | 滚珠导轨 | 结构简单，制造方便，接触面积小，刚度低，一般用于载荷较小的场合，如工具磨床的工作台 | 1—床身；2—钢球保持器；3—钢球；4，7—镶钢导轨；5—工作台；6—调节螺钉；8，9—镶钢导轨 |
| | 滚柱导轨 | 承载能力和刚度均比滚珠导轨好，但对导轨的平行度要求较高，一般用于载荷较大的场合 | |
| | 滚针导轨 | 滚针比滚柱直径还要细小，承载能力大，结构紧凑，但摩擦力较大，适用于尺寸受限制的场合 | |
| | 直线导轨 | 本身制造精度很高，安装、调整方便，形式、规格多样，多用于数控机床 | |

导轨的截面形状主要有 V 形、矩形、燕尾形、圆柱形等。常用的导轨类型参见表 3－4－0－2。

表 3－4－0－2 导轨的常用类型

| 导轨类型 | 主要特点 | 使用场合 | 示意图 |
| --- | --- | --- | --- |
| 平导轨（矩形导轨） | 适用于较长的零部件；制造简单，承载能力大，但不能自动补偿磨损，需用平镶条或斜镶条来调整间隙的大小，导向精度低，摩擦力比较大，需良好的防护 | 主要用于载荷大的机床或组合导轨 | 平导轨 |
| 圆柱形导轨 | 制造简单，内孔可研磨，外圆采用磨削可达配合精度，磨损不能自动调整间隙 | 主要用于受轴向载荷场合，如钻、镗床主轴套筒、车床尾座 | 圆柱形导轨 |
| 燕尾形导轨 | 制造较复杂，磨损不能自动补偿，用一根镶条可调整间隙，尺寸紧凑，调整方便 | 主要用于要求高度小的部件中，如车床刀架 | 燕尾形导轨 |
| V 形导轨 | 导向精度高，磨损后能自动补偿。凸形有利于排屑，但不易保存润滑油，用于低速。凹形特点与凸形相反，高、低速均可采用。对称形截面制造方便 | 应用较广 | V形导轨 |

导轨副是由运动部件（如工作台）上的动导轨和固定部件（如床身、机架）上的支承导轨组成。

导轨不仅广泛应用于机器中，同时应用于日常生活中，如抽屉的导轨、窗帘的导轨、电梯的导轨等。导轨可以只有一根（如窗帘的导轨），也可以有两根（如车床上的拖板导轨）。两根导轨可以使滑块变得更加稳定。选择导轨时主要考虑载荷的大小、工作温度、零部件的运行速度、所需的位置精度等因素。一般情况下，人们都使用导轨的整套装置，这些整套装置含有带导轨的导向滑块，有时还用带驱动的主轴和马达等装置。

## 3.4.1 平导轨的装配工艺与技术

平导轨可以使零、部件沿着固定的轨迹产生位移。支承导轨一般呈矩形截面，动导轨放置在导轨上，可以沿导轨做直线滑行。平导轨副如图 3－4－1－1 所示。平导轨常与其他类型导轨组合使用，如车床尾座的两个导轨分别为 V 形导轨和平导轨。

由于平导轨磨损后无法进行间隙补偿。所以，平导轨的间隙常利用平镶条和斜镶条来进行调整，如图 3－4－1－2 所示。

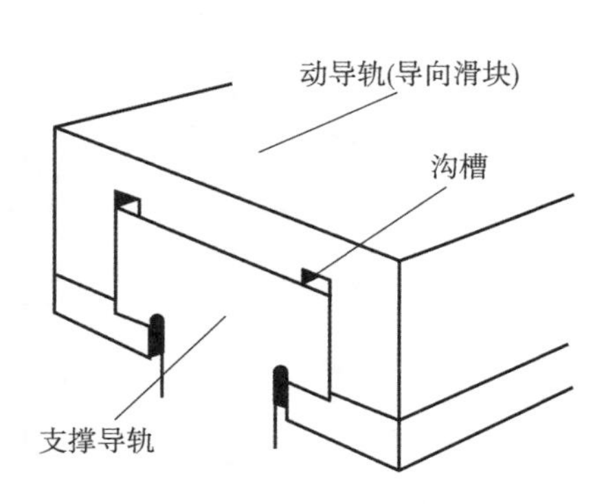


图 3-4-1-1　平导轨副

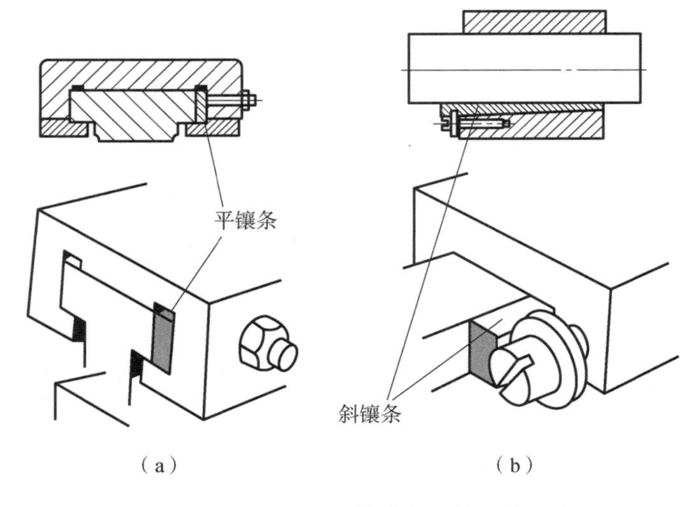


图 3-4-1-2　平导轨磨损后的间隙调整

(a) 平镶条；(b) 斜镶条

## 一、平镶条间隙调整

平镶条是用于间隙调整的最简单的零件，是一块矩形截面的板条，常用塑料制造，也可用青铜材料制造。

### 1. 用螺栓调整间隙

在平镶条的长度方向设置三个螺栓：中间螺栓为紧固螺栓，拧动它，将平镶条向外拉；两端的螺栓为压紧螺栓，拧动它，将平镶条向导轨压紧，从而使平镶条产生弯曲，弯曲越厉害，导轨与导向滑块间的间隙就越小，如图 3-4-1-3（a）所示。为避免平镶条的局部导向现象，可在每一个压紧螺栓附近都安装一个拉紧螺栓，使平镶条不产生弯曲，使平镶条在整个长度范围内都与导轨接触，如图 3-4-1-3（b）所示。

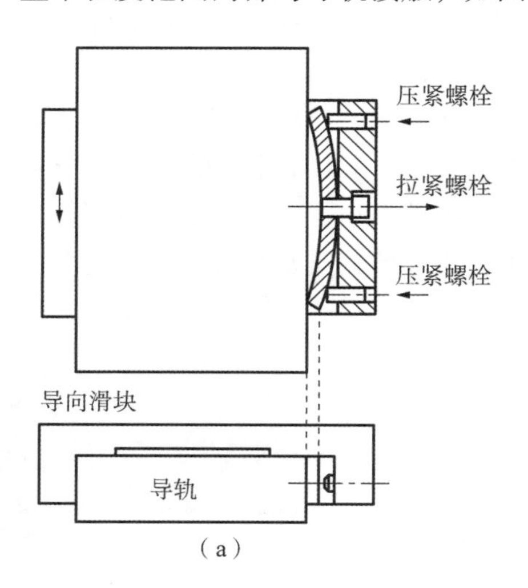


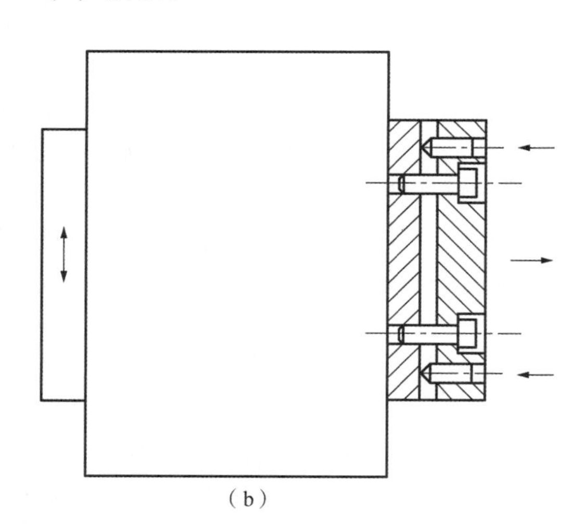


图 3-4-1-3　用拉紧、压紧螺栓调整间隙

(a) 螺栓调整间隙；(b) 每个压紧螺栓旁装一个拉紧螺栓，调整间隙

2. 用调节螺钉调整间隙

在导向滑块上配有一定数量的调节螺钉，导向滑块越长，调节螺钉就越多。从导向滑块两端向中间对称且均匀地拧紧调节螺钉时，间隙就会变小。如图 3－4－1－4 所示。

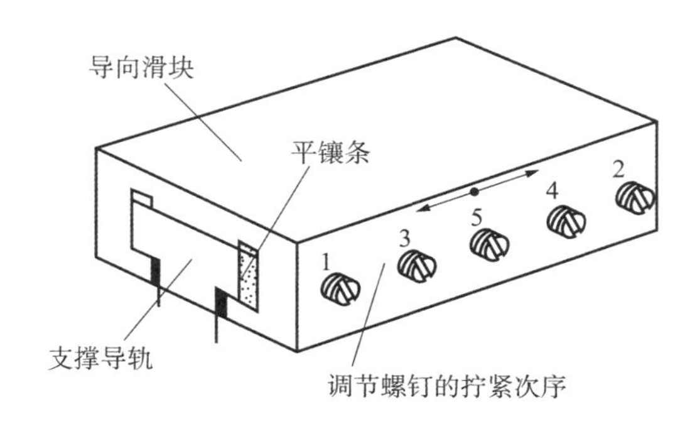


图 3－4－1－4　用调节螺钉调整间隙

### 二、斜镶条间隙调整

斜镶条的间隙调整方法比平镶条更好。斜镶条的斜度一般为 1∶100～1∶60，导向滑块越长，斜度越小。拧紧带肩螺栓时，斜镶条就会向前推进，从而使间隙变小。如图 3－4－1－5（a）所示。

为了准确地确定用来安装调节螺栓的槽口位置，制作斜镶条时，其原始长度应当比所需的长度大一些。槽口的位置确定后，再将斜镶条切割到所需的长度。如图 3－4－1－5（b）所示。

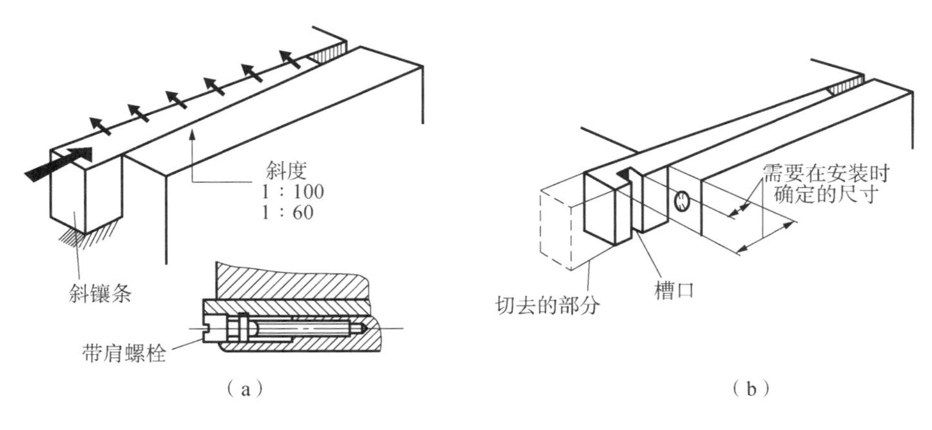


图 3－4－1－5　用斜镶条调整间隙

（a）斜镶条的间隙调整；（b）斜镶条的制作

### 三、间隙的测量

导轨和导向滑块之间的间隙大小可以用塞尺来进行测量。

### 四、平导轨的润滑

平导轨接触面比较大，为减小导轨与滑块之间的摩擦，降低磨损和热量，在导轨与滑块之间必须提供足够的润滑。平导轨与导向滑块之间一般采用润滑油进行润滑，以方便地渗透

到整个间隙中。在轻载和低速场合下，有些用有自润滑特性的材料（如 PA（尼龙）和 PTFE（聚四氟乙烯））等制作的导轨不需要润滑。

## 3.4.2 燕尾导轨的装配工艺与技术

燕尾导轨由导轨与滑块两部分组成，两部分零件的截面均为燕尾形（等腰梯形的形状），一般燕尾导轨的角度设计为 50°，滑块依靠与导轨之间的配合可以在导轨上做往复直线运动，如图 3－4－2－1 所示。按配合间隙是否可调，燕尾导轨分为不可调节的燕尾导轨和可调节的燕尾导轨。不可调节的燕尾导轨，配合间隙是不能改变的，其配合精度要求高，如图 3－4－2－2 所示。可调节的燕尾导轨，其间隙可以调节，导轨间无须高精度的配合。燕尾导轨常用于车床、铣床、磨床、钻床等设备中。其安装方便、运行平稳，可以承受较大的压力，但制造较复杂，磨损不能自动补偿。

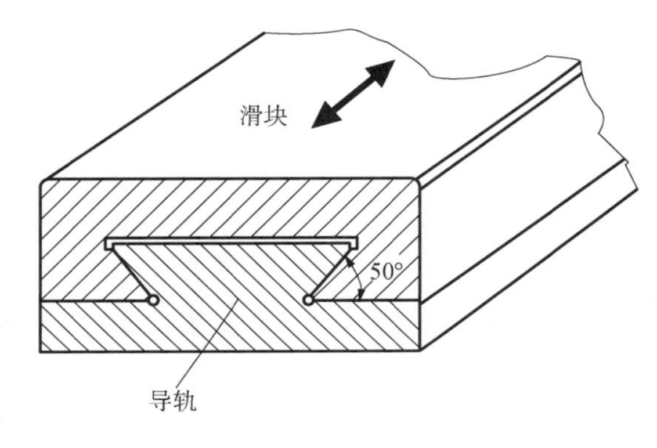


图 3－4－2－1　燕尾导轨

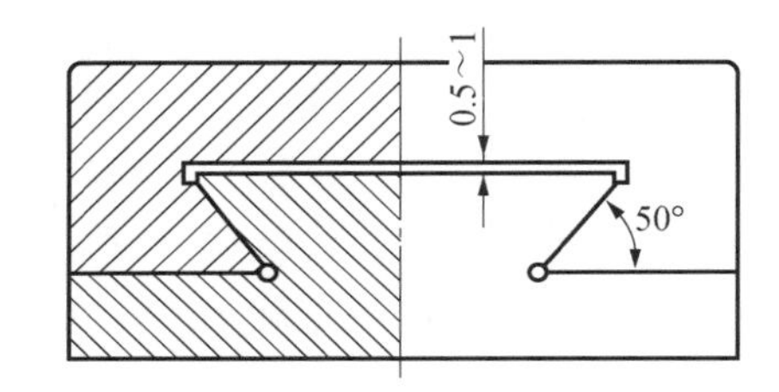


图 3－4－2－2　不可调节的燕尾导轨

### 一、燕尾导轨间隙的调整

导轨的间隙大小对于导轨运行来说是非常重要的，间隙过小时，导轨会发热或发生卡住现象；间隙过大时，导轨直线运动的精度就会降低。可调节的燕尾导轨间隙可以利用平镶条、梯形镶条和斜镶条进行调节。

#### 1. 用平镶条调整

平镶条的形状与导轨及滑块之间的空隙相同，松开锁紧螺母，拧紧调节螺钉，使平镶条压向导轨的一侧，调整导轨间的间隙至要求后拧紧锁紧螺母。如图 3－4－2－3 所示。

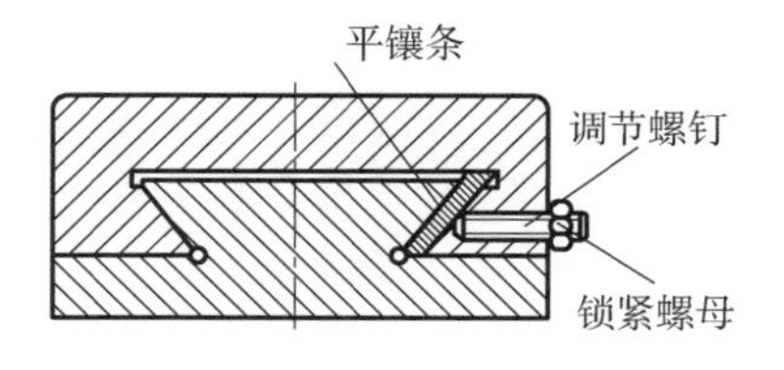


图 3－4－2－3　用平镶条调整间隙

#### 2. 用梯形镶条调整

在燕尾导轨的长度方向设置 1～2 个调节螺钉（短燕尾导轨设置 1 个，长燕尾导轨设置 2 个），拧紧调节螺钉，使梯形镶条压向导轨的一侧，导轨间的间隙减小。梯形镶条基本上

不会发生弯曲，调节比平镶条稳定。如图 3－4－2－4 所示。

3. 用斜镶条调整

拧紧带肩螺钉，使斜镶条向滑块和导轨内推进，从而使间隙变小，使斜镶条可以压紧在滑块和导轨之间。如图 3－4－2－5 所示。

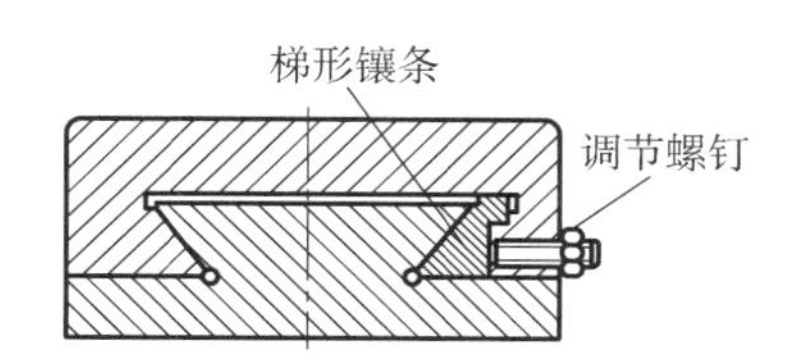


图 3－4－2－4 用梯形镶条调整间隙

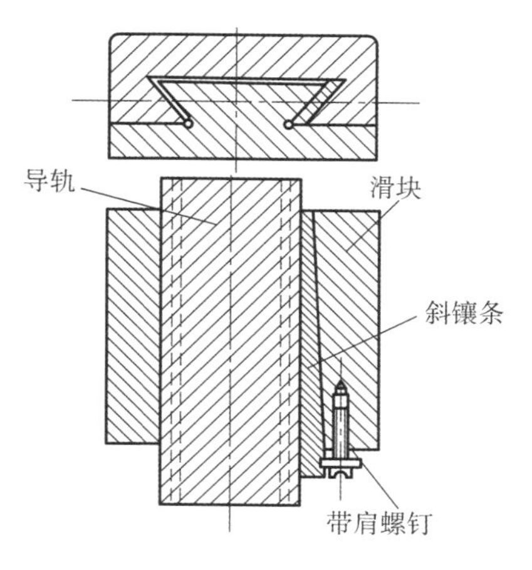


图 3－4－2－5 用斜镶条调整间隙

二、间隙的测量

通常，导轨与滑块间的间隙可以用塞尺塞入导轨与滑块间进行测量，并根据实测间隙的大小进行正确的调整。

三、燕尾导轨的润滑

燕尾导轨的润滑方法与平导轨相同，润滑时可根据具体情况选用合适润滑油或润滑脂。

## 3.4.3 直线滚动导轨副的装配工艺与技术

直线滚动导轨副是由一根导轨与一个或几个滑块构成，如图 3－4－3－1 所示。滑块内含有滚动体（滚珠或滚柱），随着滑块或导轨的移动，滚动体在滑块与导轨间循环滚动，使滑块与导轨之间的滑动摩擦变为滚动摩擦，并使滑块能够沿着导轨无间隙地做直线运行。

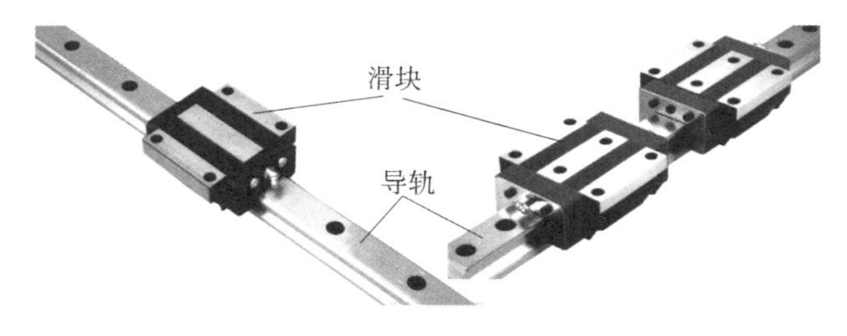


图 3－4－3－1 直线滚动导轨副

直线滚动导轨副具有以下优点。

（1）阻力小，无间隙，无爬行。

（2）能实现无间隙运动，机械系统具有高的刚度，适应高速直线运动。

（3）标准化、系列化、通用化程度高，易于互换。

（4）节能环保，使用寿命长。

（5）安装、调试、维修、更换方便。

（6）定位精度和重复定位精度高。

这类导轨适用于零部件需要精确定位的场合，在 CNC 机床和各类自动化装备中得到广泛使用，在高速和超高速 CNC 机床中，它的功能也能得到充分发挥。

## 一、导轨的安装

### 1. 直线滚动导轨的类型和特点

直线滚动导轨的类型及特点参见表 3－4－3－1。

表 3－4－3－1　直线滚动导轨的类型及特点

| 类型 | 特点 | 应用场合 | 示意图 |
|---|---|---|---|
| 球轴承直线滚动导轨副 | 摩擦小、速度高、使用寿命长，运动精度较高，承载能力较大 | 应用于激光或水射流切割机、送料机构、打印机、测量设备、机器人、医疗器械等 | 滑块<br>导轨<br>滚珠 |
| 滚柱轴承直线滚动导轨副 | 摩擦较大、速度较高，同等条件下，使用寿命长比球轴承短，承载能力大、运动精度高 | 应用于电火花加工机床、数控机械、注塑机等 | 滑块<br>导轨<br>滚柱 |

### 2. 直线滚动导轨的连接

单根直线滚动导轨的长度一般最长为 3～4 m，如零件要产生较大的位移时，可把两根或多根短导轨接长成为长导轨，以适应各种行程和用途的需要。导轨连接时，只要把编号相同的端面连接起来，就可以获得长的导轨，如图 3－4－3－2 所示。在连接时，各段导轨必须对齐并用专用量棒和夹紧工具进行校直，如图 3－4－3－3 所示。

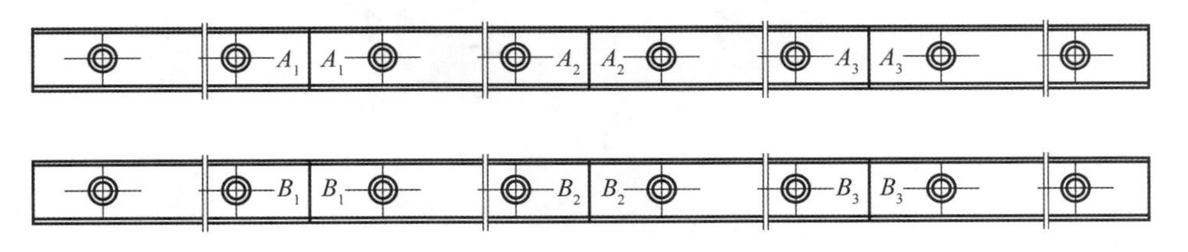


图 3－4－3－2　导轨的连接

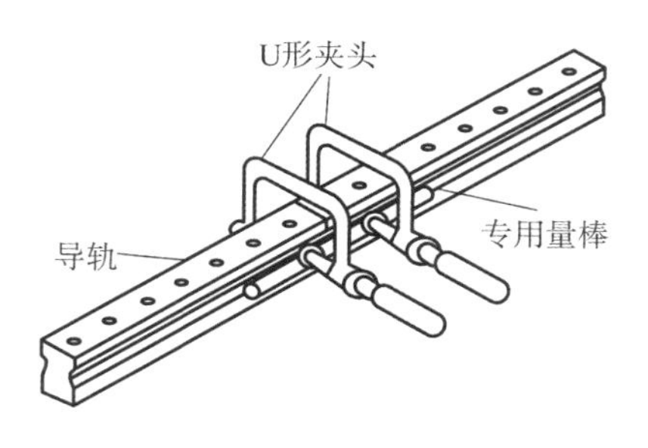


图3-4-3-3　导轨的校直

为防止灰尘、污物等进入导轨，常常在导轨上覆盖柔性防护罩，如图3-4-3-4所示。

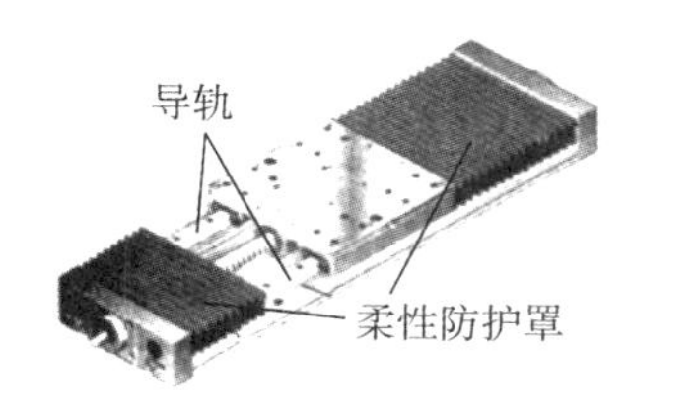


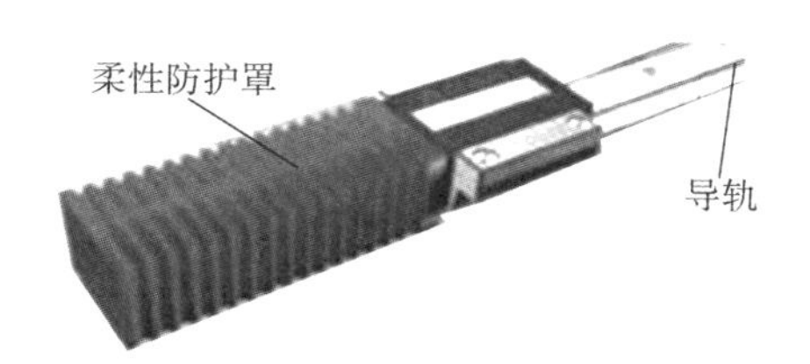


图3-4-3-4　导轨的防护罩

3. 直线滚动导轨的安装工艺

（1）导轨副要轻拿轻放，以免磕碰影响其直线精度；检查导轨是否有合格证，有否碰伤或锈蚀，将防锈油清洗干净，清除装配表面的毛刺、撞击突起及污物等。不允许将滑块拆离导轨或超过行程又推回去。

（2）正确区分基准导轨副与非基准导轨副：基准导轨副，在产品编号标记最后一位（右端）加有字母“J”，如图3-4-3-5（a）所示；同时，在导轨轴和滑块座实物上的同一侧面均刻有标记槽或“J”字样，如图3-4-3-5（b）所示。

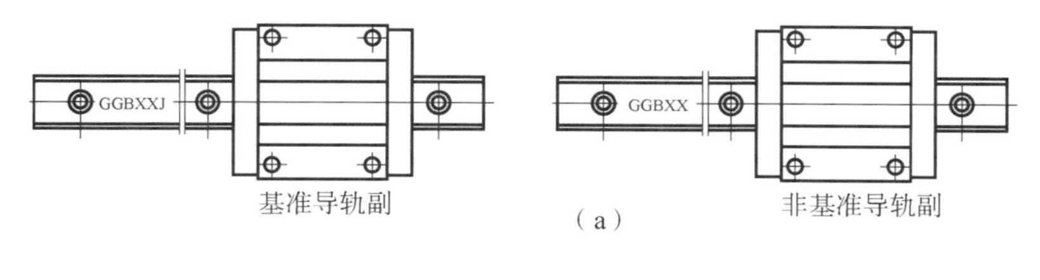


（a）

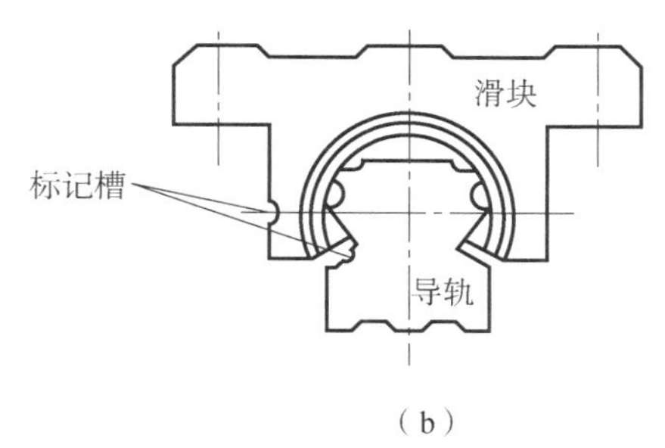


（b）

图3-4-3-5　导轨副的基准面识别
（a）标记“J”；（b）标记槽

（3）认清导轨副安装时所需的基准侧面。导轨副安装时所需的基准侧面的区分，如图3－4－3－6所示。

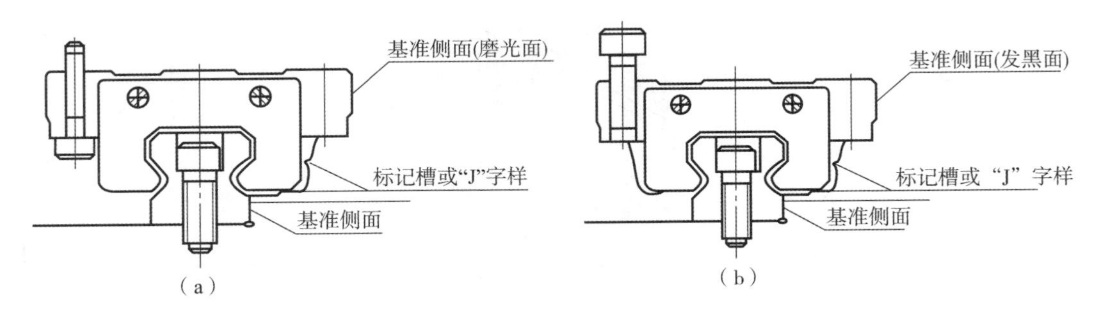


图3－4－3－6　导轨副安装时的基准侧面

（a）基准导轨副；（b）非基准导轨副

（4）安装导轨。在同一平面内平行安装两根导轨时，如果振动和冲击较大，精度要求较高，则两根导轨侧面都要定位，如图3－4－3－7所示。否则，只需一根导轨侧面定位，如图3－4－3－8所示。

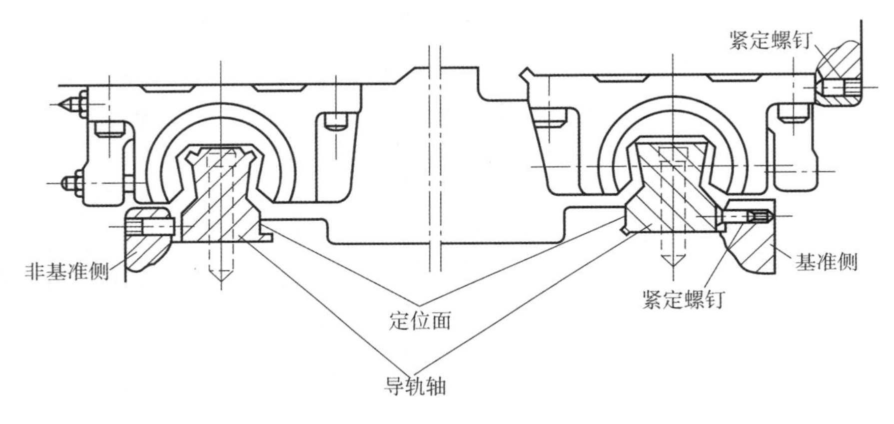


图3－4－3－7　双导轨定位

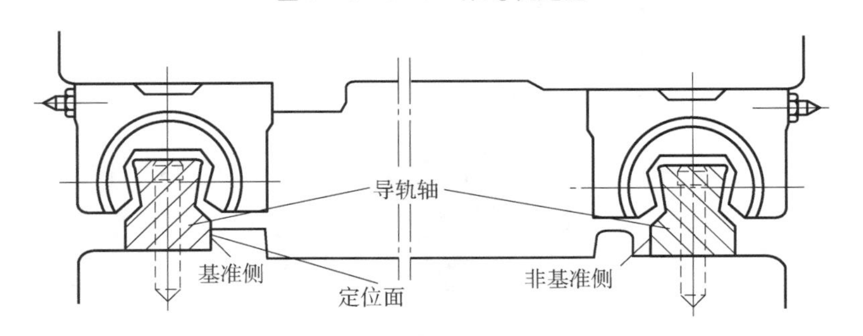


图3－4－3－8　单导轨定位

①双导轨侧面都定位的安装工艺。

a. 保持导轨、机器零件、测量工具及安装工具的干净和整洁。

b. 将基准导轨副的侧基准面（刻有小沟槽的一侧）与安装台阶的基准侧面相对，图3－4－3－9（a）所示为对准螺孔，然后在孔内插入螺栓，如图3－4－3－9（b）所示。

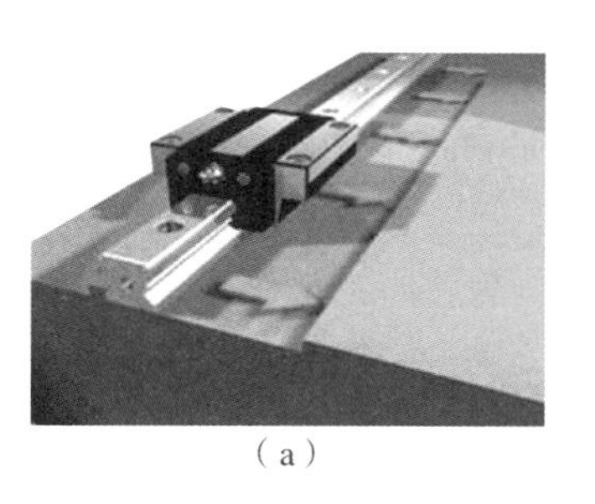
（a）

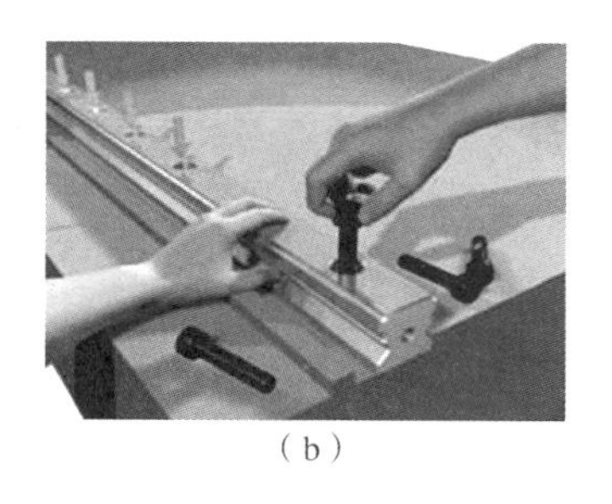
（b）

图3－4－3－9　基准侧面的对准

（a）双准基准面；（b）对准螺孔，插入螺栓

c. 利用内六角扳手用手拧紧所有的螺栓。此处的“用手拧紧”是指拧紧后导轨仍然可以利用塑料锤轻敲导轨侧面而微量移动。

d. 利用U形夹头使导轨轴的基准侧面紧紧靠贴在安装台阶的基准侧面，然后在该处用固定螺栓拧紧（建议采用配攻螺纹孔），由一端开始，依次将导轨固定，如图3－4－3－10（a）所示。当无安装台阶时，将导轨一端固定后，按图3－4－3－10（b）所示方法将表针靠在导轨的基准侧面，以直线块规为基准，自导轨的一端开始读取指针值校准直线度，并依次将导轨固定。

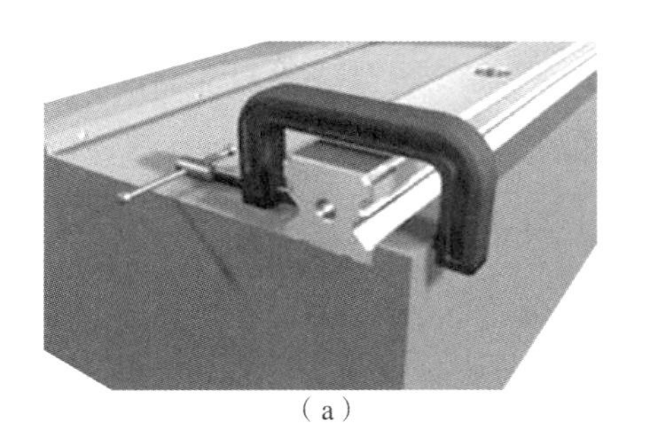
（a）

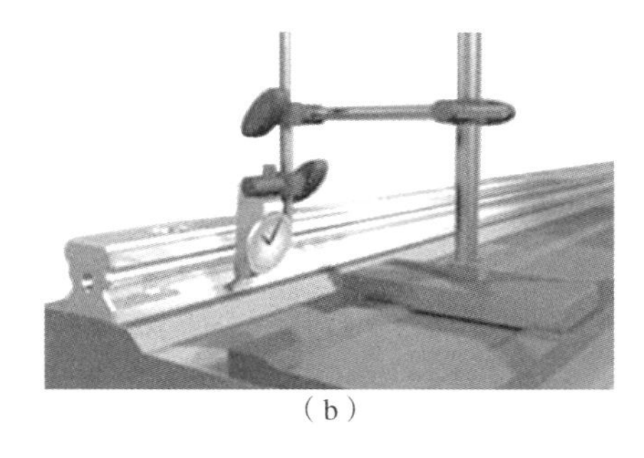
（b）

图3－4－3－10　导轨的校准与固定

（a）有安装台阶的导轨固定；（b）无安装台阶的导轨固定

e. 用扭矩扳手按“从中间向两边延伸”的拧紧顺序将螺栓旋紧，如图3－4－3－11所示。扭矩的大小可根据螺栓的直径和等级，查阅相关手册。

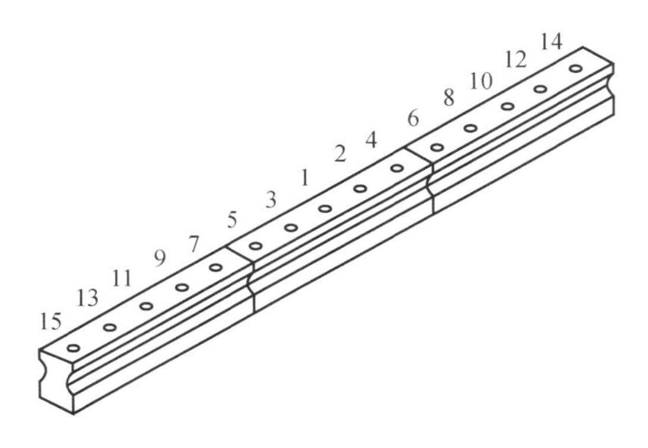


图3－4－3－11　导轨紧固螺栓的拧紧顺序

f. 安装非基准导轨副。非基准导轨副与基准导轨副的安装次序相同，只是侧面只需轻轻靠上，不要顶紧，或按图 3 -4 -3 -12 所示的方法安装：将吸铁表座固定在基准导轨副的滑块上，量表的指针顶在非基准导轨副的导轨基准侧面，从导轨的一端开始读取平行度，并顺次将非基准导轨副固定好。

图 3 -4 -3 -12　非基准导轨副的安装

②单导轨侧面定位的安装工艺。

a. 保持导轨、机器零件、测量工具及安装工具的干净和整洁。

b. 将基准导轨副基准面（刻有小沟槽）的一侧，与安装台阶的基准侧面相对，对准安装螺孔，然后在孔内插入螺栓。

c. 利用内六角扳手用手拧紧所有的螺栓。并用多个 U 形夹头，均匀地将导轨轴的基准侧面紧紧靠贴安装台阶的基准侧面。

d. 用扭矩扳手将螺栓旋紧。

e. 非基准导轨轴对准安装螺孔，用手拧紧所有的螺栓。采用相应的平行度检测工具和方法，调整非基准侧导轨轴，直到达到规定平行度要求后，用扭矩扳手逐个拧紧安装螺栓。

③床身上没有凸起基面时的安装工艺。

a. 用手拧紧基准导轨轴的安装螺栓，使导轨轴轻轻地固定在床身装配表面上，把两块滑块座并在一起，上面固定一块安装千分表架的平板。

b. 千分表测头接触低于装配表面的侧向辅助工艺基准面，如图 3 -4 -3 -13 所示。根据千分表移动中读数指示，边调整边紧固安装螺钉。

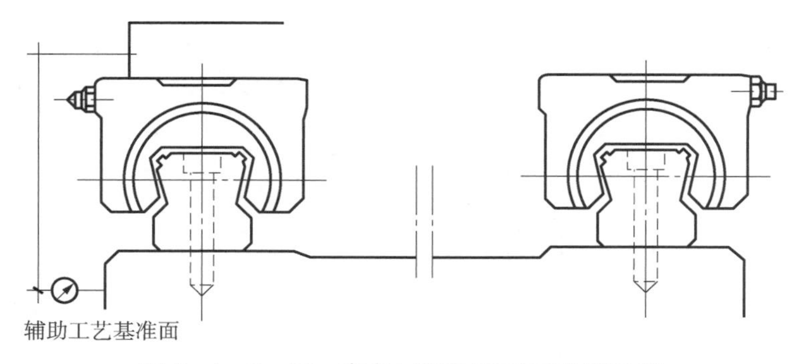


图 3 -4 -3 -13　床身上没有凸起基面时的安装

c. 用手拧紧非基准侧导轨轴的安装螺栓，以将导轨轴轻轻地固定在床身装配表面上。

d. 装上工作台并与基准侧导轨轴上两块滑块座和非基准侧导轨轴上一块滑块座用安装螺栓正式紧固，另一块滑块座则通过用手拧紧其安装螺栓来轻轻地固定。

e. 移动工作台，测定其拖动力，边测边调整非基准侧导轨轴的位置。当达到拖动力最小、全行程内拖动力波动最小时，就可用扭矩扳手逐个拧紧全部安装螺栓。

④滑块座的安装。

a. 将工作台置于滑块座的平面上，并对准安装螺钉孔，用手拧紧所有的螺栓。

b. 拧紧基准侧滑块座侧面的压紧装置，使滑块座基准面紧紧靠贴工作台的侧基面。

c. 按对角线顺序，逐个拧紧基准侧和基准侧滑块座上的各个螺栓，如图 3－4－3－14 所示。

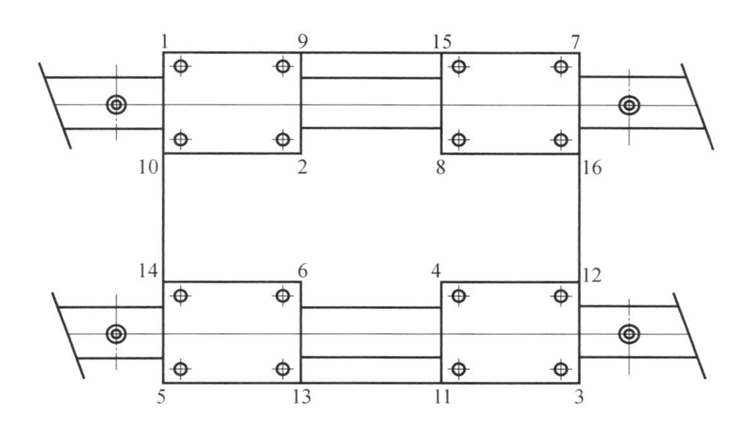


图 3－4－3－14　滑块座上的螺栓拧紧顺序

d. 检查整个行程内导轨运行是否轻便、灵活、无停顿阻滞现象。达到上述要求后，检查工作台的运行直线度、平行度是否符合要求。

（5）装配后精度的测定。

①不装工作台，分别对基准侧和非基准侧的导轨副进行直线度测定。

②装上工作台进行直线度和平行度的测定。

推荐的测定方法如表 3－4－3－2 所示。

表 3－4－3－2　推荐的测定方法

| 序号 | 测量简图 | | 检验项目和检验工具 | 检验方法 |
|---|---|---|---|---|
| | 直线滚动导轨副 | 工作台移动部件 | | |
| 1 | （a） | （b） | 滑块座和工作台移动在垂直面内的直线度<br>指示器、平尺 | 千分表按图固定在中间位置，触头接触平尺，并调整平尺，使其头尾读数相等，然后全程检验，取其最大差值 |

续表

| 序号 | 测量简图 | | 检验项目和检验工具 | 检验方法 |
|---|---|---|---|---|
| | 直线滚动导轨副 | 工作台移动部件 | | |
| 2 | （a） | （b） | 滑块座和工作台移动在水平面内的直线度<br>指示器、平尺 | 千分表按图固定在中间位置，触头接触平尺，并调整平尺，使其头尾读数相等，然后全程检验，取其最大差值 |
| 3 | | | 工作台移动对工作台面的平行度<br>指示器、平尺 | 千分表触头接触平尺，并调整两端等高，全程检验，取其最大差值 |
| 4 | （a） | （b） | 滑块座和工作台移动在垂直和水平面内的直线度<br>自准直仪 | 反射镜按图固定在中间位置，然后全程检验，取其最大差值 |

（6）密封安装孔。

导轨经过安装和调节以后，应当对螺栓的安装孔进行密封，这样就可以确保导轨面的光滑和平整。根据导轨的结构，安装孔可以用防护条或防护塞来加以密封。在安装防护条或防护塞的前后，必须使导轨的表面保持清洁，没有油脂（包括导轨的侧面）。清理工作完成后才能安装滑块。

①防护塞的安装。

防护塞的安装如图 3－4－3－15 所示。

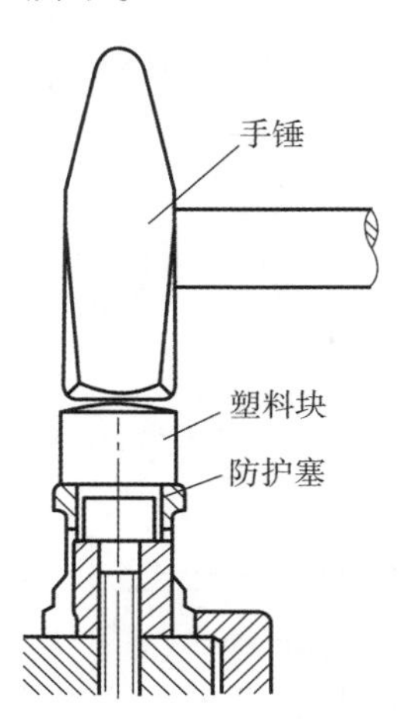


图 3－4－3－15　防护塞的安装

a. 将防护塞插入安装孔内，并轻轻地压入孔中，保持防护塞与安装孔垂直。

b. 在防护塞上放一塑料块，然后仔细地将防护塞锤入安装孔内。

c. 用手指甲在保护帽边上进行刮擦检查，以防防护塞凸出导轨表面。

②防护条的安装。

防护条的安装如图 3 –4 –3 –16 所示。

a. 防护条太长时，可以将它截短。

b. 将防护条夹紧在正确位置后，将它的末端弯折，再把滑块装至导轨上，并在导轨的两端安装防护盖。

c. 如采用粘贴法装防护条，可将防护条直接粘贴在导轨上，待彻底干燥后即可。

4. 滑块的装配

当滑块与导轨是分开供应时，装配滑块应按如下步骤进行。

（1）清洁导轨和滑块，去除油脂。

（2）将与滑块配套供应的短导轨和装配导轨放置在一条线上并对齐。

（3）将滑块仔细地、慢慢地推到装配导轨上，然后拿掉那根配套的导轨，如图 3 –4 –3 –17 所示。

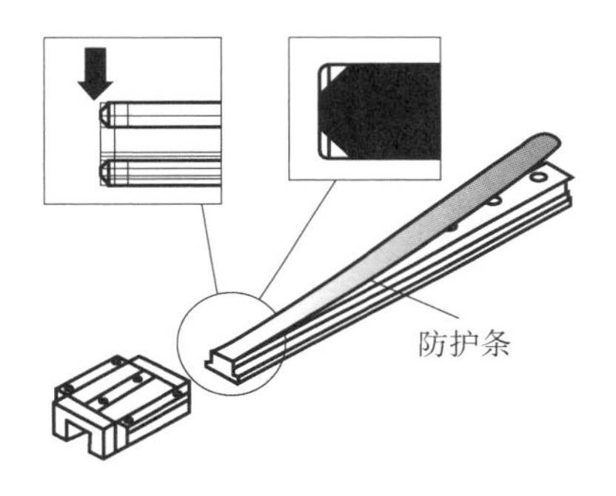


图 3 –4 –3 –16　防护条的安装

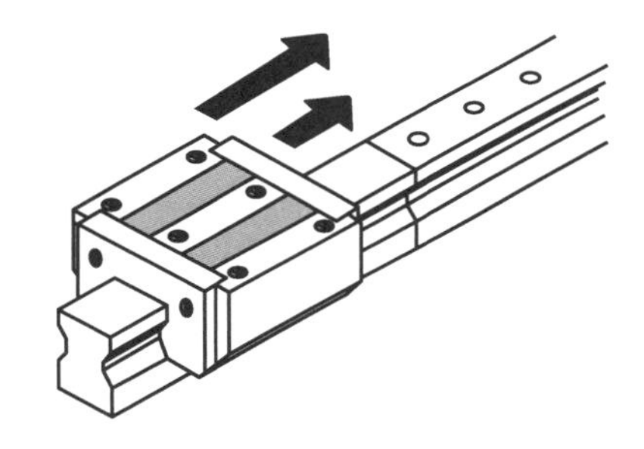

图 3 –4 –3 –17　滑块的装配

（4）安装刮屑板。在滑块的两端安装刮屑板，以除去滑块前面导轨上的污垢、液体等，防止其进入滑块中的滚动体中，延长导轨的使用寿命和导轨的精度，如图 3 –4 –3 –18 所示。

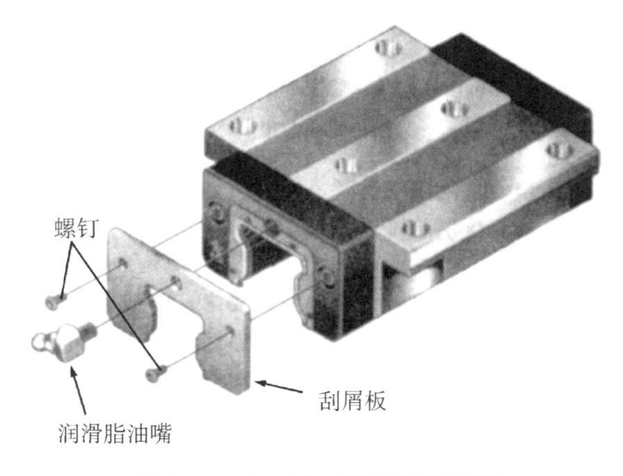


图 3 –4 –3 –18　刮屑板的安装

5. 直线滚动导轨的固定

直线滚动导轨的紧固一般设计成不能横向受力的结构。如果有横向受力的情况，就应当

安装顶紧件来固定导轨和滑块，防止它们的横向移动。顶紧件的固定表面必须经过磨削，以达到高的平面度。常用紧定螺钉、楔块和压板等顶紧件固定导轨和滑块，如图 3－4－3－19 所示。

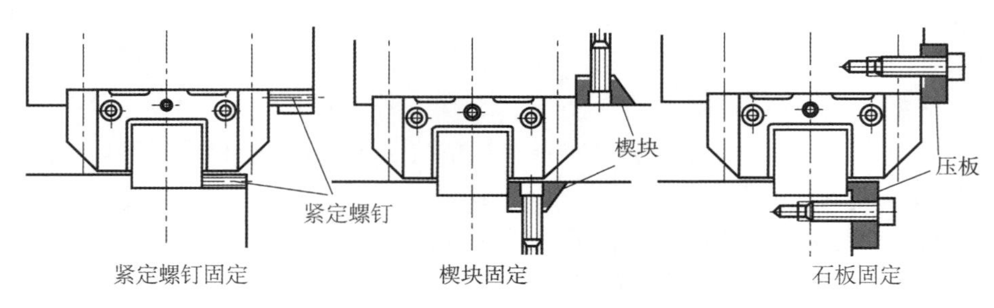


图 3－4－3－19　直线滚动导轨的固定

## 3.4.4　直线滚动导轨套副的装配工艺与技术

### 一、直线滚动导轨套副概述

直线滚动导轨套副是由直线运动球轴承 3、支承座 4、导轨轴 2 和导轨轴支承座 1 等组成，如图 3－4－4－1 所示。

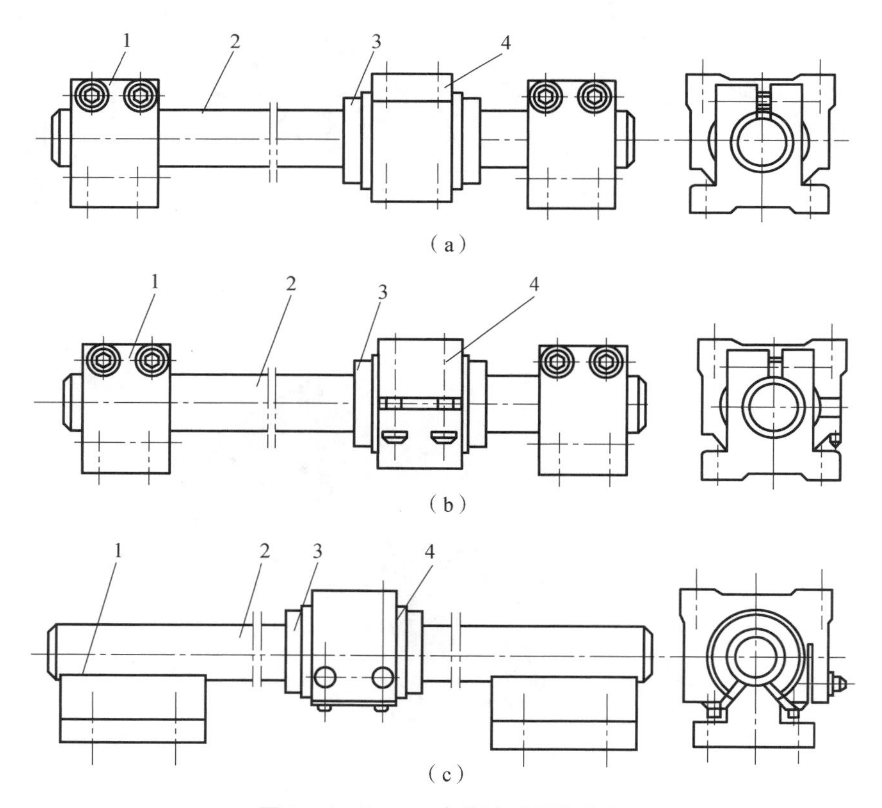


图 3－4－4－1　直线滚动导轨套副

1—导轨轴支承座；2—导轨轴；3—直线运动球轴承；4—直线运动球轴承支承座

由于结构上的原因，直线滚动导轨套副只能在导轨轴上做轴向直线往复运动，而不能旋转。直线滚动导轨套副的类型参见表 3－4－4－1。

表 3－4－4－1　直线滚动导轨套副的类型

| 类型 | | 配用导轨轴支承座数 | 使用场合 |
|---|---|---|---|
| 标准型 | 通用系列（GTB） | 只能配用两个导轨轴支承座 | 适用于短行程或对运动轨迹的精度要求不太高的场合 |
| | 特殊系列（GTBt） | | |
| 调整型 | 通用系列（GTB－t） | | |
| | 特殊系列（GTBt－t） | | |
| 开放型 | 通用系列（GTA） | 可配用两个以上导轨轴支承座 | 适用于精度要求较高，长行程的场合 |
| | 特殊系列（GTAt） | | |

直线运动球轴承是一种用于轴上做直线运动的轴承，用于无限行程，与圆柱轴配合使用。这类轴承广泛用于计算机及其外围设备、自动记录仪及数字化三坐标测量设备等精密设备，以及多轴钻床、冲床、工具磨床、自动气割机、打印机、卡片分选机、食品包装机等工业机械的滑动部件。

直线运动球轴承由外套筒、保持架、滚珠（负载滚珠和回珠）和镶有橡胶密封垫的挡圈构成，滚珠的列数有 3、4、5、6 等几种，轴承两端的挡圈使保持架固定在外套筒上，使各个零件联结为一个套件，如图 3－4－4－2 所示。当直线运动球轴承与导轨轴做轴向相对直线运动时，滚珠在保持架的长圆形通道内循环流动。

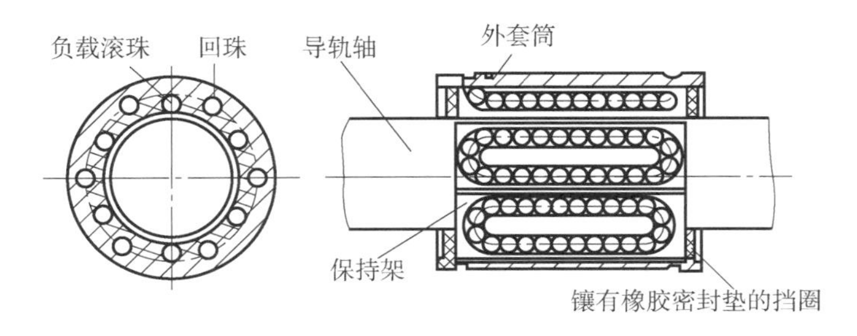


图 3－4－4－2　直线运动球轴承的结构

采用直线运动球轴承的目的是为了使机器上的零部件做直线运动。轴的直线度越高，直线运动球轴承的直线运动精度也越高。直线运动球轴承的外径、轴和壳体孔都有配合公差，能精确地压入壳体孔内，并轻易地装到导轨轴上。若一个直线运动球轴承不能承载大负荷，还可前后安装两个直线运动球轴承，从而提高负载能力。直线运动球轴承的类型参见表 3－4－4－2。

表3－4－4－2　直线运动球轴承的类型

| 类型 | 示意图 | 结构特点 |
| --- | --- | --- |
| 标准型（LB） |  | 外形为圆柱形，与导轨轴之间的间隙不可调，是常用的类型。精度有普通级（P）和精密级（J） |
| 调整型（LB－AJ） |  | 具有与标准型相同的尺寸，在直线运动球轴承外套筒和挡圈上开有轴向切口，能够任意调整其与导轨轴之间的间隙，适用于要求调隙的场合 |
| 开放型（LB－OP） |  | 在直线运动球轴承外套筒和挡圈上开有轴向扇形切口，适用于带有多件导轨轴支承座的长行程的场合，可以调整间隙套内滚珠的列数较标准型和调整型少一列 |

## 二、直线滚动导轨套副的安装

### 1. 直线运动球轴承的安装

1）将直线运动球轴承安装在轴承座中（如图3－4－4－3所示）

（1）清洁轴承孔、安装心轴和直线运动球轴承外部。

（2）将直线运动球轴承安装在心轴上。

（3）将直线运动球轴承连同安装心轴放置在轴承座孔上，并小心地用心轴将其压进孔里。但要确保压入过程中，轴承与孔在垂直方向上处于同一直线上。

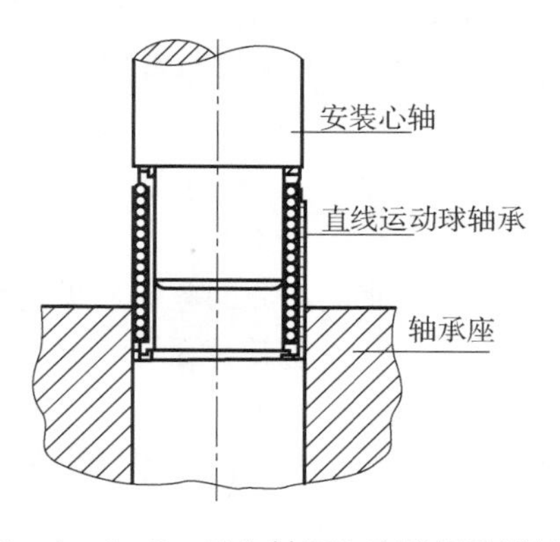


图3－4－4－3　用心轴压入直线运动球轴承

（4）用塑料锤将直线运动球轴承轻轻敲入轴承座中。也可用小型手动压力机或拉马将

其压进去。

2）将直线运动球轴承装于导轨轴上

（1）清洁导轨轴并去除毛刺。

（2）将直线运动球轴承装至轴上，要防止直线运动球轴承滑到轴外面去，如图 3－4－4－4 所示。

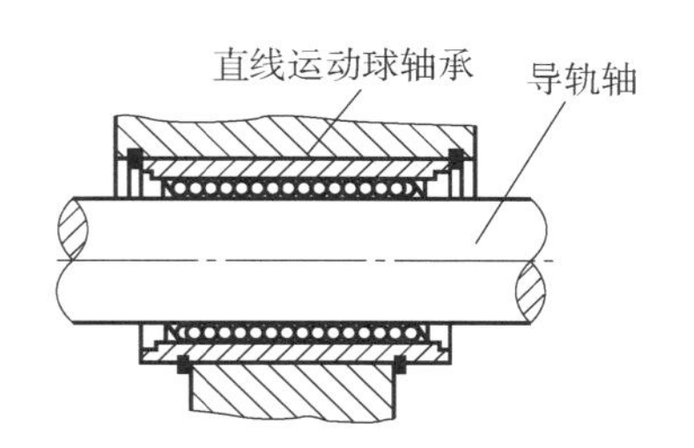


图 3－4－4－4　直线运动球轴承在导轨轴上的安装

（3）用弹性挡圈等紧固件对直线运动球轴承进行固定，如图 3－4－4－5 所示。

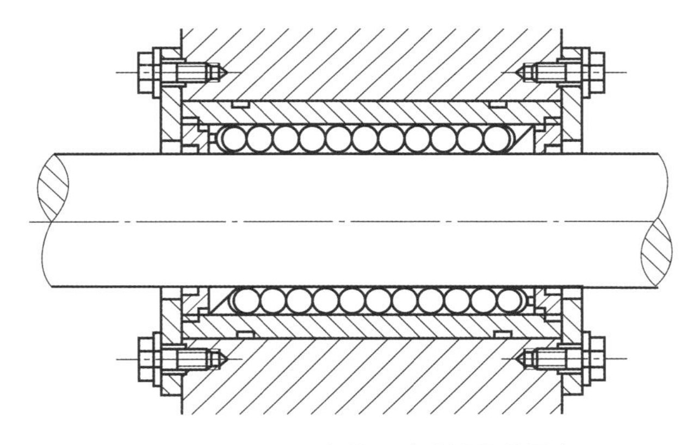

图 3－4－4－5　直线运动球轴承的固定

（4）调整直线运动球轴承间隙，如图 3－4－4－6 所示。

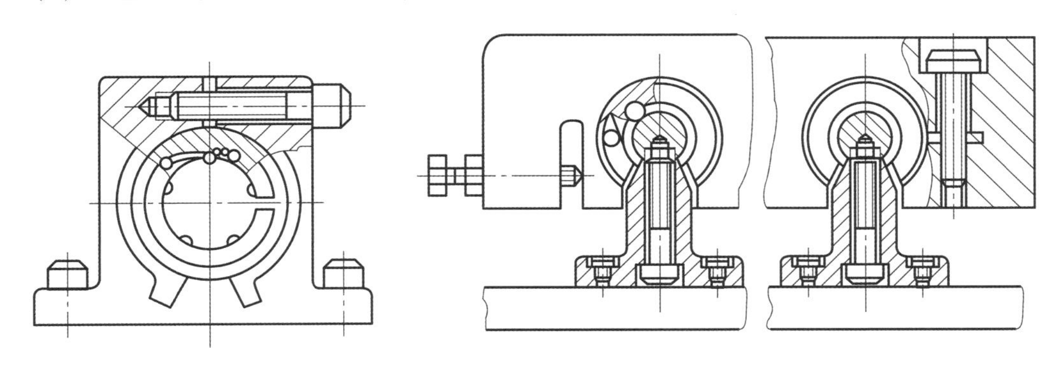

图 3－4－4－6　直线运动球轴承间隙的调整

2. 直线滚动导轨套副的安装

（1）区分识别基准直线滚动导轨套副和非基准直线滚动导轨套副。方法与直线滚动导轨副相同。

（2）先安装基准直线滚动导轨套副，然后安装非基准直线滚动导轨套副。安装方法参照直线滚动导轨副的装配。

（3）支承座与工作台的装配。工作台与支承座用螺钉固定后，应进行拖动力变化、工作台移动直线度、工作台移动对工作台面平行度的检查。

三、直线运动球轴承的密封

为防止润滑剂的流失，阻止灰尘等污物进入轴承内部，常在直线运动球轴承的两端安装密封圈，图 3 -4 -4 -7 所示为开口型直线运动球轴承用密封圈。最简单的密封圈是由毛毡制成的。

图 3 -4 -4 -7　开口型直线运动球轴承用密封圈

四、直线运动球轴承的润滑

为减小驱动转矩、提高传动效率、延长直线滚动导轨套副使用寿命，必须对直线运动球轴承进行润滑。直线运动球轴承的润滑要求与滚动轴承一样，可用脂或油进行润滑。

# 3.5　液压与气压传动系统的装调工艺与技术

## 3.5.1　液压元件的选用技术

为了使液压设备实现特定的循环或工作，可将实现各种不同运动的执行元件及其液压回路拼集、汇合起来，用液压泵组集中供油，形成一个网络，就构成了设备的液压传动系统，简称液压系统。液压系统装置是机械最常见的结构之一，液压元件结构与工作原理及其性能决定着一些大型机械设备的正常运转。液压元件选用的好坏，直接影响到液压系统的可靠性、稳定性等性能。

一、液压泵选用

在设计液压系统时，应根据液压系统所需压力、流量和工作稳定性等来具体确定泵的类型与规格。

选择液压泵的主要原则是满足系统的工况要求，并以此为根据，确定泵的输出流量、工

作压力和结构形式。

1. 确定泵的额定流量

泵的流量应满足执行元件最高速度要求，所以泵的输出流量 $q_p$ 应根据系统所需的最大流量和泄漏量来确定，即

$$q_p \geqslant Kq_{max}$$

2. 确定泵的额定压力

泵的工作压力应根据液压缸的最高工作压力及管路压力损失来确定，即

$$p_p \geqslant p_{max} + \Sigma\Delta p$$

3. 选择液压泵的具体结构形式

当液压泵的输出流量和工作压力确定后，就可以选择泵的具体结构形式了。

（1）一般情况下，负载小、功率小，额定压力小于2.5 MPa时，可选用齿轮泵；额定压力小于6.3 MPa时，可选用双作用式定量叶片泵；若额定压力大于6.3 MPa时，可选择柱塞泵。

（2）精度较高的中小功率的液压设备，可选用双作用式定量叶片泵（如磨床）。

（3）负载较大并有快速和慢速工作行程的液压设备（如组合机床等），可选用限压式变量叶片泵或双联叶片泵。

（4）负载大、功率大的液压设备（如龙门刨床、拉床、液压压力机等），可选用柱塞泵。

（5）应用于机床辅助装置的液压系统，如送料、定位和夹紧等装置，可选用价格低廉的齿轮泵。

在具体选择泵时，可参考表3-5-1-1所示常用泵的性能比较，选用合适的结构形式。

表3-5-1-1　常用液压泵的一般性能比较

| 项目＼类型 | 齿轮泵 | 双作用叶片泵 | 限压式变量叶片泵 | 轴向柱塞泵 | 径向柱塞泵 |
|---|---|---|---|---|---|
| 工作压力/MPa | <20 | 6.3~21 | ≤7 | 20~35 | 10~20 |
| 转速范围/（r·min⁻¹） | 300~7 000 | 500~4 000 | 500~2 000 | 600~6 000 | 700~1 800 |
| 容积效率 | 0.7~0.95 | 0.8~0.95 | 0.8~0.9 | 0.9~0.98 | 0.85~0.95 |
| 总效率 | 0.6~0.85 | 0.75~0.85 | 0.7~0.85 | 0.85~0.95 | 0.75~0.92 |
| 功率重量比 | 中 | 中 | 小 | 大 | 小 |
| 流动量脉动率 | 大 | 小 | 中 | 中 | 中 |
| 自吸特性 | 好 | 较差 | 较差 | 较差 | 差 |
| 对污染的敏感性 | 不敏感 | 敏感 | 敏感 | 敏感 | 敏感 |
| 噪声 | 大 | 小 | 较大 | 大 | 大 |
| 寿命 | 较短 | 较长 | 较短 | 长 | 长 |
| 单位功率造价 | 最低 | 中等 | 较高 | 高 | 高 |
| 应用范围 | 机床、工程机械、农机、矿机、起重机 | 机床、注射机、液压机、起重机、工程机械 | 机床、注射机 | 工程机械、锻压机械、矿山机械、冶金机械、起重运输机械、船舶、飞机等 | 机床、液压机、船舶机械 |

## 二、液压执行元件的选用

### 1. 液压马达的选用

液压马达选择时需要考虑的因素很多，如转矩、转速、工作压力、排量、外形及连接尺寸、容积效率、总效率等。液压马达的种类很多，可针对不同的工况进行选择。低速运转工况可选择低转速马达，也可采用高速马达加减速装置。这两种方案应根据结构及空间情况、设备成本、驱动转矩是否合理等进行选择。确定所选用马达的类型后，可根据液压马达新产品的技术参数概览表选出几种规格，然后进行综合分析，加以选择。常用液压马达的类型参见表3－5－1－2。

表3－5－1－2　常用液压马达的类型

| 液压马达类型 | | 特点 | 应用场合 |
|---|---|---|---|
| 齿轮马达 | | 齿轮马达结构简单，制造容易，转速脉动性较大，负载转矩不大，速度平稳性要求不高，噪声限制不严 | 适用于高转速低转矩的情况，一般用于钻床、通风设备中 |
| 叶片马达 | | 结构紧凑，外形尺寸小，运动平稳，噪声小，负载转矩小 | 一般适用于磨床回转工作台、机床操纵机构 |
| 摆线马达 | | 负载速度中等，体积要求小 | 一般适用于塑料机械、煤矿机械、挖掘机 |
| 柱塞马达 | 轴向柱塞马达 | 结构紧凑，径向尺寸小，转动惯性小，转速较高，负载大，有变速要求，负载转矩较小，低速平稳性要求高 | 一般用于超重机、绞车、铲车、内燃机车、数控机床、行走机械 |
| | 径向柱塞马达 | 负载转矩较大，速度中等，径向尺寸大 | 较多用于塑料机械、行走机械 |
| | 内曲线径向马达 | 负载转矩较大，转速低，平稳性高 | 用于挖掘机、拖拉机、起重机、采煤机等 |

### 2. 液压缸的选用

#### 1）工况及安装条件

液压缸的使用工况及安装条件如下：

（1）工作中有剧烈冲击时，液压缸的缸筒、端盖不能用脆性材料，如铸铁。

（2）采用长行程液压缸时，需综合考虑选用足够刚度的活塞杆和安装中间圈。

（3）当工作环境污染严重，有较多的灰尘、风沙、水分等杂质时，需采用活塞杆防护套。

（4）安装方式与负载导向直接影响活塞杆的稳定性，也影响活塞杆直径的选择。

按负载的大小，安装方式和导向条件参见表3－5－1－3。

（5）缓冲机构的选用。根据具体情况及液压缸的用途，一般认为普通液压缸在工作压力＞10 MPa、活塞速度＞0.1 m/s时，应采用缓冲装置或其他缓冲办法。

（6）密封装置的选用，选用合适的密封圈和防尘圈。

表3－5－1－3　液压缸的安装方式及导向条件

| 负载类型 | 推荐安装方式 | 作用力承受情况 | 负载导向情况 | 负载类型 | 推荐安装方式 | 作用力承受情况 | 负载导向情况 |
|---|---|---|---|---|---|---|---|
| 重型 | 法兰安装 | 作用力与支承中心在同一轴线上 | 导向 | 中型 | 耳环安装 | 作用力与支承中心在同一轴线上 | 导向 |
| | 耳轴安装 | | 导向 | | 法兰安装 | | 导向 |
| | 底座安装 | 作用力与支承中心不在同一轴线上 | 导向 | | 耳轴安装 | | 导向 |
| | 后球铰 | 作用力与支承中心在同一轴线上 | 不要求导向 | 轻型 | 耳环安装 | 作用力与支承中心在同一轴线上 | 可不导向 |

（7）按环境温度可初步选定工作介质的品种：在正常温度（－20 ℃～60 ℃）下工作，一般选用石油型液压油；在高温（>60 ℃）下工作，须采用难燃液及特殊结构液压缸。

2）确定液压缸的主要参数及标准密封附件和其他附件

（1）液压缸类型的选用。

①单作用液压缸仅在靠自重、外负载或弹簧力等机械方式实现回程时才会使用，一般多使用双作用液压缸。

②需要以较短的安装长度来实现很长的工作行程时，可考虑使用多级伸缩缸或增设能放大行程的倍增机构。

③当运动机构需要往复运动速度相等时，选用双出杆活塞式液压缸，如磨床工作台；当运动机构需要往复运动速度不等时，选用单出杆活塞式液压缸，尤其是在快进—工进—快退的工作循环时，如组合机床工作台。

④当机床工作台行程较长时可采用柱塞式液压缸，为实现工作台往复运动，可成对的使用柱塞缸。如液压龙门刨床、导轨磨床等。

（2）液压缸流量的确定。

液压缸所需的最大流量 $q_{max}$ 可按液压缸最大工作速度和液压缸的有效工作面积 $A$ 确定。液压缸所需的最小流量 $q_{min}$ 可按液压缸最小工作进给速度和液压缸的有效工作面积 $A$ 确定。

（3）液压缸内径、活塞和活塞杆直径的确定。

计算液压缸内径和活塞杆直径均与设备的类型有关。活塞和活塞杆还要与其他零件相配，如密封圈等，而密封圈等都已标准化，因此，活塞和活塞杆也应标准化。设计计算后的活塞和活塞杆的直径需圆整取标准值，以便选取标准件。液压缸内径等于活塞的直径。

3. 液压阀的选择

液压传动系统中选择合适的液压阀，是使系统的设计合理，性能优良，安装、维修方便，并保证该系统正常工作的重要条件。除按系统功能需要选择液压控制阀的类型外，还要考虑各个阀的额定压力、通过流量、安装形式、动作方式、性能特点等。

1）选用原则

（1）额定压力的选择。

可根据系统设计的工作压力选择相应压力级的液压阀，并且使系统的工作压力适当低于产品标明的额定压力。

（2）液压阀流量参数的选择。

可根据产品标明的公称流量为依据，如产品能提供通过不同流量时的有关性能曲线，则对元件的选择使用就更为合理了。

液压系统各部分回路通过的流量不相同，因此，不能仅根据液压泵的额定输出流量来选择阀的流量参数，而应考虑液压系统在所有设计工作状态下各部分阀可能通过的最大流量。如换向阀的选择要考虑如果系统中采用差动液压缸，在液压缸换向动作时，无杆腔排出的流量比有杆腔排出的流量大得多，甚至可能比液压泵输出的最大流量还要大；选择节流阀、调速阀时，不仅要考虑可能通过该阀的最大流量，还应考虑该阀的最小稳定流量指标；如某些回路通过的流量较大时，若选择与该流量相当的换向阀，换向时可能产生较大的压力冲击，一般可选择在一挡的换向阀；某些系统大部分工作状态通过的流量不大，偶尔会有大流量通过，从系统布置的紧凑性、阀本身工作性能的允许、压力损失的瞬时增加等方面考虑，仍按大部分工作状况的流量规格选取，允许阀在短时超流量状态使用。

（3）安装方式的选择。

安装方式根据所选用的液压阀的规格大小、系统的繁简、系统的布置特点而定。

阀与系统管路或其他阀的进出油口的安装形式参见表3－5－1－4。

表3－5－1－4　液压阀常用的安装形式

| 连接类型 | 连接特点 | 适用场合 |
| --- | --- | --- |
| 螺纹连接型 | 液压阀的各进出油口直接靠螺纹管接头与系统管道或其他阀的进出油口相连 | 适用于系统简单、元件较少、安装位置较宽敞的场合 |
| 板式连接型 | 先将板式液压阀安装在专用的连接底板上，再在连接板的底面或侧面用螺纹管接头与外部管道相连 | 适用于系统较复杂、元件较多、安装位置较紧凑的场合 |
| 法兰连接型 |  | 用于大口径的阀、阀与管道之间的连接 |

（4）控制方式的选择。

根据系统的操纵需要和电气系统的配置能力进行选择。有手动控制、机械控制、液压控制和电气控制。在许多场合采用电磁控制，以提高系统的自动化程度；但有时为了简化电气控制系统并使操作简便，则选用手动控制。

（5）结构形式的选择。

液压阀的许多性能受其结构特点的影响，必须根据液压系统性能要求选择满足要求的元件。如液压系统中对阀芯复合和对中性能要求特别严格，可选择液压对中型结构；一般的流量阀由于温度或压力的变化，不能满足执行机构的运动精度要求，可选择带压力补偿装置或温度补偿装置的阀；使用液控单向阀且反向出油背压较高，但控制压力又不可能提得很高时，可选择外泄式或先导式结构。

2）常用阀的选择

（1）溢流阀的选用。

溢流阀有直动式和先导式，一般来说直动式溢流阀用于低压小流量的液压系统，而先导式溢流阀用于高压大流量的液压系统。另外，在选择溢流阀时要根据液压系统的压力和流量参数来选择不同规格的溢流阀。

（2）减压阀的选用。

减压阀分为直动式和先导式两种，其中直动式减压阀一般用于低压小流量液压系统中，而先导式减压阀一般用于高压大流量液压系统中。减压阀二次压力的调节范围取决于所用弹簧和通过阀的流量，最低调节压力要保证一次压力与二次压力之差为0.3～1 MPa。另外，在选择减压阀时要根据减压回路中压力和流量参数来选择不同规格的减压阀。

（3）顺序阀的选用。

按工作原理和结构的不同，顺序阀分为直动式和先导式两种，其中直动式顺序阀一般用于低压小流量液压系统中，而先导式顺序阀一般用于高压大流量液压系统中。按压力控制方式，顺序阀有内控和外控之分。对于内控顺序阀，阀芯的开启与一次压力油路有关；而对于外控顺序阀，阀芯的开启与一次油路无直接关系，弹簧力只需克服摩擦力，因此外控油压可以较低。另外，在选择顺序阀时要根据系统中压力和流量参数来选择不同规格的顺序阀。

（4）换向阀的选用。

换向阀的种类很多，要正确选择换向阀，首先要计算出换向阀所在回路的压力和流量参数，换向阀使用时的压力、流量不要超过制造厂样本的额定压力、额定流量。

在确定换向阀的通径时不仅考虑换向阀本身，而且要综合考虑回路中所有阀的压力损失、油路的内部阻力和管路阻力等。当系统流量在0～100 L/min时，宜选择普通换向阀；当系统流量在100～250 L/min时，宜选择电液换向阀；当系统流量大于250 L/min时，宜选择插装阀。

换向阀阀芯移动的方式有多种，要根据设备的需要来选择不同的操作方式。电磁换向阀和电液换向阀中的电磁铁有直流式、交流式、干式、湿式等。换向阀的切换时间受电磁铁的类型和阀的结构的影响，在选择时一定要选择合适的电磁铁。

三位换向阀的中位滑阀机能关系到执行元件停止状态下位置保持的安全性，在选择中位机能时一定要考虑内泄漏和背压情况，从回路上充分论证。

（5）单向阀和液控单向阀的选用。

单向阀的开启压力取决于内装弹簧的刚度，一般来说为减小流动力可使用开启压力低的单向阀，电液换向阀的控制压力宜选用开启压力高的单向阀。当流过单向阀的流量远小于额定流量时，换向阀有时会产生振动，流量越小，开启压力越高。

液控单向阀所需要的控制压力取决于负载压力、阀芯受压面积及控制活塞的受压面积。外泄式液控单向阀的泄油口必须无压回油。

（6）流量控制阀的选用。

对于负载和温度变化不大或速度稳定性要求较低的液压系统，宜采用节流阀控制；对于速度稳定性要求较高，或负载变化大的系统，宜选用调速阀控制。另外，由于调速阀的最小压差比节流阀压差大，因此，其调速回路的功率损失比用节流阀的调速回路要大一些。

4. 液压辅件的选择

1）油箱的选用

选用油箱首先要考虑其容量，一般移动式设备取泵最大流量的2～3倍，固定式设备取3～4倍；其次考虑油箱油位，当系统全部液压油缸伸出后，油箱油面不得低于最低油面，当油缸回缩后，油面不得高于最高油位；最后考虑油箱结构，传统油箱内的隔板并不能起沉淀脏物的作用，应沿油箱纵轴线安装一个垂直隔板，此隔板一端和油箱端板之间留有空位使隔

板两边空间连通，而液压泵的进出油口布置在不连通的一端的隔板两侧，使进油和回油之间的距离最远，液压油箱多起一些散热作用。

2）过滤器的选用

选择过滤器时应考虑如下方面：

（1）根据使用目的（用途）选择过滤器的种类，根据安装位置情况选择过滤器的安装形式。

（2）过滤器应具有足够大的通油能力，且压力损失要小。

（3）过滤精度应满足液压系统或元件所需清洁度要求。

（4）滤芯使用的滤材应满足所使用工作介质的要求，并且有足够的强度。

（5）过滤器的强度及压力损失是选择时重点考虑的因素，安装过滤器后会对系统造成局部压降或产生背压。

（6）滤芯的更换及清洗应方便。

（7）应根据系统需要考虑选择合适的滤芯保护附件。

（8）结构尽量简单、紧凑、安装形式合理。

（9）价格低廉。

## 3.5.2 液压传动系统的装调工艺与技术

液压系统的安装是液压设备将来能否正常可靠运行的一个重要环节。液压系统安装工艺不合理，甚至出现安装错误，将会造成液压设备无法正常运行，给生产带来巨大的经济损失，甚至造成重大事故。因此，必须重视液压系统安装这一重要环节。

### 一、液压系统安装调试的注意事项

（1）安装装配时，对装入主机的液压件和辅件必须严格清洗，去除有害于工作液的防锈剂和一切污物。液压件和管道各油口所有的堵头、塑料塞子、管堵等应随着工程的进展而逐渐拆除，不要先行卸掉，防止污物从油口进入元件内部。

（2）必须保证油箱的内外表面、主机的各配合表面及其他可见组成元件是清洁的。

（3）与工作液接触的元件外露部分（如活塞杆）应予以保护，以防污物进入。

（4）油箱盖、管口和空气滤清器须充分密封，以保证未被过滤的杂质不进入液压系统。

（5）在油箱上或近油箱处，应提供说明油品类型及系统容量的铭牌。

（6）将设备指定的工作液过滤到要求的清洁度水准，然后方可进入系统。

（7）液压装置与工作机构连接在一起，才能完成预定的动作，因此，要注意二者之间的连接装配质量（如同心度、相对位置、受力状况、固定方式及密封好坏等）。

### 二、安装前的准备工作及要求

液压系统在安装前，应按照有关技术资料做好各项准备工作，这是安装工作顺利进行的基本保证。

#### 1. 安装人员的培训

液压传动系统确实有它的特性，因此必须是经过专业培训，并有一定安装经验的人员才能从事液压系统的安装。

2. 物资准备

按照液压系统图和液压件清单，核对液压件的数量和型号，逐一检查液压元件的质量状况，并准备好适用的通用工具和专用工具。

1）液压元件的检查

（1）各类液压元件型号必须与元件清单一致。

（2）要查明液压元件保管时间是否过长，或保管环境是否符合要求，应注意液压元件内部密封件老化程度，必要时要进行拆洗、更换，并进行性能测试。

（3）每个液压元件上的调整螺钉、调节手轮、锁紧螺母等都要完整无损。

（4）液压元件所附带的密封件表面质量应符合要求，否则应予更换。

（5）板式连接元件连接平面不准有缺陷。安装密封件的沟槽尺寸加工精度要符合有关标准。

（6）管式连接元件的连接螺纹口不准有破损和活扣现象。

（7）将通油口堵塞取下，检查元件内部是否清洁。

（8）检查电磁阀中的电磁铁芯及外表质量，若有异常不准使用。

（9）各液压元件上的附件必须齐全。

2）液压辅件质量检查

（1）油箱要达到规定的质量要求。油箱上附件必须齐全。箱内部不准有锈蚀，装油前油箱内部一定要清洗干净。

（2）所领用的滤油器型号规格与设计要求必须一致，确认滤芯精度等级，滤芯不得有缺陷，连接螺口不准有破损，所带附件必须齐全。

（3）各种密封件外观质量要符合要求，并查明所领密封件保管期限。有异常或保管期限过长的密封件不准使用。

（4）蓄能器质量要符合要求，所带附件要齐全。查明保管期限，对存放过长的蓄能器要严格检查质量，不符合技术指标和使用要求的蓄能器不准使用。

（5）空气滤清器用于过滤空气中的粉尘，通气阻力不能太大，保证箱内压力为大气压。所以空气滤清器要有足够大的通过空气的能力。

3）管子和接头质量检查

（1）管子的材料、通径、壁厚和接头的型号规格及加工质量都要符合设计要求。

（2）管子有下列异常，不准使用。

①管子内、外壁表面已腐蚀或有显著变色。

②管子表面伤口裂痕深度为管子壁厚的10%以上。

③管子壁内有小孔。

④管子表面凹入程度达到管子直径的10%以上。

（3）弯曲的管子有下列异常，不准使用。

①管子弯曲部位内、外壁表面曲线不规则或有锯齿形。

②管子弯曲部位其椭圆度大于10%。

③扁平弯曲部位的最小外径为原管子外径的70%以下。

（4）所用接头不准有缺陷。若有下列异常，不准使用。

①接头体或螺母的螺纹有伤痕、毛刺或断扣等现象。

②接头体各结合面加工精度未达到技术要求。

③接头体与螺母配合不良，有松动或卡涩现象。

④安装密封圈的沟槽尺寸和加工精度未达到规定的技术要求。

（5）软管和接头有下列缺陷的不准使用。

①软管表面有伤皮或老化现象。

②接头体有锈蚀现象。

③螺纹有伤痕、毛刺、断扣和配合有松动、卡涩现象。

（6）法兰件有下列缺陷不准使用。

①法兰密封面有气孔、裂缝、毛刺、径向沟槽。

②法兰密封沟槽尺寸、加工精度不符合设计要求。

③法兰上的密封金属垫片（材料硬度应低于法兰硬度）有缺陷。

3. 技术资料的准备

准备齐全液压系统原理图、电气原理图、管道布置图、液压元件、辅件、管件清单和有关元件样本与产品质检书等，以便安装人员在装配过程中遇到问题时能及时查阅。

4. 用煤油清洗所有液压元件，并进行压力和密封性能试验，合格后方可开始安装

## 三、液压元件的安装

液压元件的安装主要指液压泵、液压缸、液压阀和液压辅件的安装。

1. 液压泵的安装工艺要点

液压泵布置在单独油箱上时，有两种安装方法：卧式和立式。立式安装：管道和泵等均在油箱内部，便于收集漏油，外形整齐；卧式安装：管道露在外面，安装和维修比较方便。液压泵安装不当将引起噪声、振动、影响工作性能和降低寿命。

（1）清除油泵、电动机、支架、底座等各元件相互结合面上的锈迹、凸出斑点和油漆层，并在这些结合面上涂一薄层防锈油。

（2）支架与电动机采用相同的安装基础。

（3）按照使用说明书的液压图进行安装。

①泵的进、出口与泵上的标明相符，不能反接。

②泵的吸油管通径应不小于泵的入口通径，不能漏气。

③泵的吸油口的安装高度不能超过使用说明书中的规定（一般为500 mm），并应尽量靠近油箱油面。

④做好进油口处连接法兰、接头及整个吸油管道的密封性，以防漏气。

⑤对于安装在油箱下面或旁边的泵，为了便于检修，吸入管道上应安装截止阀。

⑥在齿轮泵和叶片泵的吸入管道上可装有粗过滤器，但在柱塞泵的吸入口一般不装滤油器。

（4）泵轴与电动机（传动机构）轴的旋转方向必须是泵要求的方向。

（5）泵轴与电动机轴之间的同轴度应在0.1 mm以内，倾斜角不得大于1°。

①直角支架安装时，泵支架的中心高允许比电动机的中心高略高0～0.8 mm，然后通过调整电动机与底座接触面之间的金属垫片（垫片数量不得超过3个，总厚度不大于0.8 mm）来保证两者的同轴度。

②调整好后，电动机一般不再拆动，在泵支架与底板之间钻、铰定位销孔。

（6）装入联轴器的弹性耦合件；安装联轴器时，不能敲打泵轴，以免损伤泵的转子。

（7）均匀拧紧泵、电动机或传动机构的地脚螺栓至牢固。

（8）用手转动联轴器时，电动机、泵和联轴器都应能轻松、平滑地转动，无卡阻或异常现象，然后才能配管。

2. 液压缸的安装工艺要点

（1）仔细检查轴端、孔端等处的加工质量、倒角，去除毛刺，并用煤油或汽油清洗吹干。

（2）严格检查液压缸组件的装配质量，合格后才能装配到设备上。

①缸的安装面与活塞的滑动面应保持足够的平行度和垂直度。

②活塞杆端销孔应与耳环销孔方向一致，避免附加负载。

③大行程的液压缸，在缸体和活塞杆中部应设置支承，防止自重引起的弯曲现象。

④排气阀或排气螺塞应安装在最高点，以便排除空气。

⑤密封元件安装正确。

a. 安装前，先检查密封件的尺寸、精度、表面质量是否符合要求。

b. 安装O形密封圈时，不能装到使其永久变形的程度，也不能边滚动边套装。

c. 安装Y、V形密封圈时，要注意其安装方向：Y形的唇边应对着有压力的油腔，$Y_X$形密封圈要注意是轴用还是孔用，不能装错；V形密封圈安装时，其密封环的开口应朝向压力油腔，压环调整的松紧度以不漏油为宜。

d. 密封装置如与滑动表面配合，装配时应涂适量的液压油。

e. 液压缸与主机的进出油口之间必须装密封圈，以防漏油。

⑥用专用扳手拧紧液压缸体密封压盖的螺钉，拧紧要适当，其拧紧程度以保证活塞在全行程上移动灵活、无阻滞和轻重不均匀的现象为宜。

⑦活塞与活塞杆装配后，它们的同轴度及在全长上的直线度要符合要求。

⑧装配好后，活塞组件移动时应无阻滞感和阻力大小不均等现象，并应在低压情况下进行几次往复运动，以排除缸内气体。

（3）严格按使用说明书的液压图进行牢固可靠的安装，不得有任何松动。

（4）将液压缸活塞杆伸出并与被带动的机构连接，来回动作数次，调整液压缸中心线与移动机构导轨面的平行度，使其在0.1 mm之内。

（5）调整液压缸，使活塞杆带动工作台移动时要达到灵活轻便，在整个行程中任何局部均无卡滞现象；进、回油口配油管部位和密封部位均无漏油；牢固可靠地拧紧各紧固螺钉。

3. 液压阀的安装工艺要点

（1）检查各液压阀测试情况的记录（合格证），以及是否有异常现象，若有，必须修复或更换。

（2）检查板式阀安装平面的平直度和安装密封件沟槽的加工尺寸和质量，若有缺陷应修复或更换。

（3）安装前，用煤油或柴油（忌用汽油）清洗阀，但不要将塞在各油口的塑料塞子拔掉，防止脏东西进入阀内。

（4）按产品说明书中的规定进行安装。

①要注意阀的进、出、回、控、泄等油口的安装位置，严禁装错，一般换向阀以水平安装较好。

②安装机动阀时，凸轮或撞块的行程以及与阀间的距离应按要求设置，以免试车时撞坏。

③安装时不准戴手套；不准用纤维织品擦拭安装结合面，防止纤维类脏物进入阀内。

④紧固螺钉要对角逐次均匀拧紧；对高压元件要注意螺钉的材质和加工质量，不合要求的不能使用。

（5）阀安装完毕后要检查以下项目。

①用手推动换向阀阀芯，应复位灵活、正确。

②调压阀的调节螺钉应处于放松状态。

③调速阀的调节手轮应处于节流口较小的开口状态。

④换向阀的阀芯位置尽量处于原理图上所示的位置状态。

⑤检查该堵住的油孔是否堵上了，该接油管的油口是否都接上了。

4. 液压辅件的安装

液压系统中的辅助元件，包括管路及管接头、滤油器、油冷却器、密封、蓄能器及仪表等的安装好坏也会严重影响到液压系统的正常工作，不容许有丝毫的疏忽。

1）蓄能器的安装

（1）按使用说明书的液压图安装。

（2）检查连接口螺纹是否有破损、缺扣、活扣等现象，若有异常不准使用。

（3）安装前先将瓶内气体排放净，不准带气搬运或安装。

（4）尽可能垂直安装于靠近产生冲击的装置，油口应向下。

（5）装在管路上的蓄能器需用支板或支架固定。蓄能器与管路系统之间应安装截止阀；与液压泵之间应安装单向阀。

（6）油管接头和气管接头都要连接牢固、可靠。

2）管路的安装及要求

（1）管路上应尽量按使用说明书的图纸连接，并合理地配置管夹及支架。

（2）一条管路由多段管段与配套件组成时应依次逐段接管，完成一段组装后，再配置其后一段，以避免一次焊完产生累积误差。油管长度要适宜，施工中可先用铁丝比划弯成所需形状，再展直决定出油管长度。当完全按设计长度设计时，往往长度不一定十分准确。

（3）在满足连接的前提下，管道应尽可能短，并避免断面的局部急剧扩大或缩小以及急剧弯曲，拐弯的位置越少越好，以减少压力损失。

（4）管道的敷设排列和走向应整齐一致，层次分明。尽量采用水平或垂直布管，用水平仪检测，水平管道的平行度应≤2/1 000；垂直管道的垂直度应≤2/400。平行及交叉的管道间距，至少在 10 mm 以上，防止相互干扰及振动引起管道的相互敲击碰擦。

（5）管道的配置必须使管道、液压阀和其他元件装卸、维修方便。系统中任何一段管道或元件应尽量能自由拆装而不影响其他元件。

（6）液压系统管子直径在 50 mm 以下的可用砂轮切割机切割。直径 50 mm 以上的管子一般应采用机械加工方法切割。如用气割则必须用机械加工方法车去因气割形成的组织变化

部分，同时可车出焊接坡口。除回油管外，压力油管道不允许用滚轮式挤压切割器切割。管子切割表面必须平整，应去除毛刺、氧化皮、熔渣等。切口表面与管子轴线应垂直。

（7）吸油管宜短且粗些，一般吸油管口都装有滤油器，滤油器必须至少在油面以下200 mm。对于柱塞泵的进油管，推荐管口不装滤油口，可将管口处切成45°斜面，斜面孔朝向箱壁，这样可增大通流面积、降低流速并防止杂物吸入油泵。

（8）液压系统的回油管应尽量远离吸油管，并应插入油箱油面之下，但不能贴近油箱底面，这样可防止回油飞溅而产生气泡并能使油很快被吸入泵内。回油管管口应切成45°斜面以扩大通流面积、改善回油流动状态以及防止空气反灌入系统内。

（9）溢流阀的回油为热油，应远离吸油管，这样可避免热油未经冷却又被泵吸入系统，造成升温。

（10）管接头要紧固、密封，不得漏气；压力油管安装必须牢固、可靠和稳定。

（11）与管接头或法兰连接的管子必须是一段直管，即这段管子的轴心线应与管接头、法兰的轴心是平行、重合的。此直管长度要大于或等于2倍管径。

（12）外径小于30 mm的管子可采用冷弯法。管子外径在30～50 mm时可采用冷弯或热弯法。管子外径大于50 mm时，一般采用热弯法。

（13）液压管道焊接都应采用对接焊。焊接前应将坡口及其附近宽10～20 mm处表面脏物、油迹、水分和锈斑等清除干净。

（14）软管在装入系统前，也应将内腔及接头清洗干净；安装时一定要注意不使软管和接头产生附加的力、扭曲、急剧弯曲、摩擦等不良工况。

3）集成块的安装

（1）阀块所有油流通道内，尤其是孔与孔贯穿交叉处，都必须仔细去净毛刺，用探针伸入到孔中仔细清除、检查。阀块外周及各周棱边必须倒角去毛刺。加工完毕的阀块与液压阀、管接头、法兰相贴合的平面上不得留有伤痕，也不得留有划线的痕迹。

（2）阀块加工完毕后必须用防锈清洗液反复加压清洗。各孔道，尤其是对盲孔应特别注意洗净。清洗应分粗洗和精洗。清洗后的阀块，如暂不装配，应立即将各孔口盖住，可用大幅的胶纸封在孔口上。

（3）往阀块上安装液压阀时，要核对它们的型号、规格。各阀都必须有产品合格证，并确认其清洁度是否合格。

（4）核对所有密封件的规格、型号、材质及出厂日期（应在使用期内）。

（5）装配前再一次检查阀块上所有的孔道是否与设计图一致、正确。

（6）检查所用连接螺栓的材质及强度是否达到设计要求以及液压件生产厂规定的要求。阀块上各液压阀的连接螺栓都必须用测力扳手拧紧。拧紧力矩应符合液压阀制造厂的规定。

（7）凡有定位销的液压阀，必须装上定位销。

（8）阀块上应订上金属制的小标牌，标明各液压阀在设计图上的序号、各回路名称、各外接口的作用。

（9）阀块装配完毕后，在装到阀架或液压系统上之前，应将阀块单独先进行耐压试验和功能试验。

## 四、液压系统的清洗

液压系统安装完毕后，在试车前必须对管道、流道等进行循环清洗。清洗的目的是去除

液压系统内部的焊渣、金属粉末、锈片、密封材料的碎片、油漆和涂料等，使系统清洁度达到设计要求，以保证液压系统能正常工作，延长元件使用寿命。

（1）清洗液要选用低黏度的专用清洗油或本系统同牌号的液压油。

（2）清洗工作以主管道系统为主。清洗前将溢流阀压力调到 0.3 ~ 0.5 MPa，对其他液压阀的排油回路要在阀的入口处临时切断，将主管路连接临时管路，并使换向阀换向到某一位置，使油路循环。

（3）在主回路的回油管处临时接一个回油过滤器。滤油器的过滤精度：一般液压系统的不同清洗循环阶段，分别使用 30 μm、20 μm、10 μm 的滤芯；伺服系统用 20 μm、10 μm、5 μm 滤芯，分阶段分次清洗。清洗后液压系统必须达到清洁标准，不达标准的系统不准运行。

①第一次清洗。注入油箱容量 60% ~ 70% 的 N32 汽轮机油，换向阀处于某换向位置，在主回油管临时接入一滤油器，启动液压泵，并通过加热装置将油液加热到 50 ℃ ~ 80 ℃ 进行清洗，清洗初期，用 80 ~ 100 目的网式滤油器，当达到预定清洗时间的 60% 时，换用 150 目的滤油器。第一次清洗应保证把大量的、明显的、可能清洗掉的金属毛刺与粉末、砂粒灰尘、油漆涂料、氧化铁皮、油渍、棉纱、胶粒等污物全部认真仔细地清洗干净，否则不允许进行液压系统的第一次安装。第一次清洗时间随液压系统的大小、所需的过滤精度和液压系统的污染程度的不同而定。一般情况下为 1 ~ 2 昼夜。当达到预定的清洗时间后，可根据过滤网中所过滤的杂质种类和数量，再确定清洗工作是否结束。

②第二次清洗。清洗前按正式油路接好，然后向油箱加入工作油液，再启动液压泵对系统进行清洗。清洗时间一般为 1 ~ 3 h。清洗结束时滤油器上应无杂质。这次清洗后的油液可继续使用。第二次清洗的目的是把第一次安装后残存的污物，如密封碎块、不同品质的洗油和防锈油以及铸件内部冲洗下来的砂粒、金属磨合下来的粉末等清洗干净，然后进行第二次安装组成正式系统，以保证正式调整试车的顺利进行和投入正常运转。

（4）复杂的液压系统可以按工作区域分别对各个区域进行清洗。

（5）清洗后，将清洗油排尽，确认清洗油排尽后，才算清洗完毕。

（6）确认液压系统净化达到标准后，将临时管路拆掉，恢复系统，按要求加油。

## 五、液压系统的调试

### 1. 调试目的与内容

#### 1）调试目的

通过运转调试可以了解和掌握液压系统的工作性能与技术状况，在调试过程中出现的缺陷和故障应及时排除和改善，从而使液压系统工作达到稳定可靠。同时，可积累调试中第一手资料，将这些原始资料纳入设备技术档案，可帮助调试人员尽快诊断出故障部位和原因，并制定出排除对策，从而缩短设备的故障停机时间。

#### 2）调试主要内容

（1）液压系统各个动作的各项参数，如压力、速度、行程的始点与终点、各动作的时间和整个工作循环的总时间等，均应调整到原设计所要求的技术指标。

（2）调整全线或整个液压系统，使工作性能达到稳定可靠。

（3）在调试过程中要判别整个液压系统的功率损失和工作油液温升变化状况。

（4）要检查各可调元件的可靠程度。

（5）要检查各操作机构灵敏性和可靠性。

（6）凡是不符合设计要求和有缺陷的元件，都要进行修复或更换。

2. 液压系统的调试步骤

1）调试前的检查

（1）确认液压系统净化符合标准后，向油箱加入规定的介质。加入介质时一定要过滤，滤芯的精度要符合要求，并要经过检测确认。

（2）检查液压系统各部分，确认安装合理无误。电磁阀分别进行空载换向，确认电气动作是否正确、灵活，符合动作顺序要求。

（3）向油箱灌油，当油液充满液压泵后，用手转动联轴器，直至泵的出油口出油并不见气泡时为止。有泄油口的泵，要向泵壳体中灌满油。

（4）将泵吸油管、回油管路上的截止阀开启，放松并调整液压阀的调节螺钉，将泵出口溢流阀及系统中安全阀手柄全部松开，将减压阀置于最低压力位置，使调节压力值能维持空转即可。调整好执行机构的极限位置，并维持在无负载状态。如有必要，伺服阀、比例阀、压力传感器等重要元件应临时与循环回路脱离。节流阀、调速阀、减压阀等应调到最大开度。

（5）流量控制阀置于小开口位置，按使用说明书要求，向蓄能器内充氮。

2）启动液压泵

（1）用手扳动电动机和液压泵之间的联轴器，确认无干涉并转动灵活。

（2）接通电源，点动电动机，检查判定电动机转向是否与液压泵转向标志一致，确认后连续点动几次，无异常情况后按下电动机启动按钮，液压泵开始工作。

3）系统排气

启动液压泵后，将系统压力调到1.0 MPa左右，分别控制电磁阀换向，使油液分别循环到各支路中，拧动管道上设置的排气阀，将管道中的气体排出，当油液连续溢出时，关闭排气阀。液压缸排气时可将液压缸活塞杆伸出侧的排气阀打开，电磁阀动作，活塞杆运动，将空气挤出，升到上止点时，关闭排气阀，打开另一侧排气阀，使液压缸下行，排出无杆腔中的空气，重复上述步骤，直到将液压缸中的空气排净为止。排气时，最好是全管路依次进行。对于复杂或管路较长的系统，排气过程应进行多次。

4）空载试车

空载试车是指液压系统在不带负载的条件下运转，全面检查液压系统的各液压元件、各辅助装置和系统内各回路的工作是否正常；工作循环或各动作的自动换接是否符合要求。

（1）检查各个液压元件及管道连接是否正确、可靠。

（2）油箱、电动机及各个液压部件的防护装置是否完好。

（3）油箱中液面高度及所用液压油是否符合要求。

（4）系统中各液压部件、油管及管接头的位置是否便于安装、调节、检修。压力表等仪表是否安装在便于观察的位置，确认安装合理。

（5）液压泵运转是否正常，系统运转一段时间（30 min）后，油液的温升是否符合要求。

（6）与电气系统的配合是否正常，调整自动工作循环动作，检查启动、换向的运行。

5）负载试车

使系统在设计要求规定的负载下工作，检查系统能否实现预定的工作要求；检查噪声和振动是否在允许范围内；检查工作部件运动换向和速度换接时的平稳性能；检查功率损耗情况及连续工作一段时间后的温升情况。

在空载运转正常的前提下，进行负载试车，一般先在低于最大负载的一两种情况下进行试车，观察各液压元件的工作情况，是否有泄漏、工作部件的运行是否正常等。在一切正常的情况下进行最大负载试车。

（1）先运行 10 ~ 20 min 低速运转，有时需要卸掉油缸或油马达与负载的连接。特别是在寒冷季节，这种不带载荷低速运转（暖机运转）尤为重要，某些进口设备对此往往有严格要求，有的装有加热器使油箱油液升温。应先对在低速低压能够运行的动作进行试运行。

（2）逐渐均匀升压加速，具体操作方法是反复拧紧又立即旋松溢流阀、流量阀等的压力或流量调节手柄数次，并以压力表观察压力的升降变化情况和执行元件的速度变化情况，油泵的发热、振动和噪声等状况。发现问题要及时分析解决。

（3）按照动作循环表结合电气机械先调试各单个动作，再转入循环动作调试，检查各动作是否协调。调试过程中普遍会出现一些问题，诸如爬行、冲击与不换向等故障，对复杂的国产和进口设备，如果出现难以解决的问题，可大家共同会诊，必要时可求助于液压设备生产厂家。

6）液压系统的调整

（1）液压泵的工作压力。

调节泵的安全阀或溢流阀，使液压泵的工作压力比液压设备最大负载时的工作压力大 10% ~20%。

（2）快速行程的压力。

调节泵的卸荷阀，使其比快速行程所需的实际压力大 15% ~20%。

（3）压力继电器的工作压力。

调节压力继电器的弹簧，使其低于液压泵工作压力 0.3 ~0.5 MPa。

（4）换接顺序。

调节行程开关、先导阀、挡铁、碰块及自测仪，使换接顺序及其精确程度满足工作部件的要求。

（5）工作部件的速度及其平衡性。

调节节流阀（调速阀）、溢流阀、变量泵或变量马达、润滑系统及密封装置，使工作部件运动平稳，没有冲击和振动，无外泄漏，在有负载时，速度降幅不超过 10% ~20%。

7）液压系统的调压

合理地调整系统中各个调压元件的压力值是保证系统工作正常、稳定和控制温升的一个重要措施。因为系统压力值调整不当既会造成液能损耗、油温升高，又会影响系统动作不协调，甚至会产生故障。液压系统的调压主要指检查系统、回路的漏油和耐压强度。

（1）熟悉液压系统及其技术性能。

①调压前对液压系统中所用的各调压元件及整个系统必须有充分的了解：了解被调试设备的加工对象或工作特性；了解设备结构及其加工精度和使用范围；了解机械、电气、液压的相互关系。

②根据液压系统图认真分析所用元件的结构、作用、性能和调压范围，搞清楚每个液压元件在设备上的实际位置。

③要制定出调压方案、工作步骤和调压操作规程，避免设备和人身事故的发生。

（2）调压方法。

①调压前，先把所要调节的调压阀的调节螺钉放松（其压力值能推动执行机构即可），同时，要调整好执行机构的极限位置（即终点挡铁和原位挡铁位置）。

②把执行机构（工作台连同液压缸活塞）移动到终点或停止在挡铁限位处，或利用有关液压元件切断液流通道，使系统建立压力。

③按设计要求的工作压力或按实际工作对象所需的压力（不能超过设计规定的工作压力）进行调节。

④调压时，要逐渐升压，直到达到所需压力值为止，并将调节螺钉的螺母紧固牢靠。

⑤溢流阀压力的调节：先将溢流阀的调节螺钉放松（但整个系统要保持一定压力），油液经过换向阀进入液压缸，将活塞移动到终点。溢流阀的压力只能从低往高慢慢调节，调到一定范围后锁紧溢流阀的锁紧螺母，让系统在调定的压力下运行一段时间，并检查系统是否在正常安全地工作。如系统能正常安全地工作，则松开已锁紧的锁紧螺母，再把溢流阀的压力慢慢往高调节，直到调到系统的设定压力为止，并最后锁紧已调好溢流阀的锁紧螺母。调节溢流阀调节螺钉使系统压力达到要求值，停止调节，并将调节螺钉用螺母紧固牢靠。

⑥减压阀压力的调节：先将溢流阀和减压阀的调节螺钉放松，只保持克服液压缸摩擦力所需的压力，将液压缸移动到终点，再调节溢流阀压力，然后调节减压阀压力，调整后将两阀的调节螺钉用螺母紧固。

⑦顺序阀的调节方法：为了使执行元件准确实现顺序动作，要求顺序阀的调节精度高、偏差小、顺序阀关闭时内泄漏量小，所以在调节好顺序阀后一定要锁紧顺序阀上的锁紧螺母。

⑧流量控制阀的调节方法：调节流量控制阀时，要根据该阀铭牌上标注的调节大小、方向来调节。流量可以从大往小调节或从小往大调节，直到调节到需要值为止，并锁紧其锁紧螺母。

（3）调压范围。调节压力值要按使用技术规定或按实际使用条件，同时要结合实际使用的各类液压元件的结构、数量和管路情况进行具体分析、计算和确定。

①压力继电器的调定压力应比它所控制的执行机构的工作压力高0.3～0.5 MPa。

②蓄能器工作压力调定值应同它所控制的执行机构的工作压力值一致。当蓄能器安置在液压泵站时，其压力调定值应比溢流阀调定的压力值低0.4～0.7 MPa。

③液压泵的卸荷压力，一般应控制在0.3 MPa以内。

④为确保液压缸运动平稳，增设背压阀时，其压力值一般在0.3～0.5 MPa范围内。

⑤回油管道的背压一般在0.2～0.3 MPa范围内。

（4）调压时注意事项。

①不准在执行元件（液压缸、液压马达）运动状态下调节系统工作压力。

②调压前应先检查压力表是否有异常现象，若有异常，应待压力表更换后，再调节压力。

③无压力表的系统，不准调压。需要调压时，应装上压力表后再调压。

④调压大小应按使用说明书规定的压力值或按实际使用要求（但不准大于规定的压力值）的压力值调节，防止调压过高，致使温升过高以及损坏元件等事故发生。

⑤压力调节后应将调节螺钉锁住。

⑥若焊缝需重焊的部件，必须拆下除净油污后才可焊接。

⑦试验时，系统最适合的温度为 40 ℃ ~50 ℃。

⑧压力试验过程中出现的故障应及时排除，排除故障必须在减压后进行。

⑨调试过程应详细记录，整理后纳入设备档案。

## 3.5.3 气压元件的选用技术

气压传动是利用空气压缩机将电动机或其他原动机输出的机械能转变为压力能，并在控制元件和辅助元件的配合下，通过执行元件把空气的压力能转变为机械能，从而完成运动并对外做功。

合理地选择各种气动元件是保证气动自动化系统可靠地完成预定动作的重要条件。

### 一、气缸的选用方法

#### 1. 类型的选择

根据工作要求和条件，正确选择气缸的类型，参见表 3 -5 -3 -1。

表 3 -5 -3 -1　气缸类型的选择

| 工作要求和条件 | 选用气缸类型 |
| --- | --- |
| 气缸到达行程终端无冲击现象和撞击噪声 | 缓冲气缸 |
| 重量轻 | 轻型缸 |
| 安装空间窄且行程短 | 薄型缸 |
| 有横向负载 | 带导杆气缸 |
| 制动精度高 | 锁紧气缸 |
| 不允许活塞杆旋转 | 具有杆不回转功能的气缸 |
| 高温环境 | 耐热缸 |
| 有腐蚀的环境 | 耐腐蚀气缸 |
| 有灰尘等恶劣环境 | 活塞杆伸出端要安装防护罩 |
| 无污染 | 无给油或无油润滑气缸 |

#### 2. 确定安装形式

安装形式由安装位置、使用目的等因素决定，可参考相关手册或产品样本。在一般场合下，多用固定式气缸。在需要随同工作机连续回转时（如车床、磨床等），应选用回转气缸。在要求活塞杆除做直线运动外，还需做圆弧摆动时，可选用轴销式气缸；有特殊要求时，应选择相应的特殊气缸。

#### 3. 确定缸径

根据气缸负载力的大小确定活塞杆上的推力和拉力。根据使用压力应小于气源压力 85%的原则，按气源压力确定使用压力。对单作用缸按杆径与缸径比为 0.5 预选，双作用缸按杆径与缸径比为 0.3 ~0.4 预选，并根据公式计算求得缸径，将所求出的 $D$ 值标准化即可。

4. 确定气缸行程

气缸行程与使用场合和机构的行程比有关，并受加工和结构的限制。根据气缸及传动机构的实际运行距离来预选气缸的行程，为便于安装调试，对计算出的距离以加大 10 ~ 20 mm 为宜，但不能太长，以免增大耗气量。

5. 确定管路及控制元件

气缸进、排气口、管路内径及气路结构直接影响活塞（或缸筒）的运动速度。如果要求活塞做高速运动，应选用内径较大的排气口，还可采用快速排气阀使缸速大幅提高；如果要求活塞做缓慢、平稳的运动，可选用带节流装置的气缸或气—液阻尼缸；如果要求活塞在行程末端运动平稳，则宜选用带缓冲装置的气缸或在回路中加缓冲。

## 二、气马达的选用方法

不同类型的气马达具有不同的特点和使用范围，主要根据负载的状态要求来选择适用的气马达。

叶片式气马达适用于低转矩、高速的场合，例如手提工具、传送带、升降机等中小功率的机械；活塞式气马达适用于中高转矩和中低速场合，例如起重机、绞架、绞盘、拉管机等载荷较大且启动要求高的机械；涡轮式气马达适用于高速低转矩的场合，其速度可达到 2 000 ~ 4 000 r/min，例如牙医使用的气钻，其转速可达到 15 000 r/min。

## 三、空气压缩机的选用

在选用空气压缩机时，其额定压力应等于或略高于所需的工作压力，其流量等于系统设备最大耗气量并考虑管路泄漏等因素。容积型空气压缩机一般用于高压力、中小流量的系统中，速度型空气压缩机一般用于压力不太高、大流量的系统中。

## 四、分水滤气器的选用

分水滤气器的选择主要根据气压传动系统所需要的过滤度和额定流量两个参数进行。通过计算知道气动系统的流量，根据气动设备的精度知道其过滤度，然后查相关的分水滤气器的产品样本，最后定下所需的分水滤气器的型号规格。

## 五、油雾器的选用方法

油雾器的选择主要根据气压传动系统所需额定流量及油雾粒径大小来进行。所需油雾粒径在 50 μm 左右选用一次油雾器，若需油雾粒径很小，也可选用二次油雾器。因与一次油雾器相比，二次油雾器产生的油雾粒径小且细匀，可输送到较远的距离又较少发生油雾沉淀。普通型油雾器主要是用于一般气缸、气阀的润滑，对于气动轴承等润滑要求较高的场合，需用微雾型油雾器。若已知所需流量，则可根据流量的大小来选择油雾器的公称通径。但是，润滑油能滴下的最低空气流量是由油雾器本身所决定的。所以，需根据最大流量和最小流量两者来选择。

## 六、消声器的选用方法

消声器一般选用吸收型，因为其结构简单，有良好的消除中、高频噪声的性能，消声效果大于 20 dB。而气动系统的排气噪声主要是中、高频噪声，尤其是高频噪声较多。

### 七、气动管道和管接头的选用方法

（1）计算确定系统的压力，根据压力确定管道的材料。

（2）根据系统流量大小而确定管道的内径。

（3）确定管道的型号、规格。根据管道的材料和内径查相关的设计手册或产品样本，确定管道的型号、规格。

（4）选择管接头。根据管接头必须在强度足够的条件下，能在振动、压力冲击下保持管路的密封性的要求及系统需要选择不同规格的管接头。

### 八、气—液转换器的选用方法

根据所选用气—液转换器的有效容积要与气缸匹配的原则，通过查相关的设计手册或产品样本，确定气—液转换器的型号、规格。

### 九、减压阀的选用

根据系统所要求的工作压力、调压范围、最大流量和稳压精度来选择直动型或先导型减压阀、定值器。

（1）减压阀的公称流量是阀的主要参数，一般与阀的接管口径相对应。阀的气源压力应高出减压阀最高输出压力 0.1 MPa。

（2）在易燃易爆等人不宜接近需要遥控或通径大于 20 mm 的场合，应选用外部先导式减压阀。但其遥控控制距离不能超过 30 m。

（3）减压阀一般都用管式连接，特殊需要也可使用板式连接。如减压阀与过滤器、油雾器联用，则应采用气动二联件或三联件，以节省空间。

（4）要求减压阀的出口压力波动小时，如出口压力波动不超过工作压力最大值的 ±0.5%，应选用精密型减压阀。

### 十、流量控制阀的选用

（1）根据气动系统或执行元件的进、排气口通径来选择。

（2）阀的公称流量应与系统所需的调节范围相适应。

（3）根据使用条件来选用阀的形式。

（4）选用流量控制阀控制的运动速度不得低于 30 mm/s。

### 十一、方向控制阀的选用

（1）根据系统工作要求选择性能满足要求的阀。根据气动自动化系统工作要求选用阀的性能，包括阀的最低工作压力、最低控制压力、响应时间、阀的功耗、气密性、寿命及可靠性。如用气瓶惰性气体作为工作介质，对整个系统的气密性要求严格。选择手动阀就应选择滑柱式阀结构，阀在换向过程中各通口之间不会造成相通而产生泄漏。

（2）根据所需流量选择阀的通径。根据气动执行机构在工作压力状态下的流量值来选取阀的通径。一般情况下所选阀的额定流量应大于系统所需的最大流量。目前国内各生产厂对于阀的流量用自由空气流量（ANR），也有的用有压状态下的空气流量（一般是指在 0.5 MPa 工作压力下）表示。一般，对集中控制或距离在 20 m 以内的场合，可选 3 mm 通径的；对于距离在 20 m 以上或控制数量较多的场合，可选 6 mm 通径的。

（3）根据气动系统工作要求选用有合适功能及控制方式的阀，包括元件的位置数、通路数、记忆功能、静置时通断状态和控制方式等要求，应尽量选择与系统所需机能相一致的阀。

（4）根据现场使用条件选择适用范围符合要求的阀，包括使用现场的气源压力大小、电源条件（交、直流、电压大小等）、介质温度、环境温度、湿度、粉尘、振动等条件，选择能在此条件下可靠工作的阀。

（5）根据实际情况选择阀的安装方式。根据阀的质量水平、系统占有空间要求和便于维修等方面，综合考虑选择阀的安装方式。一般考虑用板式连接，包括集装板式连接，ISO标准也采用板式连接，因此，推荐优先采用板式安装方式，特别是对集中控制的气动控制系统更是如此。管式安装方式的阀占有空间小，也可以集装安装，且随着元件的质量和可靠性不断提高，也已得到广泛的应用。

（6）优先采用标准化系列产品，尽量避免采用专用阀。

（7）选用阀的价格应与系统水平及可靠性要求相适应。

### 3.5.4　气压传动系统的装调工艺与技术

气动系统的安装并不是简单地用管子把各阀连接起来，安装实际上是设计的延续。作为一种生产设备，它首先应具有运行可靠、布局合理、安装工艺正确、维修检测方便等特点。由于各元件之间管道连接的多变性和实际现有管接件品种数量等因素，有许多气动控制柜的装配图是在安装人员根据气动系统原理图安装好以后，再由技术人员补画的。目前气动系统的安装一般采用紫铜管卡套式连接和尼龙软管快插式连接两种，快插式接头拆卸方便，一般用于产品试验阶段或一些简易气动系统；卡套式接头安装牢固可靠，一般用于定型产品。

#### 一、气动系统装调的注意事项

1. 以组件为单位进行装配

（1）安装中活塞杆不允许承受偏心负载或横向负载。

（2）除无油润滑气缸外，均应注意气缸的合理润滑。

（3）在气源入口处应设置油雾器，并根据需要调节给油量。

（4）不使用满行程，特别当活塞杆伸出时，不要使活塞与缸盖相碰击，否则容易引起活塞和缸盖等零件破坏。

（5）不漏装密封件，不将元件装反。

①安装密封件时应注意密封圈不得扭转，有方向的密封圈不得装反，为了安装容易，可在密封圈上涂敷润滑脂。

②保持密封件的清洁，防止纤维、灰尘等附着物附着在密封圈上。

③安装时，应防止沟槽的棱角处、横孔处碰伤密封圈；与密封圈接触的配合面不能有毛边、棱角，若有则需倒圆。

④塑料类的密封圈几乎不能伸长，橡胶类的密封圈也不能过度拉伸，以免产生永久变形。

2. 螺钉拧紧力矩应均匀，力矩大小应合理

3. 配管时，应注意不要将灰尘等异物带进管内

4. 装配好的元件要进行通气试验

缓慢升至规定压力，应保证升压过程和到达规定压力时都不漏气。

5. 试验各元件的动作情况

对于气缸，开始时要将其缓冲装置的节流部分调到最小，然后调节速度控制阀使气缸以非常慢的速度移动，逐渐打开节流阀，使气缸达到规定的速度。

## 二、气动系统的安装步骤

1. 研究气动系统

（1）充分了解控制对象的工艺要求，根据其要求对系统图进行逐路分析。

（2）确定管接头的连接形式。既要考虑现在安装时经济快捷也要考虑将来整体安装好后中间单个元件拆卸、维修、更换方便。在达到同样工艺要求的前提下应尽量减少管接头的用量。

2. 模拟安装

（1）按图核对元件的型号和规格，然后卸掉每个元件进出口的堵头，在各元件上拧上端直通或端直角管接头，认清各气动元件的进出口方向。

（2）将各元器件按气动系统线路平铺在工作台上，再量出各元件间所需管子的长度。长度选取要考虑方便以后更换电磁阀接线插座拆卸、接线和各元件。

3. 正式安装

（1）根据模拟安装的工艺，拧下各元器件上的端直通，在端直通接头上包上聚四氟乙烯密封带再重新拧入气动元件内并用扳手拧紧。

（2）按照模拟安装时选好的管子长度，把各元件连接起来。注意：铜管插入管接头时必须插到底再稍退 1 mm，并且检查每一个管接头中是否漏放铜卡箍，卡紧螺帽必须用扳手拧紧，以防漏气。

（3）待上述组件安装好后将它们整体固定到控制柜内，再用铜管把相关回路连接起来。

（4）最后装上相关仪表，注意压力表要垂直安装，表面朝向要便于观察。

## 三、气动元件的安装

1. 气动管道和管接头的安装方法

安装前彻底检查、清洗管道中的粉尘等杂物，经检查合格的管道需吹风后才能安装。安装时应按管路系统图中标明的安装、固定方法安装，并注意以下问题。

（1）管子支架要牢固，工作时不得产生振动。

（2）管道接口部分的几何轴线必须与管接头的几何轴线重合。

（3）螺纹连接头的拧紧力矩要适中。

（4）接管时要充分注意密封性，防止漏气，尤其注意接头处及焊接处。为防止漏气，连接前螺纹处应涂密封胶（螺纹前端 2 ~ 3 牙不涂密封胶或拧入 2 ~ 3 牙后再涂密封胶，以防密封胶进入管道内）。

（5）软管安装时应避免扭曲变形，在安装前可在软管表面轴线涂一条色带，安装后用色带判断软管是否扭曲；为防止拧紧时软管的扭曲，可在最后拧紧前将软管向相反方向转动 1/8 ~ 1/6 圈。

（6）软管的弯曲半径应大于其外径的 9 ~ 10 倍。可用管接头来防止软管的过度弯曲，

且应远离热源或安装隔热板。

（7）硬管的弯曲半径一般不应小于其外径的2.5～3倍。在弯管过程中，管子内部常装入填充剂支承管壁，避免管子截面变形。

（8）管路走向尽量平行布置，减少交叉，力求最短，弯曲要少，避免急剧弯曲，短软管只允许做平面弯曲，长软管可做复合弯曲。

（9）安装时应注意保证系统中的任何一段管道均能自由拆装。

（10）压缩空气管道要涂标记颜色，一般涂灰色或蓝色，精滤管道涂天蓝色。

2. 气动元件的安装注意事项

（1）安装前应查看阀的铭牌，注意型号、规格与使用条件是否相符，包括电源、工作压力、通径、螺纹接口等。

（2）安装前应对元件进行清洗，必要时进行密封试验。减压阀安装时必须使其后部靠近需要减压的系统，并保证阀体上的箭头方向与系统气体的流动方向一致。阀的安装位置应方便操作和观察压力表，在环境恶劣、粉尘多的场合，还需在减压阀前安装过滤器，油雾器则必须安装在减压阀的后面。

（3）应注意阀的推荐安装位置和标明的安装方向；各类阀体上的箭头方向或标记，要符合气流流动的方向。

（4）逻辑元件应按控制回路的需要，将其成组的装在底板上，并在底板上开出气路，用软管接出。

（5）移动缸的中心线与负载作用力的中心线要同心，否则会引起侧向力，导致密封件加速磨损、活塞杆弯曲。

（6）各种自动控制仪表、自动控制器、压力继电器等，在安装前应进行校验。

（7）动密封圈不要装得太紧，尤其是U形密封圈，否则会阻力过大。

（8）滑阀式方向控制阀需水平安装，以保证阀芯的换向阻力相等，使方向控制阀可靠工作。

（9）人工操纵的阀应安装在便于操作的地方，操作力不宜过大。脚踏阀的踏板位置不宜过高，行程不能过长，脚踏板上要装防护罩。

（10）安装机控阀时应保证使其工作时的压下量不超过规定行程。

（11）用流量控制阀控制执行元件的运动速度时，原则上应将其装设在气缸接口附近。

3. 典型气动元件的安装

1）气缸的安装方法

气缸的安装形式参见表3－5－4－1。

表3－5－4－1　气缸的安装形式

| 气缸安装形式 | 特　点 |
|---|---|
| 固定式气缸 | 气缸安装在机体上固定不动，有脚座式和法兰式 |
| 轴销式气缸 | 缸体围绕固定轴可做一定角度的摆动，有U形钩式和耳轴式 |
| 回转式气缸 | 缸体固定在机床主轴上，可随机床主轴做高速旋转运动。这种气缸常用于机床上气动卡盘中，以实现工件的自动装卡 |
| 嵌入式气缸 | 气缸缸筒直接制作在夹具体内 |

（1）根据现场的需要选择不同的气缸安装方式。

（2）安装前，在1.5倍工作压力下进行气缸试验，应不漏气。

（3）在所有密封件的相对运动工作表面应涂上润滑脂。

（4）根据系统动作方向要求安装气缸。注意活塞杆不允许承受偏心负载或横向负载，行程不能用满。

2）气马达的安装方法

在选用好气马达的型号规格后，根据现场的需要来进行安装。不同型号规格的气马达有不同的安装连接尺寸和安装方向。在安装时，首先要正确定位气马达的位置，然后用紧固螺丝连接好，在拧螺丝时要采用对角拧紧方法。

3）分水滤气器的安装方法

（1）安装分水滤气器时一定要在垂直位置安装，并将放水阀朝下，壳体上箭头所示方向为气流方向，不可装反。

（2）分水滤气器组合使用时，安装位置应在气动设备的近处，其安装次序为：

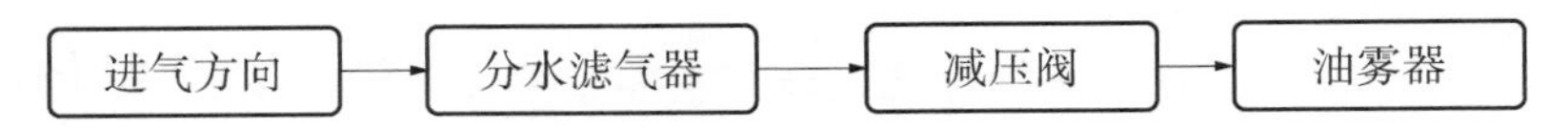


4）油雾器的安装方法

（1）油雾器一般应配置在分水滤气器和减压阀之后，使进入油雾器的空气有一定的质量要求，以确保油雾器的正常工作。

（2）油雾器应垂直安装，且其上箭头方向即为空气流动方向。

（3）油雾器的输入、输出口不能装反。安装视油器时不要把螺钉拧得太紧，以免把视油器压坏。

（4）不需用工具拧动壳体螺母，用手的力量拧紧即可。

（5）油杯中的油位需保持在工作油位（最高油位和最低油位之间）。

5）消声器的安装方法

消声器一般安装在气动系统的排气口，尤其是在换向阀的排气口装设消声器来降低排气噪声。

6）气—液转换器的安装方法

（1）气—液转换器需垂直安装，并注意油面最低高度。

（2）必须排除气缸进出油腔一端的空气。

（3）装配管路、接头需排除杂物。

（4）要注意密封，尤其油孔端不能进入空气，管路安装后可用压缩空气试验是否漏气。

7）减压阀的安装方法

（1）安装前要对阀做好清洁工作。

（2）减压阀一般都是垂直安装，且按阀体箭头指向连接管路，不能装错方向。

（3）由于减压阀的压力设定值与执行元件的工作压力有关，所以在调节减压阀的压力时，一定要保证减压回路中执行元件能正常安全地工作。减压阀的压力调好后，要锁紧减压阀上的锁紧螺母。

8）流量控制阀的安装方法

（1）安装前应查看说明书，注意型号、规格与使用条件是否相符，包括电源、工作压力、通径、螺纹接口等。

（2）安装前应彻底清除管道内的粉尘、铁锈等污物。接管时应防止密封带碎片进入阀内。

（3）流量阀应尽量安装在气缸附近，以减少气体压缩对速度的影响。

（4）调节流量控制阀时，要根据该阀铭牌上标注的调节大小、方向来调节。流量可以从大往小调节或从小往大调节，直到调节到需要值为止，并锁紧其锁紧螺母。

### 四、气动系统的调试步骤

气动系统安装好后要进行系统的调试。只有通过正确的调试，才能使系统中的压力、流量、方向等主要参数满足系统设计的需要，也才能使执行元件的输出力、输出速度和运动方向满足设备使用的要求。在机械部分动作经检查完全正常后，就可进行气动回路的调试。

#### 1. 调试前的准备工作

（1）熟悉气动设备说明书等有关技术资料，力求全面了解系统的原理、结构、性能及操作方法。在阅读气动回路图时要注意以下几点。

①阅读程序框图。通过阅读程序框图大体了解气动回路的概况和动作顺序及要求等。

②气动回路图中表示的位置（各种阀、执行元件的状态）均为停机时的状态。因此，要正确判断各行程发信元件。

③详细检查各管道的连接情况。在回路图中，线条不代表管路的实际走向，只代表元件与元件之间的联系和制约关系。

（2）了解需要调整的元件在设备上的实际位置、操作方法及调节旋钮的旋向等，熟悉换向阀的换向原理和气动回路的操作规程。

（3）准备好调试工具。把所有气动元件的输出口用事先准备好的堵头堵住，在需要测试的部位安装好临时压力表以便观察压力。

（4）准备好驱动电磁阀的临时电源，并将电磁阀的临时电源连接好。对 220 V 电压的系统要特别注意安全，核查每一个电磁阀的额定许用电压是否与试验电压一致。

（5）最后连接好气源。

（6）熟悉气源，向气动系统供气时，首先要把压力调整到工作压力范围。然后观察系统有无泄漏，调试工作一定要在无泄漏情况下进行。

#### 2. 正式调试

在气动回路无异常的情况下，首先进行手动调试。在正常工作压力下，按程序进程逐个进行手动调试，在手动动作完全正常的基础上，方可转入自动循环的调试工作，直至整机正常运行为止。

##### 1）单个元件的调试

检查各个机构的运动是否正常，先手动检查，再单个电控调试。

##### 2）空载联运调试

空载运行，检查各动作的协调工作，检查压力流量是否正常，调整电气控制程序。空载时运行一般不少于 2 h，注意观察压力、流量、温度的变化，发现异常应立即停车检查，待

排除故障后才能继续运转。

（1）打开气源开关，缓缓调节进气调压阀使压力逐渐升高至0.6 MPa，然后检查每一个管接头处是否有漏气现象，如有必须加以排除。

（2）调节每一个支路上的调压阀使其压力升高，观察其压力变化是否正常。对每一路的电磁阀进行手动换向和通电换向。注意在用手动方法换向后，一定要把手动手柄恢复到原位，否则可能会出现通电后不换向的情况。

（3）逐个回路调试执行元件的速度。空载调试一个回路时，其余回路应处于关闭状态，对速度平稳性要求较高的气动系统，应在受到负载的状态下观察其速度的变化情况。

（4）调节各执行元件的行程位置程序动作和安全联锁装置。

（5）各项指标均达到设计要求后，进行设备的试运行。

3）负载联运调试

负载试运转应分段加载，运转一般不少于4 h，要注意油位、摩擦部位的温升等变化，分别测出有关数据，记入试运转记录，以便总结经验，找出问题。

## 思考题与习题

1. 螺纹连接有什么优点？它是如何分类的？
2. 螺纹连接装配的基本要求有哪些？
3. 如何正确控制螺纹连接的拧紧力矩？
4. 拧紧成组螺栓（母）时，螺栓（母）的拧紧顺序是什么？
5. 试述双头螺柱的装配工艺要点。
6. 简述螺纹连接常用的防松装置。
7. 简述常用的孔轴类防松元件。
8. 如何安装DUBO弹性垫圈？
9. 试述弹性挡圈的装配要点。
10. 如何拆卸年久失修、生锈腐蚀的螺纹连接？
11. 如何拆卸断头螺钉？
12. 如何拆卸成组的螺纹连接？
13. 键连接装配的基本要求和方法是什么？
14. 简述平键的装配方法。
15. 简述楔键的装配方法。
16. 简述花键的装配方法。
17. 简述圆柱销、圆锥销的装配要点。
18. 管道连接的基本要求有哪些？
19. 简述铜管道的装配要点。
20. 试述车间内部工业管道装调的工艺要点。
21. 如何在车间内安装压缩空气管道？

22. 过盈连接的装配要点有哪些？常用的装配方法有哪些？
23. 简述压装法、热装法、冷装法的装配工艺。
24. 简述液压无键连接的原理和基本结构。
25. 如何装配液压无键连接？
26. 如何拆卸大尺寸过盈配合的轴承？
27. 简述带传动机构的装配基本要求。
28. 试述 V 带传动机构的装调工艺。
29. 试述链传动机构的装调工艺。
30. 齿轮传动机构的装配有哪些基本要求？
31. 简述圆柱齿轮传动机构的装调工艺。
32. 如何检测齿轮传动的侧隙？
33. 如何检测齿轮传动的接触精度？
34. 如何调整螺旋传动机构中螺杆与螺母的轴向间隙？
35. 如何校正螺旋传动机构中螺杆与螺母的同轴度、螺杆螺母轴线与基准面的平行度？
36. 试述滚动螺旋传动的装配基本要求及装调工艺。
37. 试述蜗杆传动机构的装配基本要求及装调工艺。
38. 试述轴的装配要求及装配工艺。
39. 滑动轴承的装配要求有哪些？
40. 如何安装、找正滑动轴承的轴承座？
41. 简述整体式滑动轴承的装配工艺。
42. 简述剖分式滑动轴承的装配工艺。
43. 液体静压轴承的装调要点有哪些？
44. 滚动轴承装配前要做什么准备工作？
45. 试述滚动轴承的装配工艺。
46. 安装滚动轴承时，如何调整其间隙？
47. 简述常用联轴器的类型及其特点。
48. 联轴器的装配工艺是什么？
49. 联轴器安装时，常用的找正方法有哪些？
50. 如何装调弹性套柱销联轴器？
51. 如何装调凸缘联轴器？
52. 如何装调牙嵌式离合器？
53. 试述密封件的装配工艺要点。
54. 如何正确安装“O”形密封圈？
55. 如何正确安装油封？
56. 如何正确安装密封垫？
57. 如何调整平导轨的间隙？
58. 如何调整燕尾导轨的间隙？
59. 直线滚动导轨副有哪些优点？
60. 如何正确装调直线滚动导轨？

61. 如何正确装调直线滚动导轨套副？
62. 如何正确选用液压泵？
63. 如何正确选用液压执行元件？
64. 如何正确选用常用液压阀？
65. 液压系统装调应注意哪些事项？
66. 试述液压泵的装调工艺要点。
67. 试述液压缸的装调工艺要点。
68. 试述液压阀的装调工艺要点。
69. 简述液压系统调试的内容与步骤。
70. 简述液压系统中各液压元件的安装工艺要点。
71. 如何进行液压系统的清洗？
72. 如何正确选用气动系统中的气缸？
73. 如何正确选用气动系统中的方向控制阀？
74. 气动系统装调应注意哪些事项？
75. 简述气动系统的安装步骤。
76. 试述气动系统的调试过程。

# 第4章　典型机电设备的装调技术

## 4.1　电动机的装调技术

### 4.1.1　电动机的分类与基本结构

#### 一、电动机的分类

电动机的种类很多，可按防护形式、安装方式、绝缘等级、额定功率、电源电压、电源频率、运行特性、结构、用途等来分类。目前我国是以电动机的功率来划分大类，如中小型电动机（功率范围为 1 ~1 000 kW；其中 1 ~100 kW 为小型电动机，100 ~1 000 kW 为中型电动机），并以其性能、用途、结构特征、形式（分为直流、异步、同步等三类）等作为补充来细分。常用的分类方法参见表 4 -1 -1 -1。

表 4 -1 -1 -1　电动机的分类

<table>
<tr><th>分类方法</th><th colspan="3">类　型</th></tr>
<tr><td rowspan="3">按工作电源分</td><td colspan="3">直流电动机</td></tr>
<tr><td rowspan="2">交流电动机</td><td colspan="2">单相电动机</td></tr>
<tr><td colspan="2">三相电动机</td></tr>
<tr><td rowspan="12">按结构及工作原理分</td><td rowspan="3">同步电动机</td><td colspan="2">永磁同步电动机</td></tr>
<tr><td colspan="2">磁阻同步电动机</td></tr>
<tr><td colspan="2">磁滞同步电动机</td></tr>
<tr><td rowspan="6">异步电动机</td><td rowspan="3">感应电动机</td><td>三相异步电动机</td></tr>
<tr><td>单相异步电动机</td></tr>
<tr><td>罩极异步电动机</td></tr>
<tr><td rowspan="3">交流换向器电动机</td><td>单相串励电动机</td></tr>
<tr><td>交直流两用电动机</td></tr>
<tr><td>推斥电动机</td></tr>
<tr><td rowspan="3">直流电动机</td><td colspan="2">无刷直流电动机</td></tr>
<tr><td rowspan="2">有刷直流电动机</td><td>电磁直流电动机</td></tr>
<tr><td>永磁直流电动机</td></tr>
</table>

续表

<table>
<tr><td>分类方法</td><td colspan="2">类　型</td></tr>
<tr><td rowspan="4">按启动与运行方式分</td><td colspan="2">电容启动式单相异步电动机</td></tr>
<tr><td colspan="2">电容运转式单相异步电动机</td></tr>
<tr><td colspan="2">电容启动运转式单相异步电动机</td></tr>
<tr><td colspan="2">分相式单相异步电动机</td></tr>
<tr><td rowspan="5">按用途分</td><td rowspan="3">驱动用电动机</td><td>电动工具用电动机</td></tr>
<tr><td>家电用电动机</td></tr>
<tr><td>其他通用小型机械设备用电动机</td></tr>
<tr><td rowspan="2">控制用电动机</td><td>步进电动机</td></tr>
<tr><td>伺服电动机</td></tr>
<tr><td rowspan="2">按转子的结构分</td><td colspan="2">笼型感应电动机</td></tr>
<tr><td colspan="2">绕线转子感应电动机</td></tr>
<tr><td rowspan="10">按运转速度分</td><td rowspan="4">低速电动机</td><td>齿轮减速电动机</td></tr>
<tr><td>电磁减速电动机</td></tr>
<tr><td>力矩电动机</td></tr>
<tr><td>爪极同步电动机</td></tr>
<tr><td rowspan="4">调速电动机</td><td>有级恒速电动机</td></tr>
<tr><td>无级恒速电动机</td></tr>
<tr><td>有级变速电动机</td></tr>
<tr><td>无级变速电动机</td></tr>
<tr><td colspan="2">高速电动机</td></tr>
<tr><td colspan="2">恒速电动机</td></tr>
</table>

三相异步电动机是应用最广泛的一种电动机。它与直流电动机、同步电动机不同，其转子绕组不需要与其他电源相连接，而定子绕组的电流则直接取自交流电网，所以三相异步电动机具有结构简单，制造、使用及维修方便、运行可靠、重量较轻、成本较低等优点。此外，三相异步电动机具有较高的效率和较好的工作特性，能满足大多数机械设备的拖动要求，而且在其基本系列的基础上可以方便地导出各种派生系列，以适应各种三相异步电动机的使用条件。三相异步电动机的主要分类参见表 4 –1 –1 –2。

表 4 –1 –1 –2　三相异步电动机的主要分类

<table>
<tr><td>分类方式</td><td colspan="3">类　别</td></tr>
<tr><td>转子绕组形式</td><td colspan="3">鼠笼式、绕线式</td></tr>
<tr><td rowspan="2">中心高度/mm<br>定子铁芯外径/mm</td><td>小型</td><td>中型</td><td>大型</td></tr>
<tr><td>80 ~ 315<br>130 ~ 500</td><td>355 ~ 630<br>500 ~ 990</td><td>≥630<br>≥990</td></tr>
<tr><td>防护形式</td><td colspan="3">开启式、防护式、封闭式</td></tr>
<tr><td>通风冷却方式</td><td colspan="3">自冷却式、自扇冷却式、他扇冷却式、管道通风式</td></tr>
<tr><td>安装结构形式</td><td colspan="3">卧式、立式（带底脚、带凸缘）</td></tr>
<tr><td>绝缘等级</td><td colspan="3">E 级、B 级、F 级、H 级</td></tr>
</table>

二、电动机的基本结构

电动机主要由两个基本部分组成，固定不动的部分叫定子，转动的部分叫转子，在定子和转子之间有一定的气隙。三相异步电动机的结构如图4－1－1－1所示。

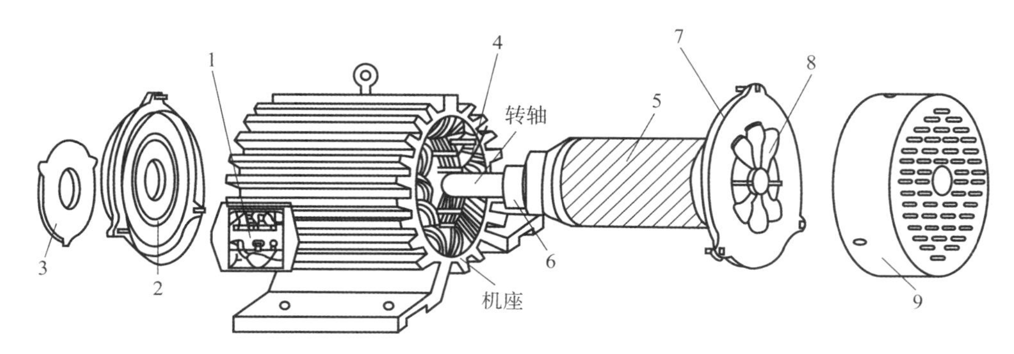


图4－1－1－1　三相异步电动机的结构

1—接线盒；2—前端盖；3，6—轴承；4—定子绕组；
5—转子；7—后端盖；8—风扇；9—风罩

1. 定子（静止部分）

电动机的定子由机壳（包括机座、端盖）、定子铁芯和定子绕组组成。

（1）定子铁芯：电动机磁路的一部分，并在其上放置定子绕组，它的作用是导磁。定子铁芯一般由0.35～0.5 mm的硅钢片冲制、叠压而成。大容量的电动机，其硅钢片表面还涂有绝缘漆，使各片之间绝缘；小容量的电动机是利用硅钢片表面的氧化层作为片间绝缘，以减少涡流损耗。在铁芯的内圆冲有均匀分布的槽，用以嵌放定子绕组。常见的有24槽、36槽等，如图4－1－1－2所示。

（2）定子绕组：电动机的电路部分，它的作用是导电。通入三相交流电，产生旋转磁场。由三组在空间互隔120°角、对称排列的结构完全相同的绕组连接而成，这些绕组的各个线圈按一定规律分别嵌放在定子铁芯各槽内，各相绕组之间以及绕组跟铁芯之间均用绝缘材料（如青壳纸、聚酯薄膜等）隔开。三相绕组的引出线接到接线盒的接线柱上，如图4－1－1－3所示。

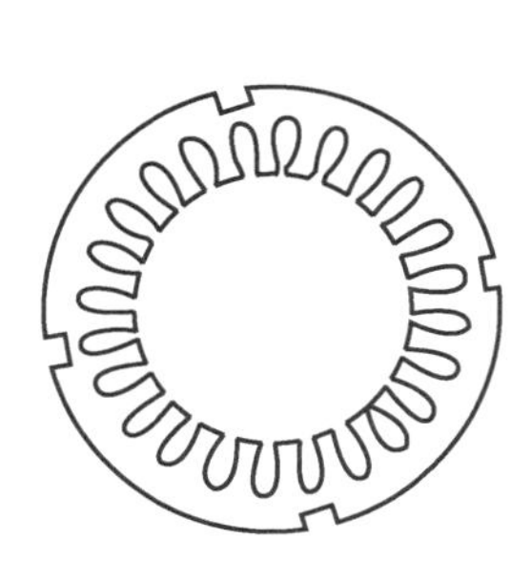

图4－1－1－2　24槽定子硅钢冲片

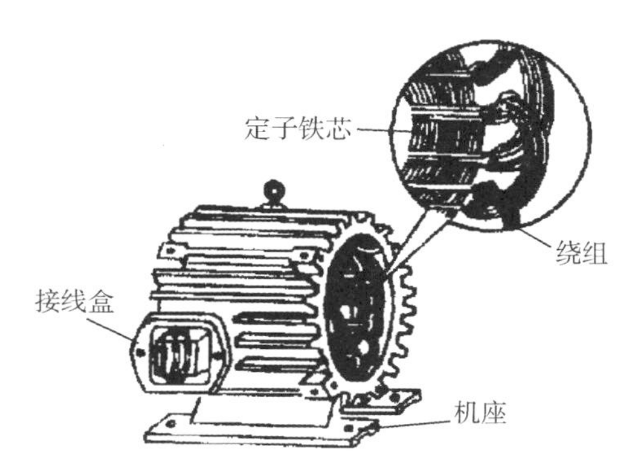


图4－1－1－3　定子绕组

（3）机座：主要用于固定与支承定子铁芯，并起防护、散热等作用。机座通常为铸铁

件，大型异步电动机机座一般用钢板焊成，微型电动机的机座采用铸铝件。封闭式电动机的机座外面有散热筋以增加散热面积，防护式电动机的机座两端端盖开有通风孔，使电动机内外的空气可直接对流，以利于散热。由于冷却方式不同，电动机机座形式也不一样。鼠笼式异步电动机的定子铁芯紧贴在机座内壁上，热量通过定子铁芯传导给机座，再由机座表面扩散到空气中，如图 4－1－1－4 所示。

（4）电动机接线盒内的接线：电动机接线盒内都有一块接线板，三相绕组的六个线头排成上下两排，并规定上排三个接线桩自左至右排列的编号为 1（U1）、2（V1）、3（W1），下排三个接线桩自左至右排列的编号为 6（W2）、4（U2）、5（V2），将三相绕组接成星形接法或三角形接法。

2. 转子（旋转部分）

电动机的转子由转轴、转子铁芯和转子绕组组成，如图 4－1－1－5 所示。

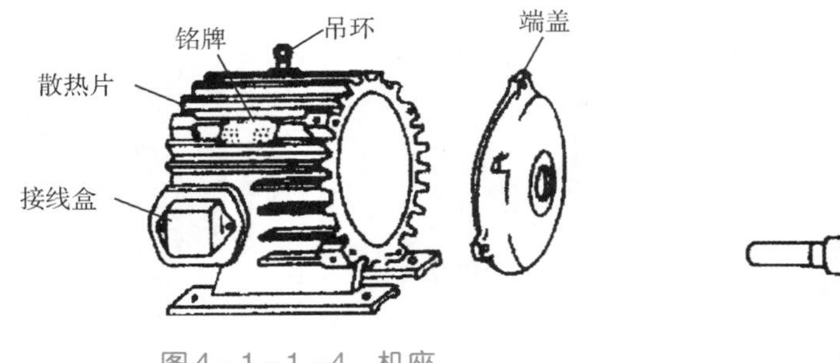


图 4－1－1－4　机座

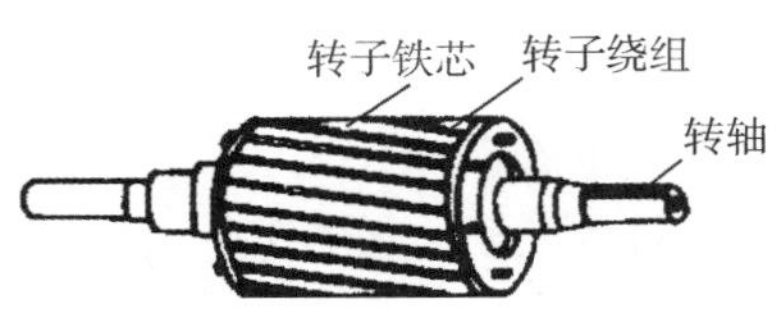


图 4－1－1－5　转子

（1）三相异步电动机的转子铁芯：作为电动机磁路的一部分以及在铁芯槽内放置转子绕组，它的作用是导磁。所用材料与定子一样，由硅钢片冲制、叠压而成，硅钢片外圆冲有均匀分布的孔，用来安置转子绕组，如图 4－1－1－6 所示。通常用定子铁芯冲落后的硅钢片内圆来冲制转子铁芯。一般小型异步电动机的转子铁芯直接压装在转轴上，大、中型异步电动机（转子直径在 300～400 mm 以上）的转子铁芯则借助于转子支架压在转轴上。

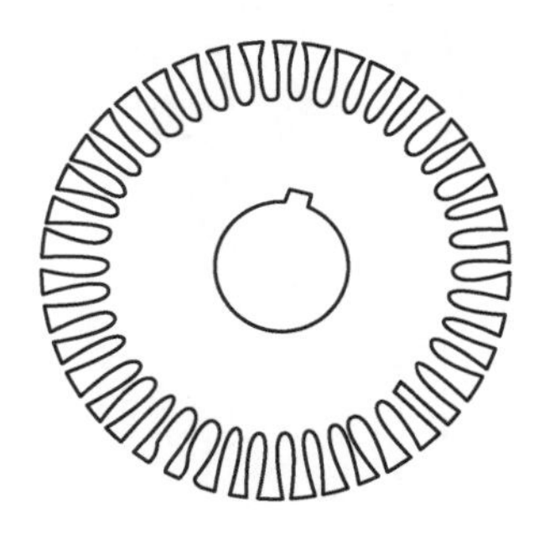

图 4－1－1－6　转子铁芯冲片

（2）三相异步电动机的转子绕组：转子绕组也是电动机的电路部分，它的作用是切割定子旋转磁场产生感应电动势及电流，并形成电磁转矩而使电动机旋转，可分为鼠笼式转子和绕线式转子。异步电动机转子绕组多采用鼠笼式，转子绕组由插入转子槽中的多根导条和两个环行的端环组成。若去掉转子铁芯，则整个绕组的外形像一个鼠笼，故称笼型绕组，如图 4－1－1－7（a）所示。小型笼型电动机采用铸铝转子绕组，如图 4－1－1－7（b）所

示。对于 100 kW 以上的电动机采用铜条和铜端环焊接而成。

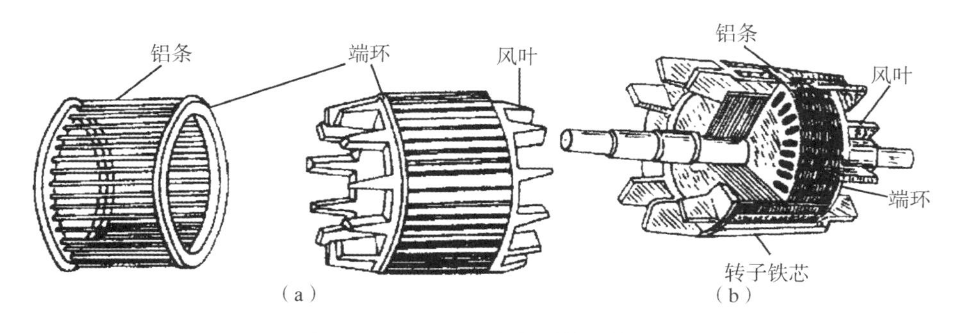


图 4－1－1－7　鼠笼式转子绕组

(a) 笼型绕组；(b) 铸铝转子绕组

除鼠笼式转子外，异步电动机还有一种绕线式转子，其转子铁芯与鼠笼式转子相同，不同之处是在转子铁芯槽内嵌入了三个对称的转子绕组。转子绕组接到固定在转轴上的三个彼此绝缘的集电环上，靠电刷与外电路连接。图 4－1－1－8 所示是中型异步电动机的绕线式转子绕组。采用绕线式转子的异步电动机比鼠笼式异步电动机结构复杂，成本也较高，但具有较好的启动性能（启动电流较小，启动转矩较大），适用于对启动有特殊要求或需要调速的场所。

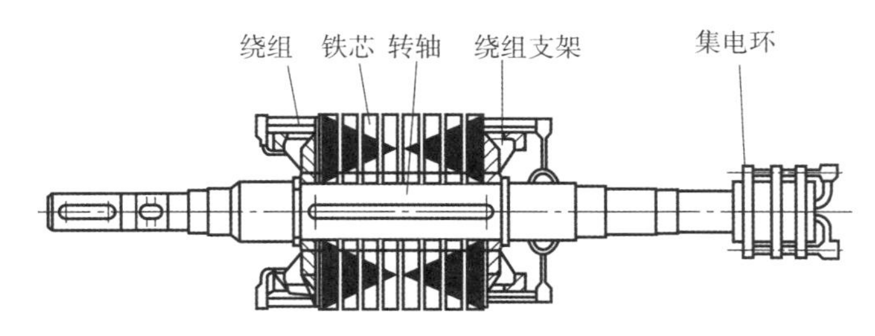


图 4－1－1－8　绕线式转子绕组

(3) 转轴。转轴是电动机输出机械能的重要部件，用中碳钢制成，可以承受很大的转矩。转轴通过轴承固定在机座两端的端盖上，如图 4－1－1－9 所示。

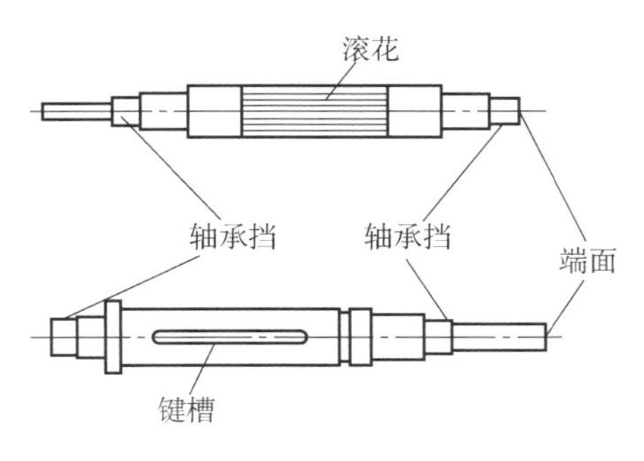


图 4－1－1－9　转轴

3. 三相异步电动机的其他附件

(1) 端盖：支承作用。

（2）轴承：连接转动部分与不动部分。

（3）轴承端盖：保护轴承。

（4）风扇：冷却电动机。

### 4.1.2 电动机的装调技术

#### 一、电动机装调的一般要求

（1）电动机性能应符合电动机周围工作环境的要求。

（2）电动机基础、地脚螺栓孔、沟道、孔洞及电缆管的位置、尺寸及质量符合设计及土建本身质量要求外，还应符合下列要求。

①基础、风道及地脚螺栓孔内的模板及杂物应清除干净。

②地脚螺栓孔应垂直，沿其全长的允许偏差不超过地脚螺栓孔直径或短边长的1/10；螺栓孔与纵横中心线的允许偏差不超过地脚螺栓孔直径或短边的1/10。上述两误差不得叠加。

③各设备下的混凝土承力面及电动机混凝土风道顶部的标高与设计标高的允许误差为10 mm。

④管沟底部应平整，并有符合设计要求的倾斜度和正确的倾斜方向。

（3）电动机外壳油漆应完好，并应标有旋转方向及编号。

（4）电动机外壳应有良好的接地，如电动机机座与基础框架能保证可靠的接触，则可将基础框架接地。基础框架的接地线应明显，便于检查。

（5）电动机在安装前应妥善保管，存放在清洁通风的仓库内，以防电动机上凝结水珠。轴颈等易锈蚀部分应涂油或漆防腐。换向器应用防潮纸包好，与电刷隔开。

（6）起吊转子时，不允许将吊绳绑在换向器及其他加工面上。

（7）电动机接线应牢固可靠，接线方式应与供电电压相符。

（8）电动机安装后，应做数圈人力转动试验。

#### 二、电动机抽芯检查

（1）电动机有下列情况之一时，应做抽芯检查。

①出厂日期超过制造厂保证期限。

②经外观检查或电气试验，质量有可疑时。

③开启式电动机，经端部检查有可疑时。

④试运转时有异常情况。

⑤交流电动机容量在40 kW及其以上者，安装前宜做抽芯检查。

（2）抽芯检查应符合下列要求。

①电动机内部清洁无杂物。

②电动机的铁芯、轴颈、滑环和换向器等应清洁、无伤痕、锈蚀现象，通风孔无阻塞。

③线圈绝缘层完好，绑线无松动现象。

④定子槽楔应无断裂、凸出及松动现象，每根槽楔的空响长度不应超过1/3，端部槽楔必须牢固。

⑤转子的平衡块应紧固，平衡螺丝应锁牢，风扇方向正确，叶片无裂纹。

⑥磁极及铁轭固定良好，励磁线圈紧贴磁极，不应松动。

⑦鼠笼式电动机转子导电条和端环的焊接应良好，浇铸的导电条和端环应无裂纹。

⑧电动机绕组连接正确、焊接牢固。

⑨直流电动机的磁极中心线与几何中心线应一致。

⑩电动机的滚珠轴承工作面应光滑、无裂纹、无锈蚀，滚动体与内外圈接触良好、无松动；加入轴承内的润滑脂应填满内部空隙的2/3。

## 三、电动机的装调技术

### 1. 装配前的准备工作

（1）备齐装配工具，将可洗的各零部件用汽油冲洗，并用棉布擦拭干净，再彻底清扫定子、转子内部表面的尘垢。

（2）检查槽楔、绑扎带等是否松动，有无高出定子铁芯内表面的地方，并相应做好处理。

（3）将检修、保养好的所有零部件放置在清洁的装配地点。

### 2. 装配步骤

#### （1）轴承的装配。

装配前先检查轴承滚动件是否转动灵活而不松旷；再检查轴承内圈与轴颈、轴承外圈与端盖之间的配合情况及粗糙度是否符合要求，均不可配合过紧。

①冷法装配：先把轴承内盖套入转轴，再把轴承套在转轴上。用一内径略大于轴颈直径、外径又略小于轴承内圈外径的平口钢管、铁管套入轴颈，管壁顶住轴承内圈。然后，在管口垫一块软铁板，并用锤轻轻敲打铁板，轴承便逐渐下降，套入转轴。也可用硬质木棒或金属棒顶住轴承内圈敲打，为避免轴承歪扭，应在轴承内圈的圆周上均匀敲打，使轴承平衡地行进，渐渐地套入转轴。如图4－1－2－1所示。

②热法装配：将轴承放入80 ℃～100 ℃变压器油中30～40 min后，用铁钩取出轴承，趁热迅速套入转轴的轴颈上，用力轻轻推动，使轴承套入正确的位置，如图4－1－2－2所示。加热时，轴承不能放在槽底，轴承应吊在槽中；安装轴承时，标号必须向外，以便下次更换时查对轴承型号。

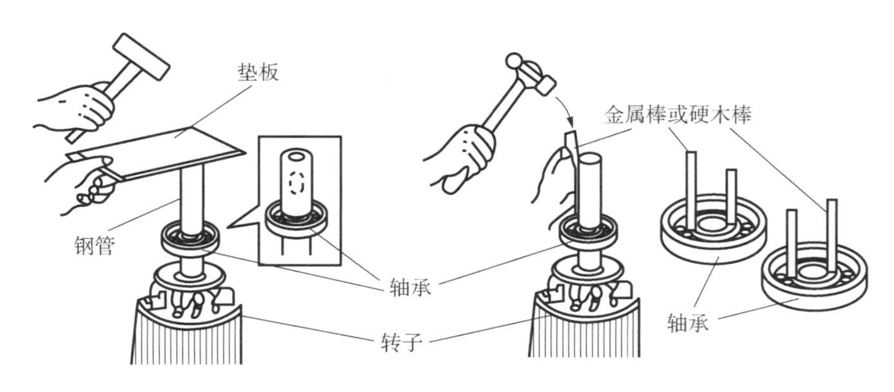


图4－1－2－1　冷法装配轴承

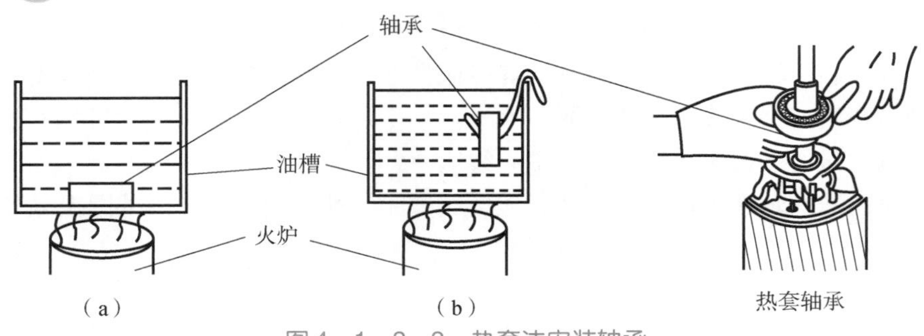


图4－1－2－2　热套法安装轴承

（a）不正确；（b）正确

（2）后端盖的装配。

①将转子轴伸端朝下垂直放置，在其端面上垫上木板，将后端盖套在后轴承上，用木槌敲打，如图4－1－2－3所示。把后端盖敲进去后，装轴承外盖。

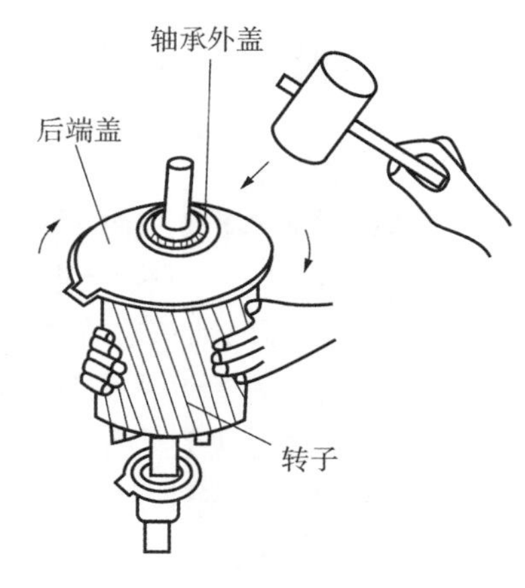


图4－1－2－3　后端盖的装配

②将轴承外盖装上轴，插上一颗螺栓，一只手顶住螺栓，另一只手转动转轴，使轴承的内盖也跟着转动，当转到轴承内外盖的螺栓孔对齐时，把螺栓顶入内盖的螺栓孔内，并适当旋紧，将其余螺栓也装上，适当旋紧。紧固内外轴承盖的螺栓时注意要对称地逐步拧紧，不能先拧紧一个，再拧紧另一个。

（3）转子的安装。把转子对准定子内圈中心，小心地往里放，后端盖对准与机座的标记，旋上后盖螺栓，但不要拧紧。

（4）前端盖的装配。

①方法一：将前轴承内盖与前轴承按规定加够润滑油后，一起套入转轴，然后，在前内轴承盖的螺孔与前端盖对应的两个对称孔中穿入铜丝拉住内盖，将前端盖对准机座标记，用木槌轻轻敲击端盖四周，套上螺栓，按对角线逐个拧紧螺栓。再从铜丝上穿入前外轴承盖，拉紧对齐。接着给未穿铜丝的孔中先拧进螺栓，带上丝口后，抽出铜丝，最后给这两个螺孔拧入螺栓，依次对称逐步拧紧。

②方法二：用一个比轴承盖螺栓更长的无头螺栓，先拧进前轴承内盖，再将前端盖和前轴承外盖相应的孔套在这个无头长螺栓上，使内外轴承盖和端盖的对应孔始终拉紧对齐。待

端盖安装到位后，先拧紧其余两个轴承盖螺栓，再用第三个轴承盖螺栓换下开始时用以定位的无头长螺栓。如图 4－1－2－4 所示。

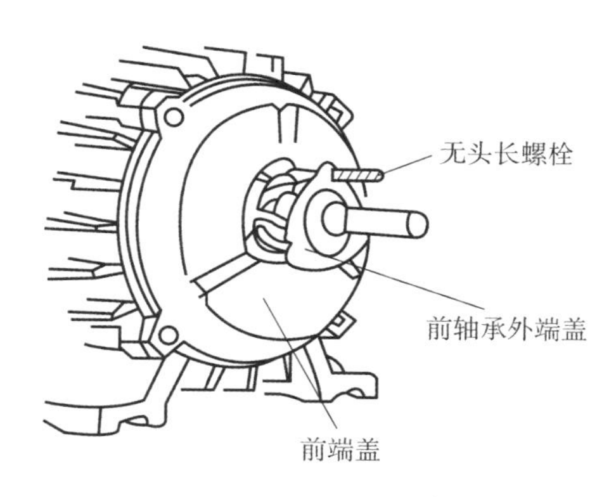


图 4－1－2－4　前端盖的装配

（5）风扇和风罩的安装。将风扇装配到转子上，进行平衡试验，完好后再装入定子，然后装上风罩。安装完毕后，用手转动转轴，转子应转动灵活、均匀，无停滞或偏重现象。

（6）带轮或联轴器的安装。安装带轮时，将一块细砂布卷在圆锉或圆木棍上，打磨皮带轮或联轴器的轴孔及转轴的表面至光滑。然后对准键槽将带轮或联轴器套在转轴上，调整好带轮或联轴器与键槽的位置，用软铁或木板垫在键的一端轻轻敲打，直至键慢慢进入槽内旋紧螺钉。

（7）用手盘动转子，检查转动部分与固定部分是否摩擦、转子偏移值是否正常。如转动部分不擦及固定部分，转子偏移值正常，则装配成功。

3. 电动机装配后的检验

（1）检查电动机的转子转动是否轻便灵活，如转子转动比较沉重，可用紫铜棒轻敲端盖，同时调整端盖紧固螺栓的松紧程度，使之转动灵活。

（2）检查电动机的绝缘电阻值，摇测电动机定子绕组相与相之间、各相对地之间的绝缘电阻。

（3）根据电动机的铭牌与电源电压正确接线，并在电动机外壳上安装好接地线，用钳形电流表分别检测三相电流是否平衡。

（4）用转速表测量电动机的转速。

（5）让电动机空转运行 0.5 h 后，检测机壳和轴承处的温度，观察振动和噪声。

4. 电动机启动试运行

电动机试运行一般应在空载的情况下进行，空载运行时间为 2 h，并做好电动机空载电流电压记录。电动机试运行接通电源后，如发现电动机不能启动和启动时转速很低或声音不正常等现象，应立即切断电源检查原因。

（1）电动机的第一次启动应不带机械负载进行。运行正常后，再带机械负荷运行。

（2）电动机在启动前，应对其本体及其各类保护设备等附属设备进行检查，确认其符合条件后，方可启动。

（3）电动机在试运行中应检查以下项目。

①电动机的旋转方向符合要求，声音正常。

②记录交流电动机的启动时间和空载电流。

③电动机的轴向窜动（指滑动轴承）应不超过表 4－1－2－1 的规定。

表 4－1－2－1　电动机轴向允许窜动量

| 项目 | | 轴向允许窜动范围/mm | |
|---|---|---|---|
| | | 前一侧 | 后两侧 |
| 电动机容量/kW | 10 及其以下 | 0.50 | 1.00 |
| | 10～20 | 0.75 | 1.50 |
| | 30～70 | 1.00 | 2.00 |
| | 70～125 | 1.50 | 3.00 |
| | 125 以上 | 2.00 | 4.00 |
| 轴颈直径大于 200 mm | | 轴颈直径的 2% | |

④电动机的振动应不超过表 4－1－2－2 的数值。容量在 40 kW 及以下的不重要电动机可不测振动。

表 4－1－2－2　电动机的允许振动

| 转速/（$r \cdot min^{-1}$） | 振动值 | |
|---|---|---|
| | 一般电动机 | 防爆电动机 |
| 30 000 | 0.06 | 0.05 |
| 1 500 | 0.10 | 0.085 |
| 1 000 | 0.13 | 0.10 |
| 750 以下 | 0.16 | 0.12 |

⑤换向器、滑环及电刷的工作情况正常。

⑥滑动轴承温升不应超过 80 ℃，滚动轴承温升不应超过 95 ℃。

⑦电动机不应有过热现象。

⑧对于有绝缘的轴承，测量其轴电压。

（4）交流电动机的连续启动，如无制造厂的规定时，可按下列规定。

①在冷态时，电动机允许连续启动 2～3 次。

②在热态时，电动机只允许启动 1 次。

# 4.2　数控机床的装调技术

## 4.2.1　数控车床的装调技术

小型数控机床不要组装连接，只要接通电源、调整床身水平就可以投入使用。对于大中型数控机床，一般发货时都是将数控机床分解成几个部分，使用时需要进行重新组装和调试。

## 一、数控车床的组成

数控车床的组成部件如图4－2－1－1所示。

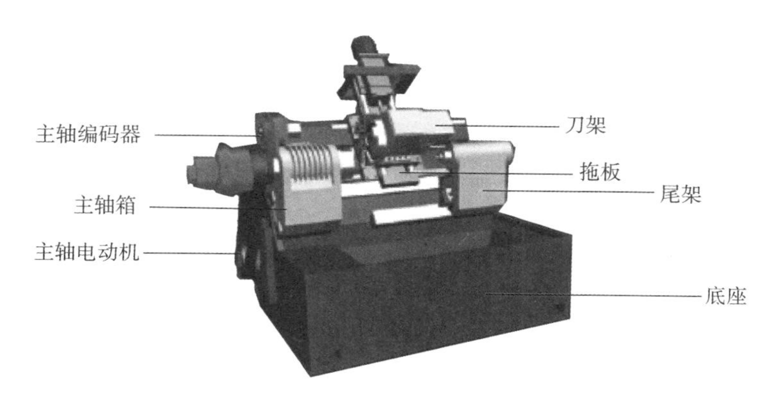


图4－2－1－1　数控车床的组成示意图

## 二、数控车床的装调步骤

（1）仔细阅读机床安装说明书，按照说明书的机床基础图做好安装基础。

①地基应具有足够的强度和刚度。

②考虑车床的重心位置，与车床连接的电线、管道的铺设位置，预留地脚螺栓和预埋件的位置等。

③地基平面尺寸应大于车床支承面积的外廓尺寸，并考虑安装、调试和维修所需的尺寸。

（2）在基础养护期满后，完成清理工作。

（3）做好部件表面的清洁工作，将所有连接面、导轨、定位和运动面上的防锈涂料清洗干净。清理时不能使用金属或其他坚硬刮具，不得用棉纱或纱布，要用浸有清洗剂的棉布或绸布，清洗后涂上车床规定使用的润滑油。

（4）将调整机床水平用的垫铁、垫板逐一摆放到位。

（5）安装机床的床身，同时将地脚螺栓放进预留孔内，并完成初步找平工作。

①用专用桥板或水平仪校准机床水平。

②安装床身上的 $Z$ 向直线导轨，并在纵向和横向检查校准其平行度和直线度。

③安装 $Z$ 向滚珠丝杠。

a. 安装 $Z$ 向电动机座并检查轴承孔与 $Z$ 轴导轨的平行度及位置尺寸。

b. 安装 $Z$ 向滚珠丝杠并装上轴承座，检查丝杠与 $Z$ 轴导轨的平行度。

④安装 $Z$ 轴伺服电动机。

（6）准确可靠地将各部件连接组装成整机。机床各部件之间的连接定位均使用原装的定位销、定位块和其他定位元件，以保持机床原有的制造和安装精度。

①安装大拖板及中拖板。

a. 将大拖板及中拖板装于床身的滑块上，并固定。

b. 测量、修正拖板 $Z$ 向移动时，床身导轨对于拖板上部的平行度。

c. 测量、修正拖板 $X$ 向移动时，拖板上部对于床身导轨的垂直度。

d. 安装刀架于中拖板上，测量、修正主刀架移动对于主轴轴线的平行度及横刀架移动对主轴轴线的垂直度。

②安装尾架。

将尾架装在床身上，然后测量、修正尾架套筒的轴线对于主刀架溜板移动的平行度及尾架套筒的轴线相对于床身导轨的平行度。

③安装主轴箱。

a. 安装主轴箱于床身上，测量、修正主轴锥孔轴线（用莫氏锥度芯棒）相对于床身导轨的平行度。

b. 检查、修正主轴箱主轴锥孔轴线、尾架套筒中心轴线与刀架装刀孔中心线的同轴度。

④安装主轴电动机。

a. 安装主轴箱于床身上，校准主轴电动机与主轴的平行度。

b. 调整两皮带轮的轮槽在同一平面内，皮带的松紧程度适当。

c. 安装主轴编码器，调整同步带松紧适当。

⑤准确安装限位开关及撞块。

（7）完成部件组装后，按照说明书标注的每根电缆、油管、气管接头上的标牌，电气柜和各部件的插座上的标牌，根据电气接线图、气液压管路图将电缆、管道一一对号接好。在连接电缆的插头和插座时，特别要注意清洁工作和可靠的接触及密封，防止漏气、漏油和漏水，避免污染物进入液压、气压管路。电缆和管路连接完毕后，要做好各管线的定位固定，安装好防护罩壳，保证整齐的外观。

## 三、数控系统的连接和调整

### 1. 外部电缆的连接

数控系统外部电缆的连接是指数控装置与 MDI/CRT 单元、强电柜、机床操作面板、进给伺服机构动力线和反馈线、主轴电动机动力线和反馈信号线的连接；与手摇脉冲发生器等的连接；接地线连接；数控柜电源变压器输入电缆的连接；伺服变压器绕组抽头的连接等，这些连接必须符合随机器提供的连接手册的规定。

### 2. 电源线的连接

数控系统电源线的连接，指数控柜电源变压器输入电缆的连接和伺服变压器绕组抽头的连接。对于进口的数控系统或数控机床更要注意，由于各国供电制式不尽一致，国外机床生产厂家为了适应各国不同的供电情况，无论是数控系统的电源变压器，还是伺服变压器都有多个抽头，必须根据我国供电的具体情况，正确地连接。

### 3. 确认输入电源电压、频率及相序

1）确认输入电源电压和频率

我国供电制式是交流 380 V，三相；交流 220 V，单相；频率为 50 Hz。有些国家的供电制式与我国不一样，例如日本，交流三相的线电压是 200 V，单相是 100 V，频率是 60 Hz。进口设备一般都配有电源变压器，变压器上设有多个抽头供用户选择使用，电路板上设有 50/60 Hz 频率转换开关。所以，对于进口的数控机床或数控系统一定要先看懂随机说明书，按说明书规定的方法连接。通电前一定要仔细检查输入电源电压是否正确，频率转换开关是否已置于“50 Hz” 位置。

2）确认电源电压波动范围

一般数控系统允许电压波动范围为额定值的85%～110%，而欧美的一些系统要求更高一些。如果电源电压波动范围超过数控系统的要求，需要配备交流稳压器，以提高数控机床的稳定性。

3）确认输入电源电压相序

相序检查的常用方法有两种，参见表4-2-1-1。

表4-2-1-1　相序的检查方法

| 检查方法 | 检查原理图 | 检查说明 |
| --- | --- | --- |
| 相序表法 | 输入电源 G R S T 相序表 T S R ~380 V | 当相序接法正确时，相序表指针顺时针转动，否则相序错误。这时可将R、S、T中任意两条线对调 |
| 示波器法 | A B C 双线示波器 通道1 地线 通道2 A-B波形（通道1） C-B波形（通道2） | 用双线示波器来观察二相之间的波形，二相的相位应相差120° |

4）确认直流电源输出端是否对地短路

各种数控系统内部都有直流稳压电源单元，为系统提供所需的+5 V，±15 V，±24 V等直流电压。因此，在系统通电前应当用万用表检查其输出端是否有对地短路现象级，以防烧坏直流稳压单元。

5）接通数控柜电源，检查各输出电压

（1）检查数控柜中各风扇是否旋转，判断电源是否接通。

（2）检查各印制电路板上的电压是否正常，是否在允许的波动范围之内。一般来说，±24 V允许误差±10%；±15 V的误差不超过±10%；+5 V的误差不能超过±5%。

6）检查各熔断器

熔断器的质量和规格应符合要求。

4. 参数的设定和确认

1）短路棒的设定

数控系统内的印制电路板上有许多用短路棒短路的设定点，需要对其适当设定以适应各种型号机床的不同要求。一般来说，用户购入的整台数控机床，这项设定已由机床厂

完成，用户只需确认一下即可。但对于单体购入的数控装置，用户则必须根据需要自行设定。因为数控装置出厂时是按标准方式设定的，不一定适合具体用户的要求。不同的数控系统设定的内容不一样，应根据随机的维修说明书进行设定和确认。主要设定内容有以下三个部分：

（1）控制部分印制电路板上的设定。包括主板、ROM 板、连接单元、附加轴控制板、旋转变压器或感应同步器的控制板上的设定。这些设定与机床回基准点的方法、速度反馈所用检测元件、检测增益调节等有关。

（2）速度控制单元电路板上的设定。在直流速度控制单元和交流速度控制单元上都有许多设定点，这些设定用于选择检测元件的种类、回路增益及各种报警。

（3）主轴控制单元电路板上的设定。无论是直流或是交流主轴控制单元上，均有一些用于选择主轴电动机电流极性和主轴转速等的设定点。但数字式交流主轴控制单元上已用数字设定代替短路棒设定，故只能在通电时才能进行设定和确认。

2）参数的设定

对于整机购进的数控机床，各种参数已在机床出厂前设定好，无须用户重新设定，但对照参数表（数控机床出厂时都随机附有）进行一次核对还是必要的。显示已存入系统存储器的参数的方法，随各类数控系统而异，大多数可以通过按压 MDI/CRT 单元上的“PARAM”（参数）键来进行。显示的参数内容应与机床安装调试完成后的参数一致，如果参数有不符的，可按照机床维修说明书提供的方法进行设定和修改。

如果所用的进给和主轴控制单元是数字式的，那么它的设定也都是用数字设定参数，而不用短路棒。此时，需根据随机所带的说明书一一予以确认。

3）纸带阅读机的调整

通常纸带阅读机在出厂前已经调整好，不必重新调整，但一旦发现读带信息出错，则需对光电放大器输出波形进行调整。一般可按下述步骤进行：

（1）制作一条测试纸带，即一条有孔和无孔交错排列的黑色纸带，并将纸带首尾相接成环形；

（2）把环形测试纸带装入纸带阅读机，将开关设置为“手动”方式，使其连续走带；

（3）用示波器测量光电放大器电路板上的同步孔（纸带中间的一排连续小孔）信号检查端子 S 和 OV（地）之间同步信号波形，调整电位器 SP（RV），使波形 ON 和 OFF 时间之比值为6:4，如图 4－2－1－2 所示。

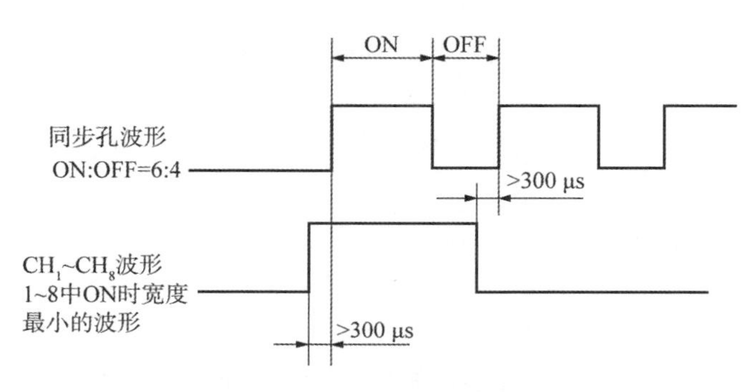


图 4－2－1－2　纸带阅读机的波形

5. 确认数控系统与机床间的接口

现代的数控系统一般都具有自诊断的功能，在CRT画面上可以显示出数控系统与机床接口以及数控系统内部的状态。可根据机床厂提供的梯形图说明书（内含诊断地址表），通过自诊断画面确认数控系统与机床之间的接口信号状态是否正确。

四、数控车床的调试

1. 通电试车前的检查和调整

（1）电气柜的检查。检查电气柜中各类插座有无松动，有紧锁机构的插座是否紧锁。

（2）数控柜的检查。检查数控柜中各类插座（包括接口插座）有无松动，有紧锁机构的插座是否紧锁。

（3）电磁阀的检查。

（4）检查所有开关、按钮及接线的质量。

（5）检查电源电压、频率及相序。

（6）检查数控系统各种参数与设定是否一致。

（7）按照机床说明书的要求，给机床润滑油箱、润滑点灌注规定的油液或油脂，清洗液压油箱及过滤器，灌足规定标号的液压油，接通气源等。

（8）调整机床的水平，粗调机床的主要几何精度。

2. 通电试车

机床通电操作可以一次同时接通各部分电源全面供电，或各部分分别供电，然后再作总供电试验。对于大型设备，为了更加安全，应采取分别供电的方式。

（1）在接通电源的同时，做好按压急停按钮的准备。

（2）观察各部分有无异常，有无报警故障。

（3）通电正常后，应用手动方式检查一下各基本运动功能。

①安全装置是否起作用，能否正常工作，能否达到额定的工作指标。

②检查各轴的移动、主轴的正转和反转、手摇脉冲发生器等是否正常。

③检查液压泵电动机转动方向是否正确，液压泵工作后液压管路中是否形成油压，各液压元件是否正常工作、有无异常噪声，各接头有无渗漏，液压系统冷却装置能否正常工作等。

④检查数控柜、主轴电动机及电器柜冷却风扇的转向是否正确。

⑤检测数控柜各强电部分的电压。

⑥将状态开关置于JOG位置、MDI位置、ZRN位置进行参数核对。

⑦验证回零动作的正确性。

⑧验证超程撞块安装的正确性。

⑨主轴任意变挡、变速的测量比较。

⑩转塔或刀座的选刀试验，检查刀座或转塔的正、反转和定位精度的正确性。

⑪EDIT（编辑）功能试验及其他功能试验等。

3. 机床精度和功能的调试

对于小型数控机床，其整体刚性好，对地基要求也不高，机床安装到位后就可接通电

源，调整机床床身水平，随后就可通电试运行，进行检查验收。为了机床工作稳定可靠，对大中型设备或加工中心，不仅需要调水平，还需对一些部件进行精确的调整。调整内容主要有以下几项。

（1）在已经固化的地基上用地脚螺栓和垫铁精调机床床身的水平，找正水平后移动床身上的各运动部件（立柱、溜板和工作台等），观察各坐标全行程变化时机床的水平变化情况，并相应调整机床几何精度使之在允差范围之内。在调整时，主要以调整垫铁为主，必要时可稍微改变导轨上的镶条和预紧滚轮等，使机床达到精度要求。

（2）调整机械手、刀库和主轴的相对位置。首先使机床自动运行到换刀位置，再用手动方式分步进行刀具交换动作，检查抓刀、装刀、拔刀等动作是否准确恰当。在调整中采用一个校对检验棒进行检测，有误差时可调整机械手的行程或移动机械手支座、刀库位置等，必要时也可以改变换刀基准点坐标值的设定（改变数控系统内的参数设定）。调整好以后要拧紧各调整螺钉，然后再进行多次换刀动作，最好用几把接近允许最大重量的刀柄，进行反复换刀试验，达到动作准确无误、不撞击、不掉刀。

（3）仔细检查数控系统和 PLC 装置中参数设定值是否符合随机资料中规定数据，然后试验各主要操作功能、运行行程、常用指令执行情况等，各种运动方式（手动、点动、自动方式等）、主轴换挡指令、各级转速指令等是否正确无误。

（4）带 APC 交换工作台的机床要把工作台运动到交换位置，调整托盘与交换台的相对位置，使工作台自动交换时动作平稳、可靠、正确。然后在工作台面施加 70% ~ 80% 的允许负载，进行多次自动交换动作，达到正确无误后紧固各有关螺钉。

（5）检查辅助功能及附件的正常工作，例如机床的照明灯、冷却防护罩和各种护板是否完整；往冷却液箱中加满冷却液，试验喷管是否能正常喷出冷却液；在用冷却防护罩条件下冷却液是否外漏；排屑器能否正确工作；机床主轴箱的恒温油箱能否起作用等。

4. 机床试运行

数控车床在其安装调试结束后，必须对其工作可靠性进行检验，一般可通过对整机在一定条件下较长时间的自动运行来检验。根据国家标准 GB 9061—1988 的规定，数控车床连续运转试验的时间一般为 16 h，加工中心为连续运转 32 h。自动运行期间不应发生除操作失误以外的任何故障，如出现故障或排除故障超出规定时间，应在调整后重新进行自动运行试验。

运行试验一般分为空运行试验和负荷试验两种。空运行试验包括主运动和进给运动系统的空运行试验；负荷试验包括承载工件最大质量试验、最大切削抗力试验和最大切削率试验。试验应按国家颁布的有关标准进行。

## 4.2.2 数控铣床的装调技术

### 一、数控铣床的组成

数控铣床的组成部件如图 4－2－2－1 所示。

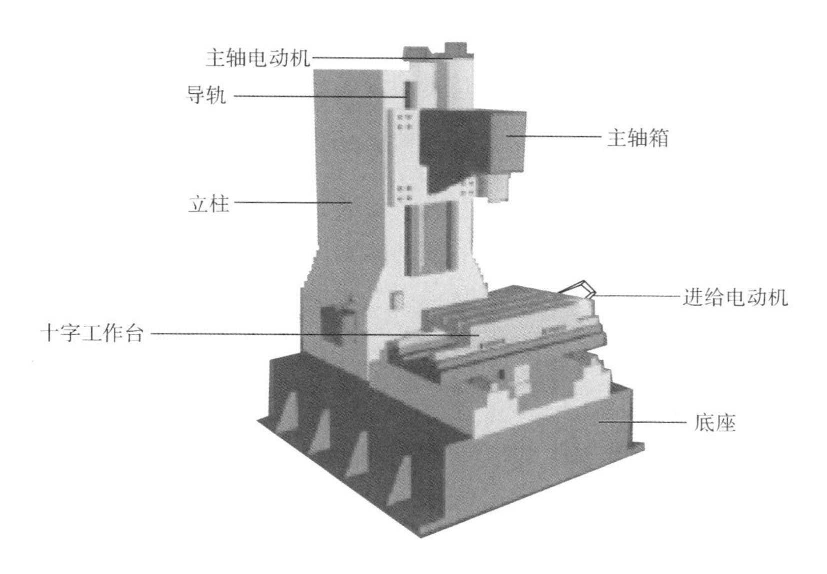


图4－2－2－1 数控铣床的组成示意

## 二、数控铣床的装调步骤

（1）仔细阅读机床安装说明书，按照说明书的机床基础图做好安装基础。

①地基应具有足够的强度和刚度。

②考虑车床的重心位置与车床连接的电线、管道的铺设位置，预留地脚螺栓和预埋件的位置等。

③地基平面尺寸应大于车床支承面积的外廓尺寸，并考虑安装、调试和维修所需的尺寸。

（2）在基础养护期满后，完成清理工作。

（3）做好部件表面的清洁工作，将所有连接面、导轨、定位和运动面上的防锈涂料清洗干净。清理时不能使用金属或其他坚硬刮具，不得用棉纱或纱布，要用浸有清洗剂的棉布或绸布，清洗后涂上车床规定使用的润滑油。

（4）将调整机床水平用的垫铁、垫板逐一摆放到位。

（5）安装底座部分，同时将地脚螺栓放进预留孔内，并完成初步找平工作。

①安装 $Y$ 轴导轨，用平尺校准导轨的平行度和扭曲。

②安装 $Y$ 轴电动机轴承座、丝杠，注意滚珠丝杠与 $Y$ 轴导轨保持平行。

③安装 $Y$ 轴伺服电动机。

（6）准确可靠地将各部件连接组装成整机。机床各部件之间的连接定位均使用原装的定位销、定位块和其他定位元件，以保持机床原有的制造和安装精度。

①安装滑鞍和工作台。

将滑鞍与工作台部件安装在底座上，然后测量、修正以下项目。

a. 工作台与底座导轨的平行度。

b. 工作台纵向、横向移动相对于工作台面的平行度。

c. 工作台纵向移动相对于工作台横向移动的垂直度。

②安装 $X$ 向进给电动机及滚珠丝杠。

a. 安装 $X$ 向电动机座并检查轴承孔与 $X$ 轴导轨的平行度及位置尺寸。

b. 安装 $X$ 向滚珠丝杠及轴承座，检查丝杠与 $X$ 轴导轨的平行度。

c. 安装 $X$ 轴伺服电动机。

③安装立柱及主轴箱。

a. 把立柱装在底座上，并固定好。

b. 测量 $Z$ 轴移动相对于工作台面纵向和横向的垂直度，并修正底平面、底座。

c. 测量主轴回转中心线相对于工作台在纵向和横向上的垂直度，并修正主轴箱与滑块接合面。

④准确安装限位开关及撞块。

(7) 完成部件组装后，按照说明书标注的每根电缆、油管、气管接头上的标牌，电气柜和各部件的插座上的标牌，根据电气接线图、气液压管路图将电缆、管道一一对号接好。在连接电缆的插头和插座时，特别要注意清洁工作和可靠的接触及密封，防止漏气、漏油和漏水，避免污染物进入液压、气压管路。电缆和管路连接完毕后，要做好各管线的定位固定，安装好防护罩壳，保证外观整齐。

### 三、数控系统的连接和调整

数控铣床的数控系统连接和调整的方法和步骤，可参考数控车床的系统连接和调整方法与步骤。

### 四、数控铣床的调试

对于一般的数控铣床来说，主机在整机发运、出厂前都已调整好。数控铣床的调试可参考数控车床的调试方法进行，另外还要注意以下几点。

(1) 油压的调整：因为液压变速、液压拉力等机构都需要合适的压力，所以机床开箱后，清除防锈用的油封，即向油池中灌油，开动油泵调整油压，一般在 1 ~2 Pa 的压力即可。

(2) 自动润滑的调整：开车前检查一下润滑油泵是否按规定的时间动作，如有异常，可调整继电器修正自动润滑的时间达到要求。

(3) 检查防止升降台垂直向下滑装置是否起作用。在机床通电的情况下，在床身固定表座，用千分表测头指向工作台面，然后将工作台突然断电，通过千分表观察工作台面是否下沉，变化在 0.01 ~0.02 mm 是允许的，下滑太多会影响批量加工零件的一致性。此时，可调整自锁器调节。

# 4.3 起重机的装调技术

## 4.3.1 起重机的基本结构

起重机械是一种间歇动作的搬运设备。重物通过吊钩或其他吊具悬挂在承载构件如钢丝绳或链条上，能够实现重物的起升、下降和一个或多个水平方向的移动，以重复的工作方式

运移重物，这样的机械设备称为起重机械。起重机械可分为：轻小型起重设备，如：千斤顶、滑车、葫芦、绞车、绞盘、悬挂单轨系统等；升降机，其重物或取物装置只能沿导轨升降的起重机械，如各类电梯、吊笼等；起重机（又名天车或行车）。

## 一、起重机的分类

起重机包括的品种很多，因此分类的方法也很多，常见分类方法参见表4－3－1－1。

表4－3－1－1　起重机的常见分类方法

| 分类方法 | 类　型 |
| --- | --- |
| 按起重机的构造分 | 桥架型起重机 |
|  | 缆索型起重机 |
|  | 臂架型起重机 |
| 按起重机的取物装置和用途分 | 吊钩起重机 |
|  | 抓斗起重机 |
|  | 电磁起重机 |
|  | 冶金起重机 |
|  | 堆垛起重机 |
|  | 集装箱起重机 |
|  | 安装起重机 |
|  | 救援起重机 |
| 按起重机的移动方式分 | 固定式起重机 |
|  | 运行式起重机 |
|  | 爬升式起重机 |
|  | 便携式起重机 |
|  | 随车式起重机 |
|  | 辐射式起重机 |
| 按起重机工作机构驱动方式分 | 手动式起重机 |
|  | 电动起重机 |
|  | 液压起重机 |
|  | 内燃起重机 |
|  | 蒸汽起重机 |
| 按起重机使用场合分 | 车间起重机 |
|  | 机器房起重机 |
|  | 仓库起重机 |
|  | 料场起重机 |
|  | 建筑起重机 |
|  | 工程起重机 |
|  | 港口起重机 |
|  | 船厂起重机 |
|  | 坝顶起重机 |
|  | 船用起重机 |

通用桥式起重机主要由机械部分、金属结构和电气部分等组成。机械部分是由主起升机构，副起升机构，小车、大车运行机构等三部分组成；金属结构部分主要由桥架和小车架组成，桥架通常做成箱形，其外形尺寸决定于起重量的大小、跨度的宽窄和起升高度的高低等参数；电气部分是由电气传动设备和控制系统组成。

## 二、电动单梁桥式起重机的结构

电动单梁桥式起重机由金属结构和运行机构组成，用来支承和移动载荷。金属结构包括主梁、端梁及主端梁连接三部分。运行机构由电动机（驱动装置）、减速器（传动装置）、制动器（制动装置）、车轮（车轮装置）等四个装置组成。LDT 型电动单梁桥式起重机的结构组成如图 4－3－1－1 所示。

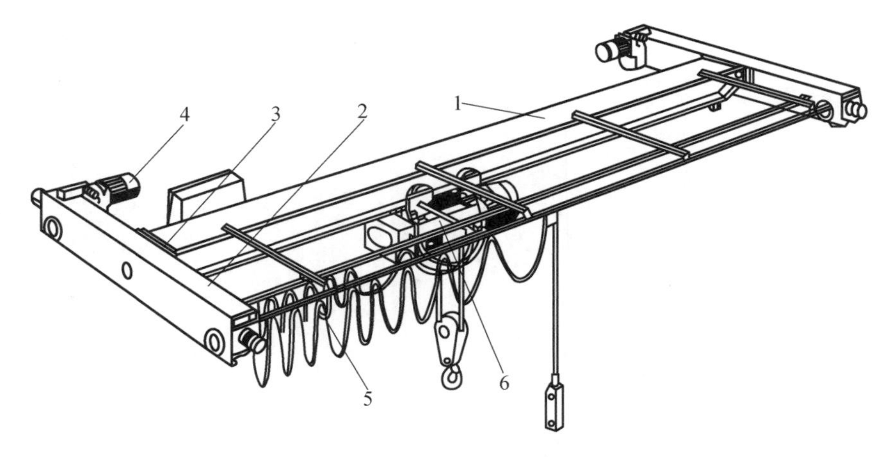


图 4－3－1－1　LDT 型电动单梁桥式起重机

1—主梁；2—端梁；3—主端梁连接；4—“三合一”运行机构；
5—扁电缆滑道操纵机构；6—AS 电动葫芦

### 1. 金属结构

主梁采用 H 型工字钢或箱形组焊梁，其结构简单、刚性好。端梁为“三合一”标准端梁，由组焊的箱形梁和“三合一”运行机构组成。主梁和端梁之间的连接为螺栓加减载凸缘连接形式，其发展方向为高强度螺栓摩擦连接。

### 2. 运行机构

运行机构由电动机、制动器、减速器三者合为一体的驱动装置与车轮装置构成，为不可拆分的整体。电动机多数采用鼠笼式电动机，只有在运行速度高于 45 m/min 的情况下，才选用绕线式电动机。所使用的电动机均不能在电源电压低于额定电压值的 90% 以下使用。近年来我国引进国外技术生产的 AS 型电动葫芦，其起升用锥形转子鼠笼式电动机上还装有温控双金属片保护开关如图 4－3－1－2 所示。当电动机由于过载使用或其他原因造成电动机温升达到允许最大极限值时，温控保护开关能自动断开电动机电源；当电动机温度下降到可以工作的条件时，温控保护开关又自动将电源线路接通。这种温控保护开关是在电动机制造过程中预埋在定子线圈中的，它可保证电动机在正常温度条件下工作，对电动机的安全正常运转及延长电动机的使用寿命起重要作用，是一种较先进的安全保护措施。

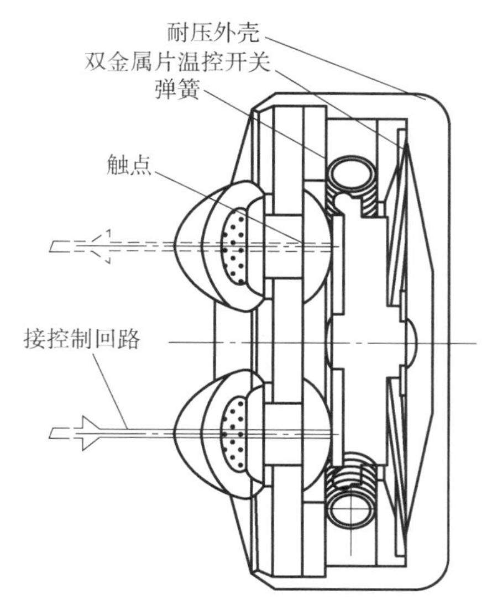


图4-3-1-2 温控双金属片保护开关

制动器主要有：盘式制动器、锥形制动器、钳式锥形制动器。锥形制动器实际上是锥形电动机与锥形制动器二者融为一体的机构，一般称为锥形转子制动电动机或锥形制动电动机。

## 4.3.2 起重机的装调技术

### 一、桥式起重机的装调

#### 1. 行车梁检查放线

一般轨道的安装基准线就是行车梁的基准线。在轨道安装前，对行车梁进行仔细检查的同时即可放出行车梁的基准线。

#### 2. 桥式起重机轨道的安装及检测

（1）轨道的制作主要是指轨道的下料、钻孔、调直（或称矫直）和切头。调直不但要矫直轨道垂直方向的弯曲，还要矫直侧向弯曲，而侧向弯曲是矫直的重点。

（2）轨道的编号。轨道调直后，应对轨道进行编号，以便按编号吊装。编号时要注意两平行轨道的接头位置应错开，其错开距离不应等于起重机前后车轮的轮距。

（3）在行车梁上铺上弹性垫板，弹性垫板应铺在行车的中心线上，将轨道安放在上面，并用鱼尾板将轨道连成一体，轨道接头处的间隙应不大于2 m，伸缩缝处的间隙应符合图纸规定，其偏差不应超过±1 mm。

（4）轨道固定与焊接。首先将轨道找正成一直线后，用螺栓压板将其初步固定，再进行全面找正，并用经纬仪、水准仪、钢卷尺和弹簧秤等检测工具按安装技术质量要求进行测量检查合格后，将螺栓旋紧。垫板宜每隔3~4块对焊一块。轨道固定与焊接如图4-3-2-1所示。

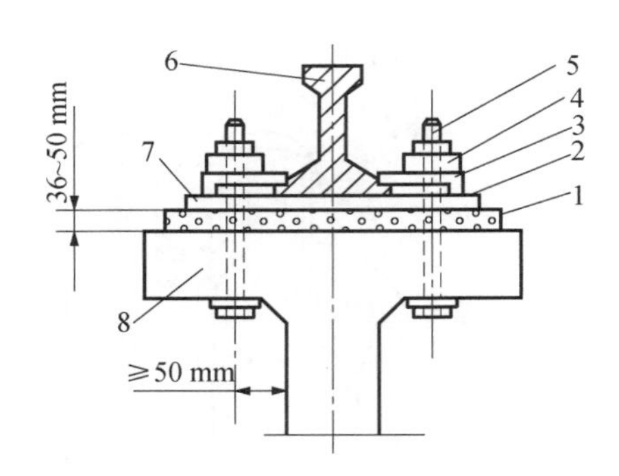


图 4－3－2－1　轨道的固定与焊接

1—混凝土垫层；2—焊接位置；3—压板；4—弹性垫圈；5—螺栓；
6—轨道；7—弹性垫板；8—行车梁

轨道安装质量技术要求。

①轨道实际中心线对行车梁中心线的位置偏差≤8 mm，轨道实际中心线对安装基准线的位置偏差≤3 mm。

②轨道的纵向水平度≤1/1 500 mm，在每根柱子处测量轨道全行程上最高点与最低点之差≤10 mm。

③同跨两平行轨道的标高相对差在柱子处≤10 mm，其他处≤15 mm。

④轨距偏差≤ ±5 mm。

⑤轨道接头用对接焊时，焊条和焊缝应符合钢轨的材质和焊接质量的要求。接头用鱼尾板或与鱼尾板规格相同的连接板连接时，接头左、右、上三面的偏移均应≤1 mm。

⑥弹性垫板的规格和材质应符合设计规定。拧紧螺栓前，钢轨应与弹性垫板贴紧，如有间隙应在弹性垫板下用垫铁垫实。垫铁的长度和宽度均应比弹性垫板大 10 ~ 20 mm。

⑦轨道上的车挡应在吊装起重机前装妥，同一跨端的两车挡与起重机缓冲器均应接触。

3. 起重机车体组装及整体吊装上位

桥式起重机解体搬运主要分成大梁、端梁、小车、操纵室、电气部件五大部分。

(1) 车体组装时，应复测和检查起重设备的外形尺寸和主要部件，若有变形、超差等缺陷且无法处理时，应会同有关部门研究处理。

(2) 起重机车体组装时应铺设临时大车轨道，铺设高度按吊车大梁高度确定，一般行车大梁下底面离地面 300 ~ 400 mm。

(3) 将行车大梁吊放到已找好水平及轨距的临时轨道上。

(4) 连接端梁时应调平连接处的钢板，校对连接螺栓孔（不得轻易修整螺栓孔），插入并拧紧螺栓，测量大车的对角线，两条对角线的长度差不大于 5 mm。同时测量大、小车相对两轮中心距以及大车上的小车轨距等。

4. 桥式起重机的试车

(1) 试车前的准备工作。

①切断全部电源，检查所有连接部位是否紧固。

②钢丝绳端必须固定牢固，在卷筒、滑轮组中缠绕应正确无误。

③电气线路系统和所有的电气设备的绝缘电阻及接线应正确。

④转动各机构的制动轮，使最后一根轴（如车轮轴、卷筒轴等）旋转一周无卡住现象。

（2）无负荷试车。

分别开动起重机各机构进行空负荷试运行，同时检查运行情况和安全装置。对起升机构，应将吊钩下降到最低位置，并检查运行情况和安全装置以及此时卷筒上的钢丝绳圈数应不少于5圈。

（3）静负荷试运转。

先将小车开到中间，在大梁中心挂上线坠，线坠边上立一标尺，如图4－3－2－2所示。用主钩吊起额定负荷，使其离地面1 m，停止10 min；然后从标尺上读出大梁的挠度应≤$L/700$（$L$为主梁跨度）。接着再起升1.25倍的额定负荷，按上述方法进行。卸去负荷，将小车开到跨端处，检查桥梁的永久变形，反复三次后，测量主梁的实际拱度应大于跨度的0.8/1 000。

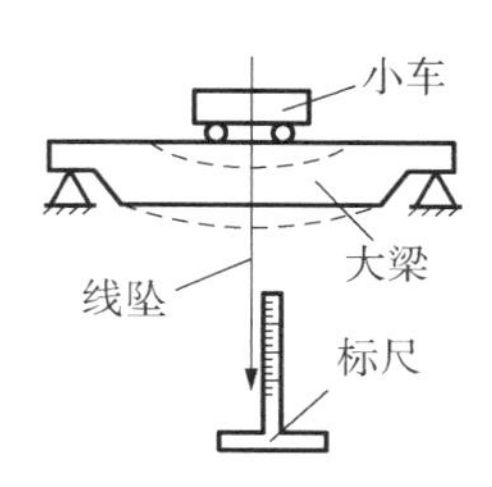


图4－3－2－2 静负荷试运转示意图

（4）动负荷试运转。

在1.1倍额定负荷下同时启动起升与运行机构反复运转，累计启动试验时间不应小于15 min,各机构动作应灵敏、平稳、可靠，性能应满足使用要求，限位开关和保护联锁装置的作用应可靠、准确。

## 二、电动单梁桥式起重机的装调

### 1. 安装前的准备

（1）配备必要的工作人员—技术人员、协作人员。

（2）准备所需要的工具、材料、三相电源。

（3）验收制造厂的装箱明细表、设备明细表及其他技术文件，检查验收合格后，准备安装。

### 2. 桥架的安装

主要有桥架安装技术要求、小车架安装技术要求、铺设轨道技术要求。具体操作方法和步骤可参照使用说明书。

### 3. 附件的安装

（1）走台栏杆、端梁栏杆、操纵室、梯子及吨位品牌的安装，如图4－3－2－3所示。

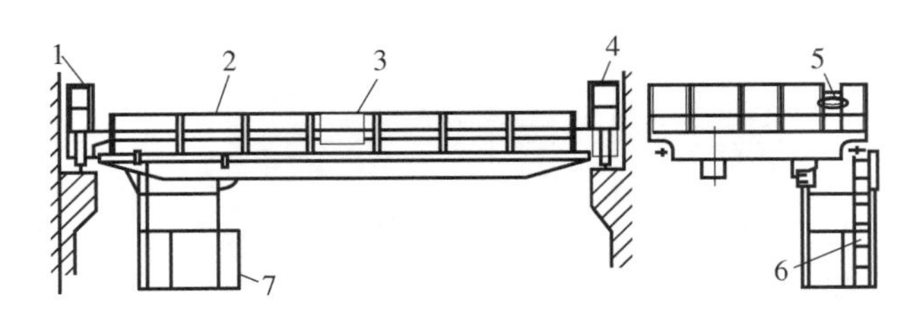


图 4-3-2-3 走台栏杆、端梁栏杆、操纵室、梯子及吨位品牌的安装

1，4—端梁栏杆；2—走台栏杆；3—吨位品牌；5—栏杆门；6—梯子；7—操纵室

①走台栏杆安装于走向两侧边缘的角钢上，两端与端梁伸出板相连，并进行焊接。

②端梁栏杆安装于端梁上，并与端梁焊接。

③操纵室（司机室）安装于主梁下部有走台舱口的一侧；先将各连接件定好正确位置焊于主梁下盖板及走台板下方，再吊装司机室，用螺栓、垫圈、螺母连接。

④司机室梯子安装于司机室内通入走台舱口处，梯子上下端分别与司机室及舱口焊接。司机室不允许与主导线安装于同一侧。

⑤吨位牌安装于走台栏杆正中偏上位置，用螺钉或铁丝固定。

（2）导电线挡架的安装。

起重机大车导电线挡架，用于防止吊钩碰撞导电线。安装于两片主梁的下盖板上，与主梁连接处采用焊条牢固焊接，挡架护木板均用铁钉钉固或螺栓连接。大车行走车轮挡架共四件，以排除轨道上的障碍物，分别用螺栓安装于大车行走车轮前方。

（3）小车导电架安装。

导电架按导电角钢安装后的位置与小车架焊接，要求集电拖板与导电角钢平面接触良好，导电角钢板安装后应平直。带电部分的零件与不带电部分的零件之间的最短距离不小于 20 mm。

（4）电源导电器、导电架的安装。

导电架焊接于走台角钢上，电源导电器（拖板）与主电源角钢面接触良好。主电源由电源导电器输入电动单梁桥式起重机。

4. 电动单梁桥式起重机安装完毕后，拆除所有工装及安装设施

5. 调试

（1）准备好起重机负荷实验所需的重物、仪器仪表和资料等。

（2）负荷试验内容包括空负荷试验、静负荷试验和动负荷试验。目的是检查电动单梁桥式起重机的性能是否符合设计要求及有关技术规定；检查金属构件是否具有足够的强度与刚度；焊接与装配质量是否合格；传动是否可靠、平稳；安全与制动装置是否可靠、准确；轴承、电气及液压系统元器件的工作温度是否正常；各部位润滑是否良好。

（3）试车。

操作电气按钮，让吊钩挂架在上升、停止、下降按钮开关作用下，进行上升、停止、下降的运行，反复运行 3 ~ 5 次，无误后即可。

# 4.4 自动装配生产线的装调技术

## 4.4.1 自动装配生产线概述

### 一、自动生产线的概念和分类

1. 自动生产线的概念

自动生产线是建立在机械技术、计算机技术、传感技术、驱动技术、接口技术等基础上的一门综合技术，是典型的机电一体化系统。随着科学技术的迅速发展，自动化生产技术在工业生产中得到越来越广泛的应用。在机械制造、电子等行业，已经设计和制造出大量的类型各异的自动生产线。

自动装配生产线是在流水线的基础上逐渐发展起来的，它不仅要求线体上各种加工装置能自动完成预定的各道工序及工艺过程，使产品成为合格的制品，而且要求装卸工作、定位夹紧、工件在工序间的输送，甚至包装等都能自动地进行。

2. 自动生产线的功能

不论何种类型的自动生产线都具备最基本的四大功能，即运转功能、控制功能、检测功能和驱动功能。在自动生产线中，运转功能依靠动力源来提供；控制功能主要由微机、单片机、单板机、可编程控制器或其他一些电子装置来承担；检测功能主要由位置传感器、直线位移传感器、角位移传感器等各种传感器来实现；在工作过程中，设置在各部位的传感器把信号检测出来，控制装置对其进行存储、运算、变换等，然后用相应的接口电路向执行机构发出命令完成必要的动作。

3. 自动生产线的分类

根据不同的特征，自动生产线可以有不同的分类方法。根据工作性质的不同，自动生产线可分为：

（1）切削加工自动线。

（2）自动装配生产线。

（3）综合性生产线。

### 二、自动装配生产线的结构

自动装配生产线通常由移置机构、传动机构和装配工作头组成。

1. 移置机构

移置机构是将经过定向、分离、定位准确的零件，传递到预定工位或从随行夹具上卸下装配成品以实现位置变换的装置。一般由驱动机构、控制机构、运动机构及抓取机械手等组成。

移置机构通常采用气压驱动、机械驱动、电驱动或液压驱动。液压驱动由于惯性大、密封要求高，一般应用于高负载的移置机构上；气压驱动方式的气缸能方便实现直线或旋转运动，因此应用较广；机械驱动大多为凸轮控制的刚性装置，其优点是运动顺序可以准确的预

定，还可以实现重叠操作，缩短循环时间。

2. 传送机构

传送机构是在自动装配过程中，将随行夹具或工件本身从一个工位移到另一工位的传动装置。传送机构的传动可以是连续的或间歇的，连续传动可用回转式或直线式装配机构实现；间歇传动可用分度转位式和自由式机构实现。传送机构的驱动可采用气动、液压、电动、机构的方法或它们的组合。常用传送装置的类型参见表 4 –4 –1 –1。

表 4 –4 –1 –1　传送装置的类型

| 类型 | 常用机构 |
| --- | --- |
| 回转—间歇类传送装置 | 分度凸轮机构 |
| | 槽轮分度机构 |
| | 气动回转分度机构 |
| 直线—动梁类机构 | 偏心驱动轴式传送机构 |
| | 推动爪线式传送机构 |
| 直线—间歇式传送机构 | 钢带式传送机构 |
| | 链式传送机构 |
| | 环形平面轨道式传送机构 |

3. 装配工作头

装配工作头可安装各种装配工具。常见的自动装配作业中有轴、孔类零件装配、螺钉的装入等。因此，要求装配工作头有较高的自动定向、定位精度和可靠性。

## 4.4.2　自动装配生产线的装调技术

以亚龙 YL –235A 型光机电一体化实训考核设备为例，说明自动化装配生产线的装调技术。

### 一、亚龙 YL –235A 型光机电一体化实训考核设备简介

亚龙 YL –235A 型光机电一体化实训考核设备，如图 4 –4 –2 –1 所示。

此装置主要由上料机构、上料检测机构、搬运机构、物料传送和分拣机构等组成；控制系统主要由触摸屏模块、PLC 模块、变频器模块、按钮模块、电源模块、接线端子排和各种传感器等组成，其工作流程如图 4 –4 –2 –2 所示。

工作原理：在触摸屏上按启动按钮后，装置进行复位过程，当装置复位到位后，由 PLC 启动送料电动机驱动放料盘旋转，物料由送料盘滑到物料检测位置，物料检测光电传感器开始检测；如果送料电动机运行若干秒后，物料检测光电传感器仍未检测到物料，则说明送料机构已经无物料或故障，这时要停机并报警；当物料检测光电传感器检测到有物料，将给 PLC 发出信号，由 PLC 驱动机械手臂伸出手爪下降抓物，然后手爪提升臂缩回，手臂向右旋转到右限位，手臂伸出，手爪下降将物料放到传送带上，落料口的物料检测传感器检测到物料后启动传送带输送物料，同时机械手按原来位置返回进行下一个流程；传感器则根据物料的材料特性、颜色特性进行辨别，分别由 PLC 控制相应电磁阀使气缸动作，对物料进行分拣。

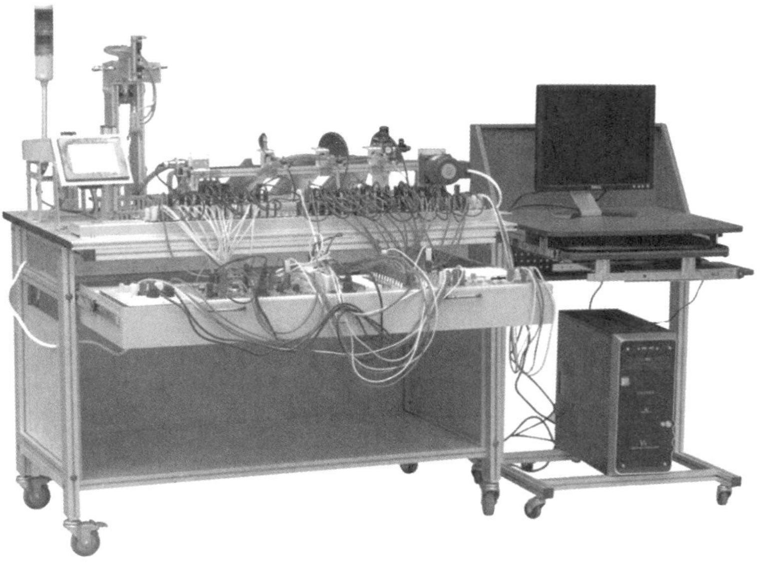

图 4－4－2－1　YL－235A 型光机电一体化装置的外观

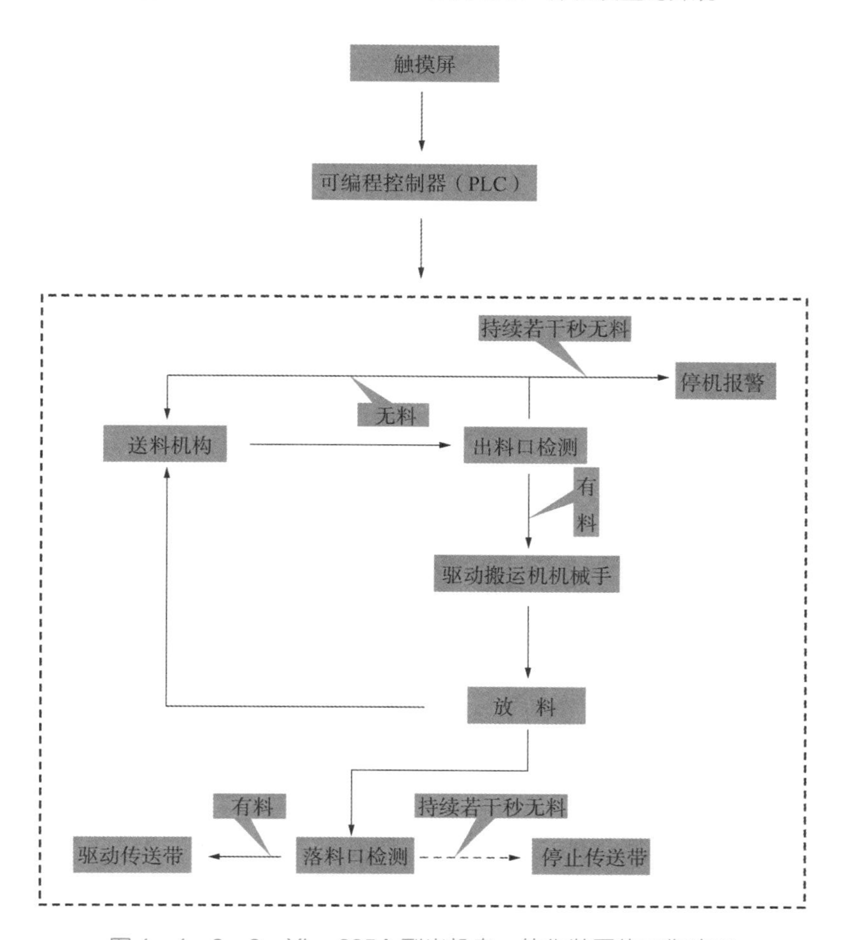


图 4－4－2－2　YL－235A 型光机电一体化装置的工作流程

## 二、设备主要机构简介

### 1. 送料机构

设备的送料机构，如图 4－4－2－3 所示，其作用是向系统提供所需的物料。

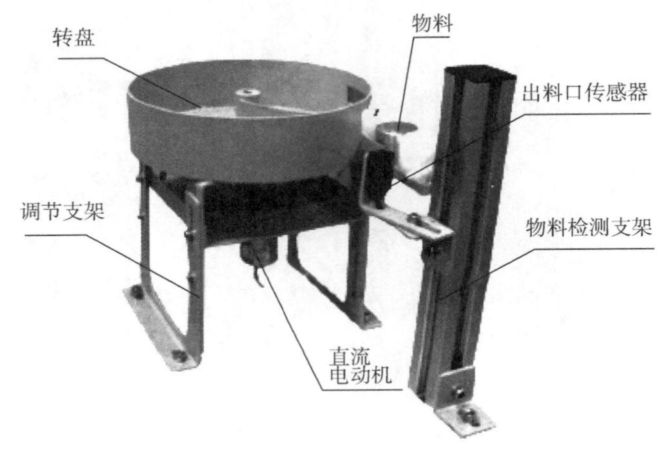


图 4－4－2－3　送料机构

（1）转盘：转盘中共放三种物料，金属物料、白色非金属物料、黑色非金属物料。

（2）直流电动机：24 V 直流减速电动机，转速 6 r/min；用于驱动放料转盘旋转。

（3）物料支架：将物料有效定位，并确保每次只上一个物料。

（4）出料口传感器：物料检测为光电漫反射型传感器，主要为 PLC 提供一个输入信号，如果运行中，光电传感器没有检测到物料并保持若干秒，则应让系统停机然后报警。

### 2. 机械手搬运机构

整个搬运机构能完成四个自由度动作，手臂伸缩、手臂旋转、手爪上下、手爪松紧，完成物料的搬运。如图 4－4－2－4 所示。

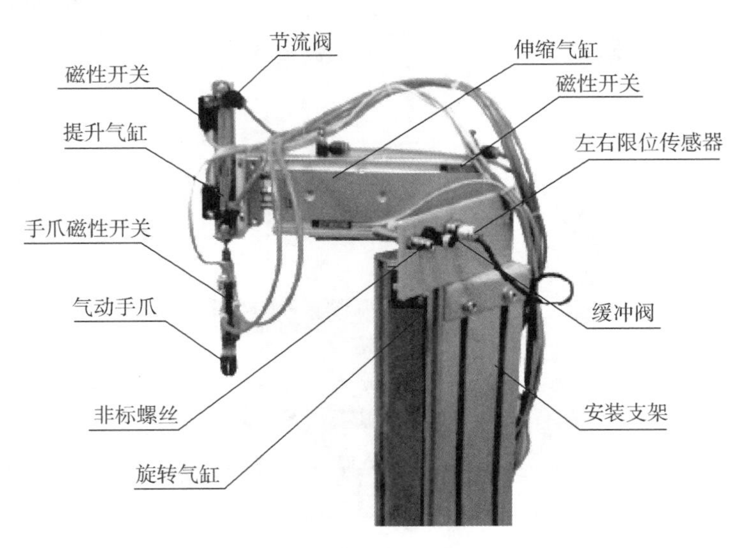


图 4－4－2－4　机械手搬运机构

（1）手爪提升气缸：提升气缸采用双向电控气阀控制。

（2）磁性开关：用于气缸的位置检测，检测气缸伸出和缩回是否到位。

（3）手爪：抓取和松开物料。

（4）旋转气缸：实现机械手臂的正反转。

（5）限位传感器：限制机械手臂正转和反转的位置。

（6）伸缩气缸：实现机械手臂的伸出和缩回。

（7）缓冲阀：旋转气缸高速正转和反转时，起缓冲减速作用。

3. 物料传送和分拣机构

完成物料的传送与分拣，如图 4－4－2－5 所示。

（1）落料口传感器：检测是否有物料到传送带上，并给 PLC 一个输入信号。

（2）落料口：物料落料位置定位。

（3）料槽：放置物料。

（4）电感式传感器：检测金属材料，检测距离为 3～5 mm。

（5）光纤传感器：用于检测不同颜色的物料，可通过调节光纤放大器来区分不同颜色的灵敏度。

（6）三相异步电动机：驱动传送带转动，由变频器控制。

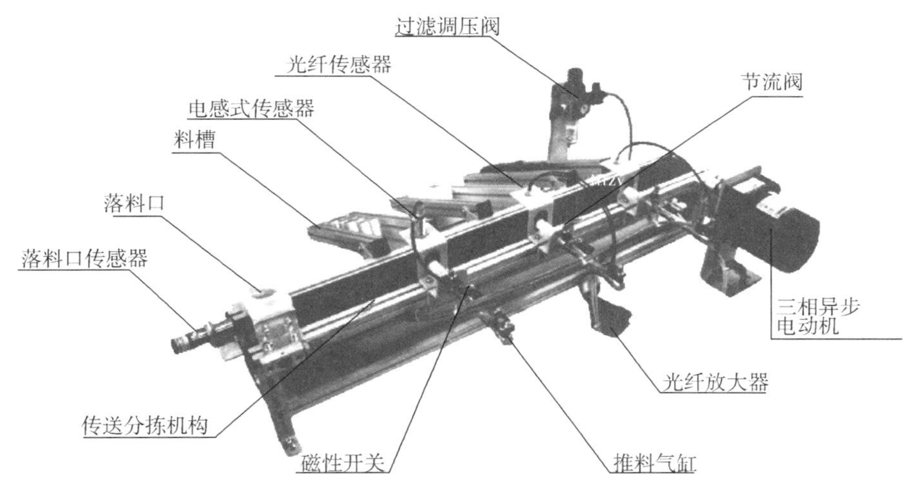


图 4－4－2－5 物料传送和分拣机构

（7）推料气缸：将物料推入料槽。

## 三、亚龙 YL－235A 型光机电一体化设备的装调

（1）参照机构的组装示意图完成各机构的组装。

①完成供料机构的组装，如图 4－4－2－6 所示。

②完成搬运机构的组装，如图 4－4－2－7 所示。

③完成传送分拣机构的组装，如图 4－4－2－8 所示。

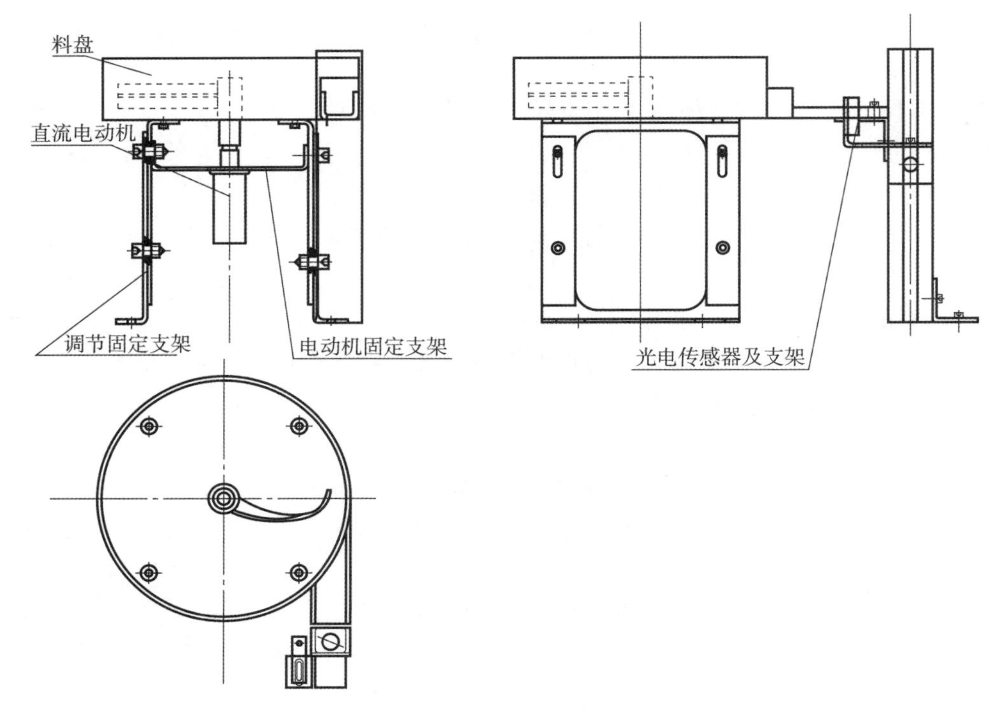


图4－4－2－6　供料机构的组装示意

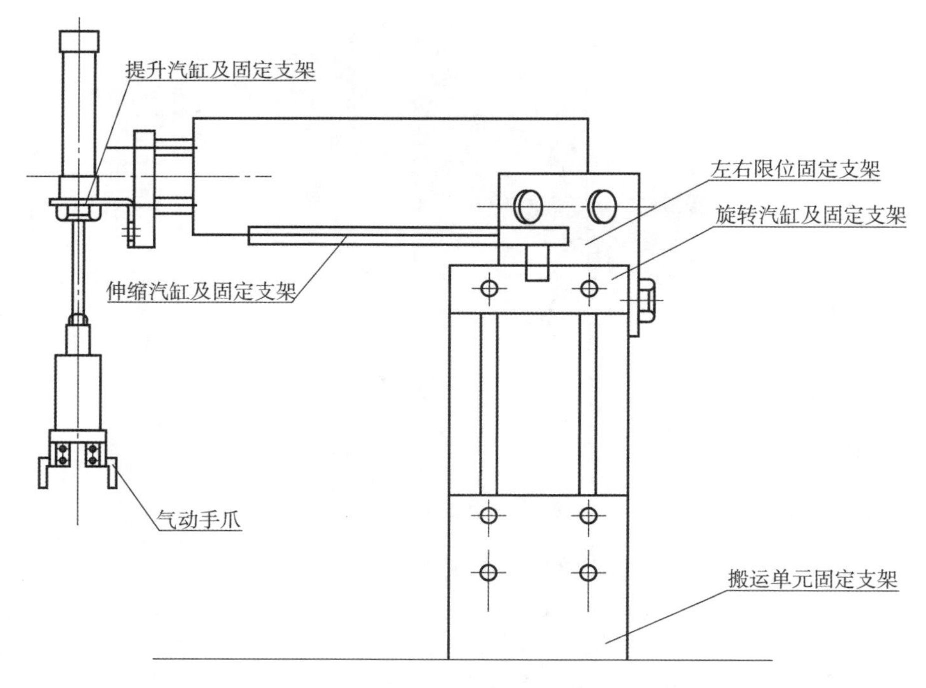


图4－4－2－7　搬运机构的组装示意

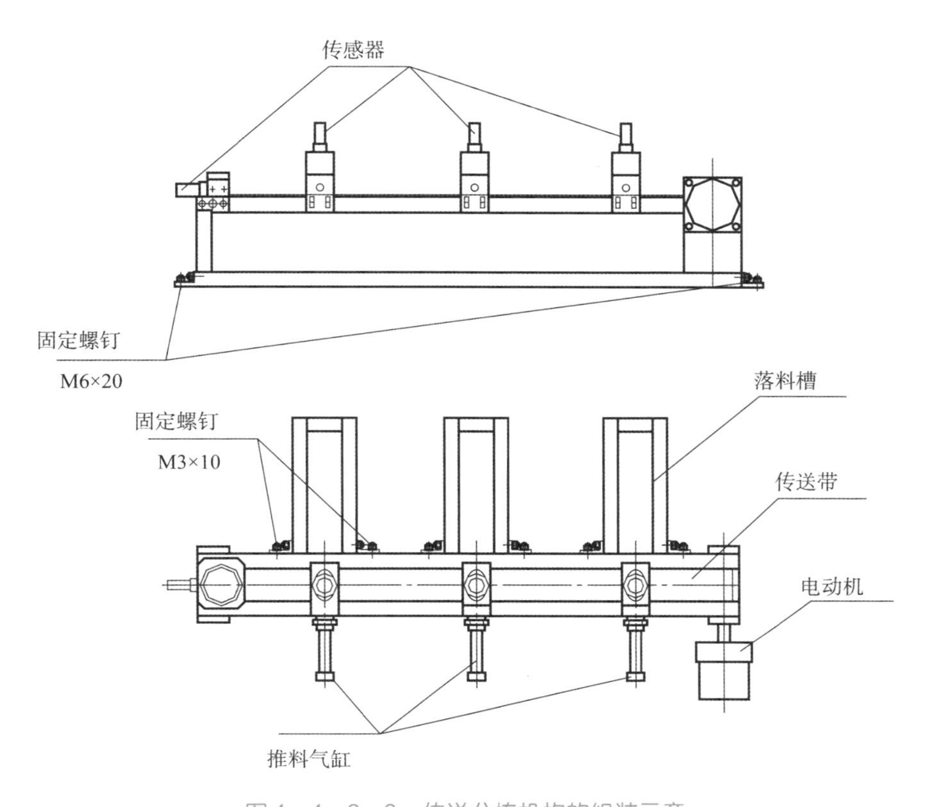


图4－4－2－8　传送分拣机构的组装示意

（2）按照装置的布局图（图4－4－2－9）及安装布局图（图4－4－2－10）的要求，完成各机构的安装。

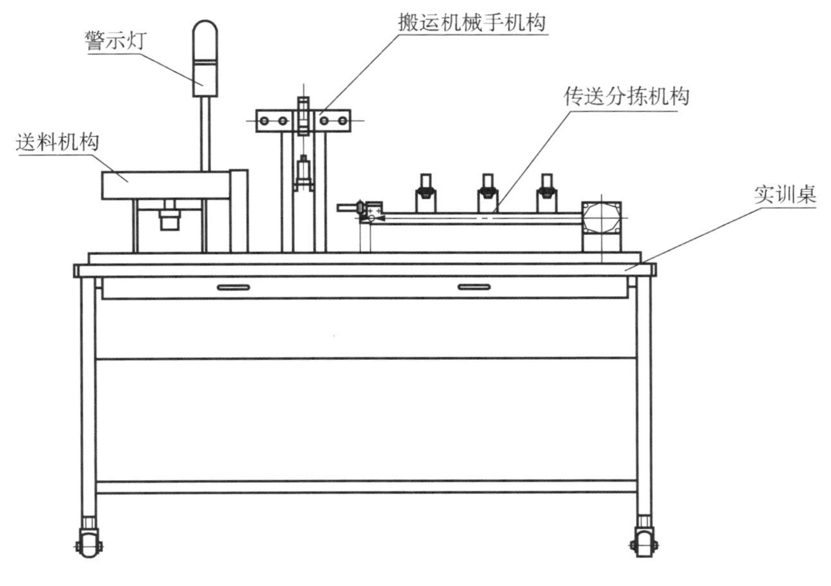


图4－4－2－9　装置的布局图

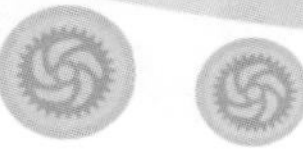

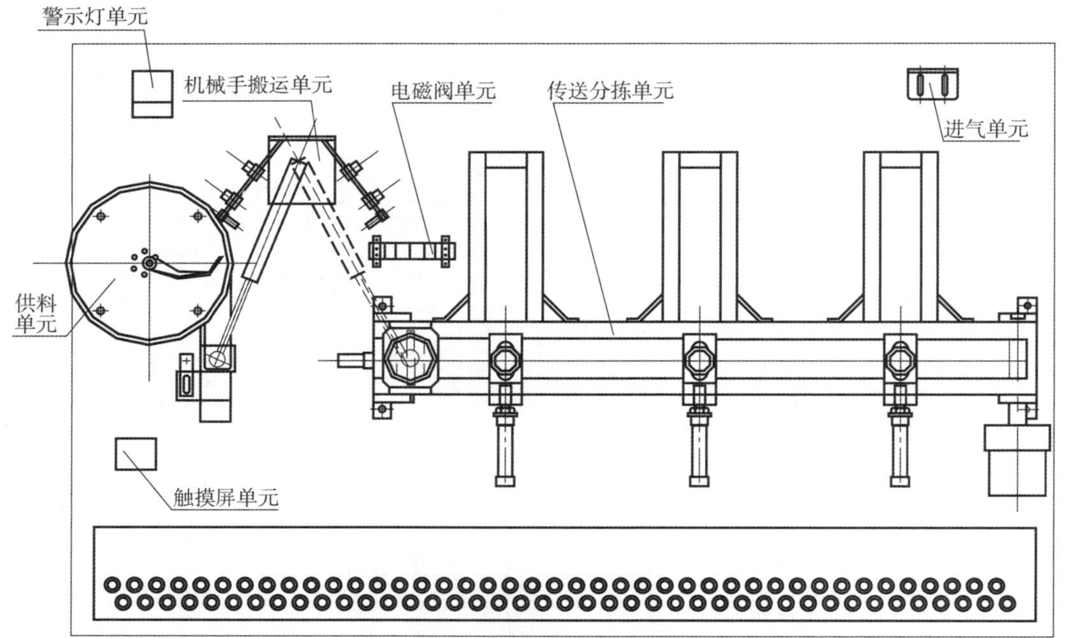


图 4－4－2－9　装置的布局图（续）

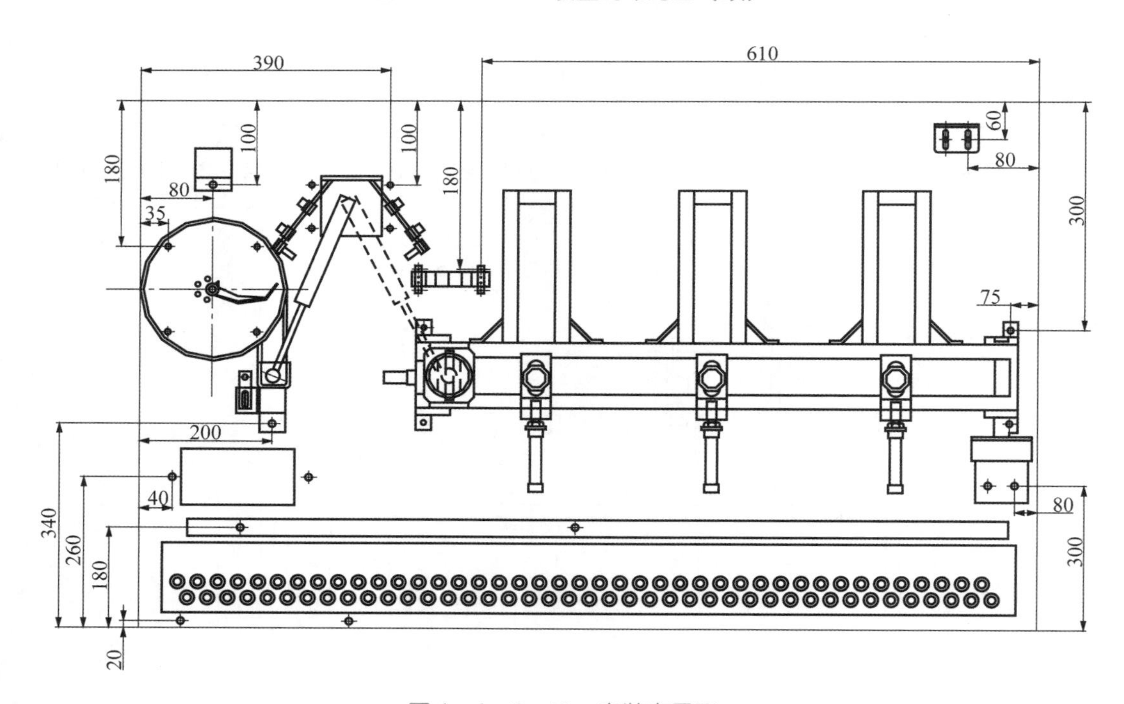


图 4－4－2－10　安装布局图

（3）根据实际情况将各个组件的衔接位置调节正确（特别是搬运机械手的抓取位置和放开位置）。

（4）将设备上的线（包括传感器、电动机、电磁阀、磁性开关、警示灯等）按照引线图，均引到接线端子上。

（5）根据工作要求的控制原理图，进行电路、气路的连接。

（6）确认上述连接无误（特别是电源部分，不要有短路，传感器、磁性开关、警示灯的线参考注意事项）。

（7）连接通讯线缆，通过电脑进行控制程序的传送。

（8）程序传送完毕后，进行上电调试。

（9）启动之前要求各个气缸均要回到初始位置（机械手摆在左边，其余气缸全部缩回到位）。

四、亚龙 YL－235A 型光机电一体化设备的装调注意事项

（1）通电之前必须确认三相电的进线和模块的连接没有错误。

（2）连接线路过程中不该有短路、断路现象。

（3）三线制传感器的棕色线接 PLC 本身的＋24 V，蓝色线接输入端的公共端 COM，黑色线接控制输入端（以三菱主机为主）。

（4）两线制磁性开关的棕色线接控制输入端，蓝色线接输入端的公共端 COM（以三菱主机为主）。

（5）警示灯共有绿色和红色两种颜色。引出线有五种，其中并在一起的两根粗线是电源线（红线接＋24 V，黑红双色线接 GND），其余三根是信号控制线（棕色线为控制信号公共端，如果将控制信号线中的红色线和棕色线接通，则红灯闪烁，将控制信号线中的绿色线和棕色线接通，则绿灯闪烁）。

# 4.5　注塑机的装调技术

## 4.5.1　注塑机的基本结构

一、注塑机的工作原理

塑料注射机主要用于热塑性塑料成形，其成形原理是将熔融状态的塑料，在压力作用下注射入模腔内，经冷却定形后而获得塑料制品。

注塑成形机简称注塑机，是利用塑料的热物理性质，把物料从料斗加入料筒中，料筒外由加热圈加热，使物料熔融，在料筒内装有在外动力马达作用下驱动旋转的螺杆，物料在螺杆的作用下，沿着螺槽向前输送并压实，物料在外加热和螺杆剪切的双重作用下逐渐地塑化、熔融和均化，当螺杆旋转时，物料在螺槽摩擦力及剪切力的作用下，把已熔融的物料推到螺杆的头部，与此同时，螺杆在物料的反作用下后退，使螺杆头部形成储料空间，完成塑化过程，然后，螺杆在注射油缸的活塞推力的作用下，高速、高压地将储料室内的熔融料通过喷嘴注射到模具的型腔中，型腔中的熔料经过保压、冷却、固化定形后，模具在合模机构的作用下，开启模具，并通过顶出装置把定型好的制品从模具顶出落下。注塑机作业循环流程如图 4－5－1－1 所示。

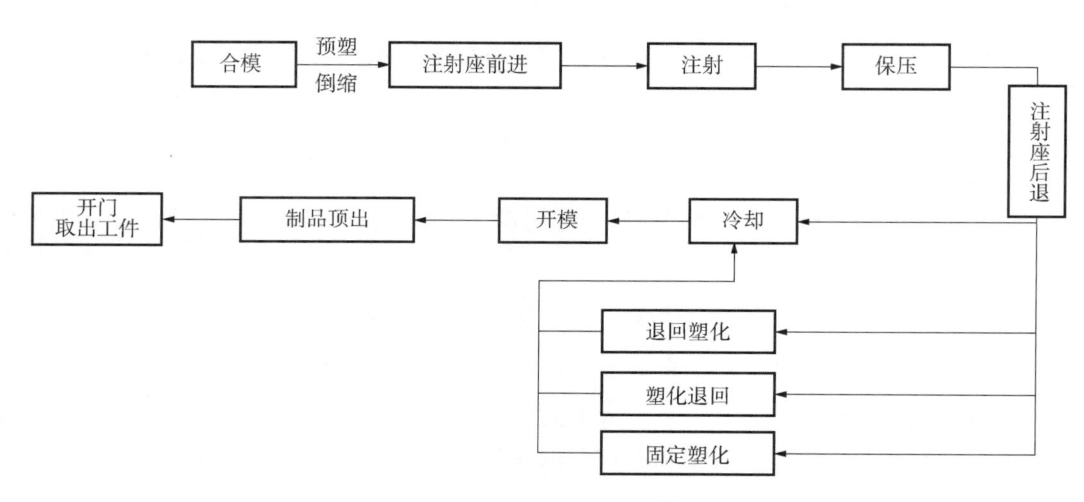


图 4－5－1－1　注塑机工作程序框图

## 二、注塑机的类型及特点

注塑机根据塑化方式分为柱塞式注塑机和螺杆式注塑机；按机器的传动方式又可分为液压式、机械式和液压—机械（连杆）式；按操作方式分为自动、半自动、手动注塑机。

按合模部件与注射部件配置的形式分有卧式、立式、角式三种，注塑机的类型及特点参见表 4－5－1－1。

表 4－5－1－1　注塑机的类型及特点

| 类型 | 特点 | 示意图 |
|---|---|---|
| 卧式注塑机 | 是最常用的类型。注射装置总成的中心线与合模装置总成的轴线同心并与安装基面平行，且模具是沿水平方向打开的。它的特点是重心低、易于操作和维修、工作平稳、模具开档大、占用空间高度小、制品顶出后可利用重力作用自动落下、易于实现全自动操作；但占地面积大，大、中、小型机均有广泛应用 | 合模装置总成<br>注射装置总成<br>床身 |
| 立式注塑机 | 注射装置总成的中心线与合模装置总成的轴线同轴并与安装基面垂直，且模具是沿垂直方向打开的。有占地面积小、容易安放嵌件、装卸模具较方便、自料斗落入的物料能较均匀地进行塑化、易实现自动化及多台机自动线管理等优点。缺点是制品顶出后不易自动脱落，常需人工或其他方法取出，不易实现全自动化操作和大型制品注射；机身高，加料、维修不便。立式注塑机宜用于小型注塑，一般是在 60 t（锁模力）以下的注塑时采用较多，大、中型机不宜采用 | 床身<br>注射装置总成<br>合模装置总成 |

续表

| 类型 | 特点 | 示意图 |
| --- | --- | --- |
| 角式注塑机 | 注射装置总成的轴线与合模装置总成的轴线互成垂直排列，其注射方向和模具分界面在同一个面上。根据注射总成轴线与安装基面的相对位置有卧立式、立卧式、平卧式之分。占地面积比卧式注塑机小，但放入模具内的嵌件容易倾斜落下，兼备有卧式与立式注射机的优点，特别适用于开设侧浇口非对称几何形状制品的模具。这种形式的注塑机宜用于小机 | 注射装置总成　合模装置总成　床身　立卧式<br>合模装置总成　注射装置总成　卧立式 |

三、注塑机的组成结构分析

尽管注塑机的种类、形式很多，但其基本组成却是相同的，主要由合模装置、注射装置、驱动装置和控制系统四部分组成，如图 4-5-1-2 所示。

注射成形的基本要求是塑化、注射和成形。塑化是实现和保证成形制品质量的前提，而为满足成形的要求，注射必须保证有足够的压力和速度。同时，由于注射压力很高，相应地在模腔中产生很高的压力（模腔内的平均压力一般在 20～45 MPa），因此，必须有足够大的合模力。由此可见，注射装置和合模装置是注塑机的关键部件。

1. 合模装置

合模装置的作用主要有三：一是实现模具的可靠启闭；二是在注射、保压时保证足够的锁紧力，防止塑件溢边；三是实现塑件的脱模。合模装置是保证模具完全闭合和模具按工艺要求顺利启闭的装置。注塑机在注射过程中，模具在合模机构的作用下，在高压熔料进入型腔的状态下仍能可靠地保持闭合状态。

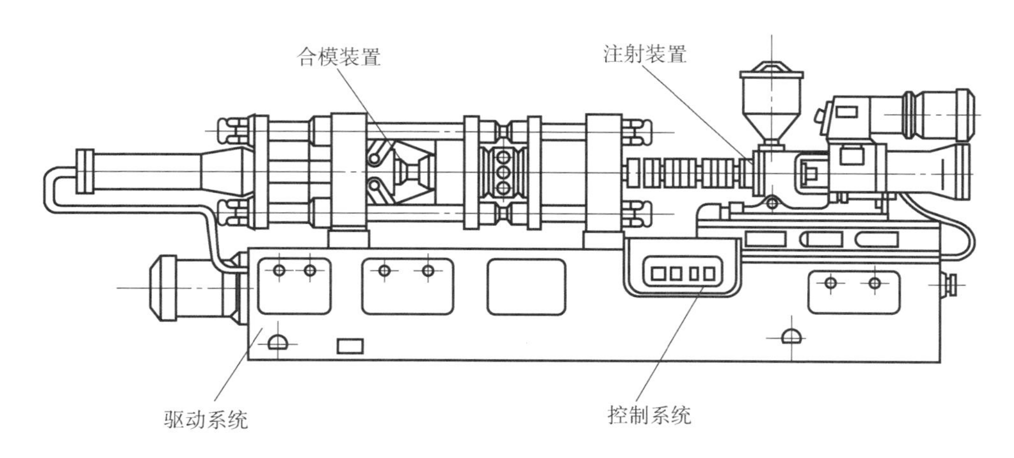


图 4-5-1-2　注塑机的组成示意图

合模装置主要由合模机构、调模机构、脱模机构、前后固定模板、移动模板、合模油缸和安全保护机构组成。通常，合模装置由四根拉杆把前后定模板连接起来，形成整体刚性框架，动模板则在前后定模板之间滑动，脱模机构位于动模板的后侧。动模板在开启模具时，可通过模具中的脱模机构从模腔中顶出塑件。在动模板或定模板上还装有调模机构，可调节

模具的厚度，以适应不同厚度模具的要求。

由于注塑机的结构、生产控制的方式、塑件复杂程度的不同，目前大体上有三类合模装置：机械式、液压式、液压机械式。对合模的动作要求是：在合模前由快速变为慢速，塑件成形后慢速打开，再快速复位，以保护模具、缩短成形周期。

2. 注射装置

注射装置是注塑机最主要的组成部分之一，一般有柱塞式、螺杆式、螺杆预塑柱塞注射式三种主要形式，目前应用最广泛的是螺杆式。注射装置的作用主要有三：一是使塑料均匀受热、熔融、塑化，并达到流动状态；二是在一定的压力和速度下，将定量的熔料注射到模腔中；三是在注射结束后，对模腔内的熔料进行保压，并向模腔中补料。

注射装置由塑化装置和动力传递装置组成。塑化装置为注塑机的重要工作部分，它使塑料均化和塑化，常用的塑化装置主要分两类：柱塞式和螺杆式。螺杆式注塑机塑化装置主要由加料装置、料斗、螺杆、射嘴等部分组成；动力传递装置包括注射油缸、注射座移动油缸以及螺杆驱动装置（熔胶马达）。

3. 驱动装置

驱动装置的主要作用有二：一是使注塑机按工艺要求进行动作时提供所要求的动力；二是满足运动部件在运动时所需力和速度的要求。现在使用的驱动装置多为液压驱动装置，通常由控制系统压力和流量的主回路和由各执行机构的分回路所组成，主要由各种液压元件和液压辅助元件组成。组成回路的元件主要有：泵、过滤器、流量阀、压力阀、方向阀、调速阀、行程阀、蓄能器、指示仪表、开关元件等，其中油泵和电动机是注塑机的动力来源，各种阀控制油液压力和流量，从而满足注射成形工艺各项要求。

注塑机采用液压驱动，工作稳定可靠，它与控制系统相配合，易于实现注塑机的自动化，液压元件可以安装在机体内，结构紧凑、外表美观。目前注塑机的机械结构改进不多，但在液压驱动及控制方面进行了大量的研究改进，使注塑机精度更高，工作更可靠，还节省能源。

4. 控制系统

控制系统是注塑机的“大脑”，它控制着注塑机的各种动作，使它们按预先制定的程序，实现对时间、温度、压力、速度及各种程序动作参数的有效控制和调节。

目前使用较多的控制系统，仍是继电控制系统，少数已采用微机控制。这种控制系统可以进行动作程序控制、温度控制、液压泵电动机控制等，主要由继电器、电子元件、检测元件、自动化仪表组合而成，一般有手动、半自动、全自动、调整四种控制方式。控制系统与液压系统的有机组合，可对注塑机的工艺程序进行精确而稳定地控制。

现代的先进注塑机则配备有计算机监控装置和各种数显仪表，有的还装有电子函数分析仪、中央故障诊断装置、油温自动预热和显示装置、模具低压保护装置、塑件脱模光电监控装置、自动上料装置和塑件取出机械手等，它们的有机配合，使注塑机的控制系统达到了近乎完美的地步。

## 4.5.2 注塑机的装调技术

### 一、安装前的准备工作

（1）选择好液压油、润滑油、润滑脂

液压油、润滑油都是注塑机工作过程中重要组成部分，应严格进行选购和应用。工作液压油、润滑油（脂）的推荐选用如表4－5－2－1所示。

表4－5－2－1　推荐使用的液压油及机器润滑剂

| 液压油 | 46CST/40 ℃（长城） | 奇力士 N46 号 |
|---|---|---|
| 润滑油 | 32－68CST/40 ℃ | 机械油 N220（用于南方）N100（用于北方） |
| 润滑脂 | 0#、1#锂基润脂 | 万灵霸极压锂基脂 |

（2）按接地标志接好安全保护地线。接地电阻大于4 Ω时，安全保护地线必须就近重复的与标准接地体连接，使得接地电阻等于或小于4 Ω，以利于人身安全。

（3）电源线的连接。接好安全地线后，检查机器元件及电线是否因运输异常而松脱或损坏，确认完好方可接入三相电源。需要注意的是，总电源线的线直径不能低于某个值，可参考相关手册。

（4）冷却水的安装。一般冷却水的水压是0.5～1 MPa，有水塔可低一点。冷却水的用量取决于模塑条件，各机型所需冷却水总量可参考相关手册（实际用水量需加上模具用水量）。

（5）冷却油温变化应控制在40 ℃～50 ℃的范围内。

## 二、注塑机的安装

### 1. 安装地基的确定

中小型注塑机，由于振动较小，可以不用独立地基，采用垫铁安装，即把注塑机放置到事先放好的垫铁上，再用水平仪进行校正，使之达到水平即可。大型注塑机应有独立地基，如果注塑机是安装在混凝土地基上，那么应由土建工程师来进行地基地况的确认，然后再进行混凝土地基的施工，并按设备的说明书或相关资料要求的具体尺寸设置地脚螺栓的位置，如图4－5－2－1所示。

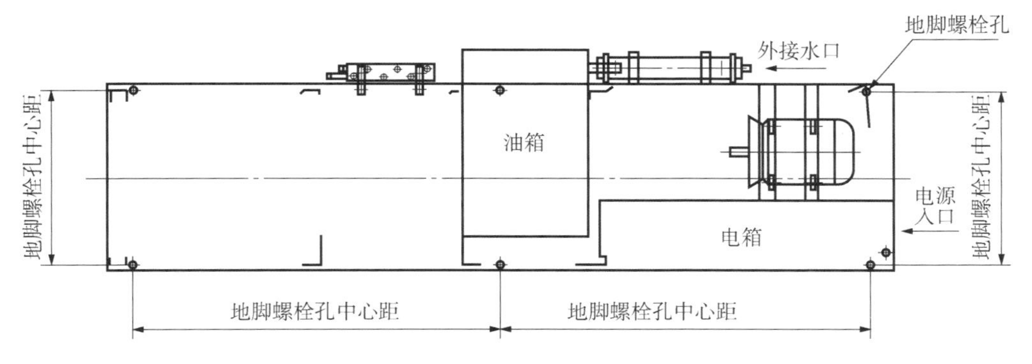


图4－5－2－1　地脚螺栓的布置

### 2. 安装注塑机的地方应留有足够空间

注塑机安装的地方应通风、干燥、无尘，并有足够操作空间，以保证能在设备周围进行安装、调试、维修，使操作人员可方便地进行巡视、取制品、运输制品等，如图4－5－2－2所示。

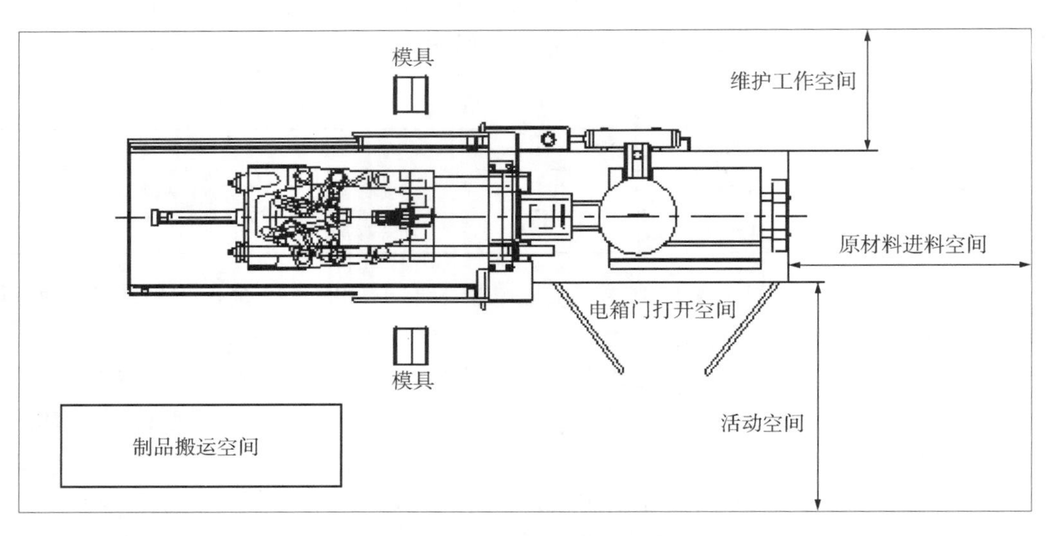


图4－5－2－2　注塑机的安装空间要求

3. 注塑机的组装

由于大型注塑机的合模装置和注射装置多是分体的，安装时，一般先安装合模装置，再安装注射装置。安装大型注塑机时，首先把螺栓插入地脚孔中，把垫铁和楔铁放置好再灌入混凝土，当混凝土固化后，再校正水平，拧紧地脚螺母。要注意使机身结合面充分接触，以求稳固。当机身稳固后，即可安装注射装置和合模装置之间的各种管道元件。注塑机的液压管路、电气线路较复杂，要认真对照图样进行检查和施工。按图样安装注塑机料斗、自动上料装置、机械手臂等装置，使之成为一个整体。

1）合模系统的安装要求

（1）模板、拉杆、机架等每一部分的刚度要大。

（2）该结构应能使模具锁模力均匀而准确地作用在模具上。

（3）定模板和动模板之间的平行度要相当精确，并有较高的耐久性。

（4）应采用高灵敏度、低压全自动工作的合模装置，起到保护模具的作用。

（5）应具有足够大的容模空间，拉杆应有较大的距离。

（6）合模机构启闭模速度要快，效率要高。

2）注射系统安装要求

（1）配套的注塑装置应能精确控制微量注射，能适用于精密注射。

（2）螺杆应具有良好的捏合作用；螺杆的速度应能实现无级调速。

（3）注射过程中应具有足够的注射压力和高的注射速率。

（4）螺杆和料筒所用的材料应选用具有优异的防锈和抗磨性能的优质合金钢。

3）液压系统的安装要求

精密注塑机除了需要满足普通注塑机对液压系统的要求外，还特别要求：油路系统要节能，液压系统刚性足，压力稳定、波动要小，反应速度快等。精密注塑机常采用以下技术。

（1）采用比例压力阀、比例流量阀或伺服变量泵的比例系统，以实现节能及油路系统

的多级或无级压力；实现流量的快速转换，降低系统的压力梯度，减小油路系统的压力波动或冲击。

（2）在直压式合模机构中，把合模部分油路与注射部分油路分开。在保压状态使小泵单独向合模系统供油，并在合模缸的进油路上加装液控单向阀，以实现节能、稳定合模系统压力和提高液压刚性。

（3）选用灵敏度高、响应快的液压元件，或采用插装比例技术，或缩短控制元件至执行元件流程的油路设计，以提高液压系统的反应速度、吸振和稳定压力的能力。

（4）液控系统要充分体现电液一体化，以提高控制速度和精度。

4）冷却加热系统的安装要求

（1）加热装置的温控应装有数字化调节、显示仪表。

（2）应装有油温稳定控制装置。

（3）需要一套模温控制系统，使整个循环中每个模腔的温度变化均匀。

#### 4. 注塑机的调整

注塑机在出厂前已调好，安装后主要对以下项目进行调校。

（1）调整防震垫铁，调整机架上平面的水平度：纵向允许公差0.20 mm/m，横向上允许公差为0.16 mm/m。

（2）调整射台螺栓，调整射嘴中心度至符合要求。

### 三、注塑机的调试

注塑机的调试主要包括整机调试、合模装置调试和注射装置调试。

#### 1. 整机性能的调试

（1）检查压力油箱中的液压油和注油器中的油面，确保液压油和润滑油供应充足。油的型号应符合说明书要求。

（2）接通主电源，接通操纵箱上的主开关，并将操作方式选择开关置于点动或手动。先点动注塑机，检查油泵的运转方向是否正确（从电动机末尾向油泵方向看，转动方向应该是顺时针方向）。

（3）机器启动应在液压系统无压情况下进行，启动后再调节液压系统压力至正常压力。

（4）液压泵工作后，打开油冷却器冷却水阀门，对回油进行冷却，防止油温过高。

（5）液压泵短时间工作后，关闭安全门后手动闭模，并打开压力表，观察压力是否上升。

（6）空车时，手动操作机器空转几次，观察安全门、指示灯、各种阀动作是否正确灵敏。

（7）检查继电器、限位开关、计数装置、总停按钮工作是否正常可靠。

（8）进行半自动操作试车和自动操作的试车，检查运转是否正常。

#### 2. 合模装置的调试

（1）将模具擦拭干净，然后小心稳妥地安装于动定模之间，再根据塑件大小，调整好行程滑块，限制动模板的开模行程。

（2）调整好顶出机构，使之能够将成形塑件从模腔中顶出到预定距离。

（3）根据加工工艺要求调整锁模力，一般应将锁模力调整到所需锁模力的下限。

（4）调整所有行程开关至各自位置，调整模具闭合的保险装置。

（5）调整模具启闭模的速度和压力，一般先调速度至预选值，再调压力至规定值。

（6）合模装置只能在注塑机两侧安全门均关闭时才能进行工作，检查安全门在打开时，机器是否会停止工作。

3. 注射装置的调试

（1）模具闭合后，在低压下调节注射座移动行程，使喷嘴能顶上模具浇口套。

（2）检查所用喷嘴是否适用于所加工的物料、安装是否顺当、喷嘴内流道是否通畅。

（3）调整好各种压力，如注射压力、保压压力、注射座压力、背压压力等。

（4）调节螺杆的计量行程和防涎行程，检查限位开关或传感器是否灵敏可靠。

（5）使预塑螺杆空运转数秒，检查有无异常机械杂声、料斗口开合板开关是否正常。

## 思考题与习题

1. 电动机是如何分类的？
2. 试述三相异步电动机的结构及各部分的功用。
3. 电动机装调的一般要求是什么？
4. 电动机的装配步骤有哪些？
5. 简述电动机启动试运行的操作方法。
6. 数控车床一般由哪几部分组成？
7. 怎样进行数控车床的装调？
8. 简述数控车床的调试过程。
9. 数控铣床一般由哪几部分组成？
10. 怎样进行数控铣床的装调？
11. 简述数控铣床的调试过程。
12. 通用桥式起重机的结构包括哪几部分？
13. 电动单梁桥式起重机由几部分构成？各部分有何功用？
14. 如何进行桥式起重机的装调？
15. 如何进行电动单梁桥式起重机的装调？
16. 电动葫芦由哪几部分组成？
17. 简述电动葫芦的装调过程。
18. 电动叉车主要分成哪几类？各有何特点？
19. 电动叉车装调有哪些要点？
20. 什么叫自动生产线？它有哪些类型？
21. 自动装配生产线由哪些机构组成？各有何作用？
22. 试述 YL－235A 型光机电一体化设备的装调过程。
23. YL－235A 型光机电一体化设备在装调过程中，应注意哪些事项？

24. 简述注塑机的工作过程。
25. 注塑机由哪些部分组成？各部分有何作用？
26. 如何进行注塑机的装调？
27. 如何进行注塑机整机性能的调试？
28. 如何进行注塑机合模装置的调试？
29. 如何进行注塑机注射装置的调试？

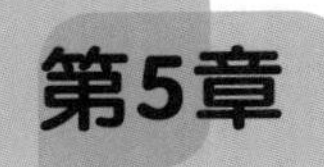

# 第5章 机电设备安装、运行、维修的相关标准规范与法律法规

## 5.1 机电设备安装、运行、维修的相关标准规范

### 电气装置安装工程旋转电动机施工及验收规范

#### 1 总 则

1.0.1 为保证旋转电动机安装工程的施工质量，促进工程施工技术水平的提高，确保旋转电动机安全运行，制订本规范。

1.0.2 本规范适用于旋转电动机中的汽轮发电动机、调相机和电动机安装工程的施工及验收。不适用于水轮发电动机的施工及验收。

1.0.3 旋转电动机的运输、保管，应符合本规范规定。当产品有特殊要求时，尚应符合产品技术文件的规定。

1.0.4 根据设备在安装前的保管要求，其保管期限应为一年及以下。当需长期保管时，应符合设备保管的专门规定。

1.0.5 采用的设备及器材应符合国家现行技术标准的规定，并应有合格证件。设备应有铭牌。

1.0.6 设备和器材到达现场后，应在规定期限内作验收检查，并应符合下列要求：

1. 包装及密封应良好；
2. 型号、规格应符合设计要求，附件、备件应齐全；
3. 产品的技术文件应齐全；
4. 按本规范要求，外观检查合格。

1.0.7 施工中的安全技术措施，应符合本规范和国家现行有关安全技术标准及产品的技术文件的规定。对重要的施工项目或工序，尚应事先制定安全技术措施。

1.0.8 与旋转电动机安装工程有关的建筑工程的施工应符合下列要求：

1. 与旋转电动机安装有关的建筑物、构筑物的建筑工程质量应符合国家现行的建筑工程施工及验收规范中的有关规定。
2. 设备安装前，建筑工程应具备下列条件：

1）结束屋顶、楼板工作，不得有渗漏现象；

2）混凝土基础应达到允许安装的强度；

3）现场模板、杂物清理完毕；

4）预埋件及预留孔符合设计，预埋件牢固。

3. 设备安装完毕，投入运行前，建筑工程应完成下列工作：

1）二次灌浆和抹面工作、二次灌浆强度达到要求；

2）通风小室的全部建筑工程工作。

1.0.9 在有爆炸或火灾危险性的场所装设旋转电动机时，除应符合本规范规定外，尚应符合现行国家标准《电气装置安装工程 爆炸和火灾危险场所电气装置施工及验收规范》GB50257 的有关规定。

1.0.10 旋转电动机的机械部分的安装及试运行要求，应符合国家现行的有关专业规程的规定。

1.0.11 旋转电动机的施工及验收除按本规范规定执行外，尚应符合国家现行的有关标准规范的规定。

1.0.12 对引起机组的施工验收，应按合同规定的标准执行。但在签订设备进口合同时应注意，验收标准不得低于本规范的规定。

# 2 汽轮发电动机和调相机

## 2.1 一般规定

2.1.1 本章适用于容量在 6 000 kW 及以上固定厂房内的同步汽轮发电动机、调相机安装工程的施工及验收。

2.1.2 电动机基础、地脚螺栓孔、沟道、孔洞、预埋件及电缆管的位置、尺寸和质量，应符合设计和国家现行的建筑工程施工及验收规范的有关规定。

2.1.3 采用条型底座的电动机应有 2 个及以上明显的接地点。

## 2.2 保管、搬运和起吊

2.2.1 电动机到达现场后，外观检查应符合下列要求：

1. 包装完整，在运输过程中无碰撞损坏现象；

2. 铁芯、转子等的表面及轴颈的保护层完整，无损伤和锈蚀现象；

3. 水内冷电动机定子、转子进出水管管口的封闭完好；氢内冷转子表面所有进出风道口，应已用堵头封堵截；

4. 充氮运输的电动机、氮气压力符合产品的要求。

2.2.2 电动机到达现场后，安装前的保管应符合下列要求：

1. 电动机放置前应检查枕木垛、卸货台、平台的承载能力；

2. 电动机的转子和定子应存放在清洁、干燥的仓库或厂房内，当条件不允许时，可就地保管，但应有防火、防潮、防尘、保温及防止小动物进入等措施；

3. 电动机存放处的周围环境温度应符合产品技术条件的规定，水内冷电动机不应低于 5 ℃，充氮保管的电动机，氮气压力应符合产品的要求；

4. 转子存放时，不得使护环受力，应使大齿处于支承位置；水内冷和氢冷电动机的水

汽进出孔道，必须封严。水内冷电动机应使用干燥、清洁的压缩空气吹扫水内冷绕组；

5. 保管期间，应每月检查一次，轴颈、铁芯、集电环等处不得有锈蚀；并按产品的要求定期盘动转子；

6. 对大型发电动机定子、转子绕组，应定期使用兆欧表测量绝缘电阻；当保管条件有变化时，应及时测量绝缘电阻；当发现绝缘电阻值明显下降时，应查明原因，采取措施。

2.2.3 电动机定子在起吊和搬运中，受力点位置应符合产品技术文件的规定。定子上专用吊环的螺扣应全部拧紧。

转子起吊时，护环、轴颈、小护环、进出水水箱、风扇、集电环、氢冷转子的槽楔风斗等不得作为着力点。轴颈应包扎保护，吊绳不得与风扇、集电环、进出水水箱、氢冷转子的槽楔风斗等碰触。吊绳与转子的绑扎部位应采用能起保护作用的垫块垫好。

2.2.4 大型电动机定子的运输应考虑就位时的方向。

## 2.3 定子和转子的安装

2.3.1 电动机的铁芯、绕组、机座内部应清洁，无尘土、油垢和杂物。

2.3.2 绕组的绝缘表面应完整，无伤痕和起泡现象。端部绕组与绑环应紧靠垫实，紧固件和绑扎件应完整，无松动，螺母应锁紧。

2.3.3 铁芯硅钢片应无锈蚀，松动、损伤或金属性短接等现象。通风孔和风道应清洁、无杂物阻塞。

2.3.4 埋入式测温元件的引出线和端子板应清洁、绝缘，其屏蔽接地应良好。埋设于汇水管水支路处的测温元件应安装牢固，测温元件应完好。

2.3.5 定子槽楔应无裂纹、凸出及松动现象。每根槽楔的空响长度应符合制造厂工艺规范的要求；端部槽楔必须嵌紧；槽楔下采用波纹板时，应按产品要求进行检查。

2.3.6 进入定子膛内工作时，应保持洁净，禁遗留物件；不得损伤绕组端部和铁芯。

2.3.7 转子上的紧固件应紧牢，平衡块不得增减或变位，平衡螺丝应锁牢。氢内冷转子应按制造厂规定进行通风检查，检查结果应符合制造厂的规定。风扇叶片应安装牢固，无破损、裂纹及焊口开裂，螺栓应锁牢。

2.3.8 穿转子时，应使用专用工具，不得碰伤定子绕组或铁芯；

2.3.9 凸极式电动机的磁极绕组绝缘应完好，磁极应稳固，磁极间撑块和连接线应牢固。

2.3.10 电动机的空气间隙和磁场中心应符合产品的要求。

2.3.11 安装端盖前，电动机内部应无杂物和遗留物，冷却介质及气封通道应通畅。安装后，端盖接合处应紧密。采用端盖轴承的电动机，端盖接合面应采用 10 mm × 0.05 mm 塞尺检查，塞入深度不得超过 10 mm。

2.3.12 电动机的引线及出线的安装应符合下列要求：

1. 引线及出线的接触面良好、清洁、无油垢，镀银层不应锉磨；

2. 引线及出线的连接应使用力矩扳手紧固，当采用钢质螺栓时，连接后不得构成闭合磁路。

3. 大型发电动机的引线及出线连接后，应做相关试验检查，按制造厂的规定进行绝缘包扎处理。

2.3.13 励磁用绕组（P 棒）的绝缘检查及引出线的连接应符合产品技术条件的规定，无规

定时应与主绕组及主回路要求相同。

2.3.14　无刷励磁机与电动机转子绕组的电气连接应符合产品技术条件的要求。

## 2.4　集电环和电刷的安装

2.4.1　集电环应与轴同心，晃度应符合产品技术条件的规定；当无规定时，晃度不宜大于0.05 mm。集电环表面应光滑，无损伤及油垢。

2.4.2　接至刷架的电缆，不应使刷架受力，其金属护层不应触及带有绝缘垫的轴承。

2.4.3　电刷架及其横杆应固定，绝缘衬管和绝缘垫应无损伤、无污垢，并应测量其绝缘电阻。

2.4.4　刷握与集电环表面间隙应符合产品技术要求；当产品无规定时，其间隙可调整为2～3 mm。

2.4.5　电刷的安装调整应符合下列要求：

1. 同一电动机上应使用同一型号、同一制造厂的电刷；

2. 电刷的编织带应连接牢固，接触良好，不得与转动部分或弹簧片相碰触。具有绝缘垫的电刷，绝缘垫应完好；

3. 电刷在刷握内应能上下自由移动，电刷与刷握的间隙应符合产品的规定；当无规定时，其间隙可为0.10～0.20 mm；

4. 恒压弹簧应完整无机械损伤，型号和压力应符合产品技术条件的规定。同一极上的弹簧压力偏差不宜超过5%。

5. 电刷接触面应与集电环的弧度相吻合，接触面积不应小于单个电刷截面的75%。研磨后，应将炭粉清扫干净；

6. 非恒压的电刷弹簧，压力应符合其产品的规定。当无规定时，应调整到不使电刷冒火的最低压力；同一刷架上每个电刷的压力应均匀；

7. 电刷应在集电环的整个表面内工作，不得靠近集电环的边缘。

## 2.5　氢冷电动机

2.5.1　氢冷电动机引出线的绝缘包扎，一般由制造厂现场实施，并按制造厂标准验收；套管表面应清洁，无损伤和裂纹，出线箱法兰应分别与套管法兰、电动机本体的结合面密合。出线套管安装前应进行电气绝缘试验，并应按有关规定作气密试验，试验合格后再进行安装。

2.5.2　氢冷电动机必须分别对定子、转子及氢、油、水系统管路等作严密性试验。试验合格后，可作整体性气密试验。试验压力和技术要求应符合制造厂规定。

2.5.3　氢冷电动机的氢气质量应符合制造厂的规定。当制造厂无规定时，应符合以下要求：

1. 氢气纯度：>96%；

2. 气体混合物内含氧量：≤2%；

3. 机内压力下，氢气湿度：$-25\ ℃ \leq t_d$（露点）$\leq 0\ ℃$。

2.5.4　氢冷电动机的安装，除应符合本节规定外，尚应符合本章其他有关规定及现行国家标准《透平型同步电动机技术要求》GB/T 7064中的有关规定。

## 2.6　水内冷电动机

2.6.1　安装前，定子、转子等水回路应按产品要求分别作水压试验。

2.6.2　电动机的冷却水应采用汽轮机的冷凝水或经除盐处理的水，水质应符合表2.6.2的

规定。

表2.6.2　水内冷电动机冷却水水质标准

| 项目 | 标准 |
|---|---|
| 外观 | 透明纯净，无机械混合物 |
| pH值（25 ℃） | 7.0～9.0 |
| 电导率（μs/cm）（25 ℃） | 0.5～1.5（5.0） |
| 硬度（μ/mol/L） | <2.0 |
| 含铜量（μg/L） | ≤40 |
| 溶氨量（μg/L） | <300 |
| 溶氧量（μg/L） | ≤30 |

注：1. 电动机启动时，冷却水的电导率不宜大于5.0μs/cm。
　　2. 括号内为开启式水系统规定数据。

2.6.3　绝缘水管不得碰及端盖，不得有凹瘪现象，绝缘水管相互之间不得碰触或摩擦。当有碰触或摩擦时应使用软质绝缘物隔开，并应使用不刷漆的软质带扎牢。

2.6.4　定子引出线套管应清洁，无伤痕和裂纹，密封试验和电气绝缘试验应合格。

2.6.5　电动机的检漏装置应清洁、干燥。

2.6.6　水内冷电动机的定子、转子安装后应作正、反冲洗，分支水回路应畅通。入口水压、流量应符合制造厂规定。

2.6.7　水内冷电动机的安装，除符合本节规定外，尚应符合本章其他有关规定。

## 2.7　干燥

2.7.1　新装电动机的绝缘电阻或吸收比，应符合现行国家标准《电气装置安装工程　电气设备交接试验标准》GB 50150的有关规定。当不符合时，应对电动机进行干燥。

2.7.2　电动机干燥时应符合下列要求：

1. 温度应缓慢上升，升温速率应按制造厂技术要求，一般可为每小时升5 ℃～8 ℃；
2. 铁芯和绕组的最高允许温度，应根据绝缘等级确定；
3. 带转子进行干燥的电动机当温度达到70°以后，应至少每隔2 h将转子转动180°；
4. 水内冷电动机定子宜采用水质合格的热水循环干燥，初始阶段水与空心钢管的温度差不得大于15 ℃；逐步加热后水温不宜高于70 ℃；当采用直流电加热法时，在定子绕组与绝缘水管连接处的接头上，使用温度计测得的温度不应高于70 ℃；
5. 水内冷电动机转子可采用直流电加热法干燥，当采用电阻法测量温度时，其温度不应高于65 ℃；
6. 当吸收比及绝缘电阻值符合要求，并在同一温度下经5 h稳定不变时，可认为干燥合格；
7. 当电动机在就位后干燥时，宜与风室干燥同时进行；
8. 电动机干燥后，当不及时启动时，宜有防潮措施。

2.7.3　经交流耐压试验合格的电动机，当接近运行温度或环氧粉云母绝缘的电动机在常温时，且按额定电压计算绝缘电阻值不低于每1MΩ/KV，由于满足上述条件，该类电动机均可投入运行。

# 3 电动机

## 3.1 一般规定

3.1.1 本章适用于异步电动机、同步电动机、励磁机及直流电动机的安装。

3.1.2 电动机性能应符合电动机周围工作环境的要求。

3.1.3 电动机基础、地脚螺栓孔、沟道、孔洞、预埋件及电缆管位置、尺寸和质量，应符合设计和国家现行有关标准的规定。

## 3.2 保管和起吊

3.2.1 电动机运达现场后，外观检查应符合下列要求：

1. 电动机应完好，不应有损伤现象；
2. 定子和转子分箱装运的电动机，其铁芯、转子和轴颈应完整，无锈蚀现象；
3. 电动机的附件、备件应齐全，无损伤；
4. 产品出厂技术资料应齐全。

3.2.2 电动机及其附件宜存放在清洁、干燥的仓库或厂房内；当条件不允许时，可就地保管，但应有防火、防潮、防尘及防止小动物进入等措施。保管期间，应按产品的要求定期盘动转子。

3.2.3 起吊电动机转子时，不应将吊绳绑在集电环、换向器或轴颈部分；起吊定子和穿转子时，不得碰伤定子绕组或铁芯。

## 3.3 检查和安装

3.3.1 电动机安装时，电动机的检查应符合下列要求：

1. 盘动转子应灵活，不得有碰卡声；
2. 润滑脂的情况正常，无变色、变质及变硬等现象。其性能应符合电动机的工作条件；
3. 可测量空气间隙的电动机，其间隙的不均匀度应符合产品技术条件的规定；当无规定时，各点空气间隙与平均空气间隙之差与平均空气间隙之比宜为 ±5%；
4. 电动机的引出线鼻子焊接或压接应良好，编号齐全，裸露带电部分的电气间隙应符合国家有关新产品标准的规定；
5. 绕线式电动机应检查电刷的提升装置，提升装置应有“启动”、“运行”的标志，动作顺序应是先短路集电环，后提起电刷。

3.2.2 当电动机有下列情况之一时，应作抽转子检查：

1. 出厂日期超过制造厂保证期限；
2. 经外观检查或电气试验，质量可疑时；
3. 开启式电动机经端部检查可疑时；
4. 试运转时有异常情况。

注：当制造厂规定不允许解体者，发现本条所述情况时，另行处理。

3.3.3 电动机抽转子检查，应符合下列要求：

1. 电动机内部清洁无杂物；
2. 电动机的铁芯、轴颈、集电环和换向器应清洁，无伤痕和锈蚀现象；通风孔无阻塞；
3. 绕组绝缘层应完好，绑线无松动现象；

4. 定子槽楔应无断裂、凸出和松动现象，按制造厂工艺规范要求检查，端部槽楔必须嵌紧；

5. 转子的平衡块及平衡螺丝应紧固锁牢，风扇方向应正确，叶片无裂纹；

6. 磁极及铁轭固定良好，励磁绕组紧贴磁极，不应松动；

7. 鼠笼式电动转子铜导电条和端环应无裂纹，焊接应良好；浇铸的转子表面应光滑平整；导电条和端环不应有气孔、缩孔、夹渣、裂纹、细条、断条和浇注不满等现象；

8. 电动机绕组应连接正确，焊接良好；

9. 直流电动机的磁极中心线与几何中心线应一致；

10. 检查电动机的滚动轴承，应符合下列要求：

1）轴承工作面应光滑清洁，无麻点、裂纹或锈蚀，并记录轴承型号；

2）轴承的滚动体与内外圈接触良好，无松动，转动灵活无卡涩，其间隙符合产品技术条件的规定；

3）加入轴承内的润滑脂应填满其内部空隙的2/3；同一轴承内不得填入不同品种的润滑脂。

3.3.4　电动机的换向器或集电环应符合下列要求：

1. 表面应光滑，无毛刺、黑斑、油垢。当换向器的表面不平程度达到0.2 mm时，应进行处理；

2. 换向器片间绝缘应凹下0.5～1.5 mm。换向片与绕组的焊接应良好。

3.3.5　电动机电刷的刷架、刷握及电刷的安装应符合下列要求：

1. 同一组刷握应均匀排列在与轴线平行的同一直线上；

2. 刷握的排列，应使相邻不同极性的一对刷架彼此错开；

3. 各组电刷应调整在换向器的电气中性线上；

4. 带有倾斜角的电刷的锐角尖应与转动方向相反；

5. 电动机电刷的安装除符合本条规定外，尚应符合本规范第2章第4节的要求。

3.3.6　箱式电动机的安装，尚应符合下列要求：

1. 定子搬运、吊装时应防止定子绕组的变形；

2. 定子上下瓣的接触面应清洁，连接后使用0.05 mm的塞尺检查，接触应良好；

3. 必须测量空气间隙，其误差应符合产品技术条件的规定；

4. 定子上下瓣绕组的连接，必须符合产品技术条件的规定。

3.3.7　多速电动机的安装，尚应符合下列要求：

1. 电动机的接线方式、极性应正确；

2. 连锁切换装置应动作可靠；

3. 电动机的操作程序应符合产品技术条件的规定。

3.3.8　有固定转向要求的电动机，试车前必须检查电动机与电源的相序并应一致。

## 4　工程交接验收

4.0.1　发电动机和调相机的启动运行，从电动机开始转动至并入系统应保持铭牌出力连续运行时间应符合相关规定。

氢气直接冷却的电动机在充空气状态下不得加励磁运行。氢气间接冷却的电动机在充空

气状态下运行时，其功率的大小和定子、转子的温升应符合现行国家标准《透平型同步电动机技术要求》GB/T 7064 的有关规定。

4.0.2　电动机试运行前的检查应符合下列要求：

1. 建筑工程全部结束，现场清扫整理完毕；

2. 电动机本体安装检查结束，启动前应进行的试验项目已按现行国家标准《电气装置安装工程　电气设备交接试验标准》GB 50150 试验合格；

3. 冷却、调速、润滑、水、氢、密封油等附属系统安装完毕，验收合格，水质、油质或氢气质量符合要求，分部试运行情况良好；

4. 发电动机出口母线应设有防止漏水、油、金属及其他物体掉落等设施；

5. 电动机的保护、控制、测量、信号、励磁等回路的调试完毕，动作正常；

6. 测定电动机定子绕组、转子绕组及励磁回路的绝缘电阻，应符合现行国家标准《电气装置安装工程　电气设备交接试验标准》GB 50150 的有关规定；有绝缘的轴承座的绝缘板、轴承座及台板的接触面应清洁干燥，使用 1 000 V 兆欧表测量，绝缘电阻值不得小于 0.5 MΩ；

7. 电刷与换向器或集电环的接触应良好；

8. 盘动电动机转子时应转动灵活，无碰卡现象；

9. 电动机引出线应相序正确，固定牢固，连接紧密；

10. 电动机外壳油漆应完整，接地良好；

11. 照明、通讯、消防装置应齐全。

4.0.3　电动机宜在空载情况下作第一次启动，空载运行时间宜为 2 h，并记录电动机的空载电流。

4.0.4　电动机试运行中的检查应符合下列要求：

1. 电动机的旋转方向符合要求，无异声；

2. 换向器、集电环及电刷的工作情况正常；

3. 检查电动机各部分温度，不应超过产品技术条件的规定；

4. 滑动轴承温度不应超过 80 ℃，滚动轴承温度不应超过 95 ℃；

5. 电动机振动的双倍振幅值不应大于表 4.0.4 的规定。

表 4.0.4　电动机振动的双倍振幅值

| 同步转速/($r \cdot min^{-1}$) | 3 000 | 1 500 | 1 000 | 750 及以下 |
|---|---|---|---|---|
| 双倍振幅值/mm | 0.05 | 0.085 | 0.10 | 0.12 |

4.0.5　氢冷电动机在额定氢压下的漏氢量应符合产品技术要求。漏氢试验时应按下式计算漏氢量：

$$\Delta V = 69.38V/H\left[(P_1 + B_1)/(273 + t_1) - (P_2 + B_2)/(273 + t_2)\right] \quad (4.0.5)$$

式中　$\Delta V$———在规定状态 $P_0 = 1.01 \times 10^5$ Pa（一个标准大气压）、$t_0 = 20$ ℃下的漏氢量（$m^3/d$）；

$V$———发电动机充氢容积（$m^3$）；

$H$———漏氢试验持续时间（h）；

$P_1$、$P_2$———试验开始及结束时发电动机氢气压力（kPa）；

$B_1$、$B_2$———试验开始及结束时发电动机周围环境的大气压力（kPa）；

$t_1$、$t_2$———试验开始及结束时发电动机氢气温度（℃）。

4.0.6　交流电动机的带负荷起动次数，应符合产品技术条件的规定；当产品技术条件无规定时，可符合下列规定：

1. 在冷态时，可启动2次。每次间隔时间不得小于5 min；

2. 在热态时，可启动1次。当在处理事故以及电动机启动时间不超过2～3 s时，可再启动1次。

4.0.7　电动机在验收时，应提交下列资料和文件：

1. 设计变更的证明文件和竣工图资料；

2. 制造厂提供的产品说明书、检查及试验记录、合格证件及安装使用图纸等技术文件；

3. 安装验收技术记录、签证和电动机抽转子检查及干燥记录等；

4. 调整试验记录及报告。

## 电气装置安装工程高压电器施工及验收规范

### 1　总　则

1.0.1　为保证高压电器的施工安装质量，促进安装技术的进步，确保设备安全运行，制订本规范。

1.0.2　本规范适用于交流3～750 kV电压等级的六氟化硫断路器、气体绝缘金属封闭开关设备（GIS）、复合电器（HGIS）、真空断路器、高压开关柜、隔离开关、负荷开关、高压熔断器、避雷器和中性点放电间隙、干式电抗器和阻波器、电容器等高压电器安装工程的施工及质量验收。

1.0.3　高压电器的施工及验收除应符合本规范外，尚应符合国家现行有关标准的规定。

### 2　术　语

2.0.1　高压断路器 high-voltage breaker

它不仅可以切断或闭合高压电路中的空载电流和负荷电流，而且当系统发生故障时，通过继电保护装置的作用，切断过负荷电流和短路电流。它具有相当完善的灭弧结构和足够的断流能力。又称高压开关。

2.0.2　高压开关柜 high-voltage switch gear panel

由高压断路器、负荷开头、接触器、高压熔断器、隔离开关、接地开关、互感器及站用电变压器，以及控制、测量、保护、调节装置，内部连接件、辅件、外壳和支持件等不同电气装置组成的成套配电装置，其内的空间以空气或复合绝缘材料作为介质，用作接受和分配电网的三相电能。

本标准中，高压开关柜系指“金属封闭开关设备和控制设备（除外部连接外，全部装配完成并封闭在接地金属外壳内的开关设备和控制设备）”。

2.0.3　金属封闭开关设备 metal-enclosed switch gear

除进出线外，完全被接地的金属封闭的开关设备。

2.0.4　气体绝缘金属封闭开关设备 gas-insulated metal-enclosed switch gear

全部或部分采用气体而不采用处于大气压下的空气作绝缘介质的金属封闭开关设备，简称 GIS。

2.0.5　复合电器 HGIS，hybrid GIS

复合电器（HGIS）是简化的 GIS，不含敞开式汇流母线等。

2.0.6　伸缩节 flex section

用于 GIS、HGIS 相邻二个外壳间相接部分的连接，用来吸收热伸缩及不均匀下沉等引起的位移，且具有波纹管等型式的弹性接头。

2.0.7　运输单元 transportation unit

不需拆开而适合运输的 GIS、HGIS 的一部分。

2.0.8　元件 component

在 GIS、HGIS 的主回路和与主回路连接的回路中担负某一特定功能的基本部件，例如断路器、隔离开关、负荷开关、接地开关、避雷器、互感器、套管和母线等。

2.0.9　套管 bushing

供一个或几个导体穿过诸如墙壁或箱体等隔断，起绝缘或支承作用的器件。

2.0.10　隔离开关 disconnecting switch

在分位置时，触头间有符合规定要求的绝缘距离和明显的断开标识；在合位置时，能承受正常回路条件下的电流及在规定时间内异常条件下的电流的开关设备。

2.0.11　接地开关 earthing switch

用于将回路接地的一种机械式开关装置。在异常条件（如短路）下，可在规定时间内承载规定的电流；但在正常回路条件下，不要求承载电流。接地开关可与隔离开关组合安装在一起。

2.0.12　操动机构 operating device

操作开关设备合、分的装置。

2.0.13　避雷器 arrester

是一种过电压限制器。当过电压出现时，避雷器两端子间的电压不超过规定值，使电气设备免受过电压损坏；过电压作用后，又能使系统迅速恢复正常状态。又称过电压限制器。

2.0.14　金属氧化物避雷器 metal-oxide surge arrester

由金属氧化物电阻片相串联和（或）并联有或无放电间隙所组成的避雷器，包括无间隙和有串联、并联间隙的金属氧化物避雷器。

2.0.15　复合外套 compound shell

分别由有机合成材料和高分子绝缘材料制成的绝缘套。

2.0.16　放电计数器 discharge counter

记录避雷器的动作（放电）次数的一种装置。

2.0.17　电容器 capacitor

用来提供电容的器件。

2.0.18　电力电容器 power capacitor

用于电力网的电容器。

2.0.19　耦合电容器 coupling capacitor

用在电力系统中借以传递信号的电容器。

2.0.20　干式电抗器 dry-type reactor

绕组和铁芯（如果有）不浸于液体绝缘介质中的电抗器。包括：无铁芯的电抗器即空心电抗器、干式铁芯电抗器。

2.0.21　产品技术文件 technical documentation of product

产品技术文件是指所签订的设备合同的技术部分以及制造厂提供的产品说明书、试验记录、合格证明文件及安装图纸等。

2.0.22　器材 equipment and material

是指器械和材料的总称。

## 3　基本规定

3.0.1　高压电器安装应按已批准的设计图纸和产品技术文件进行施工。

3.0.2　设备和器材的运输、保管，应符合本规范和产品技术文件要求。

3.0.3　设备及器材在安装前的保管，其保管期限应符合产品技术文件要求，在产品技术文件没有规定时不超过1年。当需长期保管时，应通知设备制造厂并征求意见。

3.0.4　设备及器材应符合国家现行技术标准的规定，同时应满足所签订的订货技术条件的要求，并应有合格证明文件。设备应有铭牌。GIS、HGIS设备汇控柜上应有一次接线模拟图，GIS、HGIS设备气室分隔点应在设备上标出。

3.0.5　设备及器材到达现场后应及时作下列验收检查：

1. 包装及密封应良好。

2. 开箱检查清点，规格应符合设计要求，附件、备件应齐全。

3. 产品的技术资料应齐全。

4. 按本规范要求检查设备外观。

3.0.6　施工前应编制施工方案。所编制的施工方案应符合本规范和其他相关国家现行标准的规定及产品技术文件的要求。

3.0.7　与高压电器安装有关的建筑工程施工，应符合下列规定：

1. 应符合设计及设备要求。

2. 与高压电器安装有关的建筑工程质量，应符合现行国家标准《建筑工程施工质量验收统一标准》GB/T 50300的有关规定。

3. 设备安装前，建筑工程应具备下列条件：

1）屋顶、楼板施工完毕，不得渗漏；

2）配电室的门、窗安装完毕；室内地面基层施工完毕，并在墙上标出地面标高；设备底座及母线构架安装后，其周围地面应抹光，室内接地应按照设计施工完毕；

3）预埋件及预留孔符合设计要求，预埋件应牢固；

4）进行室内装饰时有可能损坏已安装的设备或设备安装后不能再进行装饰的工作应全部结束；

5）混凝土基础及构支架达到允许安装的强度和刚度，设备支架焊接质量符合现行国家标准《现场设备、工业管道焊接工程施工及验收规范》GB 50236的有关规定；

6）施工设施及杂物应清除干净，并应有足够的安装场地，施工道路应通畅；

7）高层构架的走道板、栏杆、平台及梯子等齐全、牢固；

8）基坑应已回填夯实；

9）建筑物、混凝土基础及构支架等建筑工程应通过初步验收合格，并已办理交付安装的中间交接手续。

4. 设备投入运行前，应符合下列规定：

1）装饰工程应结束，地面、墙面、构架应无污染；

2）二次灌浆和抹面工作应已完成；

3）保护性网门、栏杆及梯子等应齐全、接地可靠；

4）室外配电装置的场地应平整；

5）室内、外接地设计应施工完毕，并已验收合格；

6）室内通风设备应运行良好；

7）受电后无法进行或影响运行安全的工作应全部结束。

3.0.8　设备安装前，相应配电装置区的主接地网应完成施工。

3.0.9　设备安装用的紧固件应采用镀锌或不锈钢制品；户外用的紧固件采用镀锌制品时应采用热镀锌工艺；外露地脚螺栓应采用热镀锌制品，电气接线端子用的紧固件应符合现行国家标准《变压器、高压电器和套管的接线端子》GB 5273 的有关规定。

3.0.10　高压电器的接地应符合现行国家标准《电气装置安装工程　接地装置施工及验收规范》GB 50169 及设计、产品技术文件的有关规定。

3.0.11　高压电器的瓷件质量应符合现行国家标准《高压绝缘子瓷件技术条件》GB/T 772、《标称电压高于 1000V 系统用户内和户外支柱绝缘子　第 1 部分：瓷或玻璃绝缘子的试验》GB/T 8287.1、《标称电压高于 1000V 系统用户内和户外支柱绝缘子　第 2 部分：尺寸与特性》GB/T 8287.2、《交流电压高于 1000V 的绝缘套管》GB/T 4109 及所签订技术条件的有关规定。

3.0.12　高压电器设备的交接试验应按照现行国家标准《电气装置安装工程　电气设备交接试验标准》GB 50150 的有关规定执行。

3.0.13　复合电器（HGIS）的施工及验收应按照本规范第 5 章气体绝缘金属封闭开关设备（GIS）的规定执行。

# 4　六氟化硫断路器

## 4.1　一般规定

4.1.1　本章适用于额定电压为 3～750kV 的支柱式和罐式的六氟化硫断路器。

4.1.2　六氟化硫断路器在运输和装卸过程中，不得倒置、碰撞或受到剧烈振动；制造厂有特殊规定标记的，应按制造厂的规定装运。

4.1.3　现场卸车应符合下列规定：

1. 按产品包装的重量选择起重机。

2. 仔细阅读并执行说明书的注意事项及包装上的指示要求，应避免包装及产品受到损伤。

4.1.4　六氟化硫断路器到达现场后的检查，应符合下列规定：

1. 开箱前检查包装应无残损。

2. 设备的零件、备件及专用工器具应齐全，符合订货合同约定，无锈蚀、损伤和变形。

3. 绝缘件应无变形、受潮、裂纹和剥落。

4. 瓷件表面应光滑、无裂纹和缺损，铸件应无砂眼。

5. 充有六氟化硫等气体（或氮气、干燥空气）的部件，其压力值应符合产品的技术文件要求。

6. 按产品技术文件要求应安装冲击记录仪的元件，其冲击加速度不应大于产品技术文件的要求，冲击记录应随安装文件一并归档。

7. 制造厂所带支架应无变形、损伤、锈蚀和锌层脱落等现象；制造厂提供的地脚螺栓应满足设计及产品技术文件要求，地脚螺栓底部应加装锚固。

8. 出厂证件及技术资料应齐全，且应符合订货合同的约定。

4.1.5　六氟化硫断路器到达现场后的保管应符合产品技术要求，且应符合下列规定：

1. 设备应按原包装放置于平整、无积水、无腐蚀性气体的场地，并按编号分组保管；对有防雨要求的设备应有相应的防雨措施。

2. 充有六氟化硫等气体的灭弧室和罐体及绝缘支柱，应按产品技术文件要求定期检查其预充压力值，并做好记录；有异常情况时应及时采取措施。

3. 绝缘部件、专用材料、专用小型工器具及备品、备件等应置于干燥的室内保管。

4. 罐式断路器的套管应水平放置。

5. 瓷件应妥善安置，不得倾倒、互相碰撞或遭受外界的危害。

6. 对于非充气元件的保管应结合安装进度以及保管时间、环境做好防护措施。

## 4.2　六氟化硫断路器的安装与调整

4.2.1　六氟化硫断路器的基础或支架，应符合产品技术文件要求，并应符合下列规定：

1. 混凝土强度应达到设备安装要求。

2. 基础的中心距离及高度的偏差不应大于 10 mm。

3. 预留孔或预埋件中心线的偏差不应大于 10 mm。基础预埋件上端应高出混凝土表面 1 ~ 10 mm。

4. 预埋螺栓中心线的偏差不应大于 2 mm。

4.2.2　六氟化硫断路器安装前应进行下列检查：

1. 断路器零部件应齐全、清洁、完好。

2. 灭弧室或罐体和绝缘支柱内预充的六氟化硫等气体的压力值和六氟化硫气体的含水量应符合产品技术要求。

3. 均压电容、合闸电阻值应经现场试验，技术数值应符合产品技术文件的要求，均压电容器的检查应符合本规范第 11 章的有关规定。

4. 绝缘部件表面应无裂缝、无剥落或破损，绝缘应良好，绝缘拉杆端部连接部件应牢固可靠。

5. 瓷套表面应光滑无裂纹、缺损，外观检查有疑问时应探伤检验。套管采用瓷外套时，瓷套与金属法兰胶装部位应牢固密实并涂有性能良好的防水胶；套管采用硅橡胶外套时，外观不得有裂纹、损伤、变形；套管的金属法兰结合面应平整、无外伤和铸造砂眼。

6. 操动机构零件应齐全，轴承光滑无卡涩，铸件无裂纹或焊接不良。

7. 组装用的螺栓、密封垫、密封脂、清洁剂和润滑脂等，应符合产品技术文件要求。

8. 密度继电器和压力表应经检验。并应有产品合格证明和检验报告。密度继电器与设备本体六氟化硫气体管道的连接，应满足可与设备本体管路系统隔离的要求，以便于对密度继电器进行现场校验。

9. 罐式断路器安装前，应核对电流互感器二次绕组排列次序及变比、极性、级次等是否符合设计要求。电流互感器的变比、极性等常规试验应合格。

4.2.3 六氟化硫断路器的安装，应在无风沙、无雨雪的天气下进行；灭弧室检查组装时，空气相对湿度应小于80%，并应采取防尘，防潮措施。

4.2.4 六氟化硫断路器不应在现场解体检查，当有缺陷必须在现场解体时，应经制造厂同意，并在厂方人员指导下进行或由制造厂负责处理。

4.2.5 六氟化硫断路器的安装应在制造厂技术人员指导下进行，安装应符合产品技术文件要求，且应符合下列规定：

1. 应按制造厂的部件编号和规定顺序进行组装，不可混装。

2. 断路器的固定应符合产品技术文件要求且牢固可靠，支架或底架与基础的垫片不宜超过3片，其总厚度不应大于10 mm，各垫片尺寸应与基座相符且垫片与基座连接牢固。

3. 同相各支柱瓷套的法兰面宜在同一水平面上，各支柱中心线间距离的偏差不应大于5 mm,相间中心距离的偏差不应大于5 mm。

4. 所有部件的安装位置正确，并按产品技术文件要求保持其应有的水平或垂直位置。

5. 密封槽面应清洁，无划伤痕迹；已用过的密封垫（圈）不得重复使用；对新密封（垫）圈应检查无损伤；涂密封脂时，不得使其流入密封垫（圈）内侧而与六氟化硫气体接触。

6. 应按产品技术文件要求更换吸附剂。

7. 应按产品技术文件要求选用吊装器具、吊点及吊装程序。

8. 所有安装螺栓必须用力矩扳手紧固，力矩值应符合产品技术文件要求。

9. 应按产品技术文件要求涂抹防水胶。

4.2.6 六氟化硫罐式断路器的安装，除应符合本章4.2.5条规定外，尚应符合下列规定：

1. 35～110 kV 罐式断路器，充六氟化硫气体整体运输的，现场检测水分含量合格时可直接补充六氟化硫气体至额定压力，否则，应进行抽真空处理；分体运输的应按照产品技术文件要求或参照本条的要求进行组装。

2. 罐体在安装面上的水平允许偏差应为0.5%，且最大允许值应为10 mm；相间中心距允许偏差应为5 mm。

3. 220 kV 及以上电压等级的罐式断路器在现场内检时，应征得制造厂同意，并在制造厂技术人员指导下进行。内检应符合产品技术文件要求，且符合下列规定：

1）内检应在无风沙、无雨雪且空气相对湿度应小于80%的天气下进行，并应采取防尘、防潮措施；产品技术文件要求搭建防尘室时，所搭建的防尘室应符合产品技术文件要求；

2）产品允许露空安装时，露空时间应符合产品技术文件要求；

3）内检人员的着装应符合产品销售技术文件要求；

4）内检用工器具、材料使用前应登记，内检完成后应清点；

5）内检应结合套管安装工作乾，套管的安装应按照产品技术文件要求进行；

6）内检项目包括：罐体漆层完好、不得有异物和尖刺；屏蔽罩清洁、无损伤、变形；灭弧室压气缸内表面、导电杆等电气连接部分的镀银层应无起皮、脱落现象；套管内的导电杆与罐体内导电回路连接位置正确、接触可靠，导电杆表面光洁无毛刺；套管内部清洁无异物，检查导电杆的插入深度应符合产品技术文件要求；

7）内检完成后应清理干净。

4.2.7　六氟化硫断路器和操动机构的联合动作，应按照产品技术文件要求进行，并应符合下列规定：

1. 在联合动作前，断路器内应充有额定压力的六氟化硫气体；首次联合动作宜在制造厂技术人员指导下进行。

2. 位置指示器动作应正确可靠，其分、合位置应符合断路器的实际分、合状态。

3. 具有慢分、慢合装置者，在进行快速分、合闸前，应先进行慢分、慢合操作。

4.2.8　断路器安装调整后的各项动作参数，应符合产品技术文件要求。

4.2.9　设备载流部分检查以及引下线连接应符合下列规定：

1. 设备载流部分的可挠连接不得有折损、表面凹陷及锈蚀。

2. 设备接线端子的接触表面应平整、清洁、无氧化膜，镀银部分不得挫磨。

3. 设备接线端子连接面应涂以薄层电力复合脂。

4. 连接螺栓应齐全、紧固，紧固力矩符合现行国家标准《电气装置安装工程　母线装置施工及验收规范》GB 50149 的有关规定。

5. 引下线的连接不应使设备接线端子受到超过允许的应力。

4.2.10　均压环应无划痕、毛刺，安装应牢固、平整、无变形；均压环宜在最低处打排水孔。

4.2.11　设备接地线连接应符合设计和产品技术文件要求，且应无锈蚀、损伤，连接牢靠。

## 4.3　六氟化硫气体的管理及充注

六氟化硫气体的管理及充注，应符合本规范第 5.5 节的规定。

## 4.4　工程交接验收

4.4.1　在验收时，应进行下列检查：

1. 断路器应固定牢靠，外表应清洁完整；动作性能符合产品技术文件的要求。

2. 螺栓紧固力矩应达到产品技术文件的要求。

3. 电气连接应可靠且接触良好。

4. 断路器及其操动机构的联动应正常，无卡阻现象；分、合闸指示应正确；辅助开关动作应正确可靠。

5. 密度继电器的报警、闭锁值应符合产品技术文件的要求；电气回路传动应正确。

6. 六氟化硫气体压力、泄漏率和含水量应符合现行国家标准《电气装置安装工程　电气设备交接试验标准》GB 50150 及产品技术文件的规定。

7. 瓷套应完整无损，表面应清洁。

8. 所有柜、箱防雨防潮性能应良好，本体电缆防护应良好。

9. 接地应良好，接地标识清楚。

10. 交接试验应合格。

11. 设备引下线连接应可靠且不应使设备接线端子承受超过允许的应力。

12. 油漆宜完整，相色标志应正确。

4.4.2　在验收时应提交下列技术文件：

1. 设计变更的证明文件。

2. 制造厂提供的产品说明书、装箱单、试验记录、合格证明文件及安装图纸等技术文件。

3. 检验及质量验收资料。

4. 试验报告。

5. 备品、备件、专用工具及测试仪器清单。

# 5　气体绝缘金属封闭开关设备

## 5.1　一般规定

5.1.1　本章适用于额定电压为3～750kV的气体绝缘金属封闭开关设备。

5.1.2　GIS在运输和装卸过程中不得倒置、倾翻、碰撞和受到剧烈的振动。

5.1.3　现场卸车应符合下列规定：

1. 按产品包装的重量选择起重机。

2. 仔细阅读并执行说明书的注意事项及包装上的指示要求，避免包装及产品受到损伤。

3. 卸车应符合设备安装的方向和顺序。

5.1.4　GIS运到现场后的检查应符合下列规定：

1. 包装应无残损。

2. 所有元件、附件、备件及专用工器具应齐全，符合订货合同约定，且应无损伤变形及锈蚀。

3. 瓷件及绝缘件应无裂纹及破损。

4. 充有干燥气体的运输单元或部件，其压力值应符合产品技术文件要求。

5. 按产品技术文件要求应安装冲击记录仪的元件，其冲击加速度应不大于满足产品技术文件的要求，且冲击记录应随安装技术文件一并归档。

6. 制造厂所带支架应无变形、损伤、锈蚀和锌层脱落；制造厂提供的地脚螺栓应满足设计及产品技术文件要求。地角螺栓底部应加锚固。

7. 出厂证件及技术资料应齐全，且应符合设备订货合同的约定。

5.1.5　GIS运到现场后的保管应符合产品技术文件要求，且应符合下列规定：

1. GIS应按原包装置于平整、无积水、无腐蚀性气体的场所，对有防雨要求的设备应采取相应的防雨措施。

2. 对于有防潮要求的附件、备件、专用工器具及设备专用材料应置于干燥的室内，特别是组装用“O”形圈、吸附剂等。

3. 充有干燥气体的运输单元，应按产品技术文件要求定期检查压力值，并做好记录，有异常情况时，应按产品技术文件要求及时采取措施。

4. 套管应水平放置。

5. 所有运输用临时防护罩在安装前应保持完好，不得取下。

6. 对于非充气元件的保管应结合安装进度、保管时间、环境做好防护措施。

5.1.6　采用气体绝缘的金属封闭式高压开关柜应符合本章以及产品技术文件的规定，其柜体安装和检查还应符合本规范第6.3节的规定。

## 5.2　安装与调整

5.2.1　GIS元件安装前及安装过程中的试验工作应满足安装需要。

5.2.2　GIS设备基础混凝土强度应达到设备安装要求，预埋件接地应良好，符合设计要求。GIS设备基础及预埋件的允许偏差，除应符合产品技术文件要求，尚应符合表5.2.2的规定：

表5.2.2　GIS设备基础及预埋件的允许偏差　　mm

| 项　目 | 基础标高允许偏差 | | | 预埋件允许偏差 | | | | 轴线 | |
|---|---|---|---|---|---|---|---|---|---|
| | 基础标高 | 同相 | 相间 | 相邻埋件 | 全部埋件 | 高于基础表面 | 中心线 | 与其他设备，$x$、$y$ | $y$轴线 |
| 三相共一基础 | ≤2 | — | — | — | — | — | — | — | — |
| 每相独立基础时 | — | ≤2 | ≤2 | — | — | — | — | — | — |
| 相邻间隔基础 | ≤5 | — | — | — | — | — | — | — | — |
| 同组间 | — | — | — | — | — | — | ≤1 | — | — |
| 预埋件表面标高 | — | — | — | ≤2 | — | ≤1～10 | — | — | — |
| 预埋螺栓 | — | — | — | — | — | — | ≤2 | — | — |
| 室内安装时 | | | | | | | | | |
| 断路器各组中相 | — | — | — | — | — | — | — | ≤5 | — |
| 220kV以下<br>室内外设备基础 | ≤5 | — | — | — | — | — | — | — | — |
| 220kV及以上<br>室内外设备基础 | ≤10 | — | — | — | — | — | — | — | — |
| 室、内外设备基础 | — | — | — | — | — | — | — | — | ≤5 |

5.2.3　GIS元件装配前，应进行下列检查：

1. GIS元件的所有部件应完整无损。

2. 各分隔气室气体的压力值和含水量应符合产品技术文件要求。

3. GIS元件的接线端子、插接件及载流部分应光洁，无锈蚀现象。

4. 各元件的紧固螺栓应齐全、无松动。

5. 瓷件应无裂纹，绝缘件应无受潮、变形、剥落及破损。套管采用瓷外套时，瓷套与金属法兰胶装部位应牢固密实并涂有性能良好的防水胶；套管采用硅橡胶外套时，外观不得有裂纹、损伤、变形；套管的金属法兰结合面应平整、无外伤或铸造砂眼。

6. 各连接件、附件的材质、规格及数量应符合产品技术文件要求。

7. 组装用的螺栓、密封垫、清洁剂、润滑脂、密封脂和擦拭材料应符合产品技术文件要求。

8. 密度继电器和压力表应经检验，并应有产品合格证和检验报告。密度继电器与设备本体六氟化硫气体管道的连接，应满足可与设备本体管路系统隔离要求，以便于对密度继电器进行现场校验。

9. 电流互感器二次绕组排列次序及变比、极性、级次等应符合设计要求。

10. 母线和母线筒内壁应平整无毛刺；各单元母线的长度应符合产品技术文件要求。

11. 防爆膜或其他防爆装置应完好，配置应符合产品技术文件要求，相关出厂证明资料应齐全。

12. 支架及其接地引线应无锈蚀或损伤。

5.2.4 安装场地应符合下列规定：

1. 室内安装的GIS：GIS室的土建工程宜全部完成，室内应清洁，通风良好，门窗、孔洞应封堵完成；室内所安装的起重设备应经专业部门检查验收合格。

2. 室外安装的GIS：不应有扬尘及产生扬尘的环境，否则，应采取防尘措施；起重机停靠的地基应坚固。

3. 产品和设计所要求的均压接地网施工应已完成。

5.2.5 制造厂已装配好的各电器元件在现场组装时，如需在现场解体，应经制造厂同意，并在制造厂技术人员指导下进行，或由制造厂负责处理。

5.2.6 基座、支架的安装应符合设计和产品技术文件要求。

5.2.7 GIS元件的安装应在制造厂技术人员指导下按产品技术文件要求进行，并应符合下列要求：

1. 装配工作应在无风沙、无雨雪、空气相对湿度小于80%的条件下进行，并应采取防尘、防潮措施。

2. 产品技术文件要求搭建防尘室时，所搭建的防尘室应符合产品技术文件要求。

3. 应按产品技术文件要求进行内检，参加现场内检的人员着装应符合产品技术文件要求。

4. 应按产品技术文件要求选用吊装器具及吊点。

5. 应按制造厂的编号和规定程序进行装配，不得混装。

6. 预充氮气的箱体应先排氮，然后充干燥空气，箱体内空气中的氧气含量必须达到18%以上时，安装人员才允许进入内部进行检查或安装。

7. 产品技术文件允许露空安装的单元，装配过程中应严格控制每一单元的露空时间，工作间歇应采取防尘、防潮措施。

8. 产品技术文件要求所有单元的开盖、内检及连接工作应在防尘室内进行时，防尘室内及安装单元应按产品技术文件要求充入经过滤尘的干燥空气；工作间断时，安装单元应及时封闭并充入经过滤尘的干燥空气，保持微正压。

9. 盆式绝缘子应完好，表面应清洁。

10. 检查气室内运输用临时支承应无位移、无磨损，并应拆除。

11. 检查制造厂已装配好的母线、母线筒内壁及其他附件表面应平整无毛刺，涂漆的漆层应完好。

12. 检查导电部件镀银层应良好、表面光滑、无脱落。

13. 连接插件的触头中心应对准插口，不得卡阻，插入深度应符合产品技术文件要求；接触电阻应符合产品技术文件要求，不宜超过产品技术文件规定值的1.1倍。

14. 应按产品技术文件要求更换吸附剂。

15. 应按产品技术文件要求进行除尘。

16. 密封槽面应清洁、无划伤痕迹；已用过的密封垫（圈）不得重复使用；新密封垫应

无损伤；涂密封脂时，不得使其流入密封垫（网）内侧而与六氟化硫气体接触。

17. 螺栓连接和紧固应对称均匀用力，其力矩值应符合产品技术文件要求。

18. 伸缩节的安装长度应符合产品技术文件要求。

19. 套管的安装、套管的导体插入深度均应符合产品技术文件要求。

20. 气体配管安装前内部应清洁，气管的现场加工工艺、曲率半径及支架布置，应符合产品技术文件要求。气管之间的连接接头应设置在易于观察维护的地方。

21. 在每次内检、安装和试验工作结束后，应清点用具、用品，检查确认无遗留物后方可封盖。

22. 产品的安装、检测及试验工作全部完成后，应按产品技术文件要求对产品进行密封防水处理。

5.2.8 GIS 中的避雷器、电压互感器单元与主回路的连接程序应考虑设备交流耐压试验的影响。

5.2.9 设备载流部分检查以及引下线的检查和安装，应按本规范第 4.2.9 条的规定进行。

5.2.10 均压环的检查和安装，应按本规范第 4.2.10 条的规定进行。

5.2.11 GIS 中汇控柜、机构箱、二次接线箱等的安装，应符合本规范第 7.2.2 条的规定。

5.2.12 GIS 辅助开关的安装，应符合本规范第 7.2.6 条的规定。

5.2.13 设备接地线连接，应符合设计和产品技术文件要求，并应无锈蚀和损伤，连接应紧固牢靠。

## 5.3 GIS 中的六氟化硫断路器的安装

5.3.1 所有部件的安装位置正确，符合产品技术文件的要求。

5.3.2 GIS 中断路器操动机构的检查、保管、安装和调整，应按照本规范第 7 章的规定进行。

5.3.3 GIS 中断路器和操动机构的联合动作，应符合下列规定：

1. 在联合动作前，断路器内应充有额定压力的六氟化硫气体。

2. 位置指示器动作正确可靠，应与断路器的实际分、合位置一致。

5.3.4 GIS 中断路器调整后的各项动作参数，应符合产品技术文件的要求。

## 5.4 GIS 中的隔离开关和接地开关的安装

5.4.1 隔离开关和接地开关的操动机构零、部件应齐全，所有固定连接部件应紧固，转动部分应涂以符合产品技术文件要求和适合当地气候的润滑脂。

5.4.2 隔离开关和接地开关中的传动装置的安装和调整，应符合产品技术文件要求；定位螺钉应按产品技术文件要求调整并加以固定。

5.4.3 操动机构的检查和调整，除应符合产品技术文件要求外，尚应符合下列规定：

1. 在电动操作前，气室内六氟化硫气体压力应符合产品技术文件要求。

2. 电动操作前，应先进行多次手动分、合闸，机构动作应正常。

3. 电动机转向应正确，机构的分、合闸指示与设备的实际分、合闸位置应相符。

4. 机构动作应平稳，无卡阻、冲击等异常现象。

5. 限位装置应准确可靠，到达分、合极限位置时，应可靠切除电源。

6. 操动机构在进行手动操作时，应闭锁电动操作。

5.4.4　采用弹簧机构时，弹簧机构的检查和调整应符合下列要求：

1. 分、合闸闭锁装置动作应灵活，复位应准确而迅速，并应扣合可靠。
2. 弹簧机构缓冲器的行程，应符合产品技术文件要求。

5.4.5　接地开关及外壳的接地连接应符合产品技术文件要求，且应连接牢固、可靠。

5.4.6　隔离开关、接地开关、断路器的电气闭锁回路应动作正确可靠。

## 5.5　六氟化硫气体管理及充注

5.5.1　六氟化硫气体的技术条件应符合表5.5.1的规定：

表5.5.1　六氟化硫气体的技术条件

| 指标项目 | | 指　标 |
|---|---|---|
| 六氟化硫（$SF_6$）的质量分数（%）　≥ | | 99.9 |
| 空气的质量分数（%）　≤ | | 0.04 |
| 四氟化碳（$CF_4$）的质量分数（%）　≤ | | 0.04 |
| 水分 | 水的质量分数（%）　≤ | 0.0 005 |
| | 露点（℃）　≤ | -49.7 |
| 酸度（以HF计）的质量分数（%）　≤ | | 0.00 002 |
| 可水解氟化物（以HF计）（%）　≤ | | 0.0 001 |
| 矿物油的质量分数（%）　≤ | | 0.0 004 |
| 毒性 | | 生物试验无毒 |

5.5.2　新六氟化硫气体应有出厂检验报告及合格证明文件。运到现场后，每瓶均应作含水量检验；现场应进行抽样做全分析，抽样比例应按表5.5.2的规定执行。检验结果有一项不符合本规范表5.5.1要求时，应以两倍量气瓶数重新抽样进行复验。复验结果即使有一项不符合，则整批产品不应被验收。

表5.5.2　新六氟化硫气体抽样比例　　瓶

| 每批气瓶数 | 选取的最少气瓶数 |
|---|---|
| 1 | 1 |
| 2~40 | 2 |
| 41~70 | 3 |
| 71以上 | 4 |

5.5.3　六氟化硫气瓶的搬运和保管，应符合下列要求：

1. 六氟化硫气瓶的安全帽、防震网应齐全，安全帽应拧紧；搬运时应轻装轻卸，严禁抛掷溜放。

2. 气瓶应存放在防晒、防潮和通风良好的场所；不得靠近热源和油污的地方，严禁水分和油污粘在阀门上。

3. 六氟化硫气瓶与其他气瓶不得混放。

5.5.4　六氟化硫气体的充注应符合下列要求：

1. 六氟化硫气体的充注应设专人负责抽真空和充注。

2. 充注前，充气设备及管路应洁净、无水分、无油污；管路连接部分应无渗漏。

3. 气体充入前应按产品技术文件要求对设备内部进行真空处理，真空度及保持时间应符合产品技术文件要求；真空泵或真空机组应有防止突然停止或因误操作而引起真空泵油倒灌的措施。

4. 当气室已充有六氟化硫气体，且含水量检验合格时，可直接补气。

5. 对柱式断路器进行充注时，应对六氟化硫气体进行称重，充入六氟化硫气体重量应符合产品技术文件要求。

6. 充注时应排除管路中的空气。

5.5.5　设备内六氟化硫气体的含水量和漏气率应符合现行国家标准《电气装置安装工程　电气设备交接试验标准》GB 50150 的规定。

## 5.6　工程交接验收

5.6.1　在验收时，应进行下列检查：

1. GIS 应安装牢靠、外观清洁，动作性能应符合产品技术文件要求。

2. 螺栓紧固力矩应达到产品技术文件的要求。

3. 电气连接应可靠、接触良好。

4. GIS 中的断路器、隔离开关、接地开关及其操动机构的联动应正常、无卡阻现象；分、合闸指示应正确；辅助开关及电气闭锁动作应正确、可靠。

5. 密度继电器的报警、闭锁值应符合规定，电气回路传动应正确。

6. 六氧化硫气体漏气率和含水量，应符合现行国家标准《电气装置安装工程　电气设备交接试验标准》GB 50150 及产品技术文件的规定。

7. 瓷套应完整无损、表面清洁。

8. 所有柜、箱防雨防潮性能应良好，本体电缆防护应良好。

9. 接地应良好，接地标识应清楚。

10. 交接试验应合格。

11. 带电显示装置显示应正确。

12. GIS 室内通风、报警系统应完好。

13. 油漆应完好，相色标志应正确。

5.6.2　在验收时，应按本规范第 4.4.2 条的规定提交技术文件。

# 6　真空断路器和高压开关柜

## 6.1　一般规定

6.1.1　本章适用于额定电压为 3 ~ 35kV 的户内式真空断路器和户内式高压开关柜。

6.1.2　真空断路器和高压开关柜应按制造厂和设备包装箱要求运输、装卸，其过程中不得倒置、强烈振动和碰撞。真空灭弧室的运输应按易碎品的有关规定进行。

6.1.3　真空断路器和高压开关柜运到现场后，包装应完好，设备运输单中所有部件应齐全。

6.1.4 真空断路器和高压开关柜的开箱检查应符合下列要求：

1. 设备装箱单设备部件和备件应齐全、无锈蚀和机械损伤。

2. 灭弧室、瓷套与铁件间应粘合牢固、无裂纹及破损。

3. 绝缘部件应无变形、受潮。

4. 断路器支架焊接应良好，外部防腐层应完整。

5. 产品技术文件应齐全。

6. 高压开关柜检查应符合下列要求：

1）开关柜的间隔排列顺序应与设计相符。

2）每个间隔柜内高压断路器、负荷开关、接触器、高压熔断器、隔离开关、接地开关、互感器等元件应符合设计和产品技术文件要求。

3）柜体应无变形、损伤，防腐应良好。

4）柜内各元件的合格证明文件应齐全。

6.1.5 真空断路器和高压开关柜到达现场后的保管应符合产品技术文件的要求，并应符合下列要求：

1. 应存放在通风、干燥及没有腐蚀性气体的室内，存放时不得倒置。

2. 真空断路器在开箱保管时不得重叠放置。

3. 真空断路器若长期保存，应每6个月检查1次，在金属零件表面及导电接触面应涂防锈油脂，用清洁的油纸包好绝缘件。

4. 保存期限如超过真空灭弧室上注明的允许储存期，应重新检查真空灭弧室的内部气体压强。

6.1.6 高压开关柜内采用六氟化硫断路器时，对六氟化硫断路器的安装，应按本规范第3章的相关规定执行。

6.1.7 气体绝缘金属封闭式高压开关柜的安装，应按本规范第5章的相关规定执行。

## 6.2 真空断路器的安装与调整

6.2.1 真空断路器的安装与调整，应符合产品技术文件的要求，并应符合下列规定：

1. 安装应垂直，固定应牢固，相间支持瓷套应在同一水平面上。

2. 三相联动连杆的拐臂应在同一水平面上，拐臂角度应一致。

3. 具备慢分、慢合功能的，在安装完毕后，应先进行手动缓慢分、合闸操作，手动操作正常，方可进行电动分、合闸操作。

4. 真空断路器的行程、压缩行程在现场能够测量时，其测量值应符合产品技术文件要求；三相同期应符合产品技术文件要求。

5. 安装有并联电阻、电容的，并联电阻、电容值应符合产品技术文件要求。

6.2.2 真空断路器的导电部分，应符合下列要求：

1. 导电回路接触电阻值，应符合产品技术文件要求。

2. 设备接线端子的搭接面和螺栓紧固力矩，应符合现行国家标准《电气装置安装工程母线装置施工及验收规范》GB 50149 的规定。

## 6.3 高压开关柜的安装与调整

6.3.1 基础型钢的检查，应符合产品技术文件要求，当产品技术文件没作要求时，应符合

下列规定：

1. 允许偏差应符合表 6. 3. 1 的规定。

2. 基础型钢安装后，其顶部标高在产品技术文件没有要求时，宜高出抹平地面 10 mm。基础型钢应有明显的可靠接地。

表 6. 3. 1　基础型钢安装的允许偏差

| 项　目 | 允许偏差 | |
|---|---|---|
| | mm/m | mm/全长 |
| 不宜度 | <1 | <5 |
| 水平度 | <1 | <5 |
| 位置偏差及不平行度 | | <5 |

6. 3. 2　开关柜按照设计图纸和制造厂编号顺序安装，柜及柜内设备与各构件间连接应牢固。

6. 3. 3　开关柜单独或成列安装时，其垂直度、水平偏差以及柜面偏差和柜间接缝的允许偏差，应符合表 6. 3. 2 的规定。

表 6. 3. 2　开关柜安装的允许偏差

| 项　目 | | 允许偏差 |
|---|---|---|
| 垂直度/（$mm \cdot m^{-1}$） | | <1.5 |
| 水平偏差/mm | 相邻两盘顶部 | <2 |
| | 成列盘顶部 | <2 |
| 盘间偏差/mm | 相邻两盘边 | <1 |
| | 成列盘边 | <1 |
| 盘间接缝/mm | | <2 |

6. 3. 4　成列开关柜的接地母线，应有两处明显的与接地网可靠连接点。金属柜门应以铜软线与接地的金属构架可靠连接。成套柜应装有供检修用的接地装置。

6. 3. 5　开关柜的安装应符合产品技术文件要求，并应符合下列规定：

1. 手车或抽屉单元的推拉应灵活轻便、无卡阻、碰撞现象；具有相同额定值和结构的组件，应检验是否具有互换性。

2. 机械闭锁、电气闭锁应动作准确、可靠和灵活，具备防止电气误操作的“五防”功能（即防止误分、合断路器，防止带负荷分、合隔离开关，防止接地开关合上时（或带接地线）送电，防止带电合接地开关（挂接地线），防止误入带电间隔等功能。

3. 全隔离板开启应灵活，并应随手车或抽屉的进出而相应动作。

4. 车推入工作位置后，动触头顶部与静触头底部的间隙，应符合产品技术文件要求。

5. 触头与静触头的中心线应一致，触头接触应紧密。

6. 车与柜体间的接地触头应接触紧密，当手车推入柜内时，其接地触头应比主触头先接触，拉出时接地触头应比主触头后断开。

7. 车或抽屉的二次回路连接插件（插头与插座）应接触良好，并应有锁紧措施；插头与开关设备应有可靠的机械连锁，当开关设备在工作位置时，插头应拔不出来；其同一功能

单元、同一种型式的高压电器组件插头的接线应相同、能互换使用。

8. 表、继电器等二次元件的防震措施应可靠。控制和信号回路应正确，并应符合现行国家标准《电气装置安装工程盘、柜及二次回路结线施工及验收规范》GB 50171 的有关规定。

9. 栓应紧固，并应具有防松措施。

6.3.6　高压开关柜内的六氟化硫断路器、隔离开关、接地开关以及熔断器、负荷开关、避雷器应按照本规范相关章节的规定执行。

### 6.4　工程交接验收

6.4.1　验收时，应进行下列检查：

1. 真空断路器应固定牢靠，外观应清洁。
2. 电气连接应可靠且接触良好。
3. 空断路器与操动机构联动应正常、无卡阻；分、合闸指示应正确；辅助开关动作应准确、可靠。
4. 并串联电阻的电阻值、电容器的电容值，应符合产品技术文件要求。
5. 绝缘部件、瓷件应完好无损。
6. 高压开关柜应具备防止电气误操作的“五防”功能。
7. 车或抽屉式高压开关柜在推入或拉出时应灵活，机械闭锁应可靠。
8. 高压开关柜所安装的带电显示装置应显示、动作正确。
9. 交接试验应合格。
10. 油漆应完整、相色标志应正确，接地应良好、标识清楚。

6.4.2　在验收时，应按照本规范第 4.4.2 条的规定，提交技术文件。

## 7　断路器的操动机构

### 7.1　一般规定

7.1.1　本章适用于额定电压为 3 ~ 750kV 的断路器配合使用的气动机构、液压机构、电磁机构和弹簧机构。

7.1.2　操动机构在运输和装卸过程中，不得倒置、碰撞或受到剧烈的震动。

7.1.3　操动机构运到现场后，检查包装应完好，按照设备运输单清点部件应齐全。

7.1.4　操动机构的开箱检查，应符合下列要求：

1. 操动机构的所有零部件、附件及备件应齐全。
2. 操动机构的零部件、附件应无锈蚀、受损及受潮等现象。
3. 充油、充气部件应无渗漏。

7.1.5　操动机构运到现场后的保管，应符合下列要求：

1. 操动机构应按其用途置于室内或室外干燥场所保管。
2. 空气压缩机、阀门等应置于室内保管。
3. 控制箱或机构箱应妥善保管，不得受潮。
4. 保管时，应对操动机构的金属转动摩擦部件进行检查，并采取防锈措施。
5. 长期保管的操动机构应有防止受潮的措施。

## 7.2　操动机构的安装及调整

7.2.1　操动机构的安装及调整，应按产品技术文件要求进行，并应符合下列规定：

1. 操动机构固定应牢靠，并与断路器底座标高相配合，底座或支架与基础间的垫片不宜超过3片，总厚度不应超过10mm，各垫片尺寸与基座相符且垫片与基座连接牢固。

2. 操动机构的零、部件应齐全，各转动部分应涂以适合当地气候条件的润滑脂。

3. 电动机固定应牢固，转向应正确。

4. 各种接触器、继电器、微动开关、压力开关、压力表、加热装置和辅助开关的动作应准确、可靠，接点应接触良好、无烧损或锈蚀。

5. 分、合闸线圈的铁芯应动作灵活、无卡阻。

6. 压力表应经出厂检验合格，并有检验报告，压力表的电接点动作正确可靠。

7. 操动机构的缓冲器应经过调整；采用油缓冲器时，油位应正常，所采用的液压油应适合当地气候条件。

8. 加热、驱潮装置及控制元件的绝缘性能应良好，加热器与各元件、电缆及电线的距离应大于50 mm。

7.2.2　控制柜、分相控制箱、操动机构箱的安装，应符合下列要求：

1. 箱、柜门关闭应严密，内部应干燥清洁，并应有通风和防潮措施，接地应良好；液压机构箱还应有隔热防寒措施。

2. 控制和信号回路应正确，并符合现行国家标准《电气装置安装工程盘、柜及二次回路结线施工及验收规范》GB 50171 的有关规定。

7.2.3　操动机构应具有可靠的防止跳跃的功能；采用分相操动机构的，应具有可靠的防止非全相运行的功能。

7.2.4　断路器应能远方和就地操作，远方和就地操作之间应有闭锁。

7.2.5　断路器装设的动作计数器动作应正确。

7.2.6　辅助开关应满足以下要求：

1. 辅助开关应安装牢固，应能防止因多次操作松动变位。

2. 辅助开关接点应转换灵活、切换可靠、性能稳定。

3. 辅助开关与机构间的连接应松紧适当、转换灵活，并应能满足通电时间的要求；连接锁紧螺帽应拧紧，并应采取防松措施。

## 7.3　气动机构

7.3.1　气动机构的安装及调整除符合本节的规定外，尚应符合本规范第7.2节的规定。

7.3.2　气动机构应采用制造厂已组装好的空气压缩机或空气压缩机组产品，空气压缩机或空气压缩机组不应在现场进行解体检查。

7.3.3　空气压缩机安装时，应经检查并应符合下列要求：

1. 空气过滤器应清洁无堵塞，吸气阀和排气阀应完好、动作可靠。

2. 冷却器、风扇叶片和电动机、皮带轮等所有附件应清洁并安装牢固、运转正常。

3. 气缸用的润滑油应符合产品技术文件要求；气缸内油面应在标线位置；气缸油的加热装置应完好。

4. 自动排污装置应动作正确，污物应通过管路引至集污池（盒）内。

5. 空气压缩机组的安装应符合现行国家标准《机械设备安装工程施工及验收通用规范》GB 50231 的有关规定；空气压缩机组电动机的安装，应符合现行国家标准《电气装置安装工程旋转电动机施工及验收规范》GB 50170 的有关规定。

7.3.4　空气压缩机的连续运行时间与最高运行温度不得超过产品技术文件要求。

7.3.5　空气压缩机组的控制柜及保护柜内的配气管应清洁、通畅无堵塞，其布置不应妨碍表计、继电器及其他部件的检修和调试。

7.3.6　储气罐、气水分离器及截止阀、安全阀和排污阀等，应清洁、无锈蚀；减压阀、安全阀应经校验合格；阀门动作灵活、准确可靠；其安装位置应便于操作。

7.3.7　储气罐等压力容器应符合国家现行有关压力容器承压试验标准；配气管安装后，应进行压力试验，试验压力应为1.25倍额定压力，试验时间应为5 min。

7.3.8　空气管路的材料性能、管径、壁厚应符合产品技术文件要求，并具有材质检验证明。

7.3.9　空气管道的敷设，应符合下列规定：

1. 管子内部应清洁、无锈蚀；并应用干净的布对现场配制的管道内部进行清洁。

2. 敷管路径宜短，接头宜少，排管的接头应错开，空气管道接口应设置在易于观察和维护的地方。

3. 管道的连接宜采用焊接，焊口应牢固严密；采用法兰螺栓连接时，法兰端面应与管子中心线垂直，法兰的接触面应平整不得有砂眼、毛刺、裂纹等缺陷；管道与设备间应用法兰或连接器连接，不得采用焊接。管道之间采用法兰或连接器连接时，管路的切割、制作应用专门工具，不得使用会产生金属屑的工具。

4. 空气管道应固定牢固，其固定卡子间的距离不应大于2 m；空气管道在穿过墙壁或地板时，应通过明孔或另加金属保护管。

5. 设计无规定时，管道应在顺排水方向具有不小于3‰的排水坡度；在最低点宜设两级排水截门，第一级排水截门为球阀；管子的弯曲半径应符合选用管材的要求。

6. 管道的伸缩弯宜平放或稍高于管道敷设平面，以免积水。

7. 气动系统管道安装完成后，应采用干燥的压缩空气进行吹扫。

8. 使用环境温度低于0 ℃的，应在空气管路及相应的截门、阀门上采取保温或加热措施。

7.3.10　全部空气管道系统应以额定气压进行漏气量的检查，在24 h内压降不得超过10%，或符合产品技术文件要求。

7.3.11　空气压缩机、储气罐及阀门等部件应分别加以编号。阀门的操作手柄应标以开、闭方向。连接阀门的管子上，应标以正常的气流方向。

## 7.4　液压机构

7.4.1　液压机构的安装及调整，除应符合本章第7.2节的规定外，尚应符合下列规定：

1. 油箱内部应洁净，液压油的标号符合产品技术文件要求，液压油应洁净无杂质、油位指示正常。

2. 连接管路应清洁，连接处应密封良好、牢固可靠。

3. 液压回路在额定油压时，外观检查应无渗漏。

4. 具备慢分、慢合操作条件的机构，在进行慢分、慢合操作时，工作缸活塞杆的运动

应无卡阻现象，其行程应符合产品技术文件要求。

5. 微动开关、接触器的动作应准确可靠、接触良好；电接点压力表、安全阀、压力释放器应经检验合格，动作应可靠，关闭应严密；联动闭锁压力值应按产品技术文件要求予以整定。

6. 防失压慢分装置应可靠。

7. 液压机构的 24 h 压力泄漏量，应符合产品技术文件要求。

8. 采用氮气储能的机构，储压筒的预充压力和补充氮气，应符合产品技术文件要求，测量时应记录周围空气温度；补充的氮气应采用微水含量小于 5 μL/L 的高纯氮作为气源。

9. 采用弹簧储能的机构，机构的弹簧位置应符合产品技术文件要求。

### 7.5 弹簧机构

7.5.1 弹簧机构的安装及调整，除应符合本章第 7.2 节的规定外，尚应符合下列规定：

1. 不得将机构“空合闸”。

2. 合闸弹簧储能时，牵引杆的位置应符合产品技术文件要求。

3. 合闸弹簧储能完毕后，行程开关应能立即将电动机电源切除；合闸完毕，行程开关应将电动机电源接通。

4. 合闸弹簧储能后，牵引杆的下端或凸轮应与合闸锁扣可靠地联锁。

5. 分、合闸闭锁装置动作应灵活，复位应准确而迅速，并应开合可靠。

6. 弹簧机构缓冲器的行程，应符合产品技术文件要求。

### 7.6 电磁机构

7.6.1 电磁机构的安装及调整，除应符合本章第 7.2 节的规定外，尚应符合下列规定：

1. 机构合闸至顶点时，支持板与合闸滚轮间应保持一定间隙，且符合产品技术文件要求。

2. 分闸制动板应可靠地扣入，脱扣锁钩与底板轴间应保持一定的间隙，且符合产品技术文件要求。

### 7.7 工程交接验收

7.7.1 在验收时，应进行下列检查：

1. 操动机构应固定牢靠、外表清洁。

2. 电气连接应可靠且接触良好。

3. 液压系统应无渗漏、油位正常；空气系统应无漏气；安全阀、减压阀等应动作可靠；压力表应指示正确。

4. 操动机构与断路器的联动应正常、无卡阻现象；开关防跳跃功能应正确、可靠；具有非全相保护功能的动作应正确、可靠；分、合闸指示正确；压力开关、辅助开关动作应准确、可靠。

5. 控制柜、分相控制箱、操动机构箱、接线箱等的防雨防潮措施应良好，电缆管口、孔洞应封堵严密。

6. 交接试验应合格。

## 8 隔离开关、负荷开关及高压熔断器

### 8.1 一般规定

8.1.1 本章适用于额定电压为 3～750 kV 的交流高压隔离开关（包括接地开关）、负荷开关

及高压熔断器的安装。

8.1.2　高压隔离开关、负荷开关及高压熔断器的运输、装卸，应符合设备箱的标注及产品技术文件的要求。

8.1.3　隔离开关、负荷开关及高压熔断器运到现场后的检查，应符合下列要求：

1. 按照运输单清点，检查运输箱外观应无损伤和碰撞变形痕迹。

2. 瓷件应无裂纹和破损。

8.1.4　隔离开关、负荷开关及高压熔断器运到现场后的保管，应符合下列要求：

1. 设备运输箱应按其不同保管要求置于室内或室外平整、无积水且坚硬的场地。

2. 设备运输箱应按箱体标注安置；瓷件应安置稳妥；装有触头及操动机构金属传动部件的箱子应有防潮措施。

8.1.5　隔离开关、负荷开关及高压熔断器的开箱检查，应符合下列要求：

1. 产品技术文件应齐全；到货设备、附件、备品备件应与装箱单一致；核对设备型号、规格应与设计图纸相符。

2. 设备应无损伤变形和锈蚀、漆层完好。

3. 镀锌设备支架应无变形、镀锌层完好、无锈蚀、无脱落、色泽一致。

4. 瓷件应无裂纹、破损；瓷瓶与金属法兰胶装部位应牢固密实，并应涂有性能良好的防水胶；法兰结合面应平整、无外伤或铸造砂眼；支柱瓷瓶外观不得有裂纹、损伤；瓷瓶垂直度符合现行国家标准《高压支柱瓷绝缘子　第1部分：技术条件》GB 8287.1的规定。

5. 导电部分可挠连接应无折损，接线端子（或触头）镀银层应完好。

## 8.2　安装与调整

8.2.1　安装前的基础检查，应符合产品技术文件要求，并应符合本规范第4.2.1条的规定。

8.2.2　设备支架的检查及安装，应符合产品技术文件要求，且应符合下列规定：

1. 设备支架外形尺寸符合要求。封顶板及铁件无变形、扭曲，水平偏差符合产品技术文件要求。

2. 设备支架安装后，检查支架柱轴线，行、列的定位轴线允许偏差为5 mm，支架顶部标高允许偏差为5 mm，同相根开允许偏差为10 mm。

8.2.3　在室内间隔墙的两面，以共同的双头螺栓安装隔离开关时，应保证其中一组隔离开关拆除时，不影响另一侧隔离开关的固定。

8.2.4　隔离开关、负荷开关及高压熔断器安装时的检查，应符合下列要求：

1. 隔离开关相间距离允许偏差：220 kV及以下10 mm。相间连杆应在同一水平线上。

2. 接线端子及载流部分应清洁，且应接触良好，接线端子（或触头）镀银层无脱落。

3. 绝缘子表面应清洁、无裂纹、破损、焊接残留斑点等缺陷，瓷瓶与金属法兰胶装部位应牢固密实。

4. 支柱绝缘子不得有裂纹、损伤，并不得修补。外观检查有疑问时，应作探伤试验。

5. 支柱绝缘子应垂直于底座平面（V形隔离开关除外），且连接牢固；同一绝缘子柱的各绝缘子中心线应在同一垂直线上；同相各绝缘子柱的中心线应在同一垂直平面内。

6. 隔离开关的各支柱绝缘子间应连接牢固；安装时可用金属垫片校正其水平或垂直偏差，使触头相互对准、接触良好。

7. 均压环和屏蔽环应安装牢固、平正，检查均压环和屏蔽环无划痕、毛刺；均压环和屏蔽环宜在最低处打排水孔。

8. 安装螺栓宜由下向上穿入，隔离开关组装完毕，应用力矩扳手检查所有安装部位的螺栓，其力矩值应符合产品技术文件要求。

9. 隔离开关的底座传动部分应灵活，并涂以适合当地气候条件的润滑脂。

10. 操动机构的零部件应齐全，所有固定连接部件应紧固，转动部分应涂以适合当地气候条件的润滑脂。

8.2.5 传动装置的安装调整应符合下列要求：

1. 拉杆与带电部分的距离应符合现行国家标准《电气装置安装工程　母线装置施工及验收规范》GB 50149 的有关规定。

2. 拉杆的内径应与操动机构轴的直径相配合，两者间的间隙不应大于 1 mm；连接部分的销子不应松动。

3. 当拉杆损坏或折断可能接触带电部分而引起事故时，应加装保护环。

4. 延长轴、轴承、联轴器、中间轴承及拐臂等传动部件，其安装位置应正确，固定应牢靠；传动齿轮啮合应准确，操作应轻便灵活。

5. 定位螺钉应按产品技术文件要求进行调整并加以固定。

6. 所有传动摩擦部位，应涂以适合当地气候条件的润滑脂。

7. 隔离开关、接地开关平衡弹簧应调整到操作力矩最小并加以固定；接地开关垂直连杆上应涂以黑色油漆标识。

8.2.6 操动机构的安装调整，应符合下列要求：

1. 操动机构应安装牢固，同一轴线上的操动机构安装位置应一致。

2. 电动操作前，应先进行多次手动分、合闸，机构动作应正确。

3. 电动机的转向应正确，机构的分、合闸指示应与设备的实际分、合闸位置相符。

4. 机构动作应平稳、无卡阻、冲击等异常情况。

5. 限位装置应准确可靠，到达规定分、合极限位置时，应可靠地切除电源；辅助开关动作应与隔离开关动作一致、接触准确可靠。

6. 隔离开关过死点、动静触头间相对位置、备用行程及动触头状态，应符合产品技术文件要求。

7. 隔离开关分合闸定位螺钉，应按产品技术文件要求进行调整并加以固定。

8. 操动机构在进行手动操作时，应闭锁电动操作。

9. 机构箱应密闭良好、防雨防潮性能良好，箱内安装有防潮装置时，加热装置应完好，加热器与各元件、电缆及电线的距离应大于 50 mm；机构箱内控制和信号回路应正确并应符合现行国家标准《电气装置安装工程盘、柜及二次回路结线施工及验收规范》GB 50171 的有关规定。

8.2.7 当拉杆式手动操动机构的手柄位于上部或左端的极限位置，或蜗轮蜗杆式机构的手柄位于顺时针方向旋转的极限位置时，应是隔离开关或负荷开关的合闸位置；反之，应是分闸位置。

8.2.8 隔离开关、负荷开关合闸状态时触头间的相对位置、备用行程，分闸状态时触头间的净距或拉开角度，应符合产品技术文件要求。

8.2.9　具有引弧触头的隔离开关由分到合时，在主动触头接触前，引弧触头应先接触；从合到分时，触头的断开顺序相反。

8.2.10　三相联动的隔离开关，触头接触时，不同期数值应符合产品技术文件要求。当无规定时，最大值不得超过 20 mm。

8.2.11　隔离开关、负荷开关的导电部分，应符合下列规定：

1. 触头表面应平整、清洁，并应涂以薄层中性凡士林；载流部分的可挠连接不得有折损；连接应牢固，接触应良好；载流部分表面应无严重的凹陷及锈蚀。

2. 触头间应接触紧密，两侧的接触压力应均匀且符合产品技术文件要求，当采用插入连接时，导体插入深度应符合产品技术文件要求。

3. 设备连接端子应涂以薄层电力复合脂。连接螺栓应齐全、紧固，紧固力矩符合现行国家标准《电气装置安装工程　母线装置施工及验收规范》GB 50149 的规定。引下线的连接不应使设备接线端子受到超过允许的应力。

4. 合闸直流电阻测试应符合产品技术文件要求。

8.2.12　隔离开关的闭锁装置应动作灵活、准确可靠；带有接地刀的隔离开关，接地刀与主触头间的机械或电气闭锁应准确可靠。

8.2.13　隔离开关及负荷开关的辅助开关应安装牢固、动作准确、接触良好，其安装位置便于检查；装于室外时，应有防雨措施。

8.2.14　负荷开关的安装及调整，除应符合上述有关规定外，尚应符合下列规定：

1. 在负荷开关合闸时，主固定触头应与主刀可靠接触；分闸时，三相的灭弧刀片应同时跳离固定灭弧触头。

2. 灭弧筒内产生气体的有机绝缘物应完整无裂纹，灭弧触头与灭弧筒的间隙应符合要求。

3. 负荷开关三相触头接触的同期性和分闸状态时触头间净距及拉开角度，应符合产品技术文件要求。

4. 带油的负荷开关的外露部分及油箱应清理干净，油箱内应注以合格油并应无渗漏。

8.2.15　人工接地开关的安装及调整，除应符合上述有关规定外，尚应符合下列要求：

1. 人工接地开关的动作应灵活可靠，其合闸时间应符合产品技术文件和继电保护规定。

2. 人工接地开关的缓冲器应经详细检查，其压缩行程应符合产品技术文件要求。

8.2.16　高压熔断器的安装，应符合下列要求：

1. 带钳口的熔断器，其熔丝管应紧密地插入钳口内。

2. 装有动作指示器的熔断器。应便于检查指示器的动作情况。

3. 跌落式熔断器熔管的有机绝缘物应无裂纹、变形；熔管轴线与铅垂线的夹角应为 15°～30°，其转动部分应灵活；跌落时不应碰及其他物体而损坏熔管。

4. 熔丝的规格应符合设计要求，且无弯曲、压扁或损伤等现象，熔体与尾线应压接紧密牢固。

## 8.3　工程交接验收

8.3.1　在验收时，应进行下列检查：

1. 操动机构、传动装置、辅助开关及闭锁装置应安装牢固、动作灵活可靠、位置指示

正确。

2. 合闸时三相不同期值，应符合产品技术文件要求。

3. 相间距离及分闸时触头打开角度和距离，应符合产品技术文件要求。

4. 触头接触应紧密良好，接触尺寸应符合产品技术文件要求。

5. 隔离开关分合闸限位应正确。

6. 垂直连杆应无扭曲变形。

7. 螺栓紧固力矩应达到产品技术文件和相关标准要求。

8. 合闸直流电阻测试应符合产品技术文件要求。

9. 交接试验应合格。

10. 隔离开关、接地开关底座及垂直连杆、接地端子及操动机构箱应接地可靠。

11. 油漆应完整、相色标识正确，设备应清洁。

8.3.2　在验收时，应按照本规范第4.4.2条的规定提交技术文件。

# 9　避雷器和中性点放电间隙

## 9.1　一般规定

9.1.1　本章适用于中性点放电间隙和额定电压为3～750kV的金属氧化物避雷器。

9.1.2　避雷器在运输存放过程中应正置立放，不得倒置和受到冲击与碰撞，复合外套的避雷器，不得与酸碱等腐蚀性物品放在同一车厢内运输。

9.1.3　避雷器不得任意拆开、破坏密封。

9.1.4　复合外套金属氧化物避雷器应存放在环境温度为－40 ℃～＋40 ℃的无强酸碱及其他有害物质的库房中，产品水平放置时，需避免让伞裙受力。制造厂有具体存放要求时，应按产品技术文件要求执行。

## 9.2　避雷器的安装

9.2.1　避雷器安装前，应进行下列检查：

1. 采用瓷外套时，瓷件与金属法兰胶装部位应结合牢固、密实，并应涂有性能良好的防水胶；瓷套外观不得有裂纹、损伤；采用硅橡胶外套时，外观不得有裂纹、损伤和变形。金属法兰结合面应平整，无外伤或铸造砂眼，法兰泄水孔应通畅。

2. 各节组合单元应经试验合格，底座绝缘性能应良好。

3. 应取下运输时用以保护避雷器防爆膜的防护罩，或按产品技术文件要求执行；防爆膜应完好、无损。

4. 避雷器的安全装置应完整、无损。

5. 带自闭阀的避雷器宜进行压力检查，压力值应符合产品技术文件要求。

9.2.2　避雷器组装时，其各节位置应符合产品出厂标志的编号。

9.2.3　避雷器吊装，应符合产品技术文件要求。

9.2.4　避雷器的绝缘底座安装应水平。

9.2.5　避雷器各连接处的金属接触表面应洁净、没有氧化膜和油漆、导通良好。

9.2.6　并列安装的避雷器三相中心应在同一直线上，相间中心距离允许偏差为10 mm；铭牌应位于易于观察的同一侧。

9.2.7　避雷器安装应垂直，其垂直度应符合制造厂的要求。

9.2.8　避雷器的排气通道应通畅，排气通道口不得朝向巡检通道，排出的气体不致引起相间或对地闪络，并不得喷及其他电气设备。

9.2.9　均压环应无划痕、毛刺，安装应牢固、平整、无变形；在最低处宜打排水孔。

9.2.10　监测仪应密封良好、动作可靠，并应按产品技术文件要求连接；安装位置应一致、便于观察；接地应可靠；监测仪计数器应调至同一值。

9.2.11　所有安装部位螺栓应紧固，力矩值应符合产品技术文件要求。

9.2.12　避雷器的接地应符合设计要求，接地引线应连接、固定牢靠。

9.2.13　设备接线端子的接触表面应平整、清洁、无氧化膜、无凹陷及毛刺，并应涂以薄层电力复合脂；连接螺栓应齐全、紧固，紧固力矩应符合现行国家标准《电气装置安装工程　母线装置施工及验收规范》GB 50149 的要求。避雷器引线的连接不应使设备端子受到超过允许的承受应力。

### 9.3　中性点放电间隙的安装

9.3.1　放电间隙电极的制作应符合设计要求，钢制材料制作的电极应镀锌。

9.3.2　放电间隙宜水平安装。

9.3.3　放电间隙必须安装牢固，其间隙距离应符合设计要求。

9.3.4　接地应符合设计要求，并应采用双根接地引下线与接地网不同接地干线连接。

### 9.4　工程交接验收

9.4.1　在验收时，应进行下列检查：

1. 现场制作件应符合设计要求。
2. 避雷器密封应良好，外表应完整无缺损。
3. 避雷器应安装牢固，其垂直度应符合产品技术文件要求，均压环应水平。
4. 放电计数器和在线监测仪密封应良好，绝缘垫及接地应良好、牢固。
5. 中性点放电间隙应固定牢固、间隙距离符合设计要求，接地应可靠。
6. 油漆应完整、相色正确。
7. 交接试验应合格。
8. 产品有压力检测要求时，压力检测应合格。

9.4.2　在验收时，应按照本规范第4.4.2条的规定提交技术文件。

## 10　干式电抗器和阻波器

10.0.1　本章适用于额定电压为3～66 kV的干式电抗器和额定电压为3～750 kV的阻波器。

10.0.2　设备运到现场后，应进行下列外观检查：

支柱及线圈绝缘等应无损伤和裂纹；线圈无变形；支柱绝缘子及其附件应齐全。

10.0.3　设备运到现场后，应按其用途放在室内或室外平整、无积水的场地保管。运输或吊装过程中，支柱或线圈不应遭受损伤和变形。

10.0.4　安装前基础检查应符合产品技术文件要求。干式空心电抗器基础内部的钢筋制作应符合设计要求，自身没有且不应通过接地线构成闭合回路。

10.0.5　干式空心电抗器采用金属围栏时，金属围栏应设明显断开点，并不应通过接地线构

成闭合回路。

10.0.6　干式空心电抗器线圈绝缘损伤及导体裸弦时，应按产品技术文件的要求进行处理。

10.0.7　干式空心电抗器应按其编号进行安装，并应符合下列要求：

1. 三相垂直排列时，中间一相线圈的绕向应与上、下两相相反，各相中心线应一致。

2. 两相重叠一相并列时，重叠的两相绕向应相反，另一相应与上面的一相绕向相同。

3. 三相水平排列时，三相绕向应相同。

10.0.8　干式空心电抗器间隔内，所有磁性材料的部件，应可靠固定。

10.0.9　干式空心电抗器附近安装的二次电缆和二次设备应考虑电磁干扰的影响，二次电缆的接地线不应构成闭合回路。

10.0.10　干式铁墨电抗器的各部位固定应牢靠、螺栓紧固，铁芯应一点接地。

10.0.11　干式空心电抗器和支承式安装的阻波器线圈，其重量应均匀地分配于所有支柱绝缘子上。找平时，允许在支柱绝缘子底座下放置钢垫片，但应牢固可靠。干式电抗器上、下重叠时，应在其绝缘子顶帽上，放置与顶帽同样大小且厚度不超过 4 mm 的绝缘纸垫片或橡胶垫片；在户外安装时，应用橡胶垫片。

10.0.12　阻波器安装前，应进行频带特性及内部避雷器相应的试验。

10.0.13　悬式阻波器主线圈吊装时，其轴线宜对地垂直。

10.0.14　设备接线端子与母线的连接，应符合现行国家标准《电气装置安装工程　母线装置施工及验收规范》GB 50149 的有关规定。当其额定电流为 1 500 A 及以上时，应采用非磁性金属材料制成的螺栓。

10.0.15　干式空心电抗器和阻波器主线圈的支柱绝缘子的接地，应符合下列要求：

1. 上、下重叠安装时，底层的所有支柱绝缘子均应接地，其余的支柱绝缘子不接地。

2. 每相单独安装时，每相支柱绝缘子均应接地。

3. 支柱绝缘子的接地线不应构成闭合环路。

10.0.16　在验收时，应进行下列检查：

1. 支柱应完整、无裂纹，线圈应无变形。

2. 线圈外部的绝缘漆应完好。

3. 支柱绝缘子的接地应良好。

4. 各部油漆应完整。

5. 干式空心电抗器的基础内钢筋、底层绝缘子的接地线以及所采用的金属围栏，不应通过自身和接地线构成闭合回路。

6. 干式铁芯电抗器的铁芯应一点接地。

7. 交接试验应合格。

8. 阻波器内部的电容器和避雷器外观应完整，连接应良好、固定可靠。

10.0.17　在验收时，应按照本规范第 4.4.2 条的规定提交技术文件。

# 11　电容器

## 11.1　一般规定

11.1.1　本章适用于额定电压为 3 ~ 750 kV 的电力电容器、耦合电容器以及串联电容补偿装

置（简称为串补）的安装。串联电容补偿装置附属设备的安装应符合本规范的规定。

11.1.2　设备到货检查：产品应包装完好，规格符合设计要求，数量与运输清单一致。

11.1.3　设备的现场保管，应符合产品技术文件要求。室内安装的设备应在室内存放。串联电容补偿装置的光缆套管、光CT等易受损的设备也应在室内单独存放保管。

## 11.2　电容器的安装

11.2.1　电容器（组）安装前的检查，应符合下列要求：

1. 套管芯棒应无弯曲、滑扣。
2. 电容器引出线端连接用的螺母、垫圈应齐全。
3. 电容器外壳应无显著变形、外表无锈蚀，所有接缝不应有裂缝或渗油。
4. 支持瓷瓶应完好、无破损。倒装时应选用倒装支持瓷瓶。
5. 电容器（组）支架应无变形，加工工艺、防腐应良好；各种紧固件齐全，全部采用热镀锌制品。
6. 集合式并联电容器的油箱、储油柜（或扩张器）、瓷套、出线导杆、压力释放阀、温度计等应完好无损，油箱及充油部件不得有渗漏油现象。

11.2.2　电容器安装前试验应合格；成组安装的电容器的电容量，应按本章第11.2.4条第1款的要求经试验调配。

11.2.3　电容器支架安装，应符合下列规定：

1. 金属构件无明显变形、锈蚀，油漆应完整，户外安装的应采用热镀锌支架。
2. 瓷瓶无破损，金属法兰无锈蚀。
3. 支架安装水平允许偏差为3 mm/m。
4. 支架立柱间距离允许偏差为5 mm。
5. 支架连接螺栓的紧固，应符合产品技术文件要求。构件间垫片不得多于1片，厚度应不大于3 mm。

11.2.4　电容器组的安装，应符合下列要求：

1. 三相电容量的差值宜调配到最小，其最大与最小的差值，不应超过三相平均电容值的5%；设计有要求时，应符合设计的规定。
2. 电容器组支架应保持其应有的水平及垂直位置，无明显变形，固定应牢靠，防腐应完好。
3. 电容器的配置应使其铭牌面向通道一侧，并有顺序编号。
4. 电容器一次接线应正确、符合设计，接线应对称一致、整齐美观，母线及分支线应标以相色。
5. 凡不与地绝缘的每个电容器的外壳及电容器的支架均应接地；凡与地绝缘的电容器的外壳均应与支架一起可靠连接到规定的电位上；与电容器围栏之间的安全距离应符合现行国家标准《电气装置安装工程　母线装置施工及验收规范》GB 50149的规定。
6. 电容器的接线端子与连接线采用不同材料的金属时，应采取增加过渡接头的措施。
7. 采用外熔断器时，外熔断器的安装应排列整齐，倾斜角度应符合设计，指示器位置应正确。
8. 放电线圈瓷套应无损伤、相色正确、接线牢固美观。

9. 接地刀闸操作应灵活。

10. 避雷器在线监测仪接线应正确。

11.2.5　对于储油柜结构的集合式并联电容器，油位应正常，其绝缘油的耐压值，应符合现行国家标准《电气装置安装工程　电气设备交接试验标准》GB 50150 的规定。

## 11.3　耦合电容器的安装

11.3.1　瓷件及法兰的检查按本章第 11.4.4 条第 1 款的规定进行。

11.3.2　耦合电容器安装时，不应松动其顶盖上的紧固螺栓；接至电容器的引线不应使其端子受到过大的横向拉力。

11.3.3　两节或多节耦合电容器叠装时，应按制造厂的编号安装。

## 11.4　串联电容补偿装置的安装

11.4.1　串联电容补偿装置的安装应在制造厂专业技术人员指导下进行，施工单位应编制详细的施工方案。

11.4.2　串联电容补偿装置平台基础强度应符合产品技术文件要求，回填土应夯实。

11.4.3　基础复测应符合产品技术文件要求，产品技术文件没有规定时，应符合下列规定：

1. 基础中心线对定位轴线位置的允许偏差应为 5 mm，支柱绝缘子的基准点标高允许偏差应为 ±3 mm，基础水平度允许偏差应为 $L/1\ 000$ mm。

2. 地脚螺栓中心允许偏差应为 2 mm，地脚螺栓露出长度允许偏差应为 0 ~ +20 mm，地脚螺栓螺纹长度允许偏差应为 0 ~ +20 mm。

11.4.4　支柱瓷瓶安装前的检查，应符合下列要求：

1. 瓷瓶与金属法兰胶装部位应密实牢固、涂有性能良好的防水胶；法兰结合面应平整、无外伤或铸造砂眼；支柱瓷瓶外观不得有裂纹、损伤；有怀疑时应经探伤试验。

2. 测量每节瓷瓶的长度并根据基础实测标高进行选配。

11.4.5　串补平台金属构件安装前检查，应无变形、锈蚀、热镀锌质量良好。

11.4.6　串补平台安装，应符合下列要求：

1. 所有部件应齐全、完整。

2. 安装螺栓应齐全、紧固，紧固力矩应符合产品技术文件要求。

3. 在平台上设备安装前、安装后，应调整串补平台斜拉绝缘子，使平台支持绝缘子保持垂直，并检查斜拉绝缘子的预拉力，应符合产品技术文件要求。

11.4.7　串联电容补偿装置中的设备安装，应符合下列规定：

1. 平台上电容器的组装和安装，过电压限制器（MOV）、火花间隙、阻尼电抗、电阻以及管母和设备连线等，应在平台稳定后进行。

2. 平台上设备的安装，应符合设计图纸、产品技术文件的要求。

3. 旁路断路器、隔离开关的安装，应按本规范中相关章节的规定执行。

4. 光缆通道复合绝缘子的安装，应符合图纸和规范要求；光缆的敷设固定符合产品技术文件要求；光缆接线盒内光纤连接应可靠，接线盒应封堵严密。

## 11.5　工程交接验收

11.5.1　在验收时，应进行下列检查：

1. 电容器组的布置与接线应正确，电容器组的保护回路应完整，检验一次接线同具有

极性的二次保护回路关系正确与否。

2. 三相电容量偏差值应符合设计要求。

3. 外壳应无凹凸或渗油现象，引出线端子连接应牢固，垫圈、螺母应齐全。

4. 熔断器的安装应排列整齐、倾斜角度符合设计、指示器正确；熔体的额定电流应符合设计要求。

5. 放电线圈瓷套应无损伤、相色正确、接线牢固美观；放电回路应完整，接地刀闸操作应灵活。

6. 电容器支架应无明显变形。

7. 电容器外壳及支架的接地应可靠、防腐完好。

8. 支持瓷瓶外表清洁，完好无破损。

9. 串联补偿装置平台稳定性应良好，斜拉绝缘子的预拉力应合格，平台上设备连接应正确、可靠。

10. 交接试验应合格。

11. 电容器室内的通风装置应良好。

11.5.2　在验收时，应按照本规范第4.4.2条的规定提交技术文件。

## 电气装置安装工程低压电器施工及验收规范（GB50254—96）

### 1　总　则

1.0.1　为保证低压电器的安装质量，促进施工安装技术的进步，确保设备安装后的安全运行，制订本规范。

1.0.2　本规范适用于交流50 Hz，额定电压1 200 V及以下、直流额定电压为1 500 V及以下且在正常条件下安装和调整试验的通用低压电器。不适用于无须固定安装的家用电器、电力系统保护电器、电工仪器仪表、变送器、电子计算机系统及成套盘、柜、箱上电器的安装和验收。

1.0.3　低压电器的安装，应按已批准的设计进行施工。

1.0.4　低压电器的运输、保管，应符合现行国家有关标准的规定；当产品有特殊要求时，应符合产品技术文件的要求。

1.0.5　低压电器设备和器材在安装前的保管期限，应为一年及以下；当超期保管时，应符合设备和器材保管的专门规定。

1.0.6　采用的设备和器材，均应符合国家现行技术标准的规定，并应有合格证件，设备应有铭牌。

1.0.7　设备和器材到达现场后，应及时做下列验收检查：

1. 包装和密封应良好。

2. 技术文件应齐全，并有装箱清单。

3. 按装箱清单检查清点，规格、型号，应符合设计要求；附件、备件应齐全。

4. 按本规范要求做外观检查。

1.0.8　施工中的安全技术措施，应符合国家现行有关安全技术标准及产品技术文件的规定。

1.0.9　与低压电器安装有关的建筑工程的施工，应符合下列要求：

1. 与低压电器安装有关的建筑物、构筑物的建筑工程质量，应符合国家现行的建筑工程施工及验收规范中的有关规定。当设备或设计有特殊要求时，尚应符合其要求。

2. 低压电器安装前，建筑工程应具备下列条件：

(1) 屋顶、楼板应施工完毕，不得渗漏。

(2) 对电器安装有妨碍的模板、脚手架等应拆除，场地应清扫干净。

(3) 室内地面基层应施工完毕，并应在墙上标出抹面标高。

(4) 环境湿度应达到设计要求或产品技术文件的规定。

(5) 电气室、控制室、操作室的门、窗、墙壁、装饰棚应施工完毕，地面应抹光。

(6) 设备基础和构架应达到允许设备安装的强度；焊接构件的质量应符合要求，基础槽钢应固定可靠。

(7) 预埋件及预留孔的位置和尺寸，应符合设计要求，预埋件应牢固。

3. 设备安装完毕，投入运行前，建筑工程应符合下列要求：

(1) 门窗安装完毕。

(2) 运行后无法进行的和影响安全运行的施工应全部结束。

(3) 施工中造成的建筑物损坏部分应修补完整。

1.0.10 设备安装完毕投入运行前，应做好防护工作。

1.0.11 低压电器的施工及验收除按本规范的规定执行外，尚应符合国家现行的有关标准、规范的规定。

## 2 一般规定

2.0.1 低压电器安装前的检查，应符合下列要求：

1. 设备铭牌、型号、规格，应与被控制线路或设计相符。

2. 外壳、漆层、手柄，应无损伤或变形。

3. 内部仪表、灭弧罩、瓷件、胶木电器，应无裂纹或伤痕。

4. 螺丝应拧紧。

5. 具有主触头的低压电器，触头的接触应紧密，采用 0.05 mm × 10 mm 的塞尺检查，接触两侧的压力应均匀。

6. 附件应齐全、完好。

2.0.2 低压电器的安装高度，应符合设计规定；当设计无规定时，应符合下列要求：

1. 落地安装的低压电器，其底部宜高出地面 50 ~ 100 mm。

2. 操作手柄转轴中心与地面的距离，宜为 1 200 ~ 1 500 mm；侧面操作的手柄与建筑物或设备的距离，不宜小于 200 mm。

2.0.3 低压电器的固定，应符合下列要求：

1. 低压电器根据其不同的结构，可采用支架、金属板、绝缘板固定在墙、柱或其他建筑构件上。金属板、绝缘板应平整；当采用卡轨支承安装时，卡轨应与低压电器匹配，并用固定夹或固定螺栓与壁板紧密固定，严禁使用变形或不合格的卡轨。

2. 当采用膨胀螺栓固定时，应按产品技术要求选择螺栓规格；其钻孔直径和埋设深度应与螺栓规格相符。

3. 紧固件应采用镀锌制品，螺栓规格应选配适当，电器的固定应牢固、平稳。

4. 有防震要求的电器应增加减震装置；其紧固螺栓应采取防松措施。

5. 固定低压电器时，不得使电器内部受额外应力。

2.0.4　电器的外部接线，应符合下列要求：

1. 接线应按接线端头标志进行。

2. 接线应排列整齐、清晰、美观，导线绝缘应良好、无损伤。

3. 电源侧进线应接在进线端，即固定触头接线端；负荷侧出线应接在出线端，即可动触头接线端。

4. 电器的接线应采用铜质或有电镀金属防锈层的螺栓和螺钉，连接时应拧紧，且应有防松装置。

5. 外部接线不得使电器内部受到额外应力。

6. 母线与电器连接时，接触面应符合现行国家标准《电气装置安装工程　母线装置施工及验收规范》的有关规定。连接处不同相的母线最小电气间隙，应符合表2.0.4的规定。

表2.0.4　不同相的母线最小电气间隙

| 额定电压/V | 最小电气间隙/mm |
| --- | --- |
| $U\leqslant500$ | 10 |
| $500<U\leqslant1\,200$ | 14 |

2.0.5　成排或集中安装的低压电器应排列整齐；器件间的距离，应符合设计要求，并应便于操作及维护。

2.0.6　室外安装的非防护型的低压电器，应有防雨、雪和风沙侵入的措施。

2.0.7　电器的金属外壳、框架的接零或接地，应符合现行国家标准《电气装置安装工程　接地装置施工及验收规范》的有关规定。

2.0.8　低压电器绝缘电阻的测量，应符合下列规定：

1. 测量应在下列部位进行，对额定工作电压不同的电路，应分别进行测量。

（1）主触头在断开位置时，同极的进线端及出线端之间。

（2）主触头在闭合位置时，不同极的带电部件之间、触头与线圈之间以及主电路与同它不直接连接的控制和辅助电路（包括线圈）之间。

（3）主电路、控制电路、辅助电路等带电部件与金属支架之间。

2. 测量绝缘电阻所用兆欧表的电压等级及所测量的绝缘电阻值，应符合现行国家标准《电气装置安装工程　电气设备交接试验标准》的有关规定。

2.0.9　低压电器的试验，应符合现行国家标准《电气装置安装工程　电气设备交接试验标准》的有关规定。

## 3　低压断路器

3.0.1　低压断路器安装前的检查，应符合下列要求：

1. 衔铁工作面上的油污应擦净。

2. 触头闭合、断开过程中，可动部分与灭弧室的零件不应有卡阻现象。

3. 各触头的接触平面应平整；开合顺序、动静触头分闸距离等，应符合设计要求或产品技术文件的规定。

4. 受潮的灭弧室，安装前应烘干，烘干时应监测温度。

3.0.2 低压断路器的安装，应符合下列要求：

1. 低压断路器的安装，应符合产品技术文件的规定；当无明确规定时，宜垂直安装，其倾斜度不应大于5°。

2. 低压断路器与熔断器配合使用时，熔断器应安装在电源侧。

3. 低压断路器操作机构的安装，应符合下列要求：

（1）操作手柄或传动杠杆的开、合位置应正确；操作力不应大于产品的规定值。

（2）电动操作机构接线应正确；在合闸过程中，开关不应跳跃；开关合闸后，限制电动机或电磁铁通电时间的联锁装置应及时动作；电动机或电磁铁通电时间不应超过产品的规定值。

（3）开关辅助接点动作应正确可靠，接触应良好。

（4）抽屉式断路器的工作、试验、隔离三个位置的定位应明显，并应符合产品技术文件的规定。

（5）抽屉式断路器空载时进行抽、拉数次应无卡阻现象，机械联锁应可靠。

3.0.3 低压断路器的接线，应符合下列要求：

1. 裸露在箱体外部且易触及的导线端子，应加绝缘保护。

2. 有半导体脱扣装置的低压断路器，其接线应符合相序要求，脱扣装置的动作应可靠。

3.0.4 直流快速断路器的安装、调整和试验，尚应符合下列要求：

1. 安装时应防止断路器倾倒、碰撞和激烈震动；基础槽钢与底座间，应按设计要求采取防震措施。

2. 断路器极间中心距离及与相邻设备或建筑物的距离，不应小于500 mm。

当不能满足要求时，应加装高度不小于单极开关总高度的隔弧板。

在灭弧室上方应留有不小于1 000 mm的空间；当不能满足要求时，在开关电流3 000 A以下断路器的灭弧室上方200 mm处应加装隔弧板；在开关电流3 000 A及以上断路器的灭弧室上方500 mm处应加装隔弧板。

3. 灭弧室内绝缘衬件应完好，电弧通道应畅通。

4. 触头的压力、开距、分断时间及主触头调整后灭弧室支持螺杆与触头间的绝缘电阻，应符合产品技术文件要求。

5. 直流快速断路器的接线，应符合下列要求：

（1）与母线连接时，出线端子不应承受附加应力；母线支点与断路器之间的距离，不应小于1 000 mm。

（2）当触头及线圈标有正、负极性时，其接线应与主回路极性一致。

（3）配线时应使控制线与主回路分开。

6. 直流快速断移器调整和试验，应符合下列要求：

（1）轴承转动应灵活，并应涂以润滑剂。

（2）衔铁的吸、合动作应均匀。

（3）灭弧触头与主触头的动作顺序应正确。

（4）安装后应按产品技术文件要求进行交流工频耐压试验，不得有击穿、闪络现象。

（5）脱扣装置应按设计要求进行整定值校验，在短路或模拟短路情况下合闸时，脱扣装置应能立即脱扣。

## 4　低压隔离开关、刀开关、转换开关及熔断器组合电器

4.0.1　隔离开关与刀开关的安装，应符合下列要求：

1. 开关应垂直安装。当在不切断电流、有灭弧装置或用于小电流电路等情况下，可水平安装。水平安装时，分闸后可动触头不得自行脱落，其灭弧装置应固定可靠。

2. 可动触头与固定触头的接触应良好；大电流的触头或刀片宜涂电力复合脂。

3. 双投刀闸开关在分闸位置时，刀片应可靠固定，不得自行合闸。

4. 安装杠杆操作机构时，应调节杠杆长度，使操作到位且灵活；开关辅助接点指示应正确。

5. 开关的动触头与两侧压板距离应调整均匀，合闸后接触面应压紧，刀片与静触头中心线应在同一平面，且刀片不应摆动。

4.0.2　直流母线隔离开关安装，应符合下列要求：

1. 垂直或水平安装的母线隔离开关，其刀片均应位于垂直面上；在建筑构件上安装时，刀片底部与基础之间的距离，应符合设计或产品技术文件的要求。当无明确要求时，不宜小于50 mm。

2. 刀体与母线直接连接时，母线固定端应牢固。

4.0.3　转换开关和倒顺开关安装后，其手柄位置指示应与相应的接触片位置相对应；定位机构应可靠；所有的触头在任何接通位置上应接触良好。

4.0.4　带熔断器或灭弧装置的负荷开关接线完毕后，检查熔断器应无损伤，灭弧栅应完好，且固定可靠；电弧通道应畅通，灭弧触头各相分闸应一致。

## 5　住宅电器、漏电保护器及消防电气设备

5.0.1　住宅电器的安装应符合下列要求：

1. 集中安装的住宅电器，应在其明显部位设警告标志。

2. 住宅电器安装完毕，调整试验合格后，宜对调整机构进行封锁处理。

5.0.2　漏电保护器的安装、调整试验应符合下列要求：

1. 按漏电保护器产品标志进行电源侧和负荷侧接线。

2. 带有短路保护功能的漏电保护器安装时，应确保有足够的灭弧距离。

3. 在特殊环境中使用的漏电保护器，应采取防腐、防潮或防热等措施。

4. 电流型漏电保护器安装后，除应检查接线无误外，还应通过试验按钮检查其动作性能，并应满足要求。

5.0.3　火灾探测器、手动火灾报警按钮、火灾报警控制器、消防控制设备等的安装，应按现行国家标准《火灾自动报警系统施工及验收规范》执行。

## 6　低压接触器及电动机启动器

6.0.1　低压接触器及电动机启动器安装前的检查，应符合下列要求：

1. 衔铁表面应无锈斑、油垢；接触面应平整、清洁。可动部分应灵活无卡阻；灭弧罩之间应有间隙；灭弧线圈绕向应正确。

2. 触头的接触应紧密，固定主触头的触头杆应固定可靠。

3. 当带有常闭触头的接触器与磁力启动器闭合时，应先断开常闭触头，后接通主触头；当断开时应先断开主触头，后接通常闭触头，且三相主触头的动作应一致，其误差应符合产品技术文件的要求。

4. 电磁启动器热元件的规格应与电动机的保护特性相匹配；热继电器的电流调节指示位置应调整在电动机的额定电流值上，并应按设计要求进行定值校验。

6.0.2　低压接触器和电动机启动器安装完毕后，应进行下列检查：

1. 接线应正确。

2 在主触头不带电的情况下，启动线圈间断通电，主触头动作正常，衔铁吸合后应无异常响声。

6.0.3　真空接触器安装前，应进行下列检查：

1. 可动衔铁及拉杆动作应灵活可靠、无卡阻。

2. 辅助触头应随绝缘摇臂的动作可靠动作，且触头接触应良好。

3. 按产品接线图检查内部接线应正确。

6.0.4　采用工频耐压法检查真空开关管的真空度，应符合产品技术文件的规定。

6.0.5　真空接触器的接线，应符合产品技术文件的规定，接地应可靠。

6.0.6　可逆启动器或接触器，电气联锁装置和机械连锁装置的动作均应正确、可靠。

6.0.7　星、三角启动器的检查、调整，应符合下列要求：

1. 启动器的接线应正确；电动机定子绕组正常工作应为三角形接线。

2. 手动操作的星、三角启动器，应在电动机转速接近运行转速时进行切换；自动转换的启动器应按电动机负荷要求正确调节延时装置。

6.0.8　自耦减压启动器的安装、调整，应符合下列要求：

1. 启动器应垂直安装。

2. 油浸式启动器的油面不得低于标定油面线。

3. 减压抽头在65%~80%额定电压下，应按负荷要求进行调整；启动时间不得超过自耦减压启动器允许的启动时间。

6.0.9　手动操作的启动器，触头压力应符合产品技术文件规定，操作应灵活。

6.0.10　接触器或启动器均应进行通断检查；用于重要设备的接触器或启动器尚应检查其启动值，并应符合产品技术文件的规定。

6.0.11　变阻式启动器的变阻器安装后，应检查其电阻切换程序、触头压力、灭弧装置及启动值，并应符合设计要求或产品技术文件的规定。

## 7　控制器、继电器及行程开关

7.0.1　控制器的安装应符合下列要求：

1. 控制器的工作电压应与供电电源电压相符。

2. 凸轮控制器及主令控制器，应安装在便于观察和操作的位置上；操作手柄或手轮的安装高度，宜为800~1 200 mm。

3. 控制器操作应灵活；档位应明显、准确。带有零位自锁装置的操作手柄，应能正常工作。

4. 操作手柄或手轮的动作方向，宜与机械装置的动作方向一致；操作手柄或手轮在各个不同位置时，其触头的分、合顺序均应符合控制器的开、合图表的要求，通电后应按相应的凸轮控制器件的位置检查电动机，并应运行正常。

5. 控制器触头压力应均匀；触头超行程不应小于产品技术文件的规定。凸轮控制器主触头的灭弧装置应完好。

6. 控制器的转动部分及齿轮减速机构应润滑良好。

7.0.2　继电器安装前的检查，应符合下列要求：

1. 可动部分动作应灵活、可靠。

2. 表面污垢和铁芯表面防腐剂应清除干净。

7.0.3　按钮的安装应符合下列要求：

1. 按钮之间的距离宜为 50 ~ 180 mm，按钮箱之间的距离宜为 50 ~ 100 mm；当倾斜安装时，其与水平的倾角不宜小于 30°。

2. 按钮操作应灵活、可靠、无卡阻。

3. 集中在一起安装的按钮应有编号或不同的识别标志，“紧急”按钮应有明显标志，并设保护罩。

7.0.4　行程开关的安装、调整，应符合下列要求：

1. 安装位置应能使开关正确动作，且不妨碍机械部件的运动。

2. 碰块或撞杆应安装在开关滚轮或推杆的动作轴线上。对电子式行程开关应按产品技术文件要求调整可动设备的间距。

3. 碰块或撞杆对开关的作用力及开关的动作行程，均不应大于允许值。

4. 限位用的行程开关，应与机械装置配合调整；确认动作可靠后，方可接入电路使用。

## 8　电阻器及变阻器

8.0.1　电阻器的电阻元件，应位于垂直面上。电阻器垂直叠装不应超过四箱；当超过四箱时，应采用支架固定，并保持适当距离；当超过六箱时应另列一组。有特殊要求的电阻器，其安装方式应符合设计规定。电阻器底部与地面间，应留有间隔，并不应小于 150 mm。

8.0.2　电阻器与其他电器垂直布置时，应安装在其他电器的上方，两者之间应留有间隔。

8.0.3　电阻器的接线，应符合下列要求：

1. 电阻器与电阻元件的连接应采用铜或钢的裸导体，接触应可靠。

2. 电阻器引出线夹板或螺栓应设置与设备接线图相应的标志；当与绝缘导线连接时，应采取防止接头处的温度升高而降低导线的绝缘强度的措施。

3. 多层叠装的电阻箱的引出导线，应采用支架固定，并不得妨碍电阻元件的更换。

8.0.4　电阻器和变阻器内部不应有断路或短路；其直流电阻值的误差应符合产品技术文件的规定。

8.0.5　变阻器的转换调节装置，应符合下列要求：

1. 转换调节装置移动应均匀平滑、无卡阻，并应有与移动方向相一致的指示阻值变化的标志。

2. 电动传动的转换调节装置，其限位开关及信号联锁接点的动作应准确和可靠。

3. 齿链传动的转换调节装置，可允许有半个节距的窜动范围。

4. 由电动传动及手动传动两部分组成的转换调节装置，应在电动及手动两种操作方式下分别进行试验。

5. 转换调节装置的滑动触头与固定触头的接触应良好，触头间的压力应符合要求，在滑动过程中不得开路。

8.0.6 频敏变阻器的调整，应符合下列要求：

1. 频敏变阻器的极性和接线应正确。

2. 频敏变阻器的抽头和气隙调整，应使电动机启动特性符合机械装置的要求。

3. 频敏变阻器配合电动机进行调整过程中，连续启动次数及总的启动时间，应符合产品技术文件的规定。

## 9 电磁铁

9.0.1 电磁铁的铁芯表面，应清洁、无锈蚀。

9.0.2 电磁铁的衔铁及其传动机构的动作应迅速、准确和可靠，并无卡阻现象。直流电磁铁的衔铁上，应有隔磁措施。

9.0.3 制动电磁铁的衔铁吸合时，铁芯的接触面应紧密地与其固定部分接触，且不得有异常响声。

9.0.4 有缓冲装置的制动电磁铁，应调节其缓冲器道孔的螺栓，使衔铁动作至最终位置时平稳、无剧烈冲击。

9.0.5 采用空气隙作为剩磁间隙的直流制动电磁铁，其衔铁行程指针位置应符合产品技术文件的规定。

9.0.6 牵引电磁铁固定位置应与阀门推杆准确配合，使动作行程符合设备要求。

9.0.7 起重电磁铁第一次通电检查时，应在空载（周围无铁磁物质）的情况下进行，空载电流应符合产品技术文件的规定。

9.0.8 有特殊要求的电磁铁，应测量其吸合与释放电流，其值应符合产品技术文件的规定及设计要求。

9.0.9 双电动机抱闸及单台电动机双抱闸电磁铁动作应灵活一致。

## 10 熔断器

10.0.1 熔断器及熔体的容量，应符合设计要求，并核对所保护电气设备的容量与熔体容量相匹配；对后备保护、限流、自复、半导体器件保护等有专用功能的熔断器，严禁替代。

10.0.2 熔断器安装位置及相互间距离，应便于更换熔体。

10.0.3 有熔断指示器的熔断器，其指示器应装在便于观察的一侧。

10.0.4 瓷质熔断器在金属底板上安装时，其底座应垫软绝缘衬垫。

10.0.5 安装具有几种规格的熔断器，应在底座旁标明规格。

10.0.6 有触及带电部分危险的熔断器，应配齐绝缘抓手。

10.0.7 带有接线标志的熔断器，电源线应按标志进行接线。

10.0.8 螺旋式熔断器的安装，其底座严禁松动，电源应接在熔芯引出的端子上。

## 11　工程交接验收

11.0.1　工程交接验收时，应符合下列要求：

1. 电器的型号、规格符合设计要求。
2. 电器的外观检查完好，绝缘器件无裂纹，安装方式符合产品技术文件的要求。
3. 电器安装牢固、平正，符合设计及产品技术文件的要求。
4. 电器的接零、接地可靠。
5. 电器的连接线排列整齐、美观。
6. 绝缘电阻值符合要求。
7. 活动部件动作灵活、可靠，联锁传动装置动作正确。
8. 标志齐全完好、字迹清晰。

11.0.2　通电后，应符合下列要求：

1. 操作时动作应灵活、可靠。
2. 电磁器件应无异常响声。
3. 线圈及接线端子的温度不应超过规定。
4. 触头压力、接触电阻不应超过规定。

11.0.3　验收时，应提交下列资料和文件：

1. 变更设计的证明文件。
2. 制造厂提供的产品说明书、合格证件及竣工图纸等技术文件。
3. 安装技术记录。
4. 调整试验记录。
5. 根据合同提供的备品、备件清单。

# 5.2　机电设备安装、运行、维修的相关法律法规

## 电力设施保护条例

（1987年9月15日国务院发布根据1998年1月7日《国务院关于修改〈电力设施保护条例〉的决定》修正）

### 第一章　总　则

第一条　为保障电力生产和建设的顺利进行，维护公共安全，特制定本条例。

第二条　本条例适用于中华人民共和国境内已建或在建的电力设施（包括发电设施、变电设施和电力线路设施及其有关辅助设施，下同）。

第三条　电力设施的保护，实行电力管理部门、公安部门、电力企业和人民群众相结合的原则。

第四条　电力设施受国家法律保护，禁止任何单位或个人从事危害电力设施的行为。任何单

位和个人都有保护电力设施的义务，对危害电力设施的行为，有权制止并向电力管理部门、公安部门报告。

电力企业应加强对电力设施的保护工作，对危害电力设施安全的行为，应采取适当措施，予以制止。

第五条　国务院电力管理部门对电力设施的保护负责监督、检查、指导和协调。

第六条　县以上地方各级电力管理部门保护电力设施的职责是：

（一）监督、检查本条例及根据本条例制定的规章的贯彻执行；

（二）开展保护电力设施的宣传教育工作；

（三）会同有关部门及沿电力线路各单位，建立群众护线组织并健全责任制；

（四）会同当地公安部门，负责所管辖地区电力设施的安全保卫工作。

第七条　各级公安部门负责依法查处破坏电力设施或哄抢、盗窃电力设施器材的案件。

## 第二章　电力设施的保护范围和保护区

第八条　发电设施、变电设施的保护范围：

（一）发电厂、变电站、换流站、开关站等厂、站内的设施；

（二）发电厂、变电站外各种专用的管道（沟）、储灰场、水井、泵站、冷却水塔、油库、堤坝、铁路、道路、桥梁、码头、燃料装卸设施、避雷装置、消防设施及其有关辅助设施；

（三）水力发电厂使用的水库、大坝、取水口、引水隧洞（含支洞口）、引水渠道、调压井（塔）、露天高压管道、厂房、尾水渠、厂房与大坝间的通信设施及其有关辅助设施。

第九条　电力线路设施的保护范围：

（一）架空电力线路：杆塔、基础、拉线、接地装置、导线、避雷线、金具、绝缘子、登杆塔的爬梯和脚钉，导线跨越航道的保护设施，巡（保）线站，巡视检修专用道路、船舶和桥梁，标志牌及其有关辅助设施；

（二）电力电缆线路：架空、地下、水底电力电缆和电缆联结装置，电缆管道、电缆隧道、电缆沟、电缆桥、电缆井、盖板、入孔、标石、水线标志牌及其有关辅助设施；

（三）电力线路上的变压器、电容器、电抗器、断路器、隔离开关、避雷器、互感器、熔断器、计量仪表装置、配电室、箱式变电站及其有关辅助设施；

（四）电力调度设施：电力调度场所、电力调度通信设施、电网调度自动化设施、电网运行控制设施。

第十条　电力线路保护区：

（一）架空电力线路保护区：导线边线向外侧水平延伸并垂直于地面所形成的两平行面内的区域，在一般地区各级电压导线的边线延伸距离如下：

1 ~ 10 kV　5 m

35 ~ 110 kV　10 m

154 ~ 330 kV　15 m

500 kV　20 m

在厂矿、城镇等人口密集地区，架空电力线路保护区的区域可略小于上述规定。但各级电压导线边线延伸的距离，不应小于导线边线在最大计算弧垂及最大计算风偏后的水平距离

和风偏后距建筑物的安全距离之和。

（二）电力电缆线路保护区：地下电缆为电缆线路地面标桩两侧各0.75 m所形成的两平行线内的区域；海底电缆一般为线路两侧各2海里（港内为两侧各100 m），江河电缆一般不小于线路两侧各100 m（中、小河流一般不小于各50 m）所形成的两平行线内的水域。

## 第三章　电力设施的保护

第十一条　县以上地方各级电力管理部门应采取以下措施，保护电力设施：

（一）在必要的架空电力线路保护区的区界上，应设立标志，并标明保护区的宽度和保护规定；

（二）在架空电力线路导线跨越重要公路和航道的区段，应设立标志，并标明导线距穿越物体之间的安全距离；

（三）地下电缆铺设后，应设立永久性标志，并将地下电缆所在位置书面通知有关部门；

（四）水底电缆敷设后，应设立永久性标志，并将水底电缆所在位置书面通知有关部门。

第十二条　任何单位或个人在电力设施周围进行爆破作业，必须按照国家有关规定，确保电力设施的安全。

第十三条　任何单位或个人不得从事下列危害发电设施、变电设施的行为：

（一）闯入发电厂、变电站内扰乱生产和工作秩序，移动、损害标志物；

（二）危及输水、输油、供热、排灰等管道（沟）的安全运行；

（三）影响专用铁路、公路、桥梁、码头的使用；

（四）在用于水力发电的水库内，进入距水工建筑物300 m区域内炸鱼、捕鱼、游泳、划船及其他可能危及水工建筑物安全的行为；

（五）其他危害发电、变电设施的行为。

第十四条　任何单位或个人，不得从事下列危害电力线路设施的行为：

（一）向电力线路设施射击；

（二）向导线抛掷物体；

（三）在架空电力线路导线两侧各300 m的区域内放风筝；

（四）擅自在导线上接用电器设备；

（五）擅自攀登杆塔或在杆塔上架设电力线、通信线、广播线，安装广播喇叭；

（六）利用杆塔、拉线作起重牵引地锚；

（七）在杆塔、拉线上拴牲畜、悬挂物体、攀附农作物；

（八）在杆塔、拉线基础的规定范围内取土、打桩、钻探、开挖或倾倒酸、碱、盐及其他有害化学物品；

（九）在杆塔内（不含杆塔与杆塔之间）或杆塔与拉线之间修筑道路；

（十）拆卸杆塔或拉线上的器材，移动、损坏永久性标志或标志牌；

（十一）其他危害电力线路设施的行为。

第十五条　任何单位或个人在架空电力线路保护区内，必须遵守下列规定：

（一）不得堆放谷物、草料、垃圾、矿渣、易燃物、易爆物及其他影响安全供电的

物品；

（二）不得烧窑、烧荒；

（三）不得兴建建筑物、构筑物；

（四）不得种植可能危及电力设施安全的植物。

第十六条　任何单位或个人在电力电缆线路保护区内，必须遵守下列规定：

（一）不得在地下电缆保护区内堆放垃圾、矿渣、易燃物、易爆物，倾倒酸、碱、盐及其他有害化学物品，兴建建筑物、构筑物或种植树木、竹子；

（二）不得在海底电缆保护区内抛锚、拖锚；

（三）不得在江河电缆保护区内抛锚、拖锚、炸鱼、挖沙。

第十七条　任何单位或个人必须经县级以上地方电力管理部门批准，并采取安全措施后，方可进行下列作业或活动：

（一）在架空电力线路保护区内进行农田水利基本建设工程及打桩、钻探、开挖等作业；

（二）起重机械的任何部位进入架空电力线路保护区进行施工；

（三）小于导线距穿越物体之间的安全距离，通过架空电力线路保护区；

（四）在电力电缆线路保护区内进行作业。

第十八条　任何单位或个人不得从事下列危害电力设施建设的行为：

（一）非法侵占电力设施建设项目依法征用的土地；

（二）涂改、移动、损害、拔除电力设施建设的测量标桩和标记；

（三）破坏、封堵施工道路，截断施工水源或电源。

第十九条　未经有关部门依照国家有关规定批准，任何单位和个人不得收购电力设施器材。

## 第四章　对电力设施与其他设施互相妨碍的处理

第二十条　电力设施的建设和保护应尽量避免或减少给国家、集体和个人造成的损失。

第二十一条　新建架空电力线路不得跨越储存易燃、易爆物品仓库的区域；一般不得跨越房屋，特殊情况需要跨越房屋时，电力建设企业应采取安全措施，并与有关单位达成协议。

第二十二条　公用工程、城市绿化和其他工程在新建、改建或扩建中妨碍电力设施时，或电力设施在新建、改建或扩建中妨碍公用工程、城市绿化和其他工程时，双方有关单位必须按照本条例和国家有关规定协商，就迁移、采取必要的防护措施和补偿等问题达成协议后方可施工。

第二十三条　电力管理部门应将经批准的电力设施新建、改建或扩建的规划和计划通知城乡建设规划主管部门，并划定保护区域。

城乡建设规划主管部门应将电力设施的新建、改建或扩建的规划和计划纳入城乡建设规划。

第二十四条　新建、改建或扩建电力设施，需要损害农作物，砍伐树木、竹子，或拆迁建筑物及其他设施的，电力建设企业应按照国家有关规定给予一次性补偿。

在依法划定的电力设施保护区内种植的或自然生长的可能危及电力设施安全的树木、竹子，电力企业应依法予以修剪或砍伐。

## 第五章　奖励与惩罚

第二十五条　任何单位或个人有下列行为之一，电力管理部门应给予表彰或一次性物质奖励：

（一）对破坏电力设施或哄抢、盗窃电力设施器材的行为检举、揭发有功；

（二）对破坏电力设施或哄抢、盗窃电力设施器材的行为进行斗争，有效地防止事故发生；

（三）为保护电力设施而同自然灾害作斗争，成绩突出；

（四）为维护电力设施安全，做出显著成绩。

第二十六条　违反本条例规定，未经批准或未采取安全措施，在电力设施周围或在依法划定的电力设施保护区内进行爆破或其他作业，危及电力设施安全的，由电力管理部门责令停止作业、恢复原状并赔偿损失。

第二十七条　违反本条例规定，危害发电设施、变电设施和电力线路设施的，由电力管理部门责令改正；拒不改正的，处10 000元以下的罚款。

第二十八条　违反本条例规定，在依法划定的电力设施保护区内进行烧窑、烧荒、抛锚、拖锚、炸鱼、挖沙作业，危及电力设施安全的，由电力管理部门责令停止作业、恢复原状并赔偿损失。

第二十九条　违反本条例规定，危害电力设施建设的，由电力管理部门责令改正、恢复原状并赔偿损失。

第三十条　凡违反本条例规定而构成违反治安管理行为的单位或个人，由公安部门根据《中华人民共和国治安管理处罚条例》予以处罚；构成犯罪的，由司法机关依法追究刑事责任。

## 第六章　附　则

第三十一条　国务院电力管理部门可以会同国务院有关部门制定本条例的实施细则。

第三十二条　本条例自发布之日起施行。

发布部门：国务院　发布日期：1998年1月7日　实施日期：1998年1月7日（中央法规）

# 全民所有制工业交通企业设备管理条例

## 第一章　总　则

第一条　为加强设备管理，提高生产技术装备水平和经济效益，保证安全生产和设备正常运行，特制定本条例。

第二条　本条例适用于全民所有制工业交通企业（以下简称企业）的全部生产设备的管理。

第三条　企业的设备管理应当依靠技术进步、促进生产发展和预防为主，坚持设计、制造与使用相结合，维护与计划检修相结合，修理、改造与更新相结合，专业管理与群众管理相结合，技术管理与经济管理相结合的原则。

第四条　企业设备管理的主要任务，是对设备进行综合管理，保持设备完好，不断改善和提高企业技术装备素质，充分发挥设备的效能，取得良好的投资效益。

第五条　各级企业管理部门应当按照分级管理的原则，负责对企业设备管理工作进行业务指导和监督检查。

第六条　国家鼓励设备管理和检修工作的社会化、专业化协作，支持对设备管理和维修技术的科学研究工作。

第七条　企业应当积极采用先进的设备管理方法和维修技术，采用以设备状态监测为基础的设备维修方法，不断提高设备管理和维修技术现代化水平。

第八条　企业设备管理的主要经济、技术考核指标，应当列入厂长任期责任目标。

## 第二章　国务院有关部门和地方经济委员会在设备管理工作中的职责

第九条　国家经济委员会在设备管理工作中的主要职责是：

（一）贯彻执行国家有关设备管理的方针、政策和法规，制定有关设备管理的规章；

（二）负责设备管理的监督检查和组织协调等综合工作；

（三）组织交流和推广设备管理工作的先进经验。

第十条　国务院工业交通各部门在设备管理工作中的主要职责是：

（一）贯彻执行国家有关设备管理的方针、政策和法规，根据分级管理的原则，制定本行业设备管理的规划和规章；

（二）组织行业的设备检修专业化协作；

（三）监督检查和组织协调本行业企业的设备管理工作；

（四）组织交流和推广设备管理的先进方法和检修新技术；

（五）组织设备管理人员的业务培训工作。

第十一条　各省、自治区、直辖市人民政府经济委员会（或计划经济委员会）在设备管理工作中的主要职责是：

（一）贯彻执行国家有关设备管理的方针、政策和法规，制定本地区设备管理的规章、制度；

（二）负责本地区设备管理工作的组织领导、监督检查和协调服务；

（三）组织地区性的设备检修专业化协作，推动检修社会化和通用配件商品化工作；

（四）组织本地区设备管理的经验交流、职工的业务培训，为企业的设备管理提供信息和咨询服务。

## 第三章　设备的规划、选购及安装调试

第十二条　企业必须做好设备的规划、选型、购置（或设计、制造）及安装调试等管理工作。企业购置重要生产设备，应当进行技术经济论证，并按照有关规定上报审批。企业购置设备，应当由企业设备管理机构或设备管理人员提出有关设备的可靠性和有利于设备维修等要求。

第十三条　企业自制设备，应当组织设备管理、维修、使用方面的人员参加设计方案的研究和审查工作，并严格按照设计方案做好设备的制造工作。设备制成后，应当有完整的技术资料。

第十四条　设备制造部门应当与用户建立设备使用信息反馈制度，提供设备售后服务。

第十五条　企业选购的进口设备应当备有设备维修技术资料和必要的维修配件。进口的设备到达后，企业应当认真验收，及时安装、调试和投入使用，发现问题应当在索赔期内提出索赔。

## 第四章　设备的使用和维护

第十六条　企业应当建立健全设备的操作、使用、维护规程和岗位责任制。设备的操作和维护人员必须严格遵守设备操作、使用和维护规程。

第十七条　企业应当按照国家有关规定，加强对动力、起重、运输、仪器仪表、压力容器等设备的维护、检查监测和预防性试验。

## 第五章　设备的检修

第十八条　企业的设备检修工作应当严格遵守检修规程，执行检修技术标准，以保证检修质量，缩短检修时间，降低检修成本。

第十九条　企业应当根据设备的实际技术状况，结合生产安排，编制设备检修计划，并纳入企业年度计划。企业必须严格执行设备检修计划。

第二十条　企业必须遵守财经制度，接受审计监督。企业提取和使用设备的大修理基金，必须遵守国家有关规定。结合大修理进行技术改造的设备，大修理费用不足时，可以从折旧基金中安排使用。

第二十一条　企业应当合理储备备品配件，并做好保管维护工作。

第二十二条　企业应当在保证设备检修质量的前提下，做好设备旧件的修复利用，节约检修资金。

## 第六章　设备的改造与更新

第二十三条　企业应当编制设备改造和更新的中长期计划和年度计划，并组织实施。

第二十四条　企业对重要设备进行改造和更新，必须事先进行技术经济论证，并按照有关规定上报审批。

第二十五条　企业设备的固定资产折旧基金，应当按国家规定主要用于设备的改造和更新。

第二十六条　企业对设备改造验收后新增的价值，应当办理固定资产增值手续。

第二十七条　企业对属于下列情况之一的设备，应当报废更新：

（一）经过预测，继续大修理后技术性能仍不能满足工艺要求和保证产品质量的；

（二）设备老化、技术性能落后、耗能高、效率低、经济效益差的；

（三）大修理虽能恢复精度，但不如更新经济的；

（四）严重污染环境，危害人身安全与健康，进行改造又不经济的；

（五）其他应当淘汰的。

第二十八条　企业出租、转让或者报废设备，必须遵守国家有关规定。企业出租、转让、报废设备所取得的收益，必须用于设备的改造和更新。

## 第七章　设备管理的基础工作

第二十九条　企业应当建立健全设备的验收交接、档案、管理和考核制度。

第三十条　企业应当制定设备检修的工时、资金、消耗及储备定额。

第三十一条　企业应当向有关部门报送设备管理的统计报表。设备管理的统计指标，由国务院工业交通各部门制定。

第三十二条　企业发生设备事故必须如实上报。

设备事故分为一般事故、重大事故和特大事故三类。设备事故的分类标准由国务院工业交通各部门确定。企业对发生的设备事故，必须查清原因，并按照事故性质严肃处理。

## 第八章　教育与培训

第三十三条　国务院工业交通各部门，各省、自治区、直辖市人民政府，应当创造条件，有计划地培养设备管理与维修方面的专业人员。地方各级工业交通企业主管部门应当对在职的设备管理干部进行多层次、多渠道和多形式的专业技术和管理知识教育。对现有设备操作、维修工人进行多种形式、不同等级的技术培训，不断提高业务技能。

第三十四条　企业设备管理工作的负责人，一般应当由具有中专以上文化水平（包括经过自学、职业培训，达到同等水平的），并有一定实践经验的人员担任。

## 第九章　奖励与惩罚

第三十五条　国家经济委员会、国务院工业交通各部门及各省、自治区、直辖市经济委员会（或计划经济委员会）可根据需要组织开展设备管理评优活动，对设备管理工作成绩显著的企业，给予表彰或奖励。

第三十六条　企业根据设备管理工作的需要，可以定期开展评比竞赛活动。企业对设备管理工作中作出显著成绩的职工和集体应当给予奖励。

第三十七条　企业主管部门对于因设备管理混乱、设备严重失修而影响生产的企业，应当令其限期整顿并根据情节轻重追究企业领导人员或者有关责任人员的行政责任。

第三十八条　对玩忽职守，违章指挥，违反设备操作、使用、维护、检修规程，造成设备事故和经济损失的职工，由其所在单位根据情节轻重，分别追究经济责任和行政责任；构成犯罪的，由司法机关依法追究刑事责任。

## 第十章　附　则

第三十九条　本条例原则上亦适用于全民所有制邮电、地质、建筑施工、农林、水利等企业。事业单位、集体所有制工业交通企业可参照执行。

第四十条　国务院工业交通各部门和各省、自治区、直辖市经济委员会（或计划经济委员会）可根据本条例制定实施办法。

第四十一条　本条例由国家经济委员会负责解释。

第四十二条　本条例自发布之日起施行。

# 水利电力部门电测、热工计量仪表和装置检定、管理的规定

发文单位：国家计量局、水电部
文　　号：国函〔1986〕59号
发布日期：1986－06－01
执行日期：1986－06－01

为实施《中华人民共和国计量法》（以下简称计量法），现对水利电力部门电测、热工计量仪表和装置检定、管理工作，规定如下：

一、根据电力生产、科研和经营管理的特殊需要，在业务上属水利电力部门管理的各企业、事业单位内部使用的电测、热工计量仪表和装置，按计量法第七条规定，由水利电力部建立本部门的计量标准，并负责检定、管理。根据计量法第二十条规定，授权水利电力部门计量检定机构对所属单位的电测、热工最高计量标准执行强制检定。水利电力部门的电测、热工最高计量标准，接受国家计量基准的传递和监督。

二、在业务上属水利电力部门管理的各企业、事业单位，其电测、热工最高计量标准的建标考核，由被授权执行强制检定的水利电力部门计量检定机构考核合格后使用；属地方人民政府或其他单位管理的，由有关地方人民政府计量局主持考核合格后批准使用。

三、在业务上属水利电力部门管理的各企业、事业单位内部使用的强制检定的工作计量器具，授权水利电力部门计量检定机构执行强制检定。县级以上地方人民政府计量局负责对其计量工作检查、指导。

四、水利电力部门管理的用于结算、收费的电能计量仪表和装置，按照方便生产、利于管理的原则，根据计量法第二十条规定，授权水利电力部门计量检定机构执行强制检定。县级以上地方人民政府计量局对其考核检定人员，建立和执行计量规章制度及检定工作，负责监督检查。属地方人民政府管理的用于结算、收费的电能计量仪表和装置，以及其他企业、事业单位使用的电能计量仪表和装置的检定、管理办法，由地方人民政府决定。

五、水利电力部门计量检定机构在计量器具的强制检定中，可根据需要开展修理业务，其工作受有关人民政府计量局检查、指导。

六、水利电力部门计量检定机构被授权执行强制检定工作的人员，在有关人民政府计量局监督下，由水利电力部门组织考核、发证。在此规定发布之前，水利电力部门已进行的考核有效。

七、水利电力部门要对授权检定的计量工作加强管理，保证结算、收费电能计量仪表和装置的准确。当用户对计量准确性提出质疑时，应负责认真查处。对违反计量法律、法规的行为，由县级以上地方人民政府计量局按计量法有关规定追究法律责任。

八、水利电力部门所属供电单位与其他部门用电单位因电能计量准确度发生的纠纷，先由上一级水利电力部门会同对方主管部门进行第一次复核调解。对第一次调解不服的，可向双方再上一级主管部门申请第二次调解。对调解后仍未达成一致的问题，由相应的人民政府计量局主持仲裁检定，以国家电能计量基准或社会公用电能计量标准检定的数据为准。

# 参 考 文 献


[1] 乐为．机电设备装调与维护技术基础［M］．北京：机械工业出版社，2009.

[2] 徐兵．机械装配技术［M］．北京：中国轻工业出版社，2007.

[3] 王方．现代机电设备安装调试、运行检测与故障诊断、维修管理实务全书［M］．北京：金版电子出版社，2002.

[4] 许亚南．液压与气压控制技术［M］．北京：高等教育出版社，2007.

[5] 朱仁盛．机械拆装工艺与技术训练［M］．北京：电子工业出版社，2009.

[6] 黄祥成，等．钳工技师手册［M］．北京：机械工业出版社，1998.

[7] 袁中凡．机电一体化技术［M］．北京：电子工业出版社，2004.

[8] 刘龙江．机电一体化技术［M］．北京：北京理工大学出版社，2009.

[9] 郑健．信息识别技术［M］．北京：机械工业出版社，2006.

[10] 申晓龙．数控加工技术［M］．北京：冶金工业出版社，2008.

[11] 王守城，段俊勇．液压元件及选用——液压系统设计丛书［M］．北京：化学工业出版社，2007.

[12] 韩鸿鸾．数控机床装调维修工（中、高级）［M］．北京：化学工业出版社，2011.

[13] 陈国祥．机械设备安装工（初级）［M］．北京：中国劳动社会保障出版社，2008.

[14] 樊兆馥．机械设备安装工程手册［M］．北京：冶金工业出版社，2004.